大学计算机基础

主　编　杨文静　唐玮嘉　侯俊松
副主编　王颖娜

北京理工大学出版社
BEIJING INSTITUTE OF TECHNOLOGY PRESS

内 容 简 介

本书划分为三篇：计算机基础知识篇、办公软件介绍篇、公共基础知识篇。第一篇为第 1 ~ 4 章，主要介绍计算机概述、计算机系统、计算机操作系统、计算机网络与 Internet 基础；第二篇为第 5 ~ 7 章，主要介绍 Microsoft Office 2010 系列软件中的 Word、Excel、PowerPoint；第三篇为第 8 ~ 12 章，主要介绍数据结构基础、算法设计基础、程序设计基础、软件工程基础、数据库技术基础。

本书适用于所有非计算机专业的学生进行通识课程学习。

图书在版编目（CIP）数据

大学计算机基础 / 杨文静，唐玮嘉，侯俊松主编. —北京：北京理工大学出版社，2019.4（2022.8重印）

ISBN 978 – 7 – 5682 – 6939 – 1

Ⅰ. ①大…　Ⅱ. ①杨…　②唐…　③侯…　Ⅲ. ①电子计算机 – 高等学校 – 教材　Ⅳ. ①TP3

中国版本图书馆 CIP 数据核字（2019）第 071771 号

出版发行 / 北京理工大学出版社有限责任公司
社　　址 / 北京市海淀区中关村南大街 5 号
邮　　编 / 100081
电　　话 /（010）68914775（总编室）
（010）82562903（教材售后服务热线）
（010）68948351（其他图书服务热线）
网　　址 / http：//www. bitpress. com. cn
经　　销 / 全国各地新华书店
印　　刷 / 三河市天利华印刷装订有限公司
开　　本 / 787 毫米 × 1092 毫米　1/16
印　　张 / 22
字　　数 / 517 千字
版　　次 / 2019 年 4 月第 1 版　2022 年 8 月第 3 次印刷
定　　价 / 49. 80 元

责任编辑 / 梁铜华
文案编辑 / 曾　仙
责任校对 / 周瑞红
责任印制 / 李志强

图书出现印装质量问题，请拨打售后服务热线，本社负责调换

教材编写委员会

主　任　马　杰

副主任　丁恒道

委　员　张建东　高　力　向晓明　蔡四青　方　慧　秦庆峰

段炳昌　周宝娣　邓世昆　孙　俊　郭亚非　张荐华

任新民　梁育全　徐东明　杨云峰　张汝春　孙　雷

前　言

随着计算机科学技术的发展以及学生计算机应用能力的提高，高校对培养各专业学生的计算机知识和能力上的要求也上了一个新台阶。为了适应这种发展，以及培养学生的计算思维，我们编写了本书。

本书各章节都以培养学生的计算思维为切入点，目的是让学生将知识和能力充分结合、融会贯通。除了涉及要求学生必须掌握和学习的基础知识的相关内容外，本书还根据教育部考试中心颁布的《全国计算机等级考试二级公共基础知识考试大纲》，添加了公共基础知识部分。教师可以根据实际教学情况对知识进行讲解，为学生顺利通过全国计算机等级考试提供更好的保障。

本书内容涵盖面广，知识体系层次分明，章节内容由浅入深、承接有序，适用于所有非计算机专业的学生进行通识课程学习。教学资源包括：

- 教学课件——有助于教师对课程的整体把握。请发邮件至 wenjingyang82@126.com 获取。
- 配套的实践指导教材——《大学计算机基础实验指导》，其中有详细的实验指导和相关课程内容的知识测试题，有助于提高学生自主学习的兴趣。《大学计算机基础实验指导》由北京理工大学出版社同时出版。

本书共分三篇，第一篇（第1～4章）介绍计算机基础知识，第二篇（第5～7章）介绍办公软件，第三篇（第8～12章）介绍公共基础知识。本书与配套的《大学计算机基础实验指导》共建议安排64课时，在教学过程中，教师可适当进行课时调整。

本书由云南大学滇池学院的杨文静、唐玮嘉、侯俊松、王颖娜共同编写，由杨文静、唐玮嘉、侯俊松担任主编，第1章由王颖娜编写，第2～4章由唐玮嘉编写，第5～7章由杨文静编写，第8～12章由侯俊松编写。本书的编写得到了云南大学滇池学院理工学院邓世昆院长及编者所在教学团队的关心和大力支持，在此表示深深的感谢！

由于编者水平有限，书中难免存在疏漏之处，恳请读者批评指正。

编　者

前 言

CONTENTS 目录

第一篇　计算机基础知识篇

第二篇 办公软件介绍篇

第三篇 公共基础知识篇

第一篇

计算机基础知识篇

3. 选定文本

在对文档进行格式化之前，要对内容文本进行选定。光标选定文本是最常用的方法，具体操作如表 5. 3. 1 所示。

表 5.3.1 光标选定文本

选定内容	操作方法
英文单词/汉字词语	双击该英文单词/汉字词语
语句	按下〈Ctrl〉键 + 单击该语句任意位置
单行文本	将光标移到该行文本左侧（选定栏），单击
整段文本	将光标移到该段文本左侧（选定栏），双击
整篇文本	方法 1：光标移到该篇文本左侧（选定栏），三击
	方法 2：按〈Ctrl + A〉组合键
垂直文本	按下〈Alt〉键 + 光标拖动
不连续文本	按下〈Ctrl〉键 + 光标拖动
连续文本	选择起始位置，按下〈Shift〉键，选择结束位置

除了常用的光标选定文本外，键盘也可用于选定文本。键盘选定文本时，通常使用组合键，一般为〈Shift〉键与〈Alt〉、〈Ctrl〉、〈End〉、〈Home〉、〈PageUp〉、〈PageDown〉、〈↑〉、〈↓〉、〈←〉、〈→〉等键组合。

4. 复制和粘贴文本

在输入文本的过程中，会有许多内容需重复输入，大量的重复性操作往往会浪费很多人力和时间，同时在输入过程中还会不可避免地出现错误。如果用户能熟练地使用复制和粘贴功能，就可以很好地解决这个问题。

1）利用鼠标、键盘

方法 1：快捷菜单。选中要复制的文本，单击右键，在弹出的快捷菜单中选择“复制”命令，将光标移动至目标位置，单击鼠标右键，在弹出的快捷菜单中选择“粘贴”命令，被选择的文本就会被粘贴到目标位置。

说明：若在两次弹出的快捷菜单中分别选择“剪切”“复制”命令，则被选中的文本会被移动到目标位置。

方法 2：按组合键。选中要复制的文本，按〈Ctrl + C〉组合键（复制），将光标移动至目标位置，按〈Ctrl + V〉组合键（粘贴），被选择的文本就会被粘贴到目标位置。

说明：若选中文本后，按〈Ctrl + X〉组合键，将光标移至目标位置，按〈Ctrl + V〉组合键，则被选中的文本就会被移动到目标位置。

2）利用按钮

在 Word 2010 中，“剪贴板”组中同样提供了丰富的复制和粘贴操作，用户只需单击相应按钮，就可完成操作。

操作方法：选择需要复制的文本，在“开始”选项卡的“剪贴板”组中，单击“复制”按钮，将光标移动至目标位置，选择“粘贴”按钮，被选择的文本就会被粘贴到目标位置。

3）选择性粘贴

使用按钮进行粘贴或使用快捷菜单进行粘贴时，除了全部粘贴外，还可以进行选择性粘贴。具体操作步骤如下：

第 1 步：选择需要复制的文本，在“开始”选项卡的“剪贴板”组中，单击“复制”按钮。

第 2 步：将光标移动至目标位置，在选择“粘贴”按钮时，使用下拉菜单中的“粘贴选项”，列表中包括使用目标主题、保留原格式、合并格式、只保留文本等，在粘贴时可根据实际需求进行粘贴操作。

“粘贴选项”命令下方的“选择性粘贴”提供了很丰富的粘贴选项。如图 5. 3. 4 所示，选择性粘贴能够将剪贴板中的内容粘贴为不同于内容源的格式。

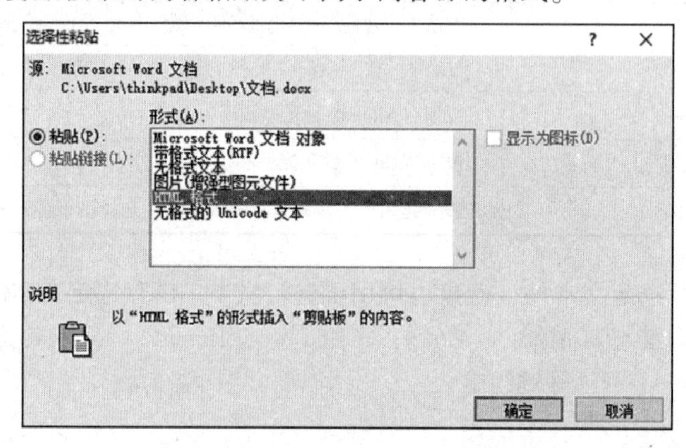

图 5. 3. 4　“选择性粘贴”对话框

4）格式刷

“剪贴板”组中的“格式刷”按钮进行的也是复制操作，因此被称作格式复制。格式复制指的是将已经设置好的文本字体、字号、字体颜色、段落设置等应用到目标文本中。具体操作步骤如下：

选择要复制格式的文本，单击“格式刷”按钮（需进行多次格式粘贴时，双击“格式刷”按钮），当光标变为一把刷子的形状后，选中目标文本即可完成格式复制。

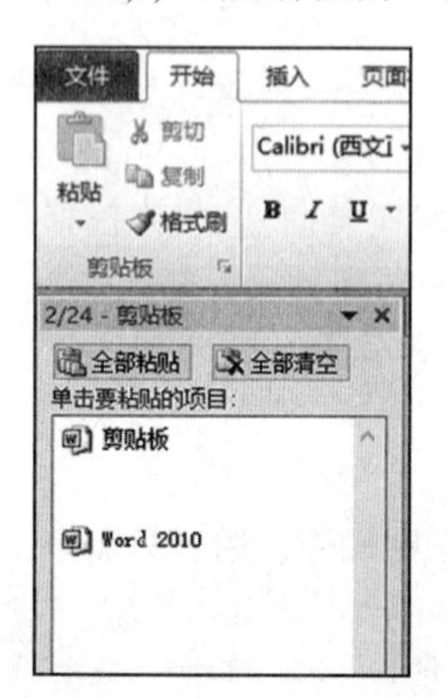

图 5. 3. 5　“剪贴板”任务窗格

5）剪贴板

Word 2010 剪贴板用于存放粘贴或剪切用的文本内容，当执行了复制或剪切命令后，文本内容会显示在“剪贴板”任务窗格中，如图 5. 3. 5 所示。将光标移至目标位置，单击相应文本内容，文本就会被复制或剪切到目标位置。与操作系统的剪贴板不同，Word 2010 剪贴板可存放 24 个对象。

5. 查找与替换

在文本编辑中，当需要对某个特定词句进行查找或修改时，如果用户通过逐个阅读查找的方式来进行，那么工作量是巨大的，且难以保证无遗漏。Word 2010 提供了强大的查找和替换功能，用于提高工作效率。

1）文本查找

方法1：在“开始”选项卡的“编辑”命令组中，单击“查找”按钮，在编辑框左侧会打开“导航”任务窗格，在“搜索”文本框中输入要查找的文本，找到的文本将以高亮形式体现在编辑框，如图5.3.6所示。

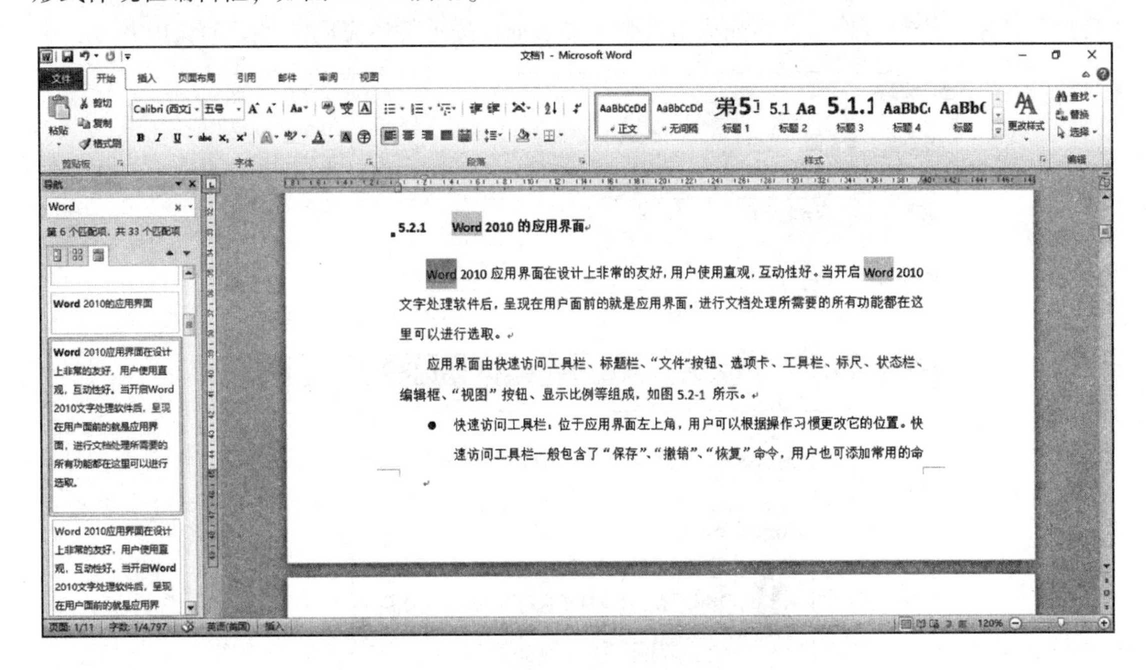

图5.3.6 在“导航”任务窗格中搜索查找文本

方法2：单击“状态”栏中的“页面”按钮，如图5.3.7所示，弹出“查找和替换”对话框，如图5.3.8所示，找到的文本以高亮形式体现在编辑框，单击“查找下一处”按钮，即可查找所需内容。

页面: 11/11 | 字数: 4,871 | 中文(中国) | 插入

图5.3.7 “页面”按钮

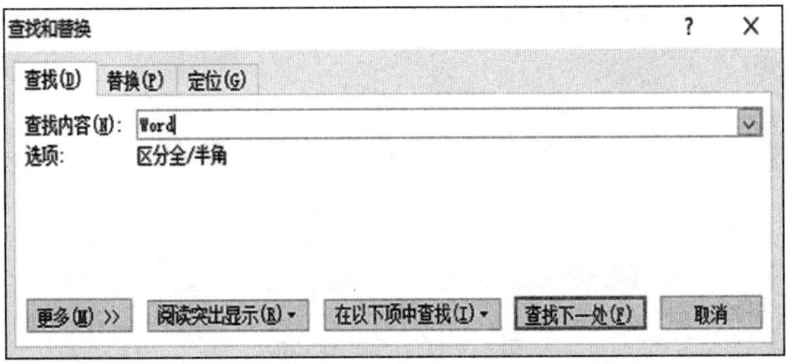

查找和替换

查找(D) 替换(P) 定位(G)

查找内容(N): Word

选项: 区分全/半角

更多(M) >> | 阅读突出显示(R) | 在以下项中查找(I) | 查找下一处(F) | 取消

图5.3.8 在“查找和替换”对话框中查找替换文本

2）文本替换

在“开始”选项卡下“编辑”组中，单击“替换”按钮，弹出“查找和替换”对话框，在“查找内容”文本框中输入需要查找的文本，在“替换为”文本框中输入要替换的新文本内容，如图 5.3.9 所示；单击“全部替换”按钮（也可以根据查找内容逐个单击“替换”按钮）进行替换，替换完成后会弹出提示框，提示替换完成，如图 5.3.10 所示。

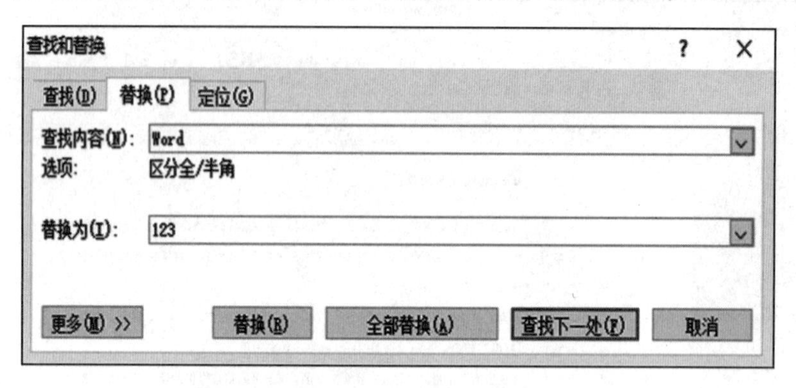

图 5.3.9　利用查找和替换对话框进行替换

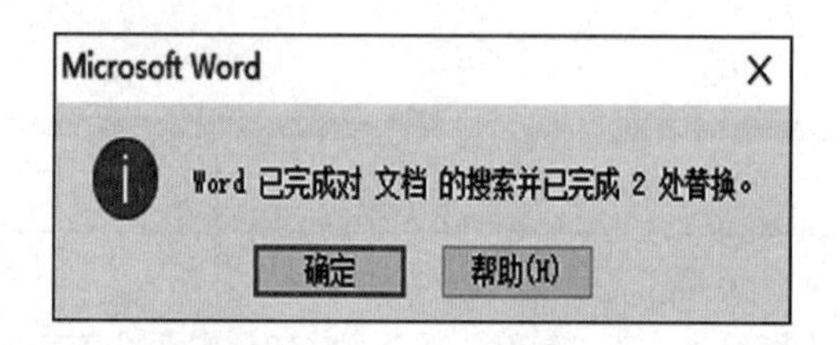

图 5.3.10　替换成功提示框

5.3.2　设置字符格式

文本输入完成后，为了内容一目了然，要对字符的格式进行统一设置，如字体颜色、字体、字号、加粗等，以便在阅读文档时更加轻松便利。

1. “字体”组

选定要进行格式设置的文本，在“开始”选项卡的“字体”组中，选择适用的按钮，如图 5.3.11 所示。

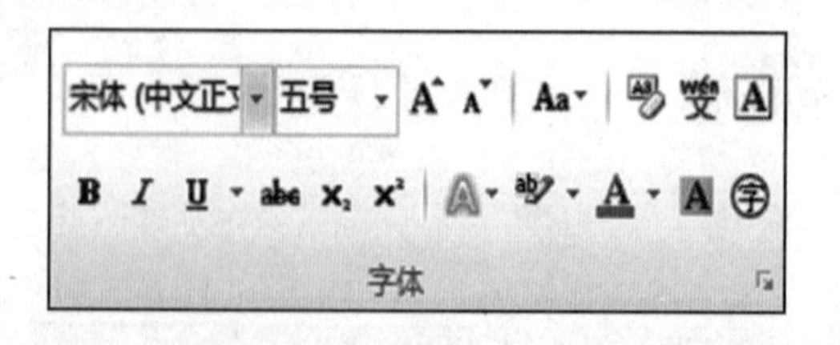

图 5.3.11　“字体”组

在“字体”组中，除了可以对字符进行字体、字号、字体颜色、加粗、斜体、删除线、

下划线、上标、下标等格式设置外，还有其他特殊格式设置：

1）更改大小写**Aa**▾

在进行字符排版时，该按钮可以对西文字符进行大小写排版、全/半角修改。

2）清除格式

该按钮可以将文本的所有格式清除，只留下原字符文本。

3）拼音指南

该按钮可对所选文本显示拼音字符，以明确字符发音。

4）文本效果

该按钮可对所选文本显示外观效果（如轮廓、阴影等），让文本拥有图片效果。

5）带圈字符

该按钮可对字符增加外圈，圈号有圆形、方形、三角形、菱形，用户可根据排版效果进行选择。需要注意的是，带圈字符只能针对单个字符进行操作。

2. 浮动工具栏

在 Word 2010 中，选定文本后，在光标右上方将出现浮动工具栏，如图 5.3.12 所示。该工具栏除了有“字体”命令组的部分按钮外，还可以进行缩进、对齐等格式设置。

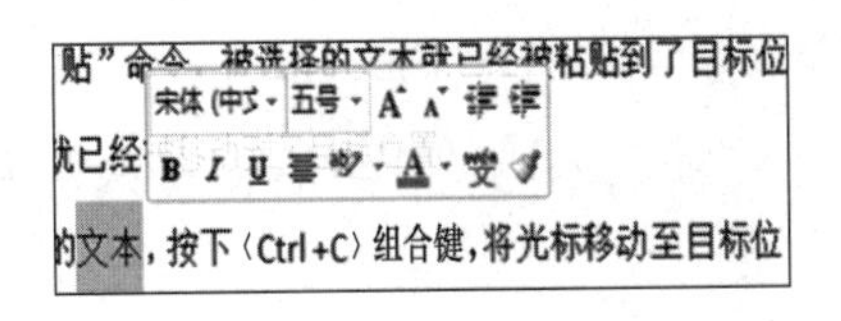

图 5.3.12　浮动工具栏

浮动工具栏是否显示，用户可以自行设置。单击“文件”按钮，在出现的选项组中单击“选项”按钮，弹出“Word 选项”对话框，定位在“常规”选项组，在“用户界面选项”组中选中“选择时显示浮动工具栏”复选框，如图 5.3.13 所示。

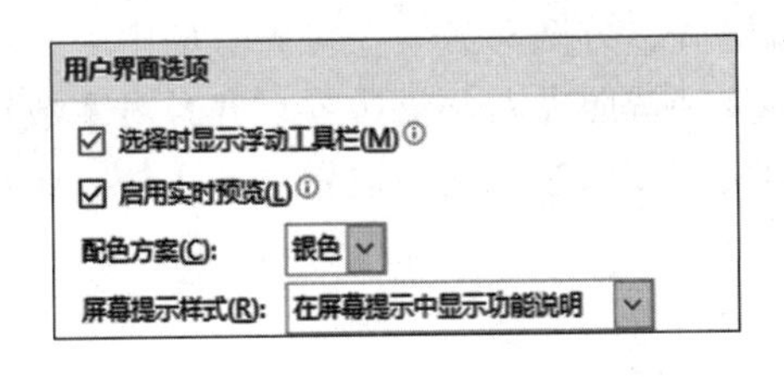

图 5.3.13　显示浮动工具栏

3. “字体” 对话框

单击“字体”组右下角的“字体”对话框启动器，弹出“字体”对话框，如图 5.3.14 所示，可对字符间距、字符缩放、字符位置等进行设置。

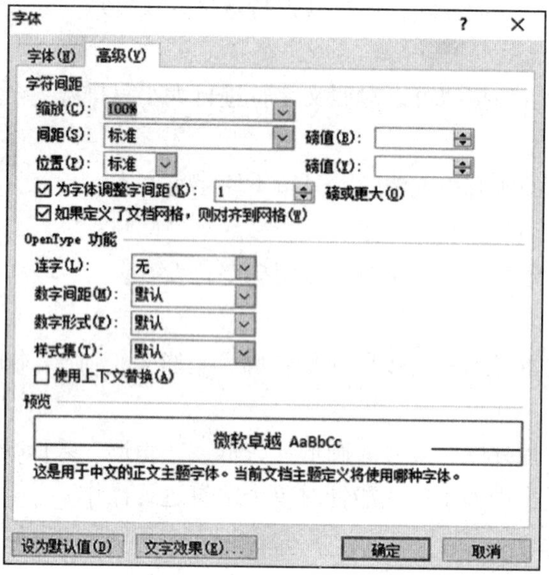

字体 ? ×

字体(N) 高级(V)

字符间距

缩放(C)：100%

间距(S)：标准 磅值(B)：

位置(P)：标准 磅值(Y)：

☑为字体调整字间距(K)：1 磅或更大(O)

☑如果定义了文档网格，则对齐到网格(W)

OpenType 功能

连字(L)：无

数字间距(M)：默认

数字形式(F)：默认

样式集(T)：默认

☐使用上下文替换(A)

预览

微软卓越 AaBbCc

这是用于中文的正文主题字体。当前文档主题定义将使用哪种字体。

设为默认值(D) 文字效果(E)... 确定 取消

图 5.3.14 “字体”对话框

5.3.3 设置段落格式

两个段落标识符之间的内容为一个段落，设置段落格式指的是对整个段落外观进行设置。

1. “段落”组

在“段落”组中，可以对段落的对齐方式、缩进、行间距、边框等进行设置。

1）对齐方式

对齐方式是指段落内容在文档的左右边界之间的横向排列方式。段落的对齐方式分为左对齐、居中、右对齐、两端对齐、分散对齐。左对齐、居中、右对齐三种对齐方式显示效果比较明显。两端对齐是指将文字按照左右两端边界对齐，对字数较少的末行文字进行从左到右排列。分散对齐除了将为文字按照左右两端边界对齐之外，还对字数较少的末行文字进行分配排列，使其布满该行。

2）中文版式

利用该按钮，可对段落进行纵横混排、合并字符、双行合一、字符缩放、调整宽度等格式设置。

3）下边框

利用该按钮，可对文字、段落的边框和底纹进行自定义设置。

4）行距和段落间距

各行之间的垂直距离称为行距，段落之间的距离称为段落间距。利用该按钮，可调整行距和段落间距。

5）缩进量

缩进量是指文本与页面边界之间的距离，在“段落”命令组中可以减少、增加缩进量。

6）项目符号和编号

利用该按钮，可在段落前添加符号或编号，使段落内容更加突出。

2. “段落”对话框

“段落”对话框除了能进行“段落”命令组的所有格式设置外，还可以进行其他特殊设置，如缩进、分页、换行等。在对段落进行排版时，设置缩进形式是非常重要的格式，要进行缩进设置可以通过标尺或者“段落”对话框进行设置。

操作方法：单击“段落”命令组右下角的“段落对话框”启动器，弹出“段落”对话框，如图5.3.15所示。在“缩进”组中，即可进行缩进设置。

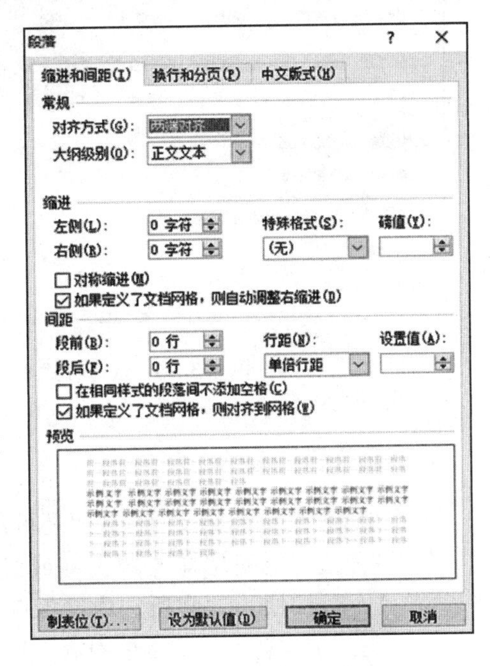

图5.3.15 “段落”对话框

段落的缩进方式有以下四种：

1）首行缩进

将某个段落的第一行向右进行段落缩进，其余行不进行段落缩进。

2）悬挂缩进

将某个段落首行不缩进，其余各行缩进。

3）左缩进

调整段落离左侧页边的距离。

4）右缩进

调整段落离右侧页边的距离。

5.3.4 利用样式格式设置

样式是已被命名的字符格式和段落格式的集合。选定文本或段落，将某个样式应用于目标段落，该段落就有了该样式所定义的所有格式。

利用样式进行格式设置，可以方便地统一文档格式和风格，从而简化文档编辑和修改操作，制作文档大纲和目录。

1. 使用已定义样式

在“快速样式库”中，Word 2010提供了部分已经定义好的样式，用户可直接选择使用，对某些段落进行快速格式统一。

方法1：选中要使用样式的文本或段落，在“开始”选项卡的“样式”命令组中，单击“快速样式库”选项，如图5.3.16所示。将光标置于所选样式上，即可预览该样式使用后的效果。找到符合要求的样式之后，单击该样式，即可完成操作。

方法2：选中要使用样式的文本或段落，在“开始”选项卡的“样式”命令组中，单击“样式任务窗格”启动器，弹出“样式”任务窗格，如图5.3.17所示。找到符合要求的样式之后，单击该样式，完成操作。在“样式”任务窗格操作中，样式预览是在窗格中显示的，而不是在目标文本或段落。

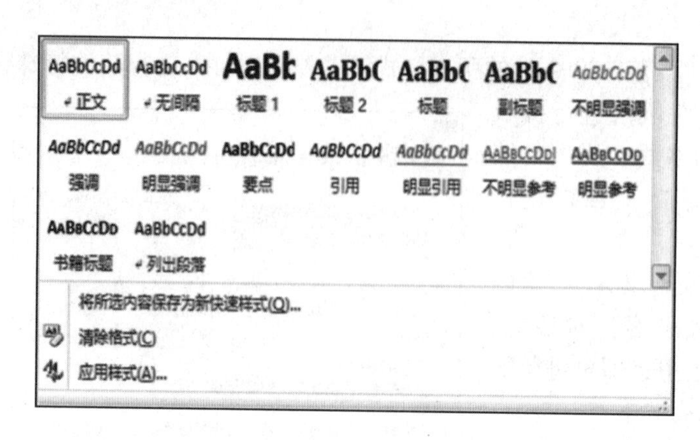

图 5. 3. 16　快速样式库

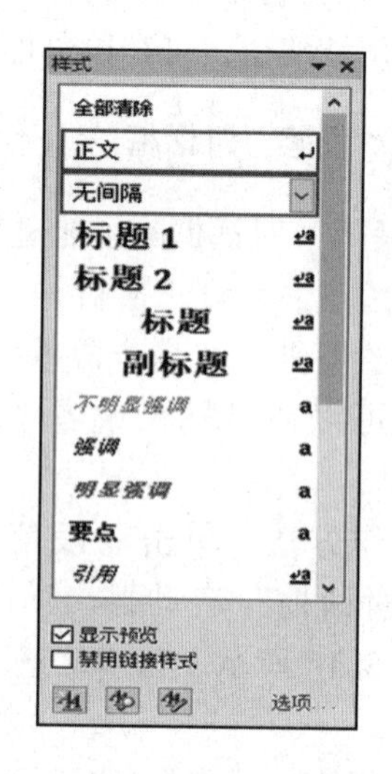

图 5. 3. 17　“样式”任务窗格

2. 自定义新样式

除了可以使用已经定义的样式，还可以根据排版来自定义新样式。

方法 1：选中要使用样式的文本或段落，在“开始”选项卡的“样式”组中，单击“快速样式库”按钮→“将所选内容保存为新快速样式”，弹出“根据格式设置创建新样式”对话框，在“名称”文本框中输入新名称，单击“修改”按钮，设置样式格式后，单击“确定”按钮，完成操作。

方法 2：选中要使用样式的文本或段落，在“开始”选项卡的“样式”组中，单击“样式任务窗格”启动器，在弹出的“样式”任务窗格中单击“新建样式”按钮，弹出“根据格式设置创建新样式”对话框，单击“修改”按钮，设置格式后，单击“确定”按钮，完成操作。

3. 修改样式

无论是 Word 2010 的自带样式，还是用户自定义的样式，在编辑过程中都可以进行修改。

方法 1：在“开始”选项卡的“样式”组中，单击“快速样式库”按钮，选择要修改的样式，单击右键，在弹出的快捷菜单中选择“修改”命令，弹出“修改样式”对话框，即可修改样式。单击“确定”按钮，修改完成。

方法 2：在“开始”选项卡的“样式”命令组中，单击“样式任务窗格”启动器，弹出“样式”任务窗格，选择要修改的样式后，单击右键，在弹出的快捷菜单中选择“修改”命令，弹出“修改样式”对话框，即可修改样式。单击“确定”按钮，修改完成。

4. 显示样式

在 Word 2010 中，“快速样式库”会将部分样式隐藏，如果格式化时需要某个特定样式，而该样式在“快速样式库”中没有显示，那么可将其设置显示。具体操作步骤如下：

第1步：在“开始”选项卡的“样式”组中，单击“样式任务窗格”启动器，弹出“样式”任务窗格，单击“管理样式”按钮，弹出“管理样式”对话框，如图5.3.18所示。

第2步：在“推荐”选项卡的样式列表中选择要显示的样式，单击“显示”按钮。然后，单击“确定”按钮，选择的样式就会显示在“快速样式库”中。

5. 清除样式

单击“字体”组中的“清除格式”按钮，即可将已经设置好的样式效果清除，该按钮也可在“快速样式库”中找到。

6. 复制样式

用户可在不同的文档使用自定义样式，为了避免用户重复新建样式的工作，Word 2010提供了样式复制功能。具体操作步骤如下：

第1步：在图5.3.18所示的“管理样式”对话框中，单击“导入/导出”按钮。

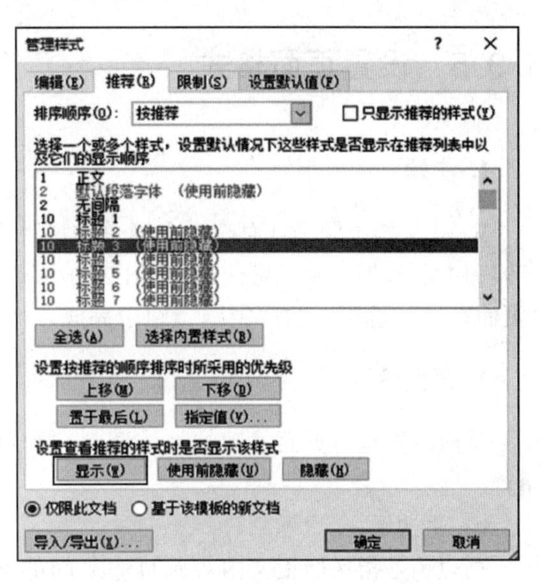

图5.3.18　“管理样式”对话框

第2步：在弹出的“管理器”对话框中，选择要复制的样式，单击“复制”按钮，将样式复制到目标文档，如图5.3.19所示。如果打开的文档不是目标文档，则可通过单击“关闭文件”按钮，重新打开目标文档。已复制的样式将会在目标文档的“快速样式库”中显示。

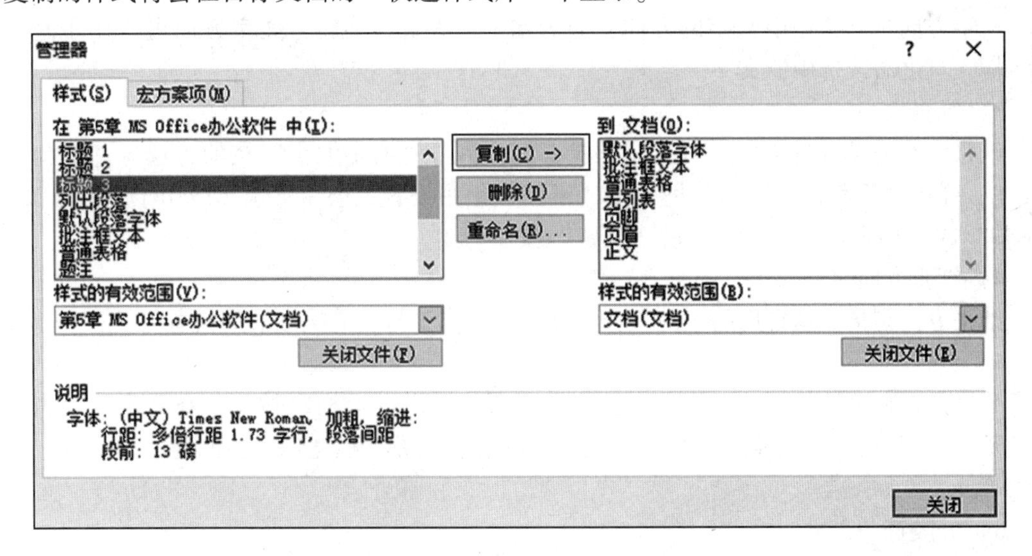

图5.3.19　“管理器”对话框

7. 删除样式

对于自定义的样式，用户可以进行删除。在“管理样式”对话框的“编辑”选项卡下，选中要删除的样式，单击“删除”按钮，即可删除。

注意：在“快速样式库”中选中要删除的样式，单击右键，在弹出快捷菜单中有“从快速样式库中删除”选项，该选项的作用只是将样式从“快速样式库”中移除，并未真正删除样式。

5.3.5 设置页面格式

1. 主题

Word 文档主题是针对整个文档总体设计而定义的一套格式选项，包括主题颜色、主题字体和主题效果。用户可使用 Word 2010 的自带主题，也可以自定义主题。主题的使用在“页面布局”选项卡的“主题”组中完成。

2. 页面设置

页面设置是对页面外观的整体调整，针对文档的页边距、文字方向、纸张大小等进行设置。

1）页边距

页边距是指文档正文内容到页边之间的距离，分为普通、窄、适中、宽。设置页边距时，在“页面设置”组中单击“页边距”按钮，选择“自定义边距”，弹出“页面设置”对话框，在该对话框中输入需要的上、下、左、右页边距及装订线位置，然后单击“确定”按钮。

2）文字方向

文字方向是指文档中文字的方向，分为水平、垂直、旋转，文字方向可应用于整篇文档、插入点之后或选中的文字。

3）纸张大小

纸张大小的设置与文本的当前节设置有关，单击“纸张大小”按钮，选择“其他页面大小”，弹出“页面设置”对话框，在“纸张”组中设置大小后，选择应用于“整篇文档”“本节”或“插入点”之后，单击“确定”按钮。

4）纸张方向

纸张方向是指文本布局的方向，分为横向、纵向，与当前文本节的设置有关。

5）分栏

分栏是指在页面排版中，将文本分为若干栏。单击“分栏”按钮，在弹出的列表中单击“更多分栏”，即可自定义分栏，自定义的内容有栏数、栏宽度、栏间距、分隔线、应用对象等。

6）分隔符

分隔符包括分页符、分栏符、自动换行符和分节符。

（1）分页符。当文本或图形等内容填满一页时，Word 文档会插入一个自动分页符并且自动开始新的一页。如果要在文档特定位置强制分页，则可插入分页符，这样可以确保章节标题总在新的一页开始。

（2）分栏符。将文本分栏时，会自动生成分栏符。如果要在文档特定位置强制分栏，则可插入分栏符。

(3) 自动换行符。当要将文档中的文本设置成一个段落时，按〈Enter〉键，可生成段落标记。如果要在文档特定位置强制断行，则可插入换行符。与自动换行符不同，这种方法产生的新行仍将作为当前段的一部分。

(4) 分节符。节是文档格式化的最大单位。在插入分节符前，Word将整篇文档视为一节。若需要设置不同页眉页脚、页边距、纸张方向等特性，则需要创建新的节。分节符分为下一页、连续、偶数页、奇数页。在分栏时，分栏一般是将第一栏填满后，剩余内容填写在后续栏中，如果想要对文本进行平均分栏，则可在文本末端添加连续分节符。

删除分隔符时，先选定分隔符，再按〈Backspace〉键进行删除，或将光标移至分隔符之前，按〈Delete〉键，即可删除。

7）行号

行号设置是指在文档每一行旁边的边距中添加行号。

8）断字

当文本行尾的单词由于太长而无法全部容纳时，会在适当的位置将该单词分成两部分，并在行尾使用断字符进行连接。

3. 页面背景

Word 2010提供了丰富的页面背景设置功能，用户可以设置页面的水印、页面颜色和页面边框。

1）水印

将水印嵌入页面背景，可表达某些信息且不影响文档的阅读或完整性。默认的水印有机密、紧急、免责声明三种，用户可自定义水印（图5.3.20）或从Office.com中获取。

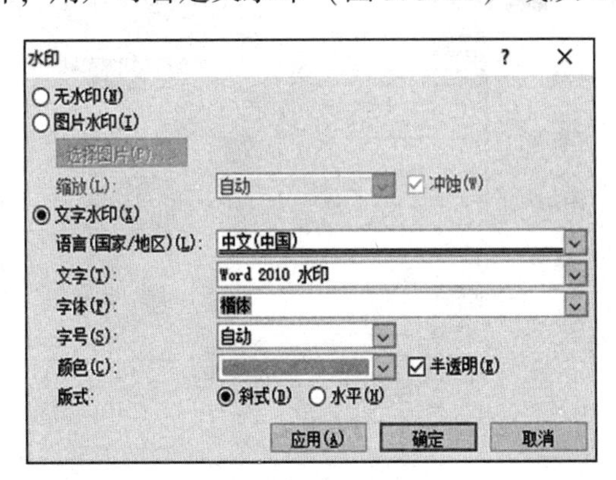

图5.3.20 自定义水印

设置水印之后，如果要对水印进行修改，则需要在页眉页脚状态下进行。

2）页面颜色

根据文档需求，可以为页面背景设置颜色、渐变、纹理、图案或图片等填充效果。

通常，用户希望在页面打印时能打印出已经设置好的页面颜色效果，如背景图案、背景纹理等。但是，如果没有经过设置，页面颜色效果在打印时就无法显示。打印背景的具体设置方法如下：

单击“文件”按钮，在出现的选项组中单击“选项”按钮，弹出“Word 选项”对话框，定位在“显示”选项组，在“打印选项”组中选中“打印背景色和图像”复选框，单击“确定”按钮，如图 5. 3. 21 所示。

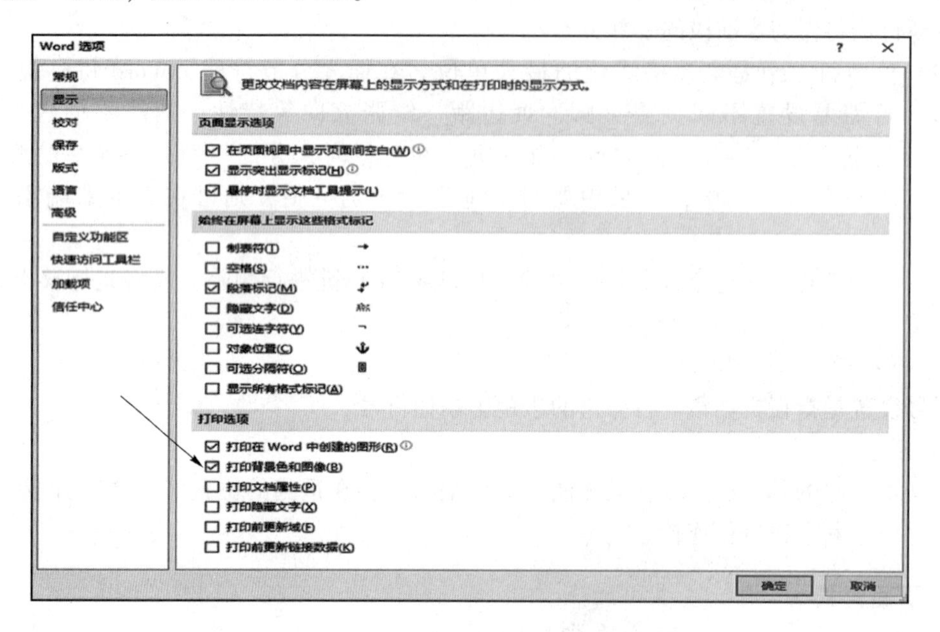

图 5. 3. 21　打印页面颜色

3）页面边框

单击“页面边框”命令，弹出“边框和底纹”对话框，如图 5. 3. 22 所示。

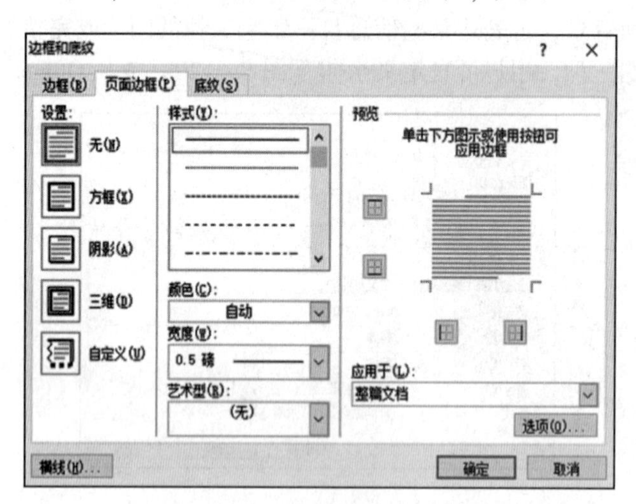

图 5. 3. 22　“边框和底纹”对话框

（1）边框。在“边框”选项卡下，可以对字符、段落设置边框，选择边框的样式、颜色、宽度。

（2）页面边框。在“页面边框”选项卡下，可以给整个页面或节加上边框，选择页面边框的艺术型。

（3）底纹。在“底纹”选项卡下，可对选定的文本或段落加底纹。其中，“填充”就是给选定的对象添加背景颜色；“样式”就是选择要添加的底纹的点密度，百分比越高，点

密度就越大；“颜色”就是底纹点的颜色。

5.4 文档表格的使用

在文档中，对数据集合进行分析比较时，仅使用文字很难表述得清晰，如果用表格把内容组织起来，就可以让要表达的内容清晰、有序、简洁。

5.4.1 表格的插入

1. 使用表格预览框插入表格

在 Word 2010 中，若要插入 10 行 8 列之内的表格，可以使用表格预览框插入表格，即可在插入表格的同时预览插入效果。

操作方法：在“插入”选项卡中，单击“表格”按钮，在下拉菜单中有表格预览框，按照表格的行、列数进行选择，确定选择后单击，即可插入表格。

2. 使用“插入表格”对话框插入表格

在 Word 2010 中，还可以通过“插入表格”对话框来插入表格。插入时，用户可选择表格的格式和尺寸。

操作方法：在“插入”选项卡的“表格”组中，单击“表格”按钮，在弹出的下拉菜单中选择“插入表格”，弹出“插入表格”对话框，如图 5.4.1 所示；在“列数”和“行数”文本框中分别输入数据，在“自动调整”操作组中选择合适的格式，单击“确定”按钮，即可插入表格。

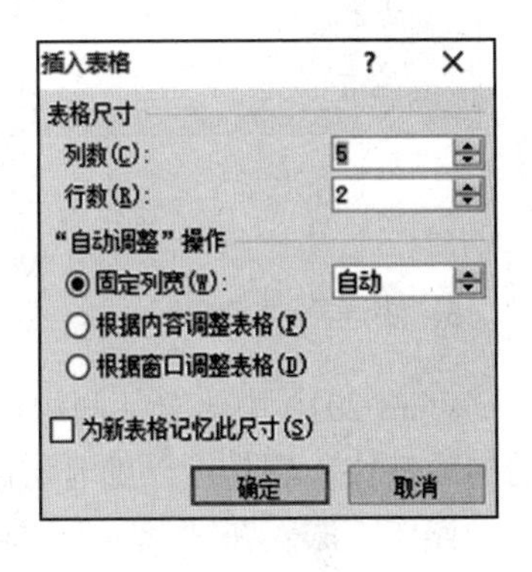

图 5.4.1 “插入表格”对话框

3. 使用绘制表格插入表格

当插入的表格为不规则的表格或需要给表格绘制斜线表头时，可以使用绘制表格的方法来插入表格。

操作方法：在“插入”选项卡的“表格”组中，单击“表格”按钮，在弹出的下拉菜单中选择“绘制表格”按钮，当光标变成铅笔的形状后，拖动光标绘制表格，出现的虚线为绘制的表格或单元格边框，松开鼠标后变为实线，如图 5.4.2 所示。

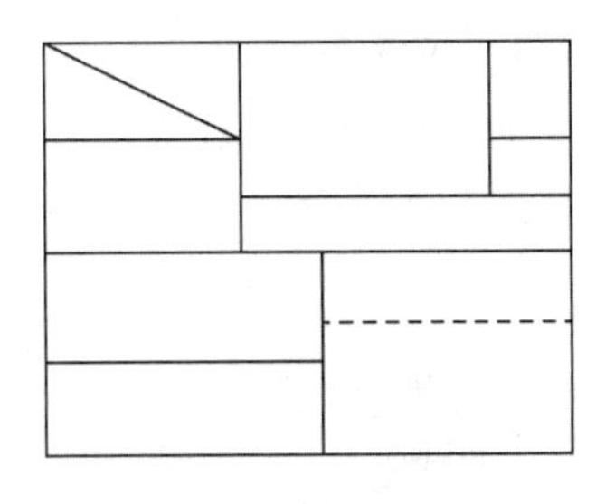

图 5.4.2 绘制表格

绘制完成后，再次单击“绘制表格”按钮，光标形状还原，绘制结束。

4. Excel 电子表格

在 Word 文档中可以插入 Excel 表格，插入的表格的基本功能与 Excel 电子表格功能类似，除了可以使用复杂的函数和公式外，还可以对数据进行条件格式、数据有效性等操作。

操作方法：在“插入”选项卡的“表格”组中，单击“表格”按钮，在弹出的下拉菜单中选择“Excel 电子表格”命令，即可插入 Excel 电子表格。

插入的表格外边框为虚线边框，插入表格后，选项卡和工具栏会发生变化，如图 5.4.3 所示。将光标移到表格外空白位置，单击，选项卡和工具栏将跳转回 Word 2010 界面。

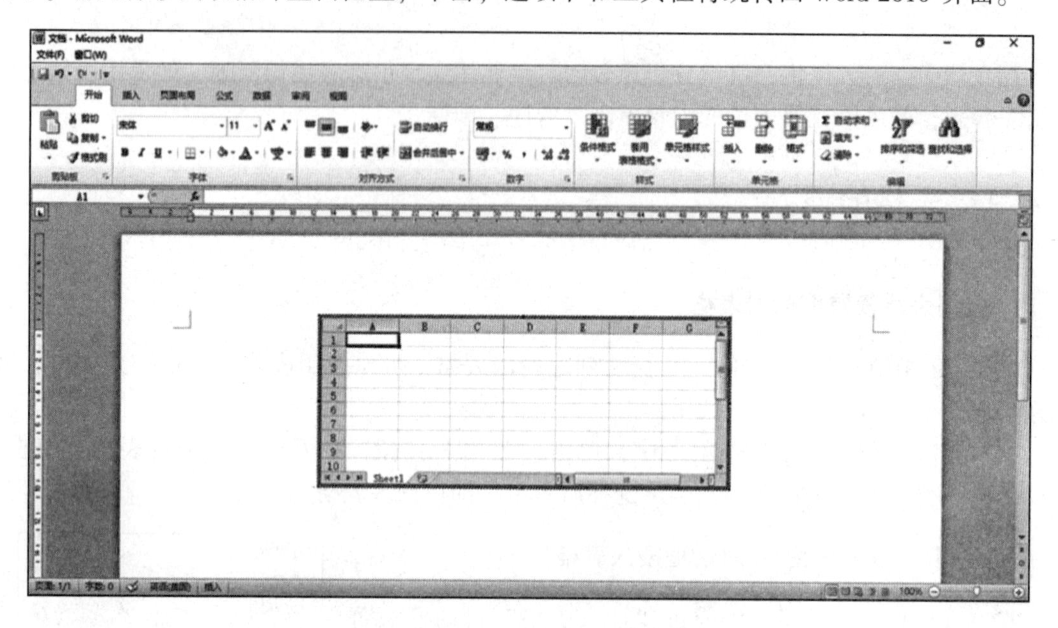

图 5.4.3　插入 Excel 电子表格

5. 快速表格

Word 2010 中包含一些构建基块，快速表格是一组预先设置好格式的表格，属于表格库的构建基块，用户可以随时访问、重用或者自定义构建。

操作方法：在“插入”选项卡的“表格”组中，单击“表格”按钮，在弹出的下拉菜单中单击“快速表格”命令，根据需求单击要插入的表格格式，即可插入表格。

6. 文本与表格的互换

1）文本转换成表格

用户可以在新建表格后录入表格内容，如果已输入的文本有统一的分隔符，也可以将其直接转换为表格，效果如图 5.4.4 所示。具体操作步骤如下：

姓名　　学号　　班级
韩康　　001　　一班
黄康健　　002　　四班
朱虹　　003　　二班
金含　　004　　三班
赵晶晶　　005　　三班

→

姓名	学号	班级
韩康	001	一班
黄康健	002	四班
朱虹	003	二班
金含	004	三班
赵晶晶	005	三班

图 5.4.4　文本转换为表格

第 1 步：选择要转换的文本，在“插入”选项卡的“表格”组中，单击“表格”按钮，在下拉菜单选择“文本转换为表格”命令，弹出“将文本转换成表格”对话框，如

图5.4.5所示。

第2步：确认要转换的行数、列数和文本之间的分隔符等信息，单击“确定”按钮，即可将文本转换为表格。

2）表格转换成文本

表格和文本之间是可以相互转换的，如果希望以文本的形式呈现已输入内容的表格，则可通过功能按钮转换，不需要重新输入。具体操作：

操作方法：选中要转换的整个表格，在“表格工具—布局”选项卡的“数据”组中，单击“转换为文本”按钮，弹出“表格转换成文本”对话框，如图5.4.6所示。选择所需的文字间隔符，单击“确定”按钮，表格完成文本转换。

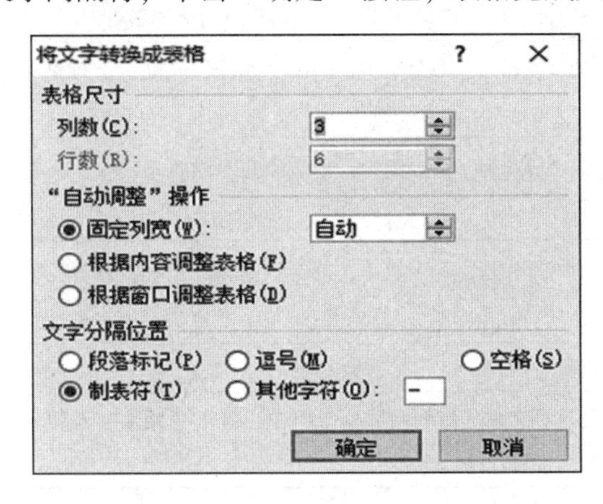

图5.4.5 “将文字转换成表格”对话框

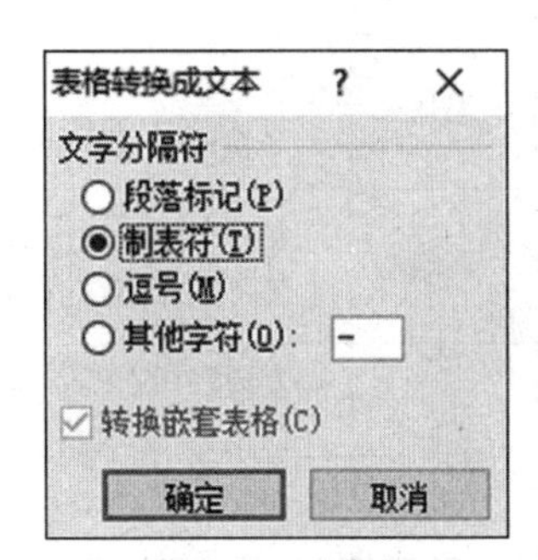

图5.4.6 “表格转换成文本”对话框

5.4.2 表格的编辑

1. 选定表格对象

在对表格进行格式设置之前，应先选定设置对象，在Word 2010中，除了可以使用“选择”按钮进行相关操作外，还可以通过光标来选定对象，方法如表5.4.1所示。

表5.4.1 选定表格对象

选定对象	操 作
单个单元格	将光标移到单元格的左侧，当其变成黑色右上箭头形状时，单击
连续多个单元格	先选定起始单元格，按下〈Shift〉键，再选定结束单元格
不连续多个单元格	先选定起始单元格，按下〈Ctrl〉键，再选定剩余单元格
整行	将光标置于某行左侧（选定栏），当其变成空心右上箭头形状时，单击
整列	将光标置于某列的顶部边框，当其变成黑色向下实心箭头形状时，单击
整个表格	单击表格左上角的“十”字标记

2. 添加或删除表格对象

表格建好后，可对表格对象进行添加或删除，操作如表5.4.2所示。

表 5.4.2　添加或删除表格对象

对象	添加/删除	操作步骤
单元格	添加	在“插入”选项卡中单击“表格”按钮，在下拉菜单中选择“绘制表格”按钮，直接绘制单元格
	删除	在“表格工具—布局”选项卡的“行和列”命令组中，单击“删除”按钮，在下拉菜单中选择“删除单元格”命令
行	添加	方法1：在“表格工具—布局”选项卡的“行和列”组中，单击“在上方插入”（或“在下方插入”）按钮
		方法2：将光标放在末行表格边框外，按〈Enter〉键，在表格末行后添加新行
	删除	在“表格工具—布局”选项卡的“行和列”命令组中，单击“删除”按钮，下拉菜单中选择“删除行”命令
列	添加	在“表格工具—布局”选项卡的“行和列”命令组中，单击“在左侧插入”→“在右侧插入”按钮
	删除	在“表格工具—布局”选项卡的“行和列”命令组中，单击“删除”按钮，在下拉菜单中选择“删除列”命令
整个表格	删除	方法1：选中表格，按〈Backspace〉键
		方法2：在“表格工具—布局”选项卡的“行和列”命令组中，单击“删除”按钮，在下拉菜单中选择“删除表格”命令

3. 清除表格内容

输入表格内容（或者复制了某个表格）之后，如果想要删除或修改表格中的所有内容，无须逐个删除单元格内容，只需要选中表格，按〈Delete〉键，即可清除表格中所有内容，且表格格式不变。

4. 移动表格内容

使用〈Shift + Alt + 方向键〉组合键，可将表格中整行内容移动到其他行上。当表格内容已经移动到表格最首/末行时，若使用该组合键，则执行表格水平拆分操作。

5. 合并或拆分单元格

1）合并单元格

合并单元格指将两个或多个单元格合并成为一个单元格。选定要合并的单元格，在“表格工具—布局”选项卡的“合并”组中，单击“合并单元格”按钮，即可完成单元格合并。

2）拆分单元格

拆分单元格指将一个单元格拆分为两个或多个单元格。选定要拆分的单元格，在“表格工具—布局”选项卡的“合并”命令组中，单击“拆分单元格”按钮，弹出“拆分单元格”对话框，在行数、列数文本框中输入数据，单击“确定”按钮，即可完成单元格拆分。

3）云计算的主要服务形式

（1）基础设施即服务（Infrastructure as a Service，IaaS）。

IaaS 即把厂商的由多台服务器组成的“云端”基础设施，作为计量服务提供给用户。它将内存、I/O 设备、存储和计算能力整合成一个虚拟的资源池，为用户提供所需要的存储资源和虚拟化服务器等服务。这是一种托管型硬件方式，用户付费使用厂商的硬件设施。例如，亚马逊的 Amazon Web 服务（AWS）、IBM 的 BlueCloud 等，均将基础设施作为服务出租。

IaaS 的优势：用户只需配备低成本硬件，能按需租用相应计算能力和存储能力，从而大大能降低用户在硬件上的开销。

（2）平台即服务（Platform as a Service，PaaS）。

PaaS 把开发环境作为一种服务来提供。这是一种分布式平台服务，厂商提供开发环境、服务器平台、硬件资源等服务给用户，用户在其平台基础上定制开发自己的应用程序并通过其服务器和互联网传递给其他用户。PaaS 能够给企业（或个人）提供研发的中间件平台，提供应用程序开发、数据库、应用服务器、试验、托管及应用服务。例如，新浪的 SAE（Sina App Engine）就是这种服务。

PaaS 的优势：能提供简单、高效的分布式 Web 应用开发与运行平台，从而降低用户的开发成本。

（3）软件即服务（Software as a Service，SaaS）。

SaaS 是一种通过 Internet 提供软件的模式，用户无须购买软件，而是向提供商租用基于 Web 的软件，来管理企业的经营活动。

SaaS 的优势：由服务提供商维护和管理软件、提供软件运行的硬件设施，用户只需拥有能够接入互联网的终端，即可随时随地使用软件。在这种模式下，客户不再像传统模式那样在硬件、软件、维护人员上花费大量资金，只需要支出一定的租赁服务费用，通过互联网就可以享受到相应的硬件、软件和维护服务，这是网络应用最具效益的营运模式。对于小型企业来说，SaaS 是采用先进技术的最好途径。

SaaS 在人力资源管理程序和 ERP 中比较常用。目前，Salesforce 是提供这类服务最有名的公司，Google Doc、Google Apps 和 Zoho Office 也属于这类服务。

2. 大数据

21 世纪是数据信息大发展的时代，移动互联、社交网络、电子商务等极大拓展了互联网的边界和应用范围，各种数据迅速膨胀，促使了大数据的产生。

1）大数据的概念

大数据是指具有数量巨大（无统一标准，一般认为在 T 级或 P 级以上，即 10^{12} 或 10^{15} 以上）、类型多样（既包括数值型数据，也包括文字、图形、图像、音频、视频等非数值型数据）、处理时效短、数据源可靠性保证度低等综合属性的海量数据集合。

从技术上看，大数据与云计算的关系就像一枚硬币的正反面一样密不可分。大数据必然无法用单台计算机进行处理，必须采用分布式架构。它的特色在于对海量数据进行分布式数据挖掘。但它必须依托云计算的分布式处理、分布式数据库和云存储、虚拟化技术。

2）数据单位

人们常用的兆字节（MB）、吉字节（GB）、太字节（TB）等单位已无法有效地描述大数据，大数据通常以 PB、EB、ZB 等单位进行计量。计算机的基本存储单位是字节（Byte，B），每个字节包含 8 个二进制位（bit，b），即 1 B = 8 b。计算机数据单位的对应换算如表 1.1.2所示。

表 1.1.2　数据单位对应换算

单位名称	数值换算	单位名称	数值换算
KB（千字节）	1 KB = 1 024 B	ZB（泽字节，十万亿亿字节）	1 ZB = 1 024 EB
MB（兆字节，百万字节）	1 MB = 1 024 KB	YB（尧字节，一亿亿亿字节）	1 YB = 1 024 ZB
GB（吉字节，十亿字节）	1 GB = 1 024 MB	BB（犀字节，一千亿亿亿字节）	1 BB = 1 024 YB
TB（太字节，万亿字节）	1 TB = 1 024 GB	NB（诺字节，一百万亿亿亿字节）	1 NB = 1 024 BB
PB（拍字节，千万亿字节）	1 PB = 1 024 TB	DB（刀字节，十亿亿亿亿字节）	1 DB = 1 024 NB
EB（艾字节，百亿亿字节）	1 EB = 1 024 PB		

3）大数据的特性

（1）大量化。

大数据具有大型的数据集。例如，2017 年，新浪微博用户达 3.4 亿，每天产生几亿条数据。据 IDC（互联网数据中心）的报告，早在 2015 年，全球的数据总量就达到了 8.61 ZB，预计到 2020 年，全球数据总量将超过 40 ZB。

（2）高速化。

大数据是大量实时数据流的快速收集、创新、分析、处理、传送的过程。通过高速的处理器和性能良好的服务器，企业能快速地将数据反馈给用户。

（3）多样化。

随着各种通信网络的发展，数据来源越来越丰富，如微博、社交网、传感器等。丰富的数据来源，决定了数据的多样性，保存在关系数据库中的结构化数据只占少数，70% ~80% 的数据是非结构化和半结构化数据，如图片、音频、视频、模型、连接信息、文档等。这些数据关联性强，数据之间频繁交互。例如，游客在旅行途中上传的图片和日志，就与游客的位置、行程等信息有了很强的关联性。

（4）价值密度低。

大数据不仅仅是技术，关键是能产生价值。价值密度的高低与数据总数的大小成反比。挖掘大数据的价值类似沙里淘金，从海量数据中挖掘稀疏但珍贵的信息。例如，监控视频每天都在生成大量视频数据，并将其保存在计算机中，如果没有特殊情况发生，这些视频数据是没有任何意义的。只有需要查看某一天某一时刻的视频时，那一小段的视频才是有用的，因此，监控视频的价值密度非常低。如何通过强大的机器算法更迅速地完成数据的价值"提纯"，是大数据时代亟待解决的难题。

4）大数据的应用

在以云计算为代表的技术创新背景下，收集和处理数据变得更加简便。大数据时代下的核心——预测分析，已在商业和社会中得到广泛应用。下面介绍一些典型的应用例子。

（1）洛杉矶警察局和加利福尼亚大学合作，利用大数据来预测犯罪的发生。

（2）Google 流感趋势（Google Flu Trends）通过搜索关键词来预测禽流感的散布。

（3）统计学家内特·西尔弗（Nate Silver）利用大数据来预测2012年美国总统选举结果。

（4）麻省理工学院利用手机定位数据和交通数据来建立城市规划。

（5）根据需求和库存的情况，美国梅西百货基于SAS公司的系统对多达7 300万种货品进行实时调价。

（6）美国影视网站Netflix根据视频点播、搜索请求、用户评分等数据进行分析，投资拍摄的《纸牌屋》市场反应良好。

3. 物联网

1）物联网的概念

物联网（Internet of Things，IoT）是新一代信息技术的重要组成部分，也是“信息化”时代的重要发展阶段。顾名思义，物联网就是物物相连的互联网。这有两层意思：第一，物联网的核心和基础仍然是互联网，是在互联网基础上延伸和扩展的网络；第二，其用户端延伸和扩展到了任何物品与物品之间，进行信息交换和通信，也就是物物相息。

国际电信联盟（International Telecommunication Union，ITU）对物联网的定义为：通过二维码识读设备、射频识别（RFID）装置、红外感应器、全球定位系统和激光扫描器等信息传感设备，按约定的协议，把任何物品与互联网相连接，进行信息交换和通信，以实现智能化识别、定位、跟踪、监控和管理的一种网络。

物联网将智能感知、识别技术与普适计算等通信感知技术广泛应用于网络的融合，也因此被称为继计算机、互联网之后世界信息产业发展的第三次浪潮。

2）物联网的关键技术

在物联网应用中，有以下三项关键技术：

（1）传感器技术。

传感器技术是计算机应用中的关键技术。只有通过传感器把模拟信号转换成数字信号，计算机才能处理。

（2）RFID技术。

RFID技术是一种传感器技术，RFID技术是融合了无线射频技术和嵌入式技术于一体的综合技术，RFID技术在自动识别、物品物流管理方面有着广阔的应用前景。

（3）嵌入式系统技术。

嵌入式系统技术是综合了计算机软硬件、传感器技术、集成电路技术、电子应用技术的复杂技术。嵌入式系统技术具有非常广阔的应用前景，其应用领域有工业控制、交通管理、信息家电、家庭智能管理、环境工程等。

如果把物联网用人体来简单比喻，那么传感器就相当于人的眼睛、鼻子、皮肤等感官，网络就是神经系统，用来传递信息，嵌入式系统则相当于人的大脑，在接收到信息后要进行分类处理。这个例子很形象地描述了传感器、嵌入式系统在物联网中的位置与作用。

3）物联网的应用模式

根据其实质用途，物联网可以归结为两种基本应用模式：

（1）对象的智能标签。

通过NFC、二维码、RFID等技术来标识特定的对象，用于区分对象个体。例如，在生活中我们使用的各种智能卡，具条码标签的基本用途就是用来获得对象的识别信息。此外，通过智能标签还可以获得对象物品所包含的扩展信息，如智能卡上的金额、二维码中所包含的网址和名称等。

（2）对象的智能控制。

物联网基于云计算平台和智能网络，可以依据传感器网络用获取的数据来进行决策，通过改变对象的行为来进行控制和反馈。例如，根据光线的强弱来调整路灯的亮度，根据车辆的流量来自动调整红绿灯间隔等。

4）物联网的分类

物联网用途广泛，遍及多个领域，一般分为私有物联网、公有物联网、社区物联网、混合物联网、医学物联网和建筑物联网等。

（1）私有物联网：一般面向单一机构内部提供服务。

（2）公有物联网：基于互联网向公众或大型用户群体提供服务。

（3）社区物联网：向关联的“社区”或机构群体（如公安局、交通局、环保局、城管局等）提供服务。

（4）混合物联网：是上述的两种或两种以上的物联网的组合，但后台有统一的运维实体。

（5）医学物联网：将物联网技术应用于医疗、健康管理、老年健康照护等领域。

（6）建筑物联网：将物联网技术应用于路灯照明管控、景观照明管控、楼宇照明管控、广场照明管控等领域。

4. 3D 打印

1）3D 打印的概念

3D 打印（3D Printing，3DP）又称三维打印，它是快速成型技术的一种，是一种以数字模型文件为基础，运用粉末状金属或塑料等可黏合材料，通过逐层打印的方式来构造物体的技术。图 1.1.22 所示为 3D 打印 F1 赛车模型。

2）3D 打印的原理

3D 打印需借助 3D 打印机来实现。它是采用光固化和纸层叠等技术的快速成型装置。其工作原理是：先通过计算机建模软件建模，再将建成的三维模型“分区”成逐层的截面（即切片），从而指导打印机逐层打印。3D 打印的各步骤描述如下：

（1）三维建模。

通过 GoScan 之类的专业三维扫描仪（图 1.1.23）或 Kinect 之类的 DIY 扫描设备获取对象的三维数据，并且以数字化方式生成二维模型。也可以使用 Blender、SketchUp、AutoCAD 等二维建模软件从零开始建立三维数字化模型，或直接使用他人已做好的三维模型。

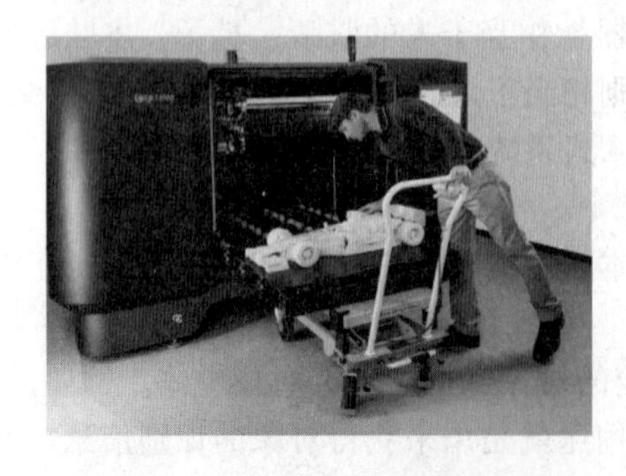

图 1.1.22　3D 打印的 F1 赛车模型

图 1.1.23　手持式三维扫描仪 GoScan

（2）分层切割。

由于描述方式的差异，3D 打印机并不能直接操作三维模型。当三维模型输入计算机以后，需要通过打印机配备的专业软件来进一步处理，即将模型切分成一层层薄片，每层薄片的厚度由喷涂材料的属性和打印机的规格决定。

（3）打印喷涂。

由打印机将打印耗材逐层喷涂或熔结到二维空间中，根据工作原理的不同，有多种实现方式。比较流行的做法是：首先，在需要成型的区域喷洒一层特殊胶水，胶水液滴本身很小，且不易扩散；然后，喷洒一层均匀的粉末，粉末遇到胶水会迅速固化黏结，而没有胶水的区域仍保持松散状态。这样，在一层胶水一层粉末的交替下，实体模型被“打印”成型。打印完毕后，只要扫除松散的粉末即可“刨”出模型。或者，通过高能激光融化合金材料，一层一层地熔结成模型。整个过程根据模型大小、复杂程度、打印材质和工艺不同，需耗时几分钟到数天不等。

（4）后期处理。

模型打印完成后，一般都会有毛刺或粗糙的截面。这时，需要对模型进行后期加工（如固化处理、剥离、修整、上色等），才能最终完成所需要的模型的制作。

3）3D 打印工艺

3D 打印技术最突出的优点是无须机械加工或任何模具，就能直接从计算机图形数据中生成任何形状的零件，从而极大地缩短产品的研制周期，提高生产率和降低生产成本。

目前主流的 3D 打印工艺有 SLA（激光固化光敏树脂成型）、FDM（熔融挤压堆积成型）、3DP（三维喷涂黏结成型）、SLS（选择性激光烧结成型）、PolyJet（喷墨成型）等。使用的材料主要有石膏、尼龙、ABS 塑料、PC、树脂、金属、陶瓷、橡胶类物质等，还可以结合不同材料，打印出不同质感和硬度的物品。

4）3D 打印的应用领域

3D 打印技术作为一种新兴的技术，在模具制造领域被用于制造模型，在产品制造过程中被用于生产零部件。同时，3D 打印技术在军事、航空航天、医学、建筑、电子、汽车等领域都有所应用。

5. 虚拟现实

1）虚拟现实的概念

虚拟现实（Virtual Reality，VR）是一种可以创建和体验虚拟世界的计算机仿真系统，它利用计算机来生成一种模拟环境，通过多源信息融合的、交互式的三维动态视景和实体行为的系统仿真，带给用户身临其境的体验。

VR 技术是仿真技术的一个重要方向，它以计算机技术为主，综合了多媒体技术、仿真技术、传感技术、网络技术、人机接口技术、计算机图形学、语音处理与音响技术、人工智能等技术。

VR 技术主要包括模拟环境、感知、自然技能和传感设备等方面。模拟环境是由计算机生成的、实时动态的三维立体逼真图像。感知是指理想的 VR 应该具有一切人所具有的感知。除计算机图形技术所生成的视觉感知外，还有听觉、触觉、力觉、运动等感知，甚至包括嗅觉和味觉等，称为多感知。自然技能是指人的头部转动，眼睛动作、手势，或其他人体行为动作，由计算机来处理与这些动作相适应的数据，并对用户的输入做出实时响应，并分别反馈到用户的五官。传感设备是指三维交互设备。

2）VR 系统的一般构成

典型的 VR 系统主要由计算机硬件系统、应用软件系统、输入输出设备、用户和数据库等组成。

（1）计算机硬件系统。

在 VR 系统中，计算机负责虚拟世界的生成和人机交互的实现。由于虚拟世界本身具有高度复杂性（尤其在某些应用中，如航空航天世界的模拟、大型建筑物的立体显示、复杂场景的建模等），导致生成虚拟世界所需的计算量巨大，因此对 VR 系统中计算机的硬件配置提出了极高的要求。

（2）输入输出设备。

在 VR 系统中，为了实现人与虚拟世界的自然交互，必须采用特殊的输入输出设备，以识别用户各种形式的输入，并实时生成相应的反馈信息。

（3）应用软件系统。

应用软件系统负责虚拟世界中物体的几何模型、物理模型、行为模型的建立，三维虚拟立体声的生成，模型管理及实时显示，等等。

（4）数据库。

数据库主要用于存放整个虚拟世界中所有物体的各个方面的信息。

3）VR 技术的三个特征

（1）沉浸性。

沉浸性是 VR 技术区别于三维仿真技术、三维影视、AR（增强现实）技术的核心特征。由于 VR 系统可以将用户的视觉、听觉与外界隔离，因此用户可排除外界干扰，全身心地投入 VR，获得身临其境的感觉。

VR 技术根据人类的视觉、听觉的生理心理特点，由计算机产生逼真的三维立体图像。用户戴上头盔显示器和数据手套等交互设备，便可将自己置身于虚拟环境中，成为虚拟环境中的一员。理想的虚拟世界应该达到使用户难以分辨真假的程度，甚至超越真实，实现比现实更逼真的照明和音响效果。

（2）交互性。

VR 中的交互性使虚拟环境中的人机交互成为一种更近乎自然的交互，就如同在现实世界一样。用户不仅可以利用计算机键盘、鼠标进行交互，而且能够通过 VR 眼镜、VR 数据手套等用于信息输入输出的传感设备进行交互。

计算机能根据用户的头、手、眼、语言及身体的运动来调整系统呈现的图像及声音。用户通过自身的语言、身体运动或动作等自然技能，对虚拟环境中的对象进行考察操作。例如，当用户移动头部时，虚拟环境中的人物视角所看到的景象画面也发生变化；当用户用手抓取虚拟环境中的物体时，手就有握住该物体的感觉，而且可感觉到物体的重量；通过多声道耳机，用户还可以听到三维仿真声音。

（3）想象性。

虚拟环境是人想象出来的，这种想象体现出设计者相应的思想；同时，虚拟环境可使用户沉浸其中并且获取新的知识，提高感性和理性认识，从而使用户深化概念和萌发新的联想。因而，可以说，VR 有助于启发人的创造性思维。

4）VR 技术的分类

（1）桌面式 VR 系统。

桌面式 VR 系统又称窗口 VR，是一套基于普通个人计算机的小型桌面虚拟现实系统，如图 1.1.24 所示。它利用个人计算机或中低端图形工作站等设备，采用立体图形、自然交互等技术，产生三维立体空间的虚拟场景，将计算机的屏幕作为观察虚拟世界的一个窗口，通过立体眼镜来观看。用户使用位置跟踪器、数据手套、力反馈器、三维鼠标或其他手控输入设备来实现与虚拟世界的交互。

桌面式 VR 系统的特点有：

① 对硬件要求极低，有时只需要计算机或仅增加数据手套、空间位置跟踪定位设备等。

② 缺少完全沉浸感，参与者不完全沉浸，因为即使戴上立体眼镜，仍然会受到周围现实世界的干扰。

③ 应用比较普遍，因为它的成本相对较低，而且它也具备了沉浸式 VR 系统的一些技术要求。

从成本等角度考虑，采用桌面式 VR 技术往往被认为是从事 VR 研究工作的必经阶段。

常见的桌面式 VR 系统工具有全景技术软件 QuickTime VR 、虚拟现实建模语言 VRML、网络三维互动（Cult3D）、Java3D 等，主要用于 CAD（计算机辅助设计）、CAM（计算机辅助制造）、建筑设计、桌面游戏等领域。

（2）沉浸式 VR 系统。

沉浸式 VR 系统又称沉浸式虚拟现实系统，如图 1.1.25 所示，它提供完全沉浸的体验，使用户有一种完全置身于虚拟世界之中的感觉。它通常采用头盔式显示器、洞穴式立体显示等设备，将用户的视觉、听觉和其他感觉封闭，并提供一个新的、虚拟的感觉空间，利用空间位置跟踪定位设备、数据手套、其他手控输入设备、声音设备等，使用户产生一种完全投入并沉浸于其中的感觉，是一种较理想的 VR 系统。

图 1.1.24　桌面式 VR 系统体验

图 1.1.25　沉浸式 VR 系统之健身

沉浸式 VR 系统的特点有：

① 高度的沉浸感。沉浸式 VR 系统采用多种输入与输出设备来营造一个虚拟的世界，并使用户沉浸其中，同时还可以使用户与真实世界完全隔离，不受真实世界的影响。

② 高度实时性。在虚拟世界中，要达到与真实世界相同的感觉（例如，当人运动时，空间位置跟踪定位设备需及时检测到），并且经过计算机运算，能输出相应的场景变化，这种变化必须及时，延迟时间要很短。

常见的沉浸式 VR 系统有：基于头盔式显示器的 VR 系统、投影式 VR 系统。

虚拟现实影院（VR Theater）就是一个完全沉浸式的投影式虚拟现实系统。用几米高的六个平面组成的立方体屏幕环绕在观众周围，设置在立方体外围的六个投影设备共同投射在立方体的投射式平面上，观众置身于立方体中可同时观看由五个（或六个）平面组成的图像，完全沉浸在图像组成的空间中。

（3）增强式 VR 系统。

增强式 VR 系统简称“增强现实”（AR），是一种将真实世界信息和虚拟世界信息“无缝”集成的新技术。它将原本在现实世界的一定时间空间范围内很难体验到的实体信息（视觉信息、声音、味道、触觉等），通过计算机等科学技术模拟仿真后叠加，将虚拟的信息应用到真实世界，被人类感官所感知，从而达到超越现实的感官体验。

增强现实技术把真实的环境和虚拟的物体实时地叠加到同一个画面（或空间）同时存在，在视觉化的增强现实中，用户利用头盔显示器，把真实世界与计算机图形多重合成在一起，便可以看到“真实的世界”。

增强现实技术包含了多媒体、三维建模、实时视频显示及控制、多传感器融合、实时跟踪及注册、场景融合等新技术与新手段。其具有三个突出的特点：真实世界和虚拟世界融为一体；具有实时人机交互功能；真实世界和虚拟世界是在三维空间中整合的。

增强式 VR 系统可以在真实的环境中增加虚拟物体，如在室内设计中，可以在门、窗上增加装饰材料，改变各种式样、颜色等来审视最后的效果，以达到增强现实的目的。

常见的增强式 VR 系统有：基于台式图形显示器的系统、基于单眼显示器的系统（一只眼睛看到的是显示屏上的虚拟世界，另一只眼睛看到的是真实世界）、基于透视式头盔式显示器的系统。目前，增强式 VR 系统常用于医学可视化、军用飞机导航、设备维护与修理、娱乐、文物古迹的复原等领域。例如，医生做手术时，如果戴上透视式头盔式显示器，就既可以看到手术现场的真实情况，又可以看到手术中所需的各种资料，如图 1.1.26 所示；战机飞行员的平视显示器可以将仪表读数和武器瞄准数据投射到安装在飞行员面前的穿透式屏幕上，使飞行员不必低头读座舱中仪表的数据，从而可以集中精力盯着敌人的飞机或导航偏差。

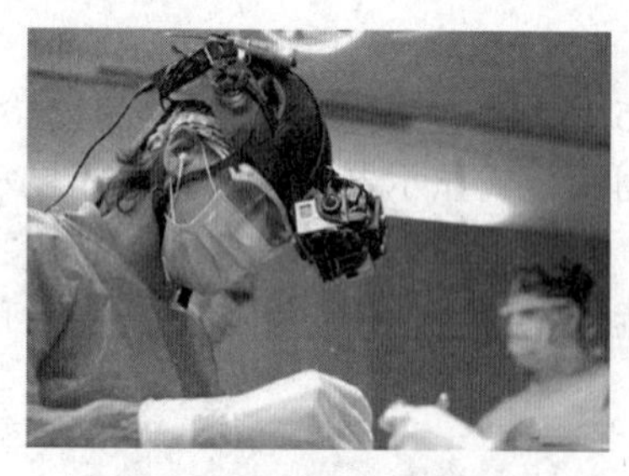

图 1.1.26　增强式 VR 系统之外科手术

（4）分布式 VR 系统。

分布式 VR 系统（DVR）是基于网络的虚拟环境。在这个环境中，位于不同物理环境位置的多个用户或多个虚拟环境通过网络相连，或者多个用户同时加入一个虚拟现实环境，通过计算机与其他用户进行交互，并共享信息。在该系统中，多个用户可通过网络对同一虚拟世界进行观察和操作，以达到协同工作的目的。简而言之，DVR 是指一个支持多人实时通过网络进行交互的软件系统。

分布式 VR 系统的特点：各用户具有共享的虚拟工作空间；伪实体的行为真实感；支持实时交互，共享时钟；多个用户可用各自不同的方式相互通信；资源信息共享以及允许用户自然操纵虚拟世界中的对象。

目前，分布式 VR 技术主要应用于远程虚拟会议、虚拟医学会诊、多人通过网络进行游戏或虚拟战争模拟等领域，如图 1.1.27 所示。典型的分布式 VR 系统是 SIMNET。SIMNET 由坦克仿真器通过网络连接而成，用于部队的联合训练。通过 SIMNET，位于

图 1.1.27　分布式 VR 系统之虚拟战争模拟

德国的仿真器可以和位于美国的仿真器运行在同一个虚拟世界，并参与同一场作战演习。

1.2 信息技术概述

20世纪80年代以来，信息技术快速发展，并得到了广泛应用。信息化是当今世界经济和社会发展的大趋势，信息化水平已成为衡量一个国家和地区现代化水平的重要标志。

1.2.1 信息技术的相关概念

1. 数据与信息

数据是对客观事物的符号表示，在计算机科学中，是指所有能输入计算机并被计算机程序处理的符号总称。例如，常规意义下的数字、文字、图形、声音、图像（静态和活动图像）等，经编码后都被视为数据。

信息既是对客观世界中各种事物变化和特征的反映，又是事物之间相互作用和联系的表征，表现的是客观事物运动状态和变化的实质内容。人们通过接收信息来认识事物，从这个意义上讲，信息是一种知识，是接收者原来不了解的新知识。

信息与数据既有联系，又有区别。数据是信息的载体，信息是对数据的解释。数据是符号，是物理性的；信息是对数据进行加工处理之后所得到的并对决策产生影响的数据，是逻辑性和观念性的。数据是信息的表现形式，数据只有对实体行为产生影响时才成为信息；信息是数据有意义的表示。例如，85这个数据本身是没有意义的，但如果出现在成绩表上，那就可以表示一个同学某门课程的成绩；如果出现在体检单上，就可以表示某个人的体重。这才是信息，信息是有意义的。

2. 信息处理与信息技术

信息处理是指获取信息并对它进行加工处理，使之成为有用信息并发布出去的过程，主要包括信息的获取、存储、加工、发布和表示。

信息技术（Information Technology，IT）是主要用于管理和处理信息所采用的各种技术的总称。它主要应用计算机科学和通信技术来设计、开发、安装和实施信息系统及应用软件，常被称为信息和通信技术（Information and Communications Technology，ICT）。信息技术主要包括传感技术、计算机与智能技术、通信技术和控制技术。

1.2.2 信息技术的发展历程

通常认为，信息技术的发展经历了五个转折点：语言；文字；造纸术与印刷术；电报、电话、广播、电视；计算机与现代通信技术。

1. 第一个阶段——语言的使用

语言是一种比表情、叫声等更便捷的信息载体，它使人们之间的交流更直接、明了，能交流的内容也更加丰富。对语言的应用促进了人类大脑的发展，抽象能力、分析能力和归纳能力等逐渐得到了提高。

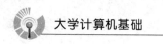

2. 第二个阶段——文字的发明和使用

在原始社会末期，人们用来记录时间的图形和符号慢慢固定下来，并最终形成了文字。文字的出现让信息交流突破了口口相传的模式，比语言更加清晰，且可以反复阅读，从而扩大了信息在时空中的传播范围，促进了信息的积累和人类社会的发展。

3. 第三个阶段——造纸术与印刷术的发明和使用

造纸术和印刷术的发明改善了存储和交流信息的手段，使信息能更加广泛地传播。随着造纸术和印刷术的发展，大量图书涌现，使知识的积累和传承有了更加可靠的保证。

4. 第四个阶段——电报、电话、广播、电视的发明和使用

19 世纪出现的电报、电话极大提升了信息的传输速度，自此，电磁波成为信息交流的新载体。随后出现的无线电广播和电视广播，让全世界的人能同时收听同一声音、收看同一画面，传输效率达到了前所未有的高度。

5. 第五个阶段——计算机与现代通信技术的发明和使用

计算机与现代通信技术的融合，不仅进一步提升了交流信息的效率，并且第一次引入了能自动处理信息的智能化工具，从这一刻起，信息技术迅速成为人们关注的焦点，人类开始进入信息时代。

1.2.3 现代信息技术的内容

现代信息技术是以电子技术（尤其是微电子技术）为基础，以计算机技术为核心，以通信技术为支柱，以信息技术应用为目的的科学技术群。它是对声音、图像、文字、数字和各种传感信号的信息进行获取、加工、处理、储存、传播和使用的能动技术。

现代信息技术通常按内容划分为三个层次：信息基础技术、信息系统技术和信息应用技术。

1. 信息基础技术

信息基础技术是信息技术的基础，包括新材料、新能源、新器件的开发和制造技术。近十几年来，微电子技术和光电子技术发展迅速、应用广泛，对信息技术以及整个高科技领域产生了较大的影响。

1）微电子技术

所谓微电子，是相对强电、弱电等概念而言的，指所处理的电子信号极其微小。微电子技术是建立在以集成电路为核心的各种半导体器件基础上的高新电子技术，其特点是体积小、质量轻、可靠性高、工作速度快。微电子技术对信息时代具有巨大的影响，是现代电子信息技术的直接基础。

微电子技术是当今世界新技术革命的基石，给各行各业带来了革命性的变化。人们通常所接触的电子产品（如计算机、电视机等）都是在微电子技术的基础上生产的。这些产品的核心就是集成电路，即通常所说的芯片，它是微电子技术发展的标志。

衡量微电子技术进步的标志主要体现在以下三个方面：

(1) 缩小芯片中器件的结构和尺寸，即缩小加工线条的宽度。

(2) 增加芯片中所包含的元器件的数量，即扩大集成规模。

(3) 开拓有针对性的设计应用。

2) 光电子技术

光电子技术是继微电子技术之后近几十年来迅速发展的综合性高新技术。光电子技术是由光子技术和电子技术相结合而形成的一门新技术，它是研究光与物质中的电子相互作用及其能量转换相关的技术。利用光电转换原理，光电子技术可实现从紫外波段、可见光到红外波段的信息获取、传输、变换、处理和重现，涉及光通信、光电显示、半导体照明、光存储、激光器等多个应用领域，是信息和通信产业的核心技术。

2. 信息系统技术

信息系统技术是指有关信息的获取、处理、传输、控制、存储的设备和系统的技术。感测技术、通信技术、计算机与智能技术和控制技术是它的核心和支撑技术。信息系统技术的内容如表 1.2.1 所示。

表 1.2.1 信息系统技术

内容	说明
信息获取技术	获取信息是利用信息的先决条件。目前，主要的信息获取技术有传感技术、遥测技术和遥感技术
信息处理技术	对获取的信息进行识别、转换、加工，使信息安全存储、传输，并能方便的对信息进行检索、再生、利用，或便于人们从中提炼知识、发现规律的工作手段
信息传输技术	通信技术，如光纤通信技术、卫星通信技术等
信息控制技术	利用信息传递和信息反馈来实现对目标系统的控制的技术，如导弹控制系统技术等。目前，人们把通信技术、计算机技术和控制技术合称为3C 技术（Communication、Computer、Control）技术。3C 技术是信息技术的主体
信息存储技术	广义上，纸质图书、录像带、唱片、电影、微缩品、磁盘、光盘、多媒体系统等都是信息存储的介质，与它们相对应的技术便构成了现代信息存储技术

3. 信息应用技术

信息应用技术是针对各种实用目的（如信息管理、信息控制的信息决策）而发展起来的具体技术，如企业生产自动化、办公自动化、家庭自动化、人工智能和互联网技术等。它们是信息技术开发的根本目的所在。

当前，信息应用技术主要应用在五个领域：电子政务（EA）；电子商务（EB）；地理信息系统；教育信息应用技术；工程信息应用技术。每个领域中都包含了若干类信息应用技术。例如，在电子政务中，常用的信息应用技术有办公自动化技术、信息安全技术等。在具体应用这些技术时，往往交叉进行，因为系统都很复杂，仅依靠某种单一技术来完成某项工作是不现实的。例如，在运用办公自动化技术传发文件时，需要用到信息安全技术，对文件进行加密和解密，以提高信息安全，防止重要文件泄露。

4. 现代信息技术的发展趋势

展望未来，在社会生产力发展、人类认识和实践活动的推动下，现代信息技术将得到更深、更广、更快的发展，其发展趋势主要包括以下几方面。

1）网络化

未来信息技术的发展将完全依赖于整个计算机网络的发展，因此也将进入全球网络信息化时代，及全网信息时代。随着人类社会的不断发展，整个信息技术网络也将进入一个快速发展迭代期，并以硬件发展为基础，不断更新其网络应用质量，以满足人们对不同信息的网络化需求。

2）高速度大容量

现代信息技术的发展，促使人们对获取信息的网络速度和容量不断提出更高要求。在信息技术高速发展的未来，对海量信息进行高速处理、传输和存储势必成为信息技术发展的必然趋势。这种趋势也将进一步促使电子元器件、集成电路、存储器件的高速化、微型化、廉价化的快速发展，从而使整个信息技术所需的硬件满足其发展需求。

3）集成化和平台化

随着信息技术的不断发展，云计算、大数据分析、海量存储、信息安全等众多基于网络及信息技术的综合实践应用将得到进一步的完善。这种综合性实践应用将遍布人类社会各个领域，且各类信息存在一定的互通互融。为此，未来信息技术的发展将在一定程度上进行集成化处理与应用，同时将信息资源进行有效整合，形成区域化（或领域化）应用平台，从而实现对各种信息数据的有效性服务。

4）智能化

信息技术的发展将进一步促进人类社会的发展进程。在信息技术的推动下，结合新型制造技术的发展，以智能化机器为代表的制造技术将逐渐普及，并替代一定的传统技术，从而使人类社会进入智能化时代，给现代人类带来更加方便的生活，如智能化工业机器人、智能家居系统等。

1.3 计算思维简介

随着工业自动化进程的推进，计算机信息技术迅猛发展，人们的大量机械性劳动和智力活动在很大程度上被自动化、信息化和智能化取代，使人们曾经的许多构想（甚至梦想）逐步变成了现实，也使计算思维的方法和观点得到了广泛的拓展和应用。

1.3.1 计算思维的概念

1. 计算思维的概念

计算思维又称为构造思维，以设计和构造为特征，以计算科学为代表。计算思维是人类三大科学思维中的一种，另外两种分别是理论思维和实验思维。

2006 年 3 月，美国卡内基·梅隆大学计算机科学系主任周以真（Jeannette M. Wing）教授在美国计算机权威期刊 *Communications of the ACM* 上对计算思维（Computational Thinking，CT）给出定义：计算思维是运用计算机科学的基础概念进行问题求解、系统设计，以及人类行为理解等涵盖计算机科学之广度的一系列思维活动。

2010年，周以真教授又指出，计算思维是与形式化问题及其解决方案相关的思维过程，其解决问题的表示形式应该能有效地被信息处理代理执行。

2. 计算思维的关键内容

当我们必须求解一个特定的问题时，首先会问：解决这个问题有哪些困难？怎样做才是最佳的解决方法？当人们以计算机解决问题的视角来看待这个问题时，需要根据计算机科学坚实的理论基础来准确地回答这些问题。同时，还要考虑工具的基本能力，考虑机器的指令系统、资源约束和操作环境等问题。

为了有效地求解一个问题，人们可能要进一步问：一个近似解是否就足够了，是否有更简便的方法，是否允许误报和漏报？计算思维就是通过约简、嵌入、转化、仿真等方法，把一个看起来困难的问题阐释成一个人们知道怎样解决的问题。

计算思维是一种递归思维，是一种并行处理。它可以把代码译成数据，又把数据译成代码。它是由广义量纲分析进行的类型检查。例如，对于别名或赋予人与物多个名字的做法，它既知道其益处又了解其害处；对于间接寻址和程序调用的方法，它既知道其威力又了解其代价。它评价一个程序时，不仅根据其准确性和效率，还有对美学的考量，而对于系统的设计，还考虑简洁和优雅。计算思维是一种多维分析推广的类型检查方法。

计算思维采用了抽象和分解来迎战庞杂的任务或者设计巨大复杂的系统，它是一种基于关注点分离的方法（Separation of Concerns，SOC）。例如，它选择合适的方式去陈述一个问题，或者选择合适的方式对一个问题的相关方面建模使其易于处理；它利用不变量来简明扼要且表述性地刻画系统的行为；它使人们在不必理解每一个细节的情况下就能够安全地使用、调整和影响一个大型复杂系统的信息；它是为预期的未来应用而进行数据的预取和缓存的设计。

计算思维是按照预防、保护及通过冗余、容错、纠错的方式，并从最坏情况进行系统恢复的一种思维。例如，对于“死锁”，计算思维就是指学习并探讨在同步相互会合时如何避免“竞争条件”的情形。

计算思维利用启发式的推理来寻求解答，它可以在不确定的情况下规划、学习和调度。例如，它采用各种搜索策略来解决实际问题。另外，计算思维利用海量数据来加快计算，在时间和空间之间、在处理能力和存储容量之间进行权衡。例如，它在内存和外存的使用上进行巧妙的设计；它在数据压缩与解压缩过程中平衡时间和空间的开销。

计算思维与生活密切相关：当你早晨上学时，把当天所需要的物品放进背包，这就是“预置和缓存”；当有人丢失物品，你建议他沿着走过的路线去寻找，这就是“回推”；在对自己租房还是买房做出决策时，这就是“在线算法”；在超市付费时，决定排哪一队，这就是“多服务器系统”的性能模型；为什么停电时你的电话还可以使用，这就是“失败无关性”和“设计冗余性”。由此可见，计算思维与人们的工作与生活密切相关，计算思维应当成为人们不可或缺的一种生存能力。

1.3.2 计算思维的特征及应用

1. 计算思维的特征

计算思维的特征有以下6方面：

（1）计算思维是概念化的，而不是程序化的。

（2）计算思维是一种根本技能，不是刻板的技能。

（3）计算思维是人的思维方式，而非计算机的思维方式。

（4）计算思维是数学和工程思维的互补与融合。

（5）计算思维是思想，不是人造物。

（6）计算思维面向所有人、所有地方。

2. 计算思维的应用

计算思维的本质是抽象和自动化。它将如同人们具备“读、写、算”（Reading、wRiting、aRithmetic，3R）能力一样，成为每个人最基本的能力。正如印刷与出版的发展促进了3R的普及，计算和计算机也促进了计算思维的传播。

当前各行业领域中面临的大数据问题，都需要依赖算法来挖掘有效内容，这意味着计算机科学将从前沿变得更加基础和普及。随着计算思维的不断渗透，这些思维对于今天乃至未来研究各种计算手段有着重要的影响。

1）“0”和“1”的思维

计算思维的抽象体现在完全使用符号系统。计算机本质上是以“0”和“1”为基础来实现的。在计算机内部，现实世界的声音、图像、视频等信息都要转换成0和1的二进制形式存储、运算，并由晶体管组成的电子电路来实现，这种由软件到硬件联系的纽带是“0”和“1”。“0”和“1”的思维体现了“语义符号化→符号计算化→计算‘0’（和）‘1’化→‘0’（和）‘1’自动化→分层结构化→构造集成化”的思维，体现了如何将社会或自然问题转变成计算问题，再将计算问题转变成由机械或电子系统自动完成的基本思维模式，是最基本的抽象与自动化机制，是最重要的一种计算思维。

2）程序思维

程序思维的本质是将问题采用自顶向下的方式进行功能的分解，将系统按功能分解为若干模块，每一个模块是实现系统某一功能的程序单元，通过解决每一个子问题来解决初始问题。

不管在哪个领域，当人们面对一个大型问题需要解决时，都应该首先考虑怎么对问题进行分解。例如，组建一个汽车制造厂，首先需要解决汽车各零部件的生产以及装配检验等问题，可以考虑组建若干个分厂及一个总装厂，每个分厂只负责生产一个或几个零部件，或是完成装配检验，等等。就这样，一个汽车生产问题，按照自顶向下、逐步求精的方法，进行层层分解，将每一个子问题都控制在人们容易理解和处理的范围内。程序思维说明，解决问题的方法也是科学和设计领域的一项重要技能。

3）递归思维

递归是一种非常接近自然思维的思想，其将一个大问题分解成比较小的、具有相同形式的简单问题。直接或间接地调用自己，将问题求解规模逐步简化，最终使问题得以解决。

例如，要把一个400 g的苹果切成重量相等的若干份，每一份的重量不能大于50 g。可以这样做：

① 把一个苹果切成重量均等的两份：A1和A2。

② 把A1切成重量均等的两份：A11和A12。把A2切成均等的两份：A21和A22。

③ 把A11切成均等的两份；

④ 依次类推，直到每一小份都小于等于50 g为止。

这个例子就是一个递归模型，把一个大的事物化成若干个小的事物，每一次使用的方法都相同。

递归思维就是寻找复杂问题和同类简单问题之间的递推关系，从而将复杂问题进行简化；先求解最简单问题，当问题降低到最简单规模时，则可顺次求解。递归体现了计算技术的典型特征，是实现问题求解的一种重要的计算思维。

计算思维无处不在，并将渗透到每个人的生活中。

1.4 计算机常用数制

1.4.1 常用数制介绍

1. 数制的概念

数制也称为计数制，是指用一组固定的符号和统一的规则来表示数值的方法。按照进位的方法进行计数，称为进位计数制。在日常生活中，人们最常用的是十进位计数制，即按照逢十进一的原则进行计数。除了十进制，还有十二进制（一年有 12 个月）、六十进制（一分钟等于 60 秒）等。在计算机中存放的是二进制数，为了书写和表示方便，还引入了八进制数和十六进制数。

一种进位计数制包含一组数码符号和三个基本因素：

（1）数码。

数码是一组用来表示某种数制的符号。例如，十进制的数码是 0、1、2、3、4、5、6、7、8、9；二进制的数码是 0、1。

（2）基数。

基数是某数制可以使用的数码个数。例如，十进制的基数是 10；二进制的基数是 2。

（3）数位。

数位是数码在一个数中所处的位置。

（4）权。

权是基数的幂，表示数码在不同位置上的数值。

2. r 进制的一般表达式

在采用进位计数的数字系统中，如果只有 r 个基本符号表示数值，则称其为 r 进制数。r 进制数 N 用统一的表达式可表示为

$$N = a_{n-1} \times r^{n-1} + a_{n-2} \times r^{n-2} + \cdots + a_1 \times r^1 + a_0 \times r^0 + a_{-1} \times r^{-1} + \cdots + a_{-m} \times r^{-m}$$
$$= \sum_{i=-m}^{n-1} a_i \times r^i$$

式中，a_i是数码，r 是基数，r^i是权，n 是整数部分位数，m 是小数部分位数。

例如，十进制数 123.45 按表达式展开可表示为

$$123.45 = 1 \times 10^2 + 2 \times 10^1 + 3 \times 10^0 + 4 \times 10^{-1} + 5 \times 10^{-2}$$

3. 常用的数值

计算机中常用的四种进位计数制如表 1.4.1 所示。

表 1.4.1　计算机中常用的四种进位计数制

进位制	二进制	八进制	十进制	十六进制
规则	逢二进一	逢八进一	逢十进一	逢十六进一
基数	$r=2$	$r=8$	$r=10$	$r=16$
基本符号	0，1	0，1，2，…，7	0，1，2，…，9	0，1，2，…，9，A，B，…，F
权	2^i	8^i	10^i	16^i
下角标	B	O	D	H

1.4.2　数制的相互转换

1. *r* 进制数转换成十进制数

任意 r 进制数按权展开相加法（即按照 r 进制的一般表达式写法）按权展开后，各位数码乘以各自的权值累加，就可得到该 r 进制数对应的十进制数。

【例 1.1】　分别将二进制、八进制、十六进制数转换为十进制数。

$$(101.11)_B = 1\times2^2+0\times2^1+1\times2^0+1\times2^{-1}+1\times2^{-2}=(5.75)_D$$

$$(345.4)_O = 3\times8^2+4\times8^1+5\times8^0+4\times8^{-1}=(229.5)_D$$

$$(A12.8)_H = 10\times16^2+1\times16^1+2\times16^0+8\times16^{-1}=(2\,578.5)_D$$

图 1.4.1 所示为二进制数的位权示意。熟悉位权关系，对数制之间的转换很有帮助。

2^7	2^6	2^5	2^4	2^3	2^2	2^1	2^0	.	2^{-1}	2^{-2}
1	1	1	1	1	1	1	1	·	1	1
128	64	32	16	8	4	2	1		0.5	0.25

图 1.4.1　二进制数的位权示意

例如，$(101011.01)_B = 32+8+2+1+0.25=(43.25)_D$

2. 十进制数转换成 *r* 进制数

将十进制数转换成 r 进制数时，可先将其分成整数部分和小数部分分别转换，再拼接起来。

整数部分采用“除 r 取余，逆序排列”法：将十进制整数不断除以 r 取余数，直到商为 0，最先得到的余数是 r 进制整数的最低位数字，最后得到的余数是 r 进制整数的最高位数字。

小数部分采用“乘 r 取整，顺序排列”法：将十进制小数不断乘以 r 取整数，直到小数部分为 0 或达到要求的精度为止，最先取得的整数是 r 进制小数的最高位数字，最后得到的整数是 r 进制小整的最低位数字。

【例 1.2】 将 $(100.625)_D$转换成二进制数。

转换结果为：$(100.625)_D = (1100100.101)_B$，计算过程如图 1.4.2 和图 1.4.3 所示。

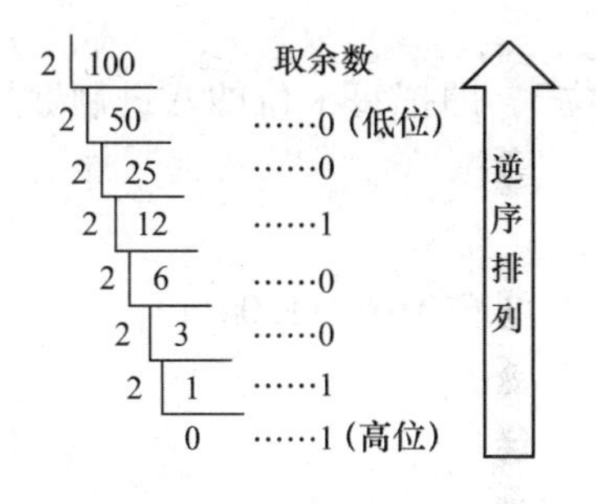

图 1.4.2 十进制整数转换成二进制整数

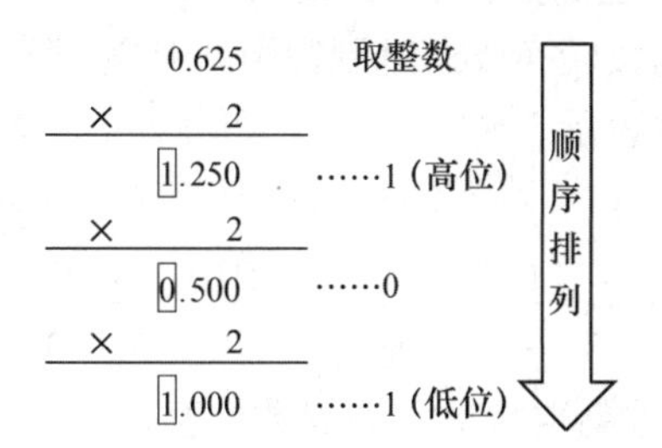

图 1.4.3 十进制小数转换成二进制小数

3. 二进制数、八进制数、十六进制数之间的相互转换

由于二进制数与八进制数、十六进制数之间存在特殊关系：$8^1 = 2^3$、$16^1 = 2^4$，即 1 位八进制数相当于 3 位二进制数，1 位十六进制数相当于 4 位二进制数，它们之间的对应关系分别如表 1.4.2、表 1.4.3 所示。

表 1.4.2 八进制数与二进制数之间的关系

八进制数	二进制数	八进制数	二进制数
0	000	4	100
1	001	5	101
2	010	6	110
3	011	7	111

表 1.4.3 十六进制数与二进制之间的关系

十六进制数	二进制数	十六进制数	二进制数
0	0000	8	1000
1	0001	9	1001
2	0010	A	1010
3	0011	B	1011
4	0100	C	1100
5	0101	D	1101
6	0110	E	1110
7	0111	F	1111

1）二进制数与八进制数的互换

（1）二进制数转换成八进制数。

二进制数转换成八进制数可概括为“3 位并 1 位”，即以小数点为中心，向左右两边分组，每 3 位为一组，若两头不足 3 位则补 0，各组用对应的 1 位八进制数表示。

【例 1.3】 将 $(1011110.11101)_B$转换为八进制数。

$$(\underset{1}{\underline{001}}\ \underset{3}{\underline{011}}\ \underset{6}{\underline{110}}.\ \underset{7}{\underline{111}}\ \underset{2}{\underline{010}})_B = (136.72)_O$$

（2）八进制数转换成二进制数。

八进制数转换成二进制数可概括为“1 位拆 3 位”，即把每 1 位的八进制数用对应的 3 位二进制数表示。

【例 1.4】 将（253.14）$_O$转换成二进制数。

$$(253.14)_O = (\underset{2}{\underline{010}}\ \underset{5}{\underline{101}}\ \underset{3}{\underline{011}}.\ \underset{1}{\underline{001}}\ \underset{4}{\underline{100}})_B = (10101011.0011)_B$$

2）二进制数与十六进制数的互换

（1）二进制数转换成十六进制数。

二进制数转换成十六进制数可概括为“4 位并 1 位”，即以小数点为中心向左右两边分组，每 4 位为一组，若两头不足 4 位则补 0，各组用对应的 1 位十六进制数表示。

【例 1.5】 将（1101101.10101）$_B$转换为十六进制数。

$$(\underset{6}{\underline{0110}}\ \underset{D}{\underline{1101}}.\ \underset{A}{\underline{1010}}\ \underset{8}{\underline{1000}})_B = (6D.A8)_H$$

（2）十六进制数转换成二进制数。

十六进制数转换成二进制数可概括为“1 位拆 4 位”，即每 1 位的十六进制数用对应的 4 位二进制数表示。

【例 1.6】 将（2E9.5C）$_H$转换成二进制数。

$$(2E9.5C)_H = (\underset{2}{\underline{0010}}\ \underset{E}{\underline{1110}}\ \underset{9}{\underline{1001}}.\ \underset{5}{\underline{0101}}\ \underset{C}{\underline{1100}})_B = (1011101001.010111)_B$$

1.4.3 二进制数的算术运算

二进制数的加、减、乘、除运算方法与十进制数的运算方法类似。

1. 加法运算

二进制数的加法运算规则如下：

① 0 + 0 = 0；

② 0 + 1 = 1 + 0 = 1；

③ 1 + 1 = 10（逢二进一）。

【例 1.7】 求（11010011）$_B$与（1010.01）$_B$的和。

解：

$$\begin{array}{r} 11010011 \\ +\quad 1010.01 \\ \hline 11011101.01 \end{array}$$

则 $(11010011)_B + (1010.01)_B = (11011101.01)_B$

2. 减法运算

二进制数的减法运算规则如下：

① 0 − 0 = 1 − 1 = 0；

② 0 - 1 = 1（借一当二）；

③ 1 - 0 = 1。

【例 1.8】 求 $(11010011)_B$ 与 $(1010.01)_B$ 的差。

解：

$$\begin{array}{r} 11010011 \\ -\quad 1010.01 \\ \hline 11001000.11 \end{array}$$

则 $(11010011)_B - (1010.01)_B = (11001000.11)_B$

3. 乘法运算

二进制数的乘法运算规则如下：

① 0 × 0 = 0；

② 0 × 1 = 1 × 0 = 0；

③ 1 × 1 = 1。

【例 1.9】 求 $(1101.11)_B$ 与 $(101)_B$ 的乘积。

解：

$$\begin{array}{r} 1101.11 \\ \times \quad 101 \\ \hline 1101\ 11 \\ 00000\ 0\ \ \\ 110111\ \ \ \ \\ \hline 1000100.11 \end{array}$$

则 $(1101.11)_B \times (101)_B = (1000100.11)_B$

4. 除法运算

二进制数的除法运算规则与十进制数的类似。

【例 1.10】 求 $(1101.11)_B$ 与 $(101)_B$ 的商。

解：

$$\begin{array}{r} 10.11 \text{（商）} \\ 101\,\overline{)\,1101.11} \\ 101\quad \\ \hline 0011 \\ 000 \\ \hline 111 \\ 101 \\ \hline 0101 \\ 101 \\ \hline 0 \text{（余数）} \end{array}$$

则 $(1101.11)_B \div (101)_B = (10.11)_B$

1.4.4 二进制数的逻辑运算

1. 什么是逻辑运算

逻辑是指条件与结论之间的关系。因此，逻辑运算是指对因果关系进行分析的一种运算，运算结果并不表示数值大小，而表示逻辑概念，即成立还是不成立。

计算机的逻辑关系是一种二值逻辑，二值逻辑可以用二进制的“1”或“0”来表示。

例如，“1”表示“成立”“是”“真”等，“0”表示“不成立”“否”“假”等。若干位二进制数组成逻辑数据，位与位之间无“权”的内在联系。对两个逻辑数据进行运算时，每位之间相互独立，运算按位进行，不存在算术运算中的进位和借位，运算结果仍然是逻辑数据。

2. 三种基本逻辑运算

1）“与”运算（逻辑乘法）

若做一件事情取决于多种因素，当且仅当所有因素都满足时才去做，否则就不做，这种因果关系就称为“与”逻辑，用来表达和推演这种逻辑关系的运算称为“与”运算。“与”运算符常用×、·、∧、∩、&& 或 AND 表示。

“与”运算的运算规则如下：

① $0 \wedge 0 = 0$；

② $0 \wedge 1 = 0$；

③ $1 \wedge 0 = 0$；

④ $1 \wedge 1 = 1$。

可以看出，在给定的两个逻辑变量中，只有这两个逻辑变量同时取值为 1 时，其“与”运算的结果才为 1。

【例 1.11】 求 11011001∧10011011。

解：

$$\begin{array}{r} 11011001 \\ \wedge \quad 10011011 \\ \hline 10011001 \end{array}$$

则 11011001∧10011011 = 10011001

2）“或”运算（逻辑加法）

若做一件事情取决于多种因素，只要其中有一个因素满足就去做，这种因果关系称为“或”逻辑，用来表达和推演这种逻辑关系的运算称为“或”运算。“或”运算符常用 +、∨、∪、‖ 或 OR 表示。

“或”运算的运算法则如下：

① $0 \vee 0 = 0$；

② $0 \vee 1 = 1$；

③ $1 \vee 0 = 1$；

④ $1 \vee 1 = 1$。

可以看出，在给定的两个逻辑变量中，只要有一个逻辑变量取值为 1，其“或”运算的结果就为 1。

【例 1.12】 求 11011001∨10011011。

解：

$$\begin{array}{r} 11011001 \\ \vee \quad 10011011 \\ \hline 11011011 \end{array}$$

则 11011001∨10011011 = 11011011

3）“非”运算（逻辑否定）

“非”运算实现逻辑否定，即进行求反运算，“非”运算符常用¬、! 或 NOT 表示。

“非”运算的运算规则如下：

① ¬ 0 =1；

② ¬ 1 =0。

【例 1.13】 求¬ 11011001。

解：将各位取反，为 00100110。

1.5 计算机的数据编码

任何形式的数据，进入计算机都必须进行二进制编码转换。采用二进制编码的好处有以下几点：

（1）技术实现简单。计算机是由逻辑电路组成的，逻辑电路通常只有两个状态——开关的接通与断开，这两种状态正好可以用“1”和“0”表示。

（2）简化运算规则。两个二进制数的和、积运算组合各有三种，运算规则简单，有利于简化计算机内部结构，提高运算速度。

（3）适合逻辑运算。逻辑代数是逻辑运算的理论依据，二进制编码只有两个数码，正好与逻辑代数中的“真”和“假”吻合。

（4）易于进行转换，二进制数与十进制数易于互相转换。

（5）用二进制表示数据具有抗干扰能力强、可靠性高等优点。因为每位数据只有高、低两个状态，当受到一定程度的干扰时，仍能可靠地分辨出它是高还是低。

因此，进入计算机中的各种数据都要进行二进制编码的转换，而从计算机输出的数据都要进行逆向的转换。数据在计算机中的转换过程如图 1.5.1 所示。

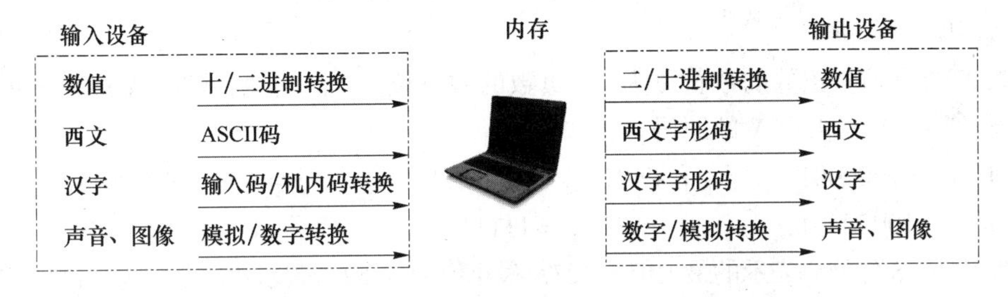

图 1.5.1 各类数据在计算机中的转换过程

1.5.1 数值在计算机中的表示

1. 计算机中无符号数的表示

无符号数是相对于有符号数而言的，计算机中的无符号数指的是整个机器字长的全部二进制位均表示数值位，相当于数的绝对值。

一个 n 位的无符号二进制数 X 的表示范围为：$0 \leqslant X \leqslant 2^n - 1$。

2. 计算机中带符号数的表示

在计算机中，由于只有 0 和 1 两种形式，因此带符号数的正（+）、负（-）号也要进行0和1的编码。通常把一个数的最高位定义为符号位，用0表示正、1表示负，称为数符；其余位仍表示数值，这叫作符号数字化。

【例1.14】 一个8位二进制数为－1101011，它在计算机中可表示为11101011，如图1.5.2所示。

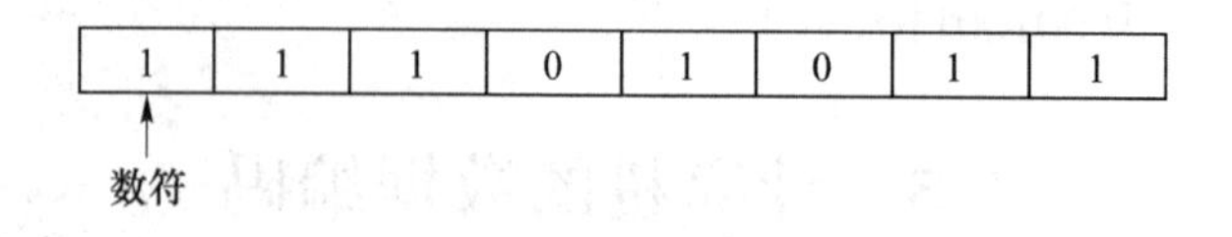

图1.5.2 机器数

通常，把一个数在计算机中的表示形式称为机器数，而它所代表的数值称为此机器数的真值。在例1.14中，11101011为机器数，－1101011为此机器数的真值。

数值在计算机中进行符号数字化处理后，计算机便可以识别和处理数符了。但是，如果符号位和数值同时参加运算，则可能产生错误的结果。

【例1.15】 计算（－8）+6的结果应为－2，但在计算机中若按照上述符号位和数值同时参加运算，则运算结果出错，过程如下：

```
     10001000    …… －8的机器数
 +   00000110    …… 6的机器数
 ────────────
     10001110    …… 运算结果为－14（错误）
```

为了解决此类问题、改进符号数的运算方法和简化运算器的硬件结构，人们研究出了多种符号数的二进制编码方法。下面介绍符号数的原码、反码和补码的编码方法。

说明：为简单起见，在此以整数为例，且取8位码长。

1）原码

整数 X 的原码：正数的数符位为0，负数的数符位为1，其他各位是 X 绝对值的二进制表示。通常用 $[X]_{原}$ 表示 X 的原码。例如：

$[+1]_{原}=00000001$　　$[+127]_{原}=01111111$　　$[+6]_{原}=00000110$

$[-1]_{原}=10000001$　　$[-127]_{原}=11111111$　　$[-8]_{原}=10001000$

由此可知，8位原码表示的最大值为127，最小值为－127，表示数的范围为－127～127。

当采用原码表示法时，编码简单、直观、易懂，机器数与真值转换方便。但采用原码表示存在以下问题。

（1）在原码表示中，0有两种表示形式，即

$[+0]_{原}=00000000$　　$[-0]_{原}=10000000$

0的二义性，给计算机判0带来了麻烦。

（2）用原码作四则运算时，符号位需要单独处理，且运算规则复杂。例如，对于加法运算，若两数同号，则数值相加，符号不变；若两数异号，则数值部分实际上是相减，这时就必须比较两数绝对值的大小，才能决定运算方法、运算结果及符号。所以，不便于运算。

原码的这些不足之处，促使人们寻找更好的编码方法。

2）反码

整数 X 的反码：正数的反码与原码相同；负数的反码是数符位为1，其他各位为 X 的绝对值取反，即0变为1，1变为0。通常用 $[X]_{反}$ 表示 X 的反码。例如：

$[+1]_反=00000001$　　$[+127]_反=01111111$　　$[+6]_反=00000110$

$[-1]_反=11111110$　　$[-127]_反=10000000$　　$[-8]_反=11110111$

由此可见，8 位反码表示的最大值、最小值和表示数的范围与原码相同。

在反码表示中，0 也有两种表示形式，即

$[+0]_反=00000000$　　$[-0]_反=11111111$

反码运算也不方便，很少使用，一般用作求补码的中间码。

3）补码

整数 X 的补码：正数的补码与原码、反码相同；负数的补码是数符位为 1，其他各位为 X 的绝对值取反后并在最低位加 1，即为反码加 1。通常用 $[X]_补$ 表示 X 的补码。例如：

$[+1]_补=00000001$　　$[+127]_补=01111111$　　$[+6]_补=00000110$

$[-1]_补=11111111$　　$[-127]_补=10000001$　　$[-8]_补=11111000$

在补码表示中，0 有唯一的编码，即

$[+0]_补=[-0]_补=00000000$

这样，就可以用多出来的一个编码 10000000 来扩展补码表示数的范围，即将该编码确定为 −128 的补码，或将最高位 1 既可看作数符位，又可看作数值位，补码表示数的范围为 −128 ~ 127。

利用补码可以方便地进行运算。例 1.15 的运算可表示为

$$\begin{array}{r l} 11111000 & \cdots\cdots\ -8\ 的补码 \\ +\quad 00000110 & \cdots\cdots\ 6\ 的补码 \\ \hline 11111110 & \cdots\cdots\ -2\ 的补码 \end{array}$$

补码的运算结果仍然为补码，对补码再次进行求补运算即可得到原码。

$[11111110]_补 \xrightarrow{取反} [10000010]_原$，其真值数为 −2，运算结果正确。

【例 1.16】 计算 −9 −6 的值。

解：−9 −6 =（−9）+（−6）的运算如下：

$$\begin{array}{r l} 11110111 & \cdots\cdots\ -9\ 的补码 \\ +\quad 11111010 & \cdots\cdots\ -6\ 的补码 \\ \hline \boxed{1}\ 11110001 & \cdots\cdots\ -15\ 的补码 \end{array}$$

丢弃最高位的进位 1，运算结果的机器数为 11110010，它是 −15 的补码。

由此可见，利用补码可方便地实现正、负数的加法运算（减法运算可以转换为加法运算，乘除运算也可以转换为加法运算）。在数的有效表示范围内，补码的数符位无须单独处理，就可以如同其他数值位一样参与运算，运算规则简单，允许产生最高位的进位（被丢弃）。

数值信息通常采用原码形式存储于计算机内，因为原码与真值的转换十分简单，便于数据的输入与输出。当数据参与运算时，可以先求其补码，再运算，最后对运算结果求补码。

然而，当运算结果超出其表示范围时，就会产生不正确的结果，即溢出。

【例 1.17】 计算 50 +80 的值。

解：

$$\begin{array}{r l} 00110010 & \cdots\cdots\ 50\ 的补码 \\ +\quad 01010000 & \cdots\cdots\ 80\ 的补码 \\ \hline 10000010 & \end{array}$$

两个正整数相加，从结果的数符位可知运算结果是一个负数，这是因为运算结果超出了该数的有效表示范围（一个 8 位有符号整数的最大值为 01111111，即 127）。当要表示很大

或很小的数时，要采用浮点数形式存放。

3. 定点数和浮点数

1）定点数表示法

所谓定点数表示法，是指约定小数点隐含在某一固定位置。在计算机中，根据小数点的固定位置不同，定点数分为定点（纯）整数和定点（纯）小数。

（1）定点整数。定点整数是纯整数，约定小数点的位置在有效数值部分最低位之后，其表示形式如图 1.5.3 所示。

（2）定点小数。定点小数是纯小数，约定小数点的位置在数符位与有效数值部分之间，其表示形式如图 1.5.4 所示。

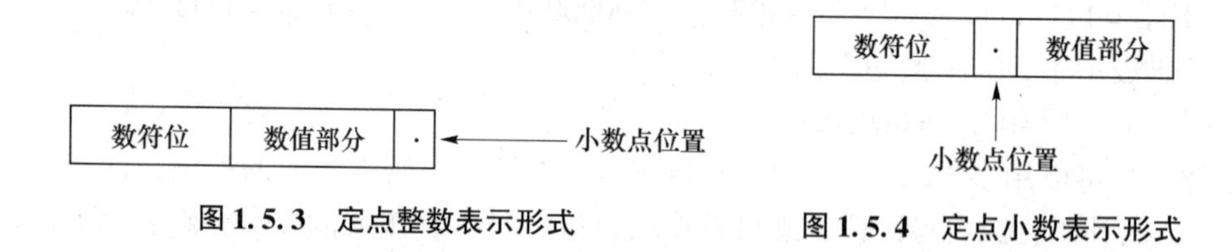

图 1.5.3　定点整数表示形式　　图 1.5.4　定点小数表示形式

2）浮点数表示法

为了表示特别大或特别小的数，在数学中有指数表示法（如 $1230000000=1.23\times10^9$）；在计算机中称为科学表示法，或称为科学计数法（如 1230000000 = 1.23E9）；而在存储器中就用浮点数表示。所谓浮点数表示法，是指小数点可以任意浮动，即通过改变其指数部分来使小数点发生移动。例如，数 123.45 可以表示为：12.345×10^1、1.2345×10^2、0.12345×10^3、0.02345×10^4等形式。

为了统一浮点数的存储格式，美国电气和电子工程师协会（Institute of Electrical and Electronics Engineers，IEEE）在 1985 年制定了 IEEE 754 标准，对浮点数的存储格式作了严格的规定。现在，绝大多数计算机都遵守这一标准，极大地改善了各种软件的可移植性。其中，二进制浮点数 N 规格化形式如图 1.5.5 所示。

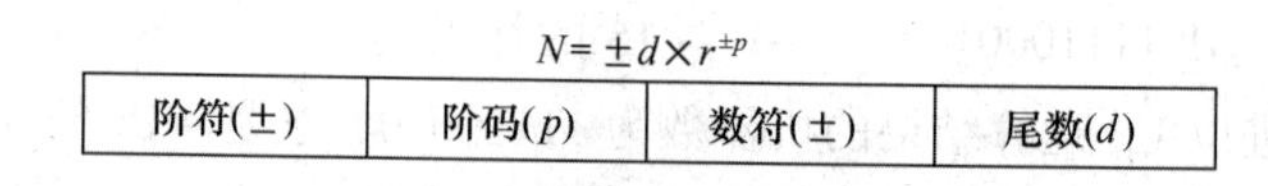

图 1.5.5　二进制浮点数 N 规格化形式

【说明】

（1）需要调整指数 p，使尾数 d 满足 1. ×⋯× 的格式，其中“1.”不存储，是为了节省空间。

（2）存储时，阶码等于规格化数中的指数 p（习惯写成十进制）加上 127，即阶码 = 指数 + 127。由于指数可以为负（−126 ~ 127），为了处理负指数情况，IEEE 754 要求指数在加上 127 后存储。

（3）一般来说，阶码确定数的表示范围，阶码的位数越多，表示的范围就越大；尾数确定数的表示精度，尾数的位数越多，有效精度就越高。

在程序设计语言中，最常见的两类浮点数是单精度（Float 或 Single）浮点数和双精度（Double）浮点数。它们的存储格式如下：

(1) 单精度浮点数存储时占 4 个字节，即 32 位，具体格式如图 1.5.6 所示。

1位	8位	23位
数符	阶码	尾数

图 1.5.6 单精度浮点数存储格式

(2) 双精度浮点数存储时占 8 个字节，即 64 位，具体格式如图 1.5.7 所示。

1位	11位	52位
数符	阶码	尾数

图 1.5.7 双精度浮点数存储格式

【例 1.18】 计算十进制数 35.0 作为单精度浮点数在计算机中的表示。

格式化表示：$(35.0)_D=(100011.0)_B=+1.000110\times2^5$

阶码：$(5+127)_D=(132)_D=(10000100)_B$

因此，35.0 在计算机中的存储如图 1.5.8 所示。

0	10000100	00011000000000000000000

图 1.5.8 十进制数 35.0 作为单精度浮点数的存储

1.5.2 字符编码

字符包括西文字符（英文字母、数字、各种符号）和中文字符，即所有不可做算术运算的数据。由于计算机内都是采用二进制代码来存储和处理数据的，对于字符的处理采用的方法是编码，且由权威部门制定相应的标准，确定编码的位数、编号顺序等，编码值的大小无意义，仅作为识别与使用这些字符的依据。

1. 西文字符编码

对西文字符编码最常用的是 ASCII 字符编码（American Standard Code for Information Interchange，美国信息交换标准代码），由美国国家标准学会（American National Standards Institute，ANSI）制定，现在已被国际标准化组织（International Organization for Standardization，ISO）定为国际标准，称为 ISO 646 标准。

标准 ASCII 码也称为基础 ASCII 码，采用一个字节的后 7 位二进制进行编码，它可以表示 2^7（即 128）个字符，每个字符的排列次序为 $d_6d_5d_4d_3d_2d_1d_0$，d_6为高位，d_0为低位，如表 1.5.1 所示。

表 1.5.1 标准 ASCII 编码

$d_6d_5d_4$ (H) / $d_3d_2d_1d_0$		000	001	010	011	100	101	110	111
		0	1	2	3	4	5	6	7
0000	0	NUL	DLE	SP	0	@	P	、	p
0001	1	SOH	DC1	!	1	A	Q	a	q
0010	2	STX	DC2	”	2	B	R	b	r

续表

$d_6d_5d_4$（H） $d_3d_2d_1d_0$		000	001	010	011	100	101	110	111
		0	1	2	3	4	5	6	7
0011	3	ETX	DC3	#	3	C	X	c	s
0100	4	EOT	DC4	$	4	D	T	d	t
0101	5	ENQ	NAK	%	5	E	U	e	u
0110	6	ACK	SYN	&	6	F	V	f	v
0111	7	BEL	ETB	,	7	G	W	g	w
1000	8	BS	CAN	(	8	H	X	h	x
1001	9	HT	EM	)	9	I	Y	i	y
1010	A	LF	SUB	*	:	J	Z	j	z
1011	B	VT	ESC	+	;	K	[	k	{
1100	C	FF	FS	,	<	L	\	l	|
1101	D	CR	GS	—	=	M	]	m	}
1110	E	SO	RS	.	>	N	^	n	~
1111	F	SI	US	/	?	O	_	o	DEL

在标准 ASCII 编码表中，码值为 0（00H）～32（20H）和 127（7FH），即 NUL～SP 和 DEL，共 34 个字符，称为非图形字符（又称为控制字符）；其余 94 个字符称为图形字符（又称为普通字符）。在这些字符中，0～9、A～Z、a～z 都是顺序排列的，且小写字母比对应的大写字母的码值大 20H，这有利于大、小写字母之间的编码转换。

例如：

（1）“a”的编码为 1100001，对应的十六进制数是 61H；则“b”的编码值是 62H，“A”的编码值是 41H（注：61－20＝41H），编码为 1000001。

（2）“0”的编码为 0110000，对应的十六进制数是 30H；则“1”的编码值是 31H，“9”的编码值是 39H。

（3）SP 空格字符的编码为 0100000，对应的十六进制数是 20H。

可以看出，数字的 ASCII 码 < 大写字母的 ASCII 码 < 小写字母的 ASCII 码。

在计算机中，数据的存储和运算常以字节为单位，即以 8 个二进制位为单位。一个西文字符在计算机内占用一个字节，一般情况下，字节的最高位 d_7 为 0。有很多系统为了提高字符编码信息使用的可靠性，将这一位作为奇偶校验位。所谓奇偶校验，是一种校验代码传输正确性的方法，一般分为奇校验和偶校验。

奇校验规定：代码中“1”的个数必须为奇数。若字符编码中“1”的个数为偶数，则置最高位 d_7 为 1；否则，置最高位 d_7 为 0。

偶校验规定：代码中“1”的个数必须为偶数。若字符编码中“1”的个数为奇数，则置最高位 d_7 为 1；否则，置最高位 d_7 为 0。

2. 汉字编码

汉字也是一种字符，也需用“0”“1”组合进行编码，才能被计算机接收。汉字是象形文字，约有60 000个，常用汉字有7 000个左右。汉字的编码处理与西文的拼音文字有较大区别，汉字信息的处理比较复杂。在一个汉字处理系统中，输入、内部处理、输出对汉字编码的要求不尽相同，因此要进行一系列汉字代码转换。汉字编码处理过程如图1.5.9所示。

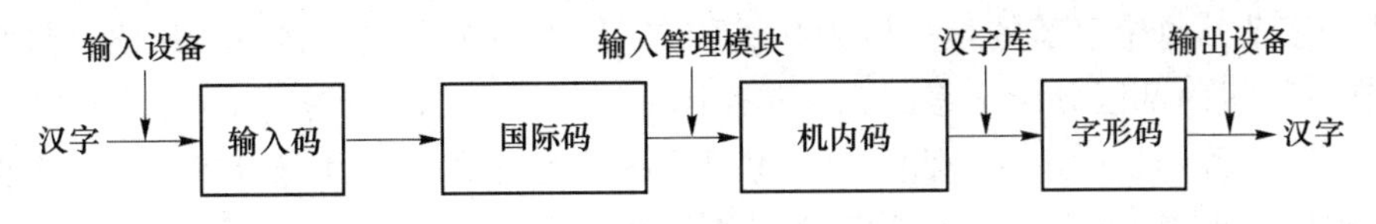

图1.5.9 汉字编码处理过程

1）输入码

为了能直接在键盘上输入汉字，就需要为汉字进行相应的输入编码。采用输入码，就是通过键盘的字母、数字等实现汉字的输入。常见的输入编码方法有数字、字音、字形、混合编码。

（1）数字编码。

数字编码是指直接利用一串数字来表示一个汉字。常用的数字编码有国家标准码、电报码等，用4位十进制数字串代表一个汉字。国家标准码是根据《信息交换用汉字编码字符集 基本集》（GB/T 2312—1980）来进行编码的，简称“国际码”。国际码规定，每个汉字的编码占两个字节，每个字节的最高位恒为“0”，只使用每个字节的低7位，共计14位，最多可编码2^{14}个汉字及符号。该编码的优点是一字一码，无重码，缺点是难以记忆。

在编码表中，所有的国标汉字和符号组成一个94行（第一个字节）、94列（第二个字节）的矩阵，行号叫作区号，列号叫作位号，由区号和位号（区中的位置）共同构成区位码。例如，“学”字的区号为49，位号为07，其区位码为4907，十六进制为3107H。

国际码与区位码的关系是：区号和位号各加32，即$(20)_H$，就构成国际码。即

$$国际码 = 区位码 + (2020)_H$$

这是为了与ASCII码兼容，每个字节的值必须大于32（0～32为非图形字符码值）。所以，汉字“学”的国际码为$(5127)_H$。

（2）字音编码。

字音编码是以汉语拼音为基础的编码，如智能ABC、微软拼音等。优点：只要掌握汉语拼音即可使用，无须训练和记忆，是最常用的编码。缺点：汉字同音字太多，输入重码率很高，当遇到同音字时，就需要选择汉字，从而影响输入速度。

（3）字形编码。

字形编码是用汉字的形状进行的编码。汉字总数虽多，但是由一笔一画组成，全部汉字的部件和笔画是有限的。因此，把汉字的笔画部件用字母或数字进行编码，按笔画的顺序依次输入，就能表示一个汉字，如五笔字型输入法等。优点：编码重码少，并能直接输入不知读音的生僻字，适合专业录入人员。缺点：使用者需要记住字根，且会拆字。

为了提高汉字的输入速度，还出现了基于模式识别的语音识别输入、手写输入或扫描输入等智能化输入方法。不管采用哪种输入方法，都是操作者向计算机输入汉字的手段，而在计算机内部，汉字都以机内码表示。

2）机内码

输入码的编码方案多种多样，同一个汉字如果采用的编码方案不一样，其输入码就有可

能不一样，这样给计算机内部的汉字处理增加了难度。为了将汉字的各种输入码在计算机内部统一起来，就引入了汉字机内码，简称机内码。

机内码是计算机内部对汉字信息进行存储、交换和检索等操作的信息代码。由于一个国际码占两个字节，每个字节的最高位为0；英文字符的机内码是7位ASCII码，最高位也为0。为了在计算机内部区分汉字编码和ASCII码，将国际码的每个字节的最高位由0变为1，变换后的国际码称为机内码。由此可知，机内码每个字节的值都大于128，而每个西文字符的ASCII码值均小于128。因此，它们之间的关系是：

$$机内码 = 国际码 + (8080)_H = 区位码 + (A0A0)_H$$

【例1.19】 汉字“机”“器”由区位码转换为机内码。

汉字“机”“器”由区位码转换为机内码见表1.5.2（区号位号分别转换）。

表1.5.2 汉字“机”“器”由区位码转换为机内码

汉字	区位码	国际码	机内码
机	$(2790)_D=(1B5A)_H$	$(3B7A)_H=(00111011\ 01111010)_B$	$(10111011\ 11111010)_B=(BBFA)_H$
器	$(3887)_D=(2657)_H$	$(4677)_H=(01000110\ 01110111)_B$	$(11000110\ 11110111)_B=(C6F7)_H$

也可直接用公式计算。例如，汉字“机”的计算如下：

区位码：$(2790)_D=(1B5A)_H$；　　机内码：$(1B5A)_H+(A0A0)_H=(BBFA)_H$

国际码：$(1B5A)_H+(2020)_H=(3B7A)_H$；　　机内码：$(3B7A)_H+(8080)_H=(BBFA)_H$

3）汉字字形码

汉字字形码又称为汉字字模，是计算机中用于输出（显示、打印等）汉字的一种编码。汉字字形码通常有两种表示方式：点阵和矢量。

（1）点阵。

用点阵表示字形，就是将汉字分解成由若干个“点”组成的点阵字形，将此点阵字置于网状方格上，每个小方格就是点阵中的一个“点”。笔画经过的“点”为黑色，用二进制数字“1”表示；其他“点”为白色，用二进制数字“0”表示。这种将汉字点阵字形数字化后的代码就称为汉字字形码。

根据输出汉字的要求不同，点阵的多少也不同。汉字的最小点阵为16×16，一般用于计算机屏幕显示，24×24点阵常用于普通打印字形，64×64点阵可以区别仿宋体和黑体字，96×96点阵的汉字排版系统以及128×128、256×256点阵能充分表示字形的笔锋和曲线。汉字字形质量随着点阵数的增加而优化。点阵规模越大，分辨率就越高，字形就越清晰美观，但所占的存储空间也就越大。

以16×16点阵为例，网状方格横向划分成16格，纵向也分成16格，共256个“点”，每个汉字占用32（即16×16/8=32）字节，两级汉字大约占用256 KB。因此，点阵字模只能用来构成“字库”，而不能用于机内存储。字库中存储了每个汉字的点阵代码，当显示输出时才检索字库，输出点阵字模得到字形。图1.5.10所示为汉字“你”的16×16点阵字模及代码。

（2）矢量。

矢量表示方式描述的是汉字字形的轮廓特征，如笔画的起始/终止坐标、半径、弧度等。当要输出汉字时，通过计算机的计算，由汉字字形描述生成所需大小和形状的汉字点阵。矢

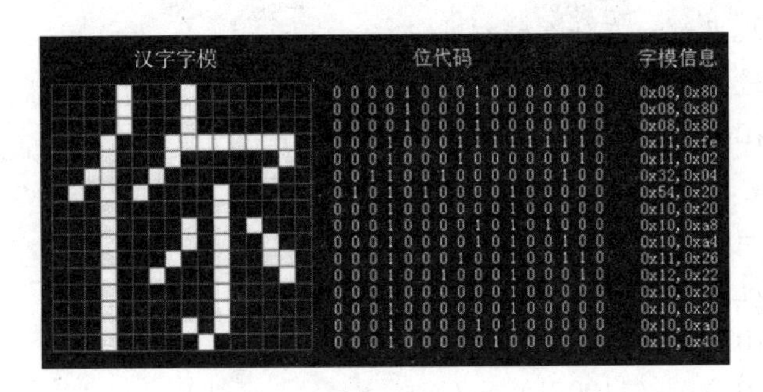

图 1.5.10　点阵字模及代码

量化字形描述与最终文字显示的大小、分辨率无关，因此可以产生高质量的汉字输出。例如，Windows 操作系统中使用的宋体、黑体、楷体、仿宋体等 TrueType 字体的汉字库就是汉字的矢量表示方式。

点阵方式和矢量方式的区别是：点阵方式的编码、存储方式简单，无须转换即可直接输出，但字形放大后的效果差；矢量方式的特点则正好相反，无论将字形放大还是缩小都不会出现锯齿状边缘，屏幕上看到的字形和打印输出的效果完全一致，但显示、打印时要经过一系列数学运算后才能输出结果。点阵方式与矢量方式的字形效果对比如图 1.5.11 所示。

微软雅黑　　微软雅黑

(a)　　(b)

图 1.5.11　点阵方式和矢量方式的字形效果对比

(a) 点阵方式；(b) 矢量方式

由于汉字字形所需要的存储空间很大，所以汉字字形不采用机内存储，而采用字库存储。所有的不同字体、字号的汉字字形码构成汉字字库。只有需要输出汉字时，才将汉字机内码转换为相应的汉字字形库地址，然后检索字库，输出字形码。目前，汉字字库通常是以多个字库文件的形式存储在硬盘上。

思 考 题

1. 计算机的发展经历了哪几个阶段？各阶段的主要特征是什么？
2. 简述计算机的分类。
3. 计算机的特点是什么？
4. 计算机的主要应用领域有哪些？
5. 我国计算机的发展经历了哪几个阶段？
6. 什么是云计算？它有什么特点？
7. 云计算的主要服务形式有哪些？
8. 简述大数据的特性。
9. 3D 打印的原理是什么？
10. 简述 VR 技术的特征及分类。
11. 什么是信息技术？其内容有哪些？

12. 什么是计算机思维？有什么特征？

13. 对下列数值进行进制转换。

（1）$(1010110.101)_B = (\quad\quad\quad\quad)_D = (\quad\quad\quad\quad)_H$

（2）$(1234)_D = (\quad\quad\quad\quad)_B = (\quad\quad\quad\quad)_O$

（3）$(0.5678)_D = (\quad\quad\quad\quad)_B = (\quad\quad\quad\quad)_H$

14. 对下列数值进行运算。

（1）$(1010110.101)_B + (1100.1)_B = (\quad\quad\quad\quad)_B$

（2）$(1010110.101)_B - (1100.1)_B = (\quad\quad\quad\quad)_B$

（3）$(1010.1)_B \times (11)_B = (\quad\quad\quad\quad)_B$

（4）$(1010.1)_B \div (11)_B = (\quad\quad\quad\quad)_B$

（5）$(10101101)_B \wedge (10010011)_B = (\quad\quad\quad\quad)_B$

（6）$(10101101)_B \vee (10010011)_B = (\quad\quad\quad\quad)_B$

（7）$\neg (10101101)_B = (\quad\quad\quad\quad)_B$

15. 计算 -100 的原码、反码和补码。

16. 汉字“中”的区位码为5448，求它的国际码和机内码。

第 2 章 计算机系统

经过多年的发展，计算机的功能越来越强大，计算机系统也越来越复杂，但是它的基本组成和工作原理基本上还是相同的。本章主要介绍计算机系统的组成、计算机硬件系统及工作原理、微型计算机硬件系统和计算机软件系统等相关知识。

2.1 计算机系统的组成

计算机系统由硬件系统和软件系统两部分组成，如图 2.1.1 所示。

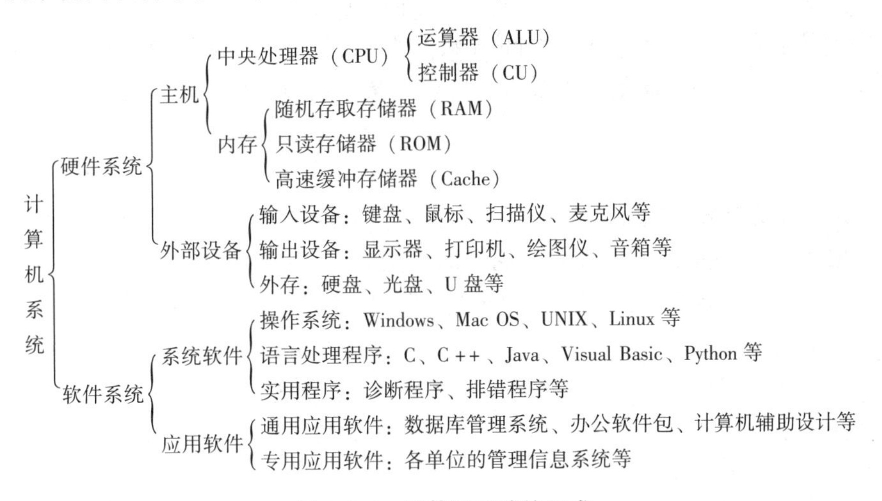

图 2.1.1　计算机系统的组成

计算机硬件系统是指构成计算机系统的各种物理部件和设备的总称，是看得见摸得着的实体，是计算机工作的物质基础。计算机软件系统是指在计算机上运行的所有软件的总称，分为系统软件和应用软件两大类。软件系统必须有硬件系统的支持才能运行，而硬件系统必须有软件系统的支持，其功能才能得到发挥和完善，两者相辅相成，共同组成功能完善的计算机系统。

2.2 计算机硬件系统及工作原理

2.2.1 计算机硬件系统

经过几十年的发展，虽然计算机系统在性能指标、运算速度、工作方式、应用领域和价格等方面都发生了巨大的变化，但是计算机的基本结构和工作原理依然沿用冯·诺依曼计算机的设计思想。冯·诺依曼计算机的特点如下：

（1）硬件系统由运算器、控制器、存储器、输入设备和输出设备组成。

（2）程序和数据以二进制形式存放在存储器中。

（3）控制器根据存储器中的指令序列（程序）进行工作。

计算机的基本结构如图 2.2.1 所示。

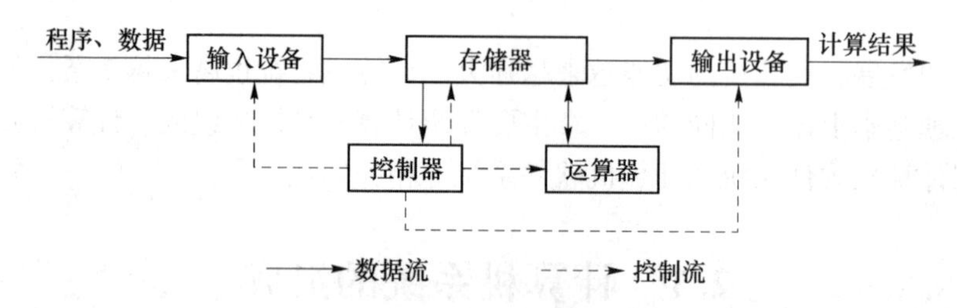

图 2.2.1 计算机的基本结构

从图 2.2.1 中可知，计算机在工作时，会产生两组信息流：一组是数据流；另一组是控制流。数据流是指原始数据和程序、中间结果、最终结果等。控制流是指由控制器对指令进行分析后向各部件发出的控制信号，指挥各部件有条不紊地进行工作。

1. 运算器

运算器是计算机对数据进行处理的核心部件，包括算术逻辑单元、累加器、寄存器等。

算术逻辑单元（Arithmetic and Logical Unit，ALU）是运算器的主要部件，执行二进制数据的算术运算（加、减、乘、除）、逻辑运算（与、或、非、异或）以及移位运算。现在，运算器内部还集成了浮点运算部件（Floating Point Unit，FPU），用来提高浮点运算速度，而 ALU 与 FPU 的结合则极大地提高了运算器的运算能力。

累加器是一个具有特殊功能的寄存器，用来传输并临时存储待运算的一个操作数或存储 ALU 运算的中间结果和其他数据。

在运算过程中，运算器处理的数据来自存储器，运算后的结果又送回存储器保存或由输出设备输出。整个运算过程是在控制器的统一指挥下，按照程序中编写的操作顺序进行的。

2. 控制器

控制器（Control Unit，CU）是计算机的指挥中心，由程序计数器（PC）、指令寄存器（IR）、指令译码器（ID）、时序控制电路和微操作控制电路等组成。其基本功能是从内存中取出指令、分析指令和向其他部件发出控制信号，指挥计算机各个部件按照指令的要求进行高速协调的工作。存储器进行信息的存取、运算器进行各种运算、信息的输入和输出都是在控制器的统一指挥下进行的。

控制器和运算器合称为中央处理器（Central Processing Unit，CPU），是计算机的核心。

3. 存储器

存储器是指用来存储程序和数据的存储介质，由若干存储单元构成。存储器的访问基本操作有读和写两种，读操作是指从存储单元中取出数据，不会改变原存储单元的内容；写操作是指对存储单元存入数据，会改变原存储单元的内容，即对存储单元写入新数据后，该存储单元原来存储的数据将被覆盖。

按照功能进行划分，存储器可以划分为内存储器和外存储器。

1）内存储器

内存储器简称内存或主存，用来存放正在运行的程序和数据。通过输入设备输入的程序和数据存放于内存中；控制器取出的指令和运算器处理的数据取自内存，运算后的中间结果和最终结果又送回内存进行保存；输出设备输出的数据来自内存；内存中的数据如果长期不用，则送到外存储器中进行保存。也就是说，内存需要与计算机的各个部件交流，进行数据传送。因此，内存的存取速度直接影响计算机的运算速度。

2）外存储器

外存储器简称为外存或辅存，是用来存放大量暂时不用的程序和数据，如硬盘、U盘、DVD等，其特点是容量大、价格便宜，但是存取速度较慢。CPU不能直接使用外存中的程序或数据，必须先调入内存才能使用。也就是说，通常情况下，外存只与内存进行数据的交换。

3）存储器相关概念

（1）位（bit，b）。

在计算机内部，所有的数据都由“0”和“1”进行编码，“0”或“1”就称为1位二进制数（1 bit），位是数据存储的最小单位。

（2）字节（Byte，B）。

字节由二进制位组成，1字节等于8位二进制数（1 Byte = 8 bit），字节是存储器的存储容量的基本单位。

（3）存储内容。

存储器是由若干个存储单元构成的，每个存储单元存放1字节的信息，即存放8位二进制数，该存储单元中存放的信息就称为存储内容。

（4）存储地址。

为了便于区分不同的存储单元，按照一定的规律和顺序为每个存储单元分配一个编号，这个编号就称为存储地址。

（5）存储容量。

存储器所有存储单元的总量称为存储容量，其基本单位是字节。常用的容量单位有B（字节）、KB（千字节）、MB（兆字节）、GB（吉字节）、和TB（太字节）、PB（拍字节）。

4. 输入设备

输入是指把数据、字符、图形、图像、声音等信息传送到计算机的过程。输入设备是指

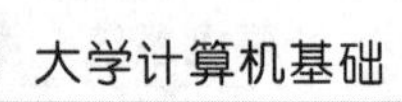

向计算机输入信息的硬件设备，主要用于将用户输入的信息转换成计算机能够识别的二进制形式。常见的输入设备有键盘、鼠标、触摸屏、摄像头、麦克风、扫描仪等。

5. 输出设备

输出是指从计算机中把数据、字符、图形、图像、声音等信息送出的过程。输出设备是指从计算机中输出信息的硬件设备，主要是用于将计算机处理的信息转换成用户能够接受的形式。常见的输出设备有显示器、打印机、音响、绘图仪等。

输入设备和输出设备简称 I/O（Input/Output）设备，是与计算机主机进行信息交换，实现人机交互的硬件环境。

2.2.2 计算机基本工作原理

根据冯·诺依曼计算机的设计思想，计算机的基本工作原理基于“存储程序”和“自动地执行程序”两个方面的。计算机的工作过程就是执行程序的过程，计算机将所要执行的程序存放在内存中，CPU 从内存中依次取出程序中的每一条指令并加以分析和执行，直到该程序的所有指令执行完成。

1. 指令和程序

1）指令

指令是指能够被计算机识别并执行的二进制编码，即机器语言，它规定了计算机能够执行的操作以及操作对象所在的位置。在计算机中，一条指令表示一个简单的功能，多条指令的功能则可以实现计算机复杂的功能。

一条指令通常由操作码和地址码两部分构成。操作码是一串二进制位，用来告诉计算机应当执行何种操作，如加法、减法、乘法、除法、取数、存数、输入、输出、停机等操作。地址码也是一串二进制位，用来告诉计算机进行操作的数据或进行操作的数据所在的存储地址。指令格式如图 2.2.2 所示。

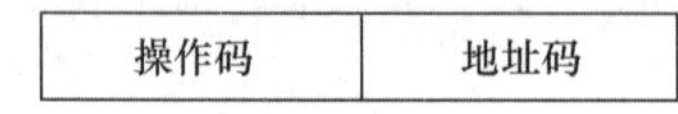

图 2.2.2　指令格式

图 2.2.3 所示为一条 16 位的指令，其中前 6 位操作码“000001”表示从存储器中“取数”的操作，称之为操作码；而后 10 位操作数“0100011000”表示所取数据在存储器中的地址，称之为地址码。

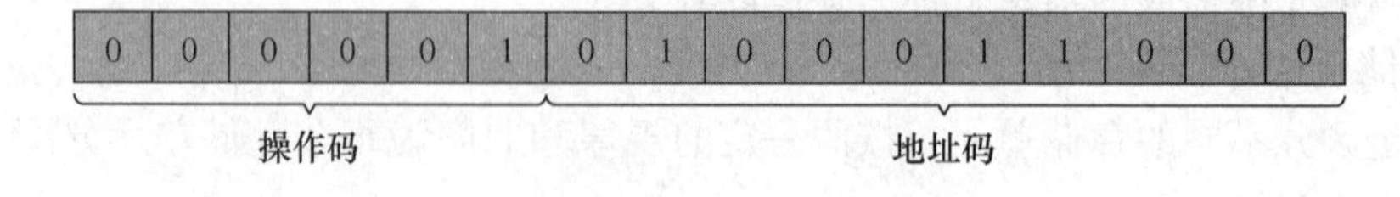

图 2.2.3　16 位指令

CPU 的类型不同，意味着指令的长度、操作码的位数、地址码的位数也不同。每种类型的 CPU 都有自己识别的一组指令，CPU 所能识别并执行的所有指令的集合称为指令系统。不同类型的 CPU 所包含的指令条数和种类各不相同，但通常都包含以下类型的指令。

（1）数据传送指令：在存储器之间、寄存器之间以及存储器和寄存器之间传送数据的指令。

（2）数据处理指令：加、减、乘、除等算术运算指令和与、或、非等逻辑运算指令。

（3）程序控制指令：控制程序中指令执行的顺序、程序调用指令等，如转移指令、子程序调用指令、子程序返回指令等。

（4）输入、输出指令：实现主机和外设之间的数据传递。

（5）硬件控制指令：对计算机的硬件进行控制和管理，如堆栈操作指令、多处理器控制指令、停机指令等。

2）程序

程序是指用程序设计语言编写的指令序列，即程序是指令的有序集合。计算机按照程序设定的顺序依次执行指令，并完成对应的一系列操作。

2. 计算机的工作原理

计算机工作的基本原理就是自动地执行程序的过程。

1）程序的执行过程

计算机在工作时，程序和数据通过输入设备输入并暂存于内存中，然后通过控制器的指令寄存器从内存中取出程序的第1条指令，再通过控制器的指令译码器对指令进行分析，运算器按照指令的要求从内存中取出数据并进行指定的操作，然后将结果送回到内存中，接下来取出第2条指令，依次执行，直到取出结束指令。程序的执行过程如图 2.2.4 所示。

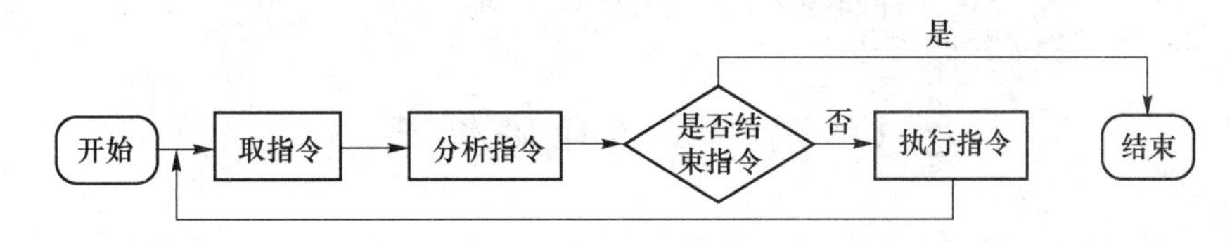

图 2.2.4 程序的执行过程示意

2）指令的执行过程

指令的执行过程分为取指令、分析指令、执行指令三个阶段，如图 2.2.5 所示。

程序计数器（PC）保存的是将要执行指令的地址，当从它所指示的地址中取出的指令执行完成后，程序计数器（PC）的值自动加1，指向下一个将要执行的指令地址。指令寄存器（IR）保存的是从程序计数器（PC）所指地址中取出的指令。指令译码器（ID）用于分析和解释指令的操作类型，可识别指令的功能。

（1）取指令：根据程序计数器（PC）中的地址（0100H），从内存储器中取出指令（070270H），并送往指令寄存器（IR）。

（2）分析指令：由指令译码器（ID）对存放在指令寄存器（IR）中的指令（070270H）进行分析。将指令的操作码（07H）转换成相应功能的控制电位信号；由地址码（0270H）确定操作数据的所在地址。

（3）执行指令：由操作控制线路发出完成该操作所需要的一系列控制信号，然后完成该指令所要求的操作。例如，做加法指令，取内存单元（0270H）中的值和累加器中的值相加，结果还是放在累加器中。

当一条指令执行完成后，程序计数器（PC）中的值自动加1（0101H），为取下一条指令做好准备。

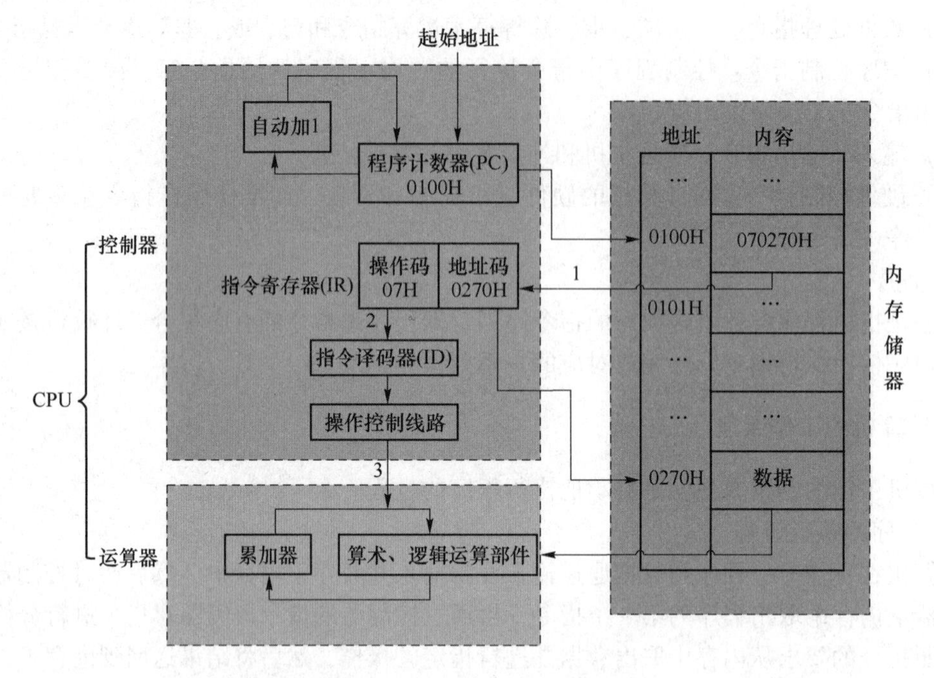

图 2. 2. 5　指令的执行过程

1—取指令；2—分析指令；3—执行指令

2. 3　微型计算机硬件系统

本节以台式计算机为例，介绍微型计算机的硬件系统。通常，从物理配置上来说，一台完整的台式计算机有主机箱、显示器、键盘和鼠标等。微型计算机的硬件系统由主机系统和外部设备组成。

2. 3. 1　微型计算机主机系统

主机系统安装在主机箱中，包括主板、CPU、内存、硬盘、电源、风扇等，外部设备（如显示器、键盘、鼠标等）通过各种总线和接口连接到主机系统。

1. 主板

主板也称为母板，是主机箱中最大的一块集成电路板，是连接 CPU、内存、显卡、声卡、网卡、硬盘、光驱等部件和设备的载体，如图 2. 3. 1 所示。所有的部件和设备都必须通过主板进行连接，才能构成完整的微型计算机系统。

主板主要由芯片、插槽和接口三部分组成。

1）芯片

芯片包括芯片组、BIOS、CMOS 芯片、集成芯片（显卡、声卡、网卡）等。

(1) 芯片组。

芯片组是系统主板的核心，决定了主板的结构和 CPU 的使用，由平台控制器中心（Platform Controller Hub，PCH）组成，主要负责 USB 接口、I/O 接口、SATA 接口等的控制以及高

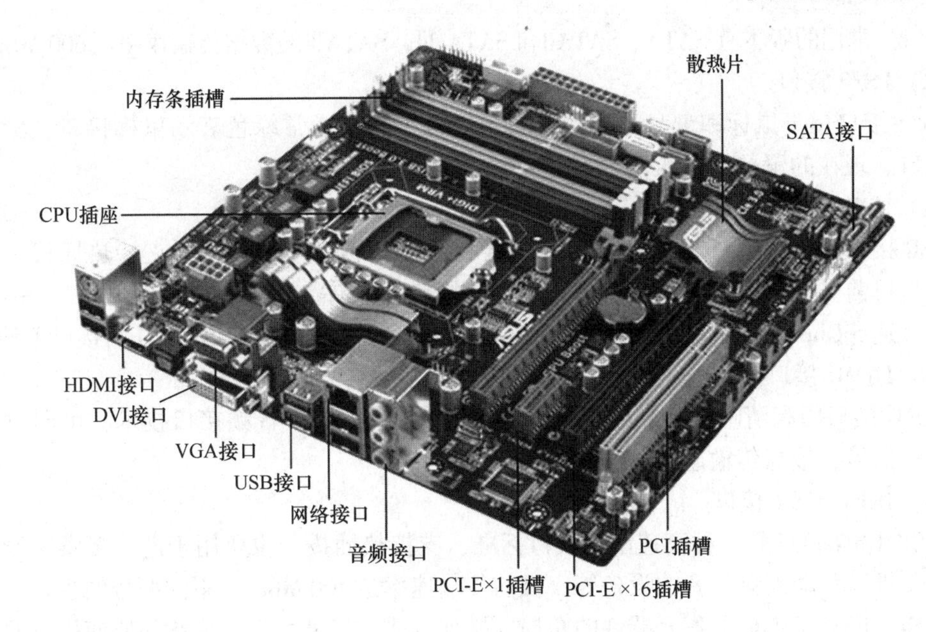

图 2.3.1 主板

级能源管理等。

（2）BIOS 芯片。

BIOS 芯片即基本输入/输出系统（Basic Input/Output System，BIOS），是一组固化在 ROM 芯片中的机器语言程序，为计算机提供最底层、最直接的硬件设置和控制，包括基本输入输出的程序、开机自检程序和系统自启动程序等。若没有 BIOS，计算机将无法启动。

（3）CMOS 芯片。

CMOS 芯片是主板上的一块可读写的 RAM 芯片，主要用来保存 BIOS 的硬件配置和用户对某些参数的设置，如当前系统的日期和时间、系统的口令、系统启动时访问外存储器的顺序等。CMOS 芯片需要电池供电，才能在计算机断电后不会丢失所存储的信息。

（4）集成芯片。

集成芯片主要指声卡、网卡等芯片集成在主板上。原来主板上集成的显卡芯片，现在已经集成在了 CPU 内部，成为 CPU 的显示核心。

2）插槽

插槽包括 CPU 插座、内存条插槽和扩展插槽。

（1）CPU 插座。

CUP 插座用于连接并固定 CPU 芯片。

（2）内存条插槽。

内存条插槽用于安装内存条，可灵活地扩充内存容量。

（3）扩展插槽。

扩展插槽用于连接各种不同功能的插卡，如显卡、声卡、网卡等。

3）接口

接口包括 SATA 接口、PS/2 接口、USB 接口、HDMI 接口、IEEE 1394 接口等。

（1）SATA 接口。

SATA 接口用于硬盘和光驱等设备的连接，实现硬盘和光驱与内存之间数据的传输，属于串行接口，常用的版本有 SATA、SATAⅡ和 SATA Ⅲ，SATAⅢ的数据传输速率达 600 MBps。

（2）PS/2 接口。

PS/2 接口用于鼠标和键盘的连接，属于串行接口，通常绿色表示鼠标接口，紫色表示键盘接口。现在的鼠标和键盘基本上都通过 USB 接口进行连接。

（3）USB 接口。

USB 接口用于计算机与外部设备的连接和通信，属于串行接口，支持热插拔，传输速率高，是目前外部设备的主流接口方式。USB 接口现在有 2.0 和 3.0 两种规范，USB 3.0 传输速率可达 5 Gbps，向下兼容，所有 USB 2.0 的设备都可以接在 USB 3.0 的接口上使用。

（4）HDMI 接口。

HDMI 接口即高清晰度多媒体接口，是一种数字化视频/音频接口技术，可同时传送视频和音频信号，最高传输速率达 18 Gbps。

（5）IEEE 1394 接口。

IEEE 1394 接口是一种高速串行接口标准，支持热插拔，主要用于连接多媒体设备，如数字摄像机、移动硬盘、音响设备等，目前传输速率达 400 Mbps。不同型号的主板，其结构也不一样，但对于主板上各元器件的布局、排列方式、尺寸大写、形状和所使用电源的规格等，所有主板厂商都必须遵循通用的标准。

2. CPU

CPU（Central Processing Unit）即中央处理器，是计算机的核心部件，由控制器和运算器组成，主要负责处理和运算计算机内部的所有数据，如图 2.3.2 所示。

图 2.3.2　CPU

1）CPU 的主要性能指标

（1）主频。

主频指 CPU 的时钟频率，即 CPU 的工作频率，决定了 CPU 内部数据传输和指令执行的速度。在其他性能指标相同的情况下，通常主频越高，CPU 的运算速度越快。

（2）睿频。

睿频指自动超频技术。开启睿频加速后，CPU 会根据当前的任务量自动调整 CPU 主频，重任务时提高主频发挥最大的性能，轻任务时降低主频进行节能。

（3）QPI 带宽。

QPI（Quick Path Interconnect，快速通道互联）是 CPU 的内部总线，用于 CPU 内核与内核之间、内核与内存之间的连接。QPI 总线进行双向传输数据，即在发送数据的同时也可以接收数据，速率非常高，每次传输的有效数据是（2 Byte）（即 16 bit/8 = 2 Byte），QPI 总线带宽的计算公式为

QPI 总线带宽 = 每秒传输次数（即 QPI 频率）× 每次传输的有效数据 2 Byte × 双向

例如，QPI 频率为 4.8 GTps，则 QPI 的总线带宽 = 4.8 GTps × 2 Byte × 2 = 19.2 GBps。

（4）字长。

字长是指 CPU 一次能处理二进制数据的位数，通常与 CPU 的寄存器位数有关。字长越长，数的表示范围就越大，精度也越高，CPU 的处理速度也就越快，字长反映了计算机处

理数据的能力。通常说的64位CPU指的是CPU的字长为64。

（5）高速缓冲存储器容量。

高速缓冲存储器（Cache）是位于CPU与内存之间的高速存储器，工作频率很高，通常与CPU同频工作。计算机工作时，CPU会经常重复读取同样的数据，而大容量的Cache可以大幅度提升CPU内部读取数据的命中率，而不用再到内存上读取，从而减少CPU从内存读取数据的等待时间，提高系统的性能。Cache的容量也是CPU的重要性能指标之一，在同等条件下，Cache容量的增加可以提高CPU的执行速度。受CPU面积和成本等因素的制约，Cache的容量一般都比较小。

目前，Cache一般分为三级：L1 Cache（一级缓存）、L2 Cache（二级缓存）、L3 Cache（三级缓存），如图2.3.3所示。其中，L1 Cache、L2 Cache是每个核心独立的，L3 Cache是多个核心共享的。

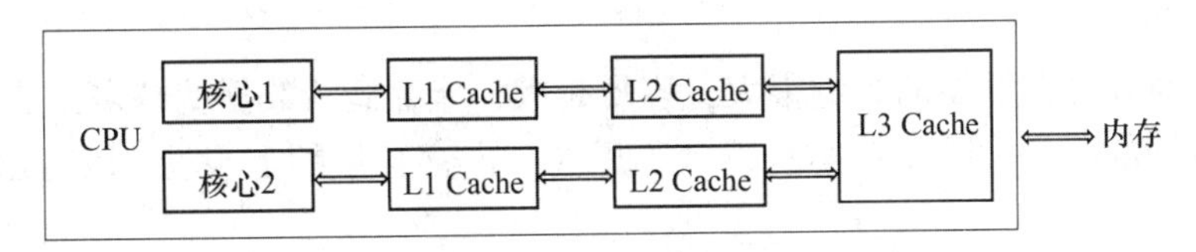

图2.3.3 Cache

（6）核心数量。

在早期，CPU性能的提高是通过提高主频来实现的，但是这会使CPU更快地产生更多的热量，短时间内会烧毁CPU，因此产生了多核技术，即在一个芯片上集成多个核心，通过提高程序的并发性来提高系统的性能。

（7）多线程。

多线程就是利用超线程技术，把一个物理内核模拟成两个逻辑内核，像两个内核一样同时执行两个线程，进而提高CPU的运行效率。但是，要发挥这种效能，除了操作系统支持之外，还必须应用软件来支持。CPU的每个核心都包含控制器和运算器。控制器在读取和分析指令时，运算器闲置。增加一个控制器，能独立进行指令读取和分析，共享运算器，这样就组成了另一个功能完整的核心，这就是多线程。

2）CPU产品

目前，生产CPU产品的公司主要有Intel公司和AMD公司。在同等级别的情况下，Intel的CPU浮点运算能力稍强，而AMD的CPU强在集成的显卡。

Intel公司是一家以研制CPU处理器为主的公司，前后推出了赛扬（Celeron）、奔腾（Pentium）、酷睿（Core）系列。赛扬属于Intel公司的低端CPU系列，具有价格低廉、稳定性强等优点，主要面向日常办公用户。奔腾属于Intel公司的中低端CPU系列，性价比高，主要面向基础游戏娱乐用户和对文件处理速度要求高的办公用户。酷睿是Intel公司的中、高端CPU系列，具有性能强、节能高效和热量小等优点，主要面向中、高端游戏用户和中高端办公用户。酷睿系列产品又分为core i3、core i5、core i7和core i9，它们的性能依次增强。

AMD公司生产的CPU主要有闪龙（Sempron）、速龙（Athlon）、APU、AMD FX、锐龙（Ryzen）等系列，它们的性能依次增强。AMD系列的各型号CPU都能在Intel系列CPU中找到相对应的产品。

3. 存储器

存储器是计算机系统中的记忆设备，分为内存储器和外存储器，用来存放程序和数据。

1）内存储器

内存储器是CPU能够直接访问的存储器，用于正在运行的程序和数据，分为随机存取存储器（RAM）、只读存储器（ROM）和高速缓冲存储器（Cache）。

RAM就是我们通常所说的内存，是一种可读/写存储器，任何一个存储单元的内容都可以按照其地址随机存取，它的主要特点是数据存取较快，但是断电之后数据无法保存。在主机系统中RAM被制作成内存条，安插在主板的内存插槽中，主板上一般有2个或4个内存插槽。

RAM的主要性能指标有：存储容量；存取速度。

（1）存储容量。

存储容量对计算机性能的影响很大，容量越大，能存储的数据就越多，从而减少了与外存储器交换数据的频率，因此效率也得到了提高。内存容量的上限受CPU位数以及主板设计的限制。

（2）存取速度。

存取速度主要由内存的工作频率决定，内存主频越高，在一定程度上代表着内存所能达到的速度越快。目前，内存主频可达3 200 MHz，RAM种类主要有DDR3和DDR4，如图2.3.4所示。

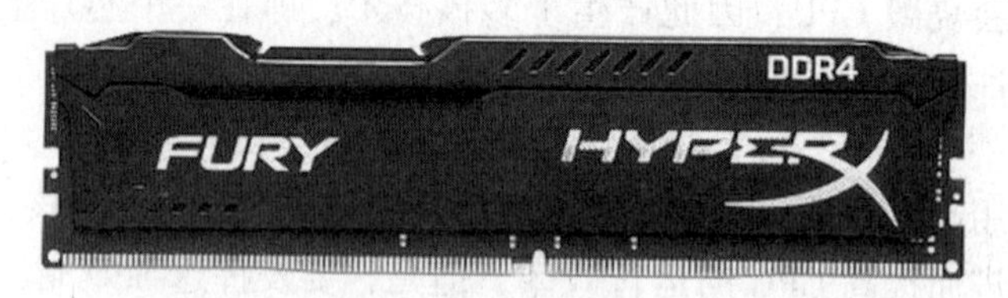

图2.3.4　内存条

ROM是能对其存储内容读出，而不能对其重新写入的存储器，通常存储系统引导程序、基本输入输出程序等，断电之后，信息不会消失。

2）外存储器

外存储器简称外存，是计算机的主要存储器设备，与内存相比，其特点是容量大、速度慢、价格低廉、可长期保存数据等。外存储器主要包括机械硬盘、固态硬盘、光盘存储器、移动存储器。

（1）机械硬盘。

机械硬盘也就是人们常说的硬盘，由若干盘片组成，并装在同一个主轴上，与硬盘驱动器封装于一个密闭的腔体内，如图2.3.5所示。其一般安装在主机箱内。机械硬盘的结构分为：

① 有多个盘片，每个盘片有两面，每面有一个磁头。

② 同一盘片不同半径的同心圆为磁道。

③ 不同盘片的相同半径构成柱面。

④ 盘片被划分为多个扇区。

机械硬盘存储容量的计算公式为

机械硬盘存储容量 = 盘面数 × 磁道数 × 扇区数 × 扇区容量

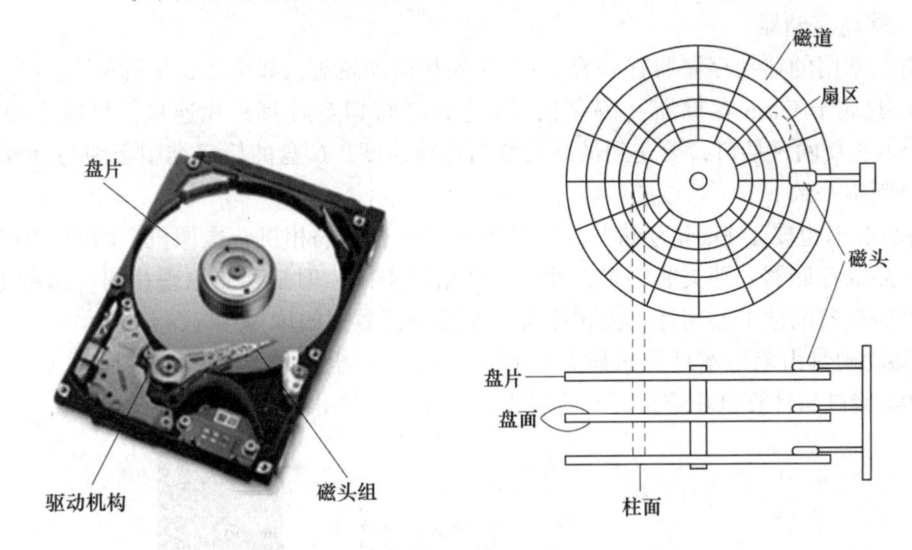

图 2.3.5 机械硬盘内部结构示意

机械硬盘的主要性能指标有：存储容量、转速。

① 存储容量。存储容量是指所有单碟容量（单个盘片的容量）的总和。一般微型计算机配置的硬盘容量为几百 G 到几个 T。

② 转速。转速指硬盘内电动机主轴的旋转速度，即硬盘盘片每分钟内转动的圈数，单位为 r/min，其决定着数据存取的速度。目前，硬盘的转速主要有 5 400 r/min、7 200 r/min、10 000 r/min 等。

（2）固态硬盘。

固态硬盘（Solid State Drives）是用固态电子存储芯片阵列制成的硬盘，由控制单元和存储单元组成。存储介质一般采用 Flash 芯片或 DRAM 芯片，如图 2. 3. 6 所示。与机械硬盘相比，其数据读写速度更快，但是容量小、价格高，且使用寿命有限。现在，微型计算机采用固态硬盘加机械硬盘的硬盘配置，将操作系统安装在固态硬盘，以提高操作系统的运行效率。

图 2. 3. 6 固态硬盘

（3）光盘存储器。

光盘存储器是利用激光技术存储信息的装置，它的体积小、容量大、成本低，易于长期保存。

光盘存储器由光盘片和光盘驱动器组成。

光盘片用于存储数据，按存储容量分为 CD、DVD 和蓝光等；按读写特性，分为只读光盘、可写一次光盘和可擦写光盘。

存储在光盘片的数据需要光盘驱动器（简称“光驱”）进行读取。光驱分为 CD 驱动器和 DVD 驱动器两种。衡量光驱的主要性能指标是数据传输速率。光驱的数据传输速率用倍速表示，1 倍速 CD – ROM 的数据传输速率为 150 KBps，1 倍速 DVD – ROM 的数据传输速率为1 350 KBps，例如，一个 8 倍速 DVD – ROM 光驱的数据传输速率为 1 350 KBps ×

8 =10 800 KBps。

（4）移动存储器。

目前，常用的移动存储器有U盘、Flash卡和移动硬盘，如图2.3.7所示。

① U盘属于Flash存储器（闪存），通过USB接口与计算机相连接，目前主要有USB 2.0和USB 3.0两种接口，要达到最高的数据传输速度，U盘的接口类型必须与计算机上的USB接口版本一致。

② Flash卡也属于Flash存储器，主要用于手机、数码相机、摄像机、GPS、MP3、MP4等数码产品的存储器，种类非常多，外观、规格虽不同，但是存储原理相同。每种Flash卡需要相对应接口的读卡器与计算机相连接，才能进行数据的读写。

③ 移动硬盘由笔记本计算机硬盘和带有数据接口电路的外壳组成，通过USB接口和IEEE 1394接口与计算机相连，具有容量大、速度快、体积小、可靠性高等特点。

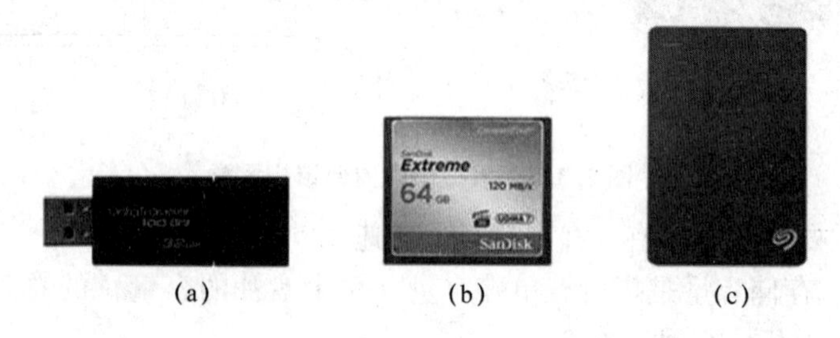

(a) (b) (c)

图2.3.7　移动存储设备

（a）U盘；（b）Flash卡；（c）移动硬盘

2.3.2　微型计算机外部设备

1. 基本输入设备

输入设备是用户向计算机输入数据和程序的设备，常用的输入设备有键盘、鼠标、触摸屏、扫描仪、麦克风等。

1）键盘和鼠标

键盘和鼠标都是计算机系统中常用的输入设备，通过PS/2接口或USB接口连接到主机。常用的鼠标有机械式和光电式两种，光电鼠标的准确度和灵敏度更高。随着“蓝牙”技术的发展，无线键盘和无线鼠标也应用得越来越广泛。

2）触摸屏

触摸屏是一种新型的计算机输入设备，是目前最简单、方便、自然的一种人机交互方式，兼有键盘和鼠标的功能。触摸屏是在液晶面板上覆盖一层透明触摸面板，它能将用户的触摸位置转变为计算机的坐标信息后输入计算机。如今，触摸屏广泛应用于数码产品、公共信息查询和多媒体等领域。

3）扫描仪

扫描仪是将图片、照片、文稿等扫描到计算机中的一种输入设备，它能够将扫描获得的图形信息转换成计算机可编辑、存储和输出的数字化数据，通过USB接口或IEEE 1394接口连接计算机。

2. 基本输出设备

1）显示器

显示器是用户与计算机进行交互时必不可少的输出设备。显示器分为阴极射线管显示器（CRT）和液晶显示器（LCD），CRT现已被液晶显示器取代。

显示器的主要性能指标有：分辨率、颜色质量、响应时间。

（1）分辨率。

分辨率是指屏幕上像素点的数量，一般用水平方向上一行的像素点数量与垂直方向上一行的像素点数量的乘积来表示。屏幕上的点、线和面都是由像素组成的，分辨率越高，显示器上的像素就越多，画面就越精细。

（2）颜色质量。

颜色质量指表示像素颜色的二进制位数，像素显示的颜色数量由二进制位数决定，位数越多，则颜色的数量越多。例如，真彩色16位的颜色数量为2^{16}，真彩色32位的颜色数量为2^{32}。

（3）响应时间。

响应时间指各像素点对输入信号反应的速度，即像素由暗转亮或由亮转暗所需要的时间。响应时间越短，则人在观看动态画面时越不会有尾影拖曳的感觉。

2）打印机

打印机是计算机的主要输出设备之一，其主要的性能指标为打印分辨率和打印速度。打印分辨率指每英寸[①]可打印的点数，分辨率越高，打印质量越好。打印速度指每分钟打印的页数。目前，打印机有针式打印机、喷墨打印机、激光打印机、3D打印机等。

2.3.3 总线

总线是各部件或设备之间传输数据的公共通道。总线就好比高速公路，各个部件就好比高速公路的沿线城市，如图2.3.8所示。

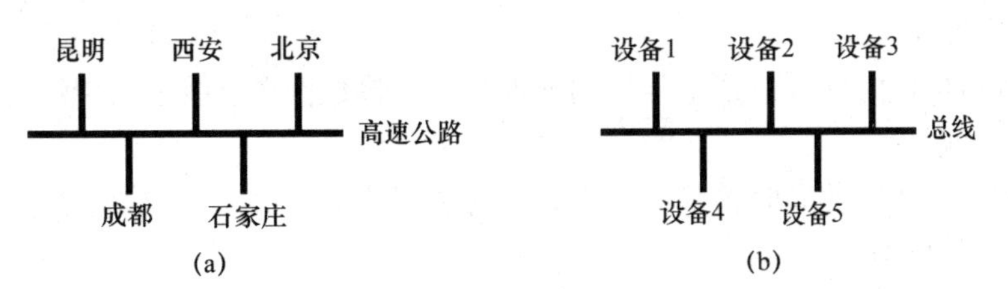

图2.3.8 高速公路与总线

（a）高速公路；（b）总线

1. 总线的分类

1）按传输方式分类

按传输方式不同，总线分为串行总线和并行总线。

① 1英寸=2.54厘米。

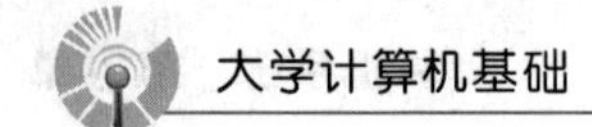

(1) 串行总线。

在串行总线中，二进制数据逐位通过一条数据线发送到接收部件或设备。其工作方式如图2.3.9所示。

(2) 并行总线。

在并行总线中，有多条数据线，一次能发送多个二进制位数据。其工作方式如图2.3.10所示。

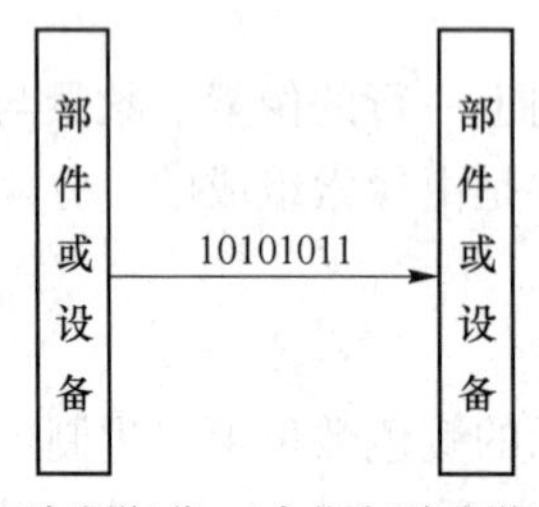

图2.3.9 串行总线工作方式示意

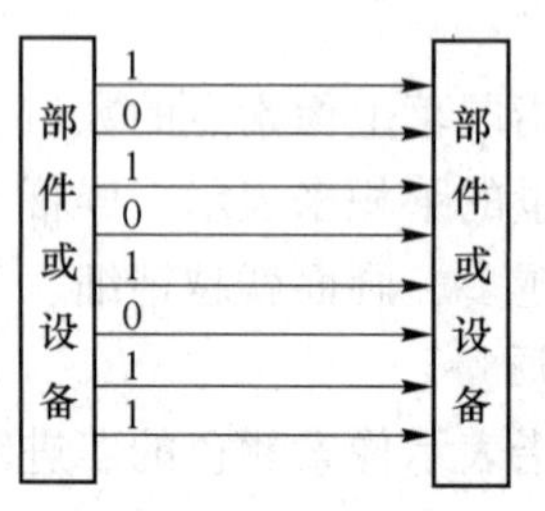

图2.3.10 并行总线工作方式示意

2) 按传输信号分类

按传输信号不同，总线分为数据总线、地址总线、控制总线。

(1) 数据总线。

数据总线用于CPU、存储器、输入设备、输出设备之间的数据信号传输。

(2) 地址总线。

地址总线用于传输存储器单元地址或输入/输出地址信号。

(3) 控制总线。

控制总线用于传输控制器的各种控制信号。

2. 总线的性能指标

总线的性能指标有总线带宽、总线位宽、总线工作频率。

1) 总线带宽

总线带宽指单位时间内总线上传输的数据量，反映数据在总线上的传输速率。

2) 总线位宽

总线位宽指总线能够同时传输的二进制数据的位数。例如，64位总线指同一时刻可以传输64个二进制数据位。

3) 总线工作频率

总线工作频率反映总线工作的速度，单位为MHz，频率越高则工作速度越快。

总线带宽、总线位宽和总线工作频率之间的关系为

$$总线带宽 = 总线工作频率 \times 总线位宽 \times 传输次数/8$$

式中，传输次数指每个时钟周期内的数据传输次数，一般为1。

3. 总线标准

总线标准是系统与各模块、模块与模块之间的一个互联标准界面。它要求界面的任一方只需根据总线标准的要求来完成自身接口的功能要求，而无须了解对方接口与总线的连接要

求。目前，常用的总线标准有 PCI 总线、PCI－E 总线、AGP 总线。

1）PCI 总线

PCI（Peripheral Component Interconnect，外设组件互连）总线是 Intel 联合 IBM、APPLE、COMPAQ 等公司于 1992 年推出的总线标准。它是一种 32 位并行总线，也可扩展至 64 位，总线频率为 33 MHz 或 66 MHz，最高传输速率可达 532 MBps，具有高性能、良好的兼容性、支持即插即用等特点，缺点是多个设备同时共享带宽。

2）PCI－E 总线

PCI－E（PCI Express，PCI 扩展标准）总线是一种多通道串行总线。根据通道数的不同，其可分为 PCI－E ×1、PCI－E ×2、PCI－E ×4、PCI－E ×8、PCI－E ×12、PCI－E ×16 等，支持双向传输，传输速率高，单向传输速率可达 250 MBps、双向传输速率可达 500 MBps。

3）AGP 总线

AGP（Accelerated Graphics Port，图形加速端口）总线是 Intel 公司于 1996 年推出的局部总线，专为图形加速显示卡设计，传输速率最高可达 2.1 GBps。

2.4 计算机软件系统

软件是指程序、程序运行所需要的数据以及开发、使用和维护这些程序所需要的文档。它是用户和计算机之间的接口界面。软件系统是指计算机中所有软件的集合。在计算机中，软件通常分为系统软件和应用软件。

2.4.1 系统软件

系统软件是计算机管理自身资源，提高计算机使用效率并服务于应用软件的一类软件，通常包括操作系统、语言处理程序和实用程序等。

1. 操作系统

操作系统是管理和控制计算机所有的硬件和软件资源的一组程序，是用户和计算机进行交流的接口界面，也是计算机硬件与其他软件的接口。

有了操作系统，用户无须了解计算机硬件和软件的细节就能使用计算机，从而提高了用户的工作效率。同时，操作系统可以合理组织和分配计算机的各种资源进行工作，提高了计算机系统的使用效率。

2. 语言处理程序

自然语言是人与人之间进行交流的语言，如汉语、英语、法语等。人与计算机进行交流需要使用程序设计语言，如机器语言、汇编语言、C 语言、Java、Python 等。按照程序设计语言对计算机硬件的紧密程度，通常把程序设计语言分为 3 类：机器语言、汇编语言和高级语言。只有用机器语言编写的程序才能被计算机识别并执行。用汇编语言和高级语言编写的程序称为源程序，它必须通过语言处理程序（即翻译程序）翻译成机器语言才能被计算机识别并执行，翻译后的程序称为目标程序。

1）汇编程序

汇编程序是将汇编语言编写的程序（源程序）翻译成机器语言程序（目标程序）的工

具，工作过程如图 2.4.1 所示。

2）高级语言翻译程序

高级语言翻译程序是将高级程序设计语言编写的程序翻译成目标程序的工具，它有解释和编译两种方式。

(1) 解释。解释是指通过解释程序对源程序逐句进行翻译并执行，直到程序结束；若解释时发现错误，就立即停止并报错，提醒用户更正代码。解释方式不生成目标程序，其工作过程如图 2.4.2 所示。

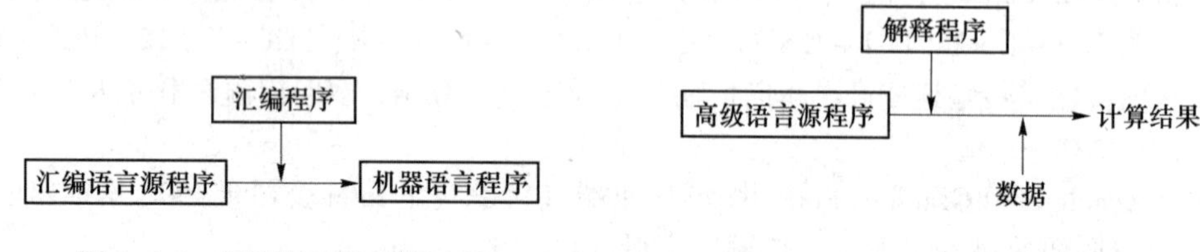

图 2.4.1　汇编程序的工作过程　　图 2.4.2　解释方式的工作流程

(2) 编译。编译是指通过编译程序将源程序翻译成目标程序，再用连接程序将目标程序和程序所调用的库函数组合成一个可执行程序。产生的可执行程序可以独立存在且反复使用。编译方式执行速度快，但对源程序进行修改后，需要重新编译执行。图 2.4.3 所示为一个用 C 语言编写的源程序编译方式的工作过程。

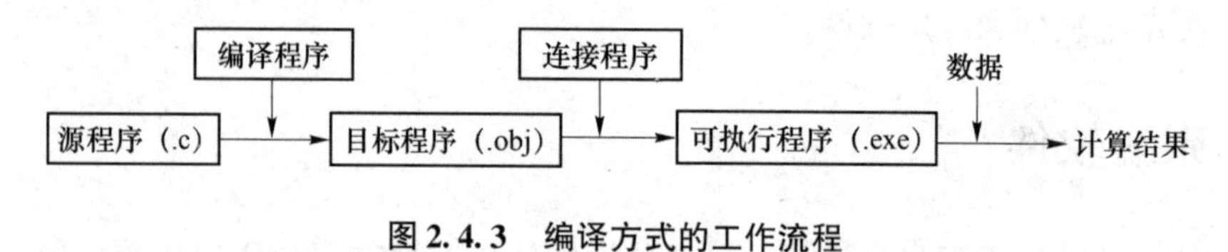

图 2.4.3　编译方式的工作流程

3. 实用程序

实用程序主要对计算机系统资源进行管理、配置和维护。例如，Windows 操作系统自带的实用程序，如磁盘清理、磁盘碎片整理程序等；软件开发商提供的实用程序，如 Windows 优化大师、压缩软件 WinRAR 等。

2.4.2　应用软件

应用软件是指针对某一具体应用而开发的专门软件，常用的应用软件有办公软件、图形图像处理软件、网络服务软件、数据库应用软件等。

1. 办公软件

现代办公是集处理文字、数字、表格、图表、图形、图像等多种信息于一体的自动化办公，而办公软件是指为现代办公服务的软件，主要包含字处理、电子表格、演示软件等组件。目前，常用的办公软件有微软公司的 Microsoft Office 等。

2. 图形图像处理软件

图形图像处理软件现已广泛应用于工程设计、科学计算、文化艺术等领域，主要分为图像软件和绘图软件。目前，常用的图像软件有 Photoshop、Corel Photo 等，常用的绘图软件有 AutoCAD、Illustrator、CorelDRAW 等。

3. 网络服务软件

随着计算机网络的发展，各种网络服务软件也得到了广泛应用。目前，常用的网络服务软件有浏览器、电子邮件、FTP 文件传输、即时通信等。

4. 数据库应用软件

数据库技术是计算机科学的一个重要分支，也是各种信息系统的核心和基础。现在，利用数据库技术开发的、满足某一类实际应用的数据库应用软件已经与人们的生活、工作、学习息息相关。常见的数据库应用软件有银行业务系统、铁路售票系统、校园一卡通管理系统、图书管理系统等。

思 考 题

1. 简述计算机系统的组成。
2. 简述冯·诺依曼计算机的特点。
3. 简述指令的执行过程。
4. 什么是主板？主板有哪些部件？
5. 简述计算机的常见接口，并说明它们的作用和特点。
6. 简述 CPU 的性能指标。
7. 简述 Cache 的作用。
8. 简述 RAM、ROM 的作用和区别。
9. 常见的输入输出设备有哪些？
10. 总线的类型有哪些？
11. 简述串行总线和并行总线的优缺点。
12. 什么是软件，什么是软件系统？

第3章 计算机操作系统

操作系统是计算机系统能够正常运行的基础，是最重要的系统软件。本章将主要介绍操作系统的概念、分类和功能以及常用的操作系统，并以 Windows 10 操作系统为例，详细介绍操作系统的桌面组成及设置、控制面板的使用，以及如何对文件、程序、磁盘和设备进行管理等相关知识。

3.1 操作系统概述

操作系统（Operating System，OS）是管理和控制计算机硬件与软件资源的一组程序。操作系统是直接运行在“裸机”上的最基本的系统软件，任何其他软件都必须在操作系统的支持下才能运行。操作系统是计算机系统中非常重要的系统软件，无论是智能手机，还是微型计算机，又或者是高性能计算机都必须配置操作系统来组织计算机系统的工作流程、控制程序的执行，使计算机能够协调、高效地工作，为用户提供使用计算机的接口，也为其他应用软件提供各种服务。

3.1.1 操作系统的分类

随着计算机技术的不断发展，出现了种类繁多、功能各异的操作系统，按照不同的分类标准，可分成不同类型的操作系统。

1. 按用户界面分

按照用户与计算机对话的界面（即用户界面），操作系统可以分为命令行界面的操作系统（如 MS - DOS）、图形用户界面操作系统（如 Mac OS、Windows 系列操作系统）。

2. 按用户数分

按照使用计算机的用户数量，操作系统可以分为单用户操作系统（如 MS - DOS）和多用户操作系统（如 UNIX、Linux）。

单用户操作系统是指同一台计算机在同一时间只能有一个用户使用，该用户独占计算机的硬件资源和软件资源。

多用户操作系统是指同一台计算机在同一时间允许多个用户同时使用，共享计算机的硬件资源和软件资源。

3. 按任务数分

按照计算机处理的任务数量，操作系统可以分为单任务操作系统（如 MS - DOS）和多任务操作系统（如 Windows 系列操作系统）。

单任务操作系统是指用户在同一时间只能运行一个应用程序（每个应用程序称为一个任务），如 MS - DOS。

多任务操作系统是指用户在同一时间可以运行多个应用程序，如 Windows 系列操作系统。

4. 按系统功能分

按照系统功能，操作系统可以分为批处理操作系统、分时操作系统、实时操作系统、网络操作系统、嵌入式操作系统等。

1）批处理操作系统

批处理操作系统，其工作方式是操作员将一批作业输入计算机后，不再与作业发生交互作用，而是由计算机自动执行，并根据输出结果来分析作业的运行情况，确定是否需要修改、再次执行。

2）分时操作系统

分时操作系统适用于一台主机连接多个终端（只有显示器和键盘）的系统，当多个用户通过终端访问主机时，系统将 CPU 的时间划分成若干很短的时间片，轮流处理各个用户从终端输入的命令。例如，带有 10 个终端的分时系统，若每个用户每次分配一个 50 ms 的时间片，则每隔 0.5 s 即可为所有用户服务一遍。由于间隔时间短且高速运算，因此用户感觉“独占”使用计算机。

3）实时操作系统

实时操作系统，是计算机对外部数据能够以足够快的速度进行处理，并在规定的时间范围内做出快速反应的系统。实时操作系统分为实时控制系统和实时信息处理系统。实时控制系统主要用于生产过程的自动控制，如飞机自动驾驶系统、导弹制导系统、数据自动采集系统等。实时信息处理系统主要用于对实时信息进行处理，如机票订购系统、情报检索系统等。

4）网络操作系统

网络操作系统是在单机操作系统上发展起来的。它能够管理网络通信和网络共享资源以及协调各主机上任务的运行，是用户与计算机网络之间的接口，是能为用户提供各种网络服务的一种操作系统。

5）嵌入式操作系统

嵌入式操作系统，是运行在嵌入式智能芯片环境中，对整个嵌入式芯片以及它所控制、操作的各种部件装置等资源进行统一协调、调度、指挥和控制的操作系统。嵌入式操作系统具有微型化、可定制、实时性、可靠性和易移植性等特点，现广泛应用于制造业、过程控制、通信、航空、航天、军事等领域。

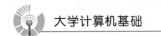

3.1.2 操作系统的功能

操作系统的功能包括处理机管理、作业管理、存储管理、设备管理和文件管理等功能。

1）处理机管理

处理机管理是指对处理机（CPU）资源进行管理，将 CPU 时间合理地分配给每个任务。

2）作业管理

作业管理是指合理地组织工作流程，对作业进行控制和管理，如作业输入、作业调度和作业控制。

3）存储管理

存储管理是指对内存资源进行管理，如内存分配、存储保护、虚拟内存等。

4）设备管理

设备管理是指对硬件设备的管理，并控制外部设备按用户程序的要求进行操作。

5）文件管理

文件管理是指对软件资源的管理，如存储空间管理、目录管理、文存取控制管理、文件共享和保护等。

3.1.3 常用的操作系统

常用的操作系统有 DOS、Windows 系列、UNIX、Linux、Mac OS、Android、iOS。

1. DOS

DOS（Disk Operating System，磁盘操作系统）是微软公司与 IBM 公司共同研发的单用户、单任务（4.0 版本支持多任务处理）、命令行界面的操作系统，主要用于 IBM PC 及其兼容计算机，用户通过输入各种命令（英文单词或缩写）来操作计算机，运行效率比较低。DOS 自 1981 年 1.0 版本问世以来，有多个升级版本。

2. Windows 系列

Windows 系列操作系统是微软公司开发的图形用户界面操作系统，其操作简单、用户界面生动形象，成为全球使用率最高的操作系统。Windows 系列操作系统主要有面向 PC 和客户机开发的 Windows XP/Vista/7/8/10 系列和面向服务器开发的 Windows Server 2003/2008/2012/10 系列。

3. UNIX

UNIX 操作系统于 1969 年诞生于贝尔实验室，是一个交互式的多用户、多任务的分时操作系统。它具有较好的可靠性和安全性，使用方便，易于移植，容易修改、维护和扩充，已成为 PC 服务器、中小型计算机、工作站、大型巨型计算机及群集等的通用操作系统。

4. Linux

最初，由芬兰人 Linus Torvalds 于 1991 年开发了 Linux 操作系统内核，后经网络发布，自由下载，经过众多程序员不断地改进、扩充、完善，逐渐发展成完整的 Linux 操作系统。它继承了 UNIX 操作系统的各种优点，安全性和稳定性好，具有强大的网络功能，现在流行的版本有 Red Hat Linux、SuSE Linux 和 Ubuntu Linux。

5. Mac OS

Mac OS 是 Apple 公司为 Macintosh 系列计算机开发的操作系统，具有较强的图形处理能力，广泛用于桌面出版和多媒体应用等领域，其缺点是与 Windows 操作系统缺乏较好的兼容性。

6. Android

Android 操作系统最初由 Andy Rubin 开发，主要支持智能手机，后来由谷歌公司和开放手机联盟共同开发和改良。它是基于 Linux 的自由及源代码开放的操作系统，主要使用于移动设备，如智能手机、平板计算机、智能电视等。

7. iOS

iOS 是由苹果公司开发的移动操作系统，主要运行在 iPhone、iPod touch、iPad 以及 Apple TV 等产品上。

3.2 Windows 10 操作系统

3.2.1 Windows 10 简介

Windows 10 是美国微软（Microsoft）公司于 2015 年推出的新一代跨平台及设备应用的操作系统，可以实现语音、触控、手写等交互功能，主要运行在台式计算机、笔记本计算机、平板计算机、智能手机等设备上。Windows 10 操作系统共分为家庭版、专业版、企业版、教育版、移动版、移动企业版和物联网核心版等 7 个版本。

1）家庭版

Windows 10 家庭版（Windows 10 Home）主要面向 PC、平板计算机。

2）专业版

Windows 10 专业版（Windows 10 Professional）以家庭版为基础，功能更多，提供了可配置的安全性策略，支持远程和移动办公、系统自动更新等，主要面向平板计算机、笔记本计算机、PC 平板二合一等设备。

3）企业版

Windows 10 企业版（Windows 10 Enterprise）以专业版为基础，增加了专门为中、小型企业的需求开发的高级功能，具备更高级别的系统安全性策略和可靠性，并提供批量许可证等服务，是功能最全的版本，适合企业用户使用。

4）教育版

Windows 10 教育版（Windows 10 Education）以企业版为基础，除了更新方面有差异外，两者在功能方面相差不大，主要面向学术机构、学校教师、管理人员和学生。

5）移动版

Windows 10 移动版（Windows 10 Mobile）集成了与家庭版相同的通用 Windows 应用和针对触控操作优化的 Office，主要面向小尺寸、有触控屏的移动设备，如智能手机、平板计算机。

6）移动企业版

Windows 10 移动企业版（Windows 10 Mobile Enterprise）主要面向使用智能手机和平板计算机的企业用户。

7）物联网核心版

Windows 10 物联网核心版（Windows 10 IoT Core）主要用于物联网设备，如智能家居产品（电视、空调等）。

本章以下介绍均以 Windows 10 专业版为例。

3.2.2 桌面的组成

操作系统启动以后所呈现的屏幕界面称为桌面。桌面由桌面背景、桌面图标和任务栏 3 部分组成，如图 3.2.1 所示。

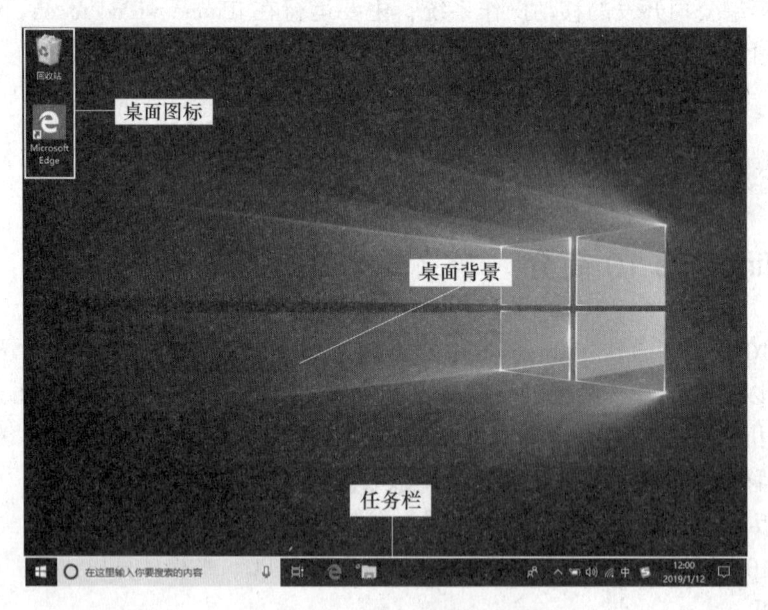

图 3.2.1 Windows 10 操作系统桌面

1. 桌面背景

桌面背景是操作系统背景图案，也称为墙纸，用户可根据个人喜好对桌面背景图片进行设置。

2. 桌面图标

桌面图标指显示在 Windows 桌面代表各种应用程序、文件或文件夹的图像标识，双击桌面图标可以打开相应的应用程序、文件和文件夹。Windows 10 操作系统安装完成之后，桌面图标默认只有一个“回收站”系统图标和一个“Microsoft Edge”快捷方式图标。用户在使用过程中，可以在安装应用程序时选择在桌面添加程序的快捷方式图标，也可以将经常使用的文件或文件夹放在桌面上。

3. 任务栏

在任务栏中，有“开始”菜单按钮、搜索栏、应用程序区域、通知区域和“显示桌面”按钮，如图 3. 2. 2 所示。

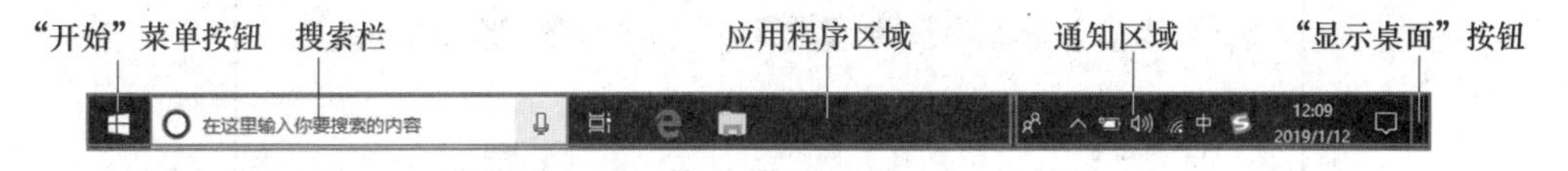

图 3. 2. 2　任务栏

1)“开始”菜单按钮

单击“开始”菜单按钮，即可弹出“开始”菜单，其主要由固定程序列表区、所有程序列表区、“开始”屏幕区组成，如图 3. 2. 3 所示。

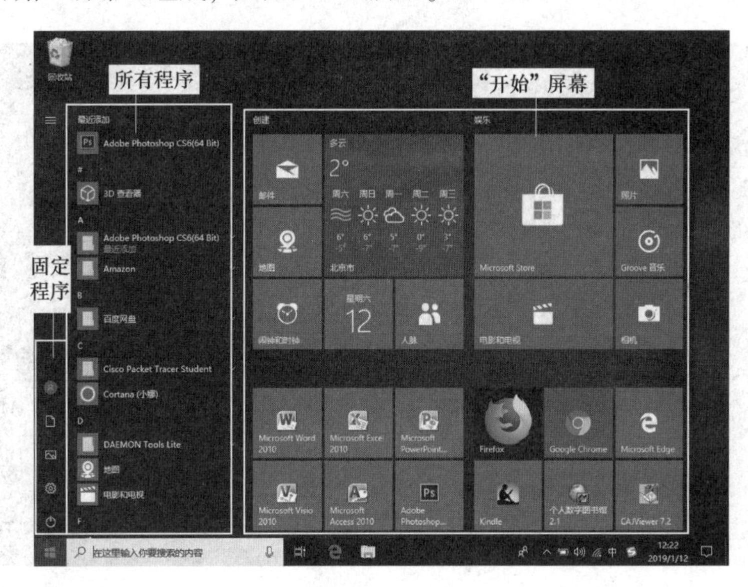

图 3. 2. 3　“开始”菜单

固定程序列表区默认包括“文档”“图片”“设置”“电源”等按钮。单击“文档”“图片”按钮，可打开相应的窗口。单击“电源”按钮，可对操作系统进行“关机”“重启”和“睡眠”等操作。单击“设置”按钮，可打开图 3. 2. 4 所示的“设置”窗口，用户可对系统、设备、应用等 13 个项目进行设置。

所有程序列表区包括操作系统提供的程序、工具，以及用户安装的所有程序。这些应用程序按名称的首字母（或拼音）升序排列，单击排序字母可以显示排序索引（图 3. 2. 5），单击图标可启动相应的应用程序。

“开始”屏幕区显示的是动态磁贴，动态磁贴的功能类似于快捷方式，但它不仅可以用来打开应用程序，还可以动态显示应用程序的更新和实时信息。例如，“天气”应用程序会

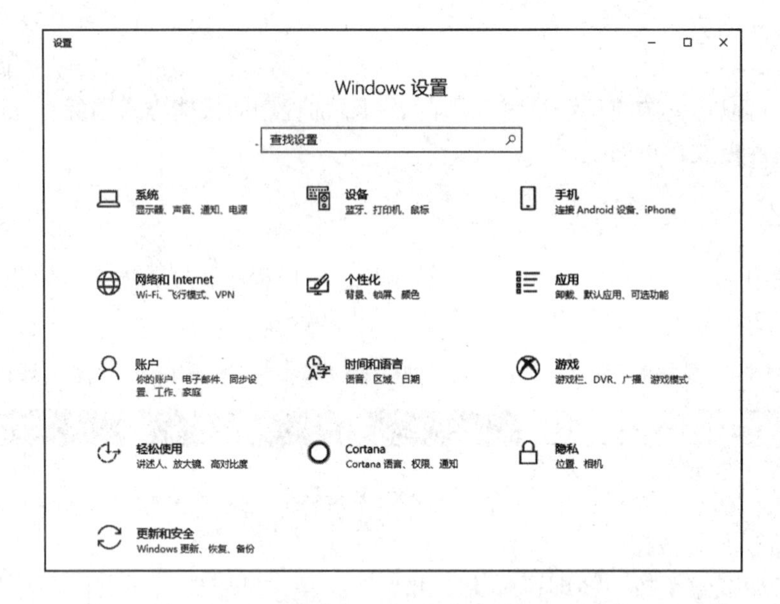

图 3.2.4　“设置”窗口

图 3.2.5　所有程序索引

自动在动态磁贴上显示天气的信息，而无须用户打开“天气”应用程序。用户还可以将常用的应用程序添加到此区域，以方便打开。

2）搜索栏

使用任务栏中的搜索栏，可以快速检索 Windows 操作系统中已安装的应用程序、创建的文件和文件夹、互联网中的 Web 网页等内容。在搜索栏中，通过键盘或语音输入需要查找的名称，系统将返回匹配该名称的所有文件、文件夹和程序，并提供互联网搜索建议。例如，输入“音乐”，搜索结果如图 3.2.6 所示。若要进行更精确的搜索，则可通过单击“筛选器”按钮来打开分类列表，如图 3.2.7 所示。操作系统将按照设置、视频、网页、文档、文件夹、音乐、应用和照片分类，显示要搜索的对象。

图 3.2.6 搜索结果

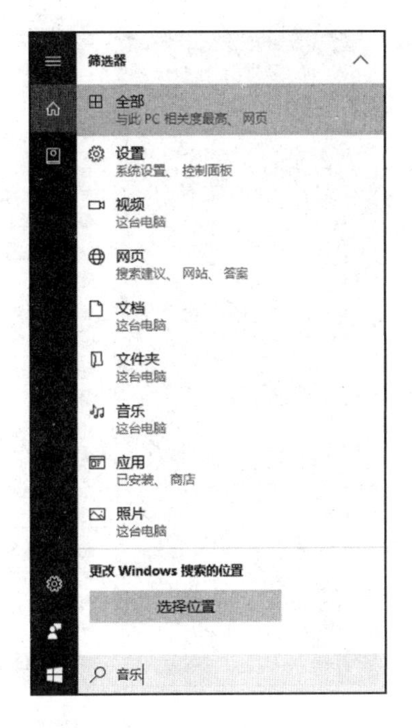

图 3.2.7 筛选器

3）应用程序区域

应用程序区域显示系统当前正在运行的应用程序和所有打开的文件夹。每个打开的程序在任务栏都有一个相对应的程序图标按钮，用相同应用程序打开的若干文件只对应一个图标，将光标移动到程序图标按钮上，可进行窗口的切换，也可以使〈Alt + Tab〉组合键进行窗口切换。

4）通知区域

通知区域显示应用程序图标和系统图标，如音量、网络、日期和时间等图标。单击通知区域内的图标，可打开相应的程序对话框。

5）“显示桌面”按钮

单击“显示桌面”按钮，所有打开的窗口会被最小化；再次单击该按钮，所有最小化窗口将恢复原窗口大小显示。

3.2.3 桌面的设置

1. “开始”菜单

Windows 10 操作系统的“开始”菜单融合了 Windows 7 操作系统的“开始”菜单和 Windows 8 操作系统的“开始”屏幕，同时兼顾 PC 和平板计算机用户。在桌面空白处单击右键，在弹出的快捷菜单中选择“个性化”命令，在弹出的“个性化”设置窗口中选择“开始”分类，即可对“开始”菜单的显示项目进行相关设置，如图 3.2.8 所示。

1）固定应用程序

用户可以将常用的应用程序固定到“开始”屏幕，以方便快速打开。

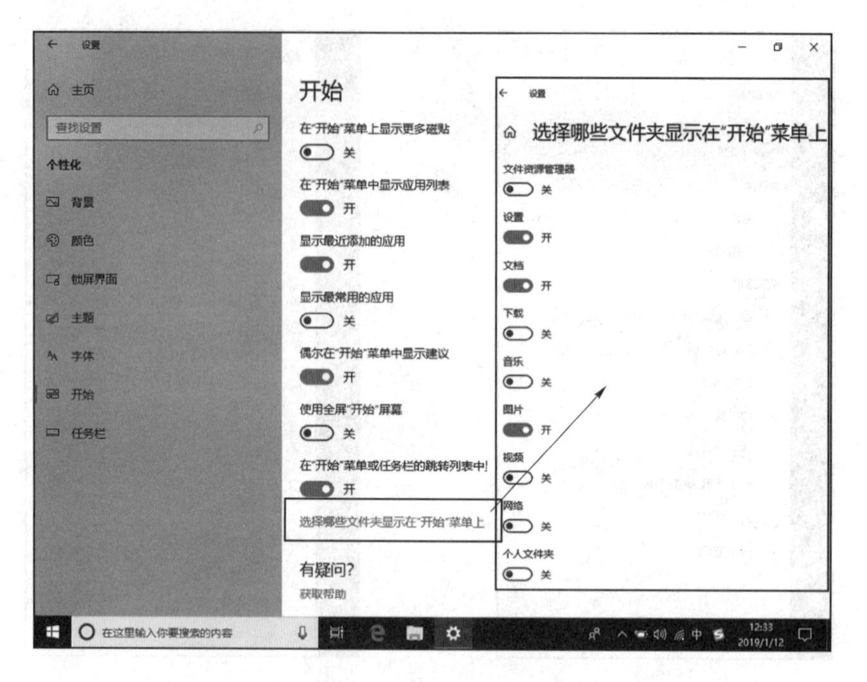

图 3.2.8　设置“开始”菜单

操作方法：选中需要固定到“开始”屏幕的程序图标，单击右键，在弹出的快捷菜单中选择“固定到‘开始’屏幕”命令。

2）调整动态磁贴

选中某个磁贴，单击右键，弹出如图 3.2.9（a）所示的界面，选择“调整大小”命令，弹出如图 3.2.9（b）所示的界面，可以对磁贴的进行尺寸调整；选择“更多”命令，弹出如图 3.2.9（c）所示的界面，可以关闭或显示动态磁贴、固定到任务栏等操作，也可以将该程序从“开始”屏幕中取消固定。

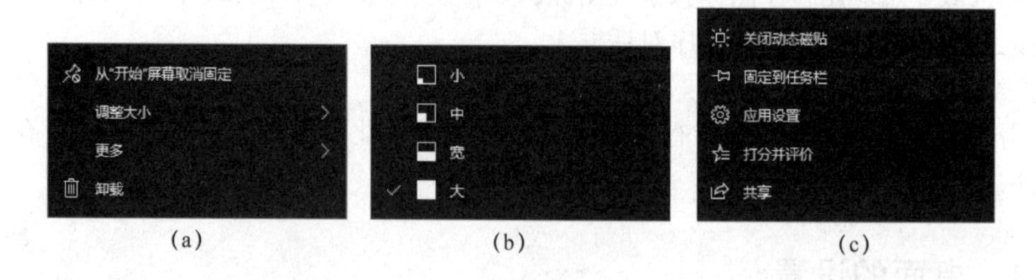

图 3.2.9　调整动态磁贴

（a）快捷菜单；（b）“调整大小”子菜单；（c）“更多”子菜单

3）分类管理

当用户将多个应用程序固定到“开始”屏幕后，为了提高使用效率，可进行分类管理。选中需要分类的应用程序图标，按下左键，将该图标拖动到分类模块后松开，并对分类模块进行命名，如图 3.2.10 所示。

2. 虚拟桌面

虚拟桌面是 Windows 10 操作系统的新功能之一，用户可通过虚拟桌面功能创建多个桌

图 3.2.10 "开始"屏幕分类管理

面，每个桌面可处理不同的应用场景，而桌面之间互不干扰，如一个桌面用于工作学习，一个桌面用于休闲娱乐等，方便用户管理，从而提高工作效率。

单击任务栏中的"任务视图"按钮，打开虚拟桌面操作界面，如图 3.2.11 所示，单击"新建桌面"命令，即可创建一个桌面，系统自动为其命名为"桌面 2"，如图 3.2.12 所示。对于多个桌面，用户可使用〈Windows + Ctrl + 左/右方向键〉组合键进行切换。

图 3.2.11 新建"虚拟桌面"

图 3.2.12　两个虚拟桌面

3. 分屏功能

分屏功能是使用率非常高的功能之一，使用分屏功能，可以让多个窗口在同一屏幕显示，以提高工作效率。

分屏功能支持左、右分屏和四分屏，如图 3.2.13 所示。操作方法：按下左键，将窗口拖动至屏幕左侧或右侧，或屏幕四角，待出现灰色透明蒙版时，松开左键即可。还可使用〈Windows + 上/下/左/右方向键〉组合键来调整窗口显示位置。

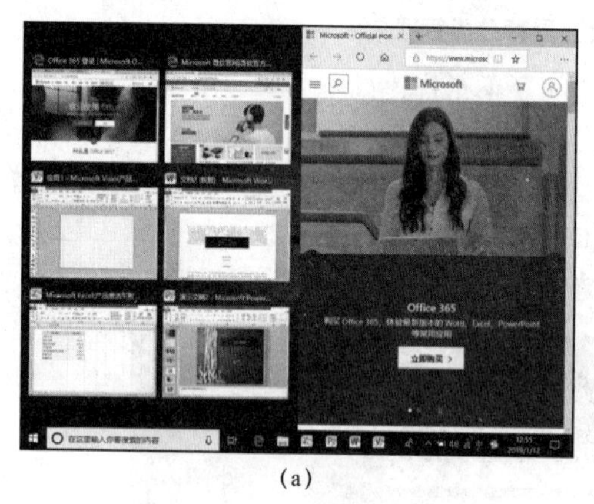

(a)

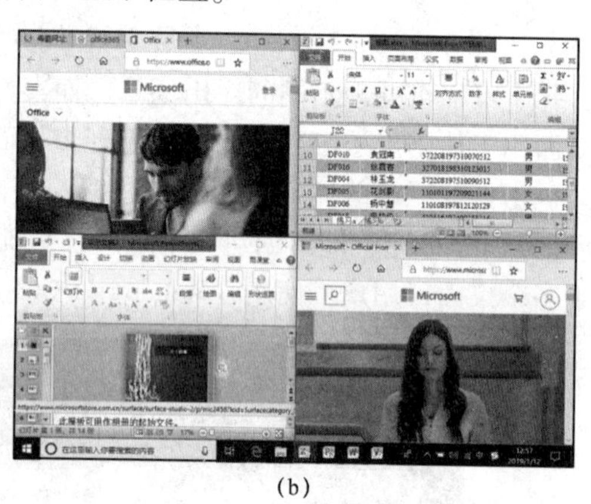

(b)

图 3.2.13　分屏模式

(a) 左、右分屏模式；(b) 四分屏模式

4. 个性化设置

在桌面空白处，单击右键，在弹出的快捷菜单中选择"个性化"命令，打开"个性化"设置窗口，如图 3.2.14 所示。通过个性化设置，用户可根据自己的喜好来自定义桌面的背景、主题等。

1）桌面背景

桌面背景可以采用 Windows 10 操作系统提供的图片，也可以使用用户自己的图像文件，还可以是某一种纯色。桌面背景图片的契合度有填充、适应、拉伸、平铺、居中和跨区等 6 种。

在"个性化"设置窗口中选择"背景"分类，可选择系统提供的图片、颜色，或单击"浏览"按钮，通过弹出的"打开"对话框来选择需要作为桌面背景的图片，如图 3.2.15 所示。

图 3.2.14　个性化“设置”窗口

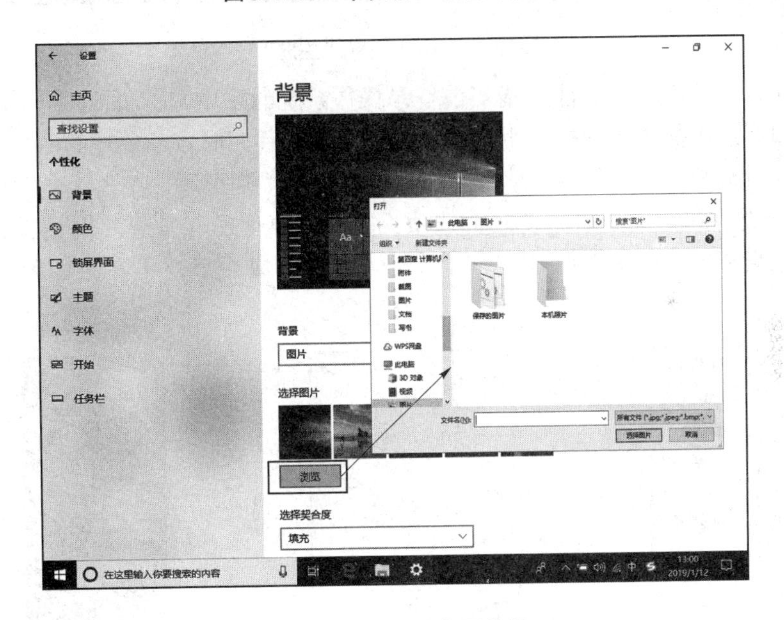

图 3.2.15　设置桌面背景

2）主题

主题决定了桌面的总体外观，是背景、颜色和声音的组合。若选择了某一个主题，则其他几个选项中的设置（如“背景”“颜色”等）也会随之改变。通常情况下，用户应首先选择主题，然后修改背景、颜色、声音等。

在“个性化”设置窗口中，选择“主题”分类，可以选择系统提供的某个主题，也可以在 Microsoft Store 中下载主题，如图 3.2.16 所示。用户可将设置好的主题保存，方便以后使用，还可将不需要的主题删除。

3）桌面图标

桌面图标包括系统图标、应用程序快捷方式图标、文件和文件夹图标。系统图标是指类

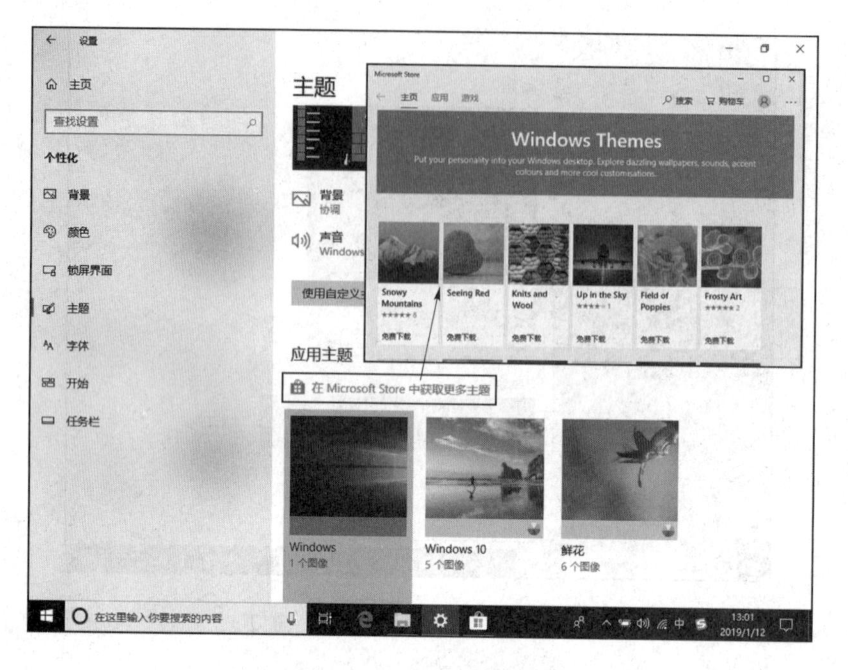

图 3.2.16　设置“主题”

似计算机、回收站、用户的文件（指当前登录操作系统的账户文件夹）、控制面板和网络等系统自带的图标；快捷方式图标是用户创建或安装应用程序时自动创建的图标。

若要将“计算机”“网络”等系统图标显示在桌面，则可通过单击“个性化”设置窗口中“主题”分类下的“桌面图标设置”选项，打开“桌面图标设置”对话框，选中需要显示的系统图标复选框，如图 3.2.17（a）所示。设置完成后，便可在桌面上看到所选的图标，如图 3.2.17（b）所示。

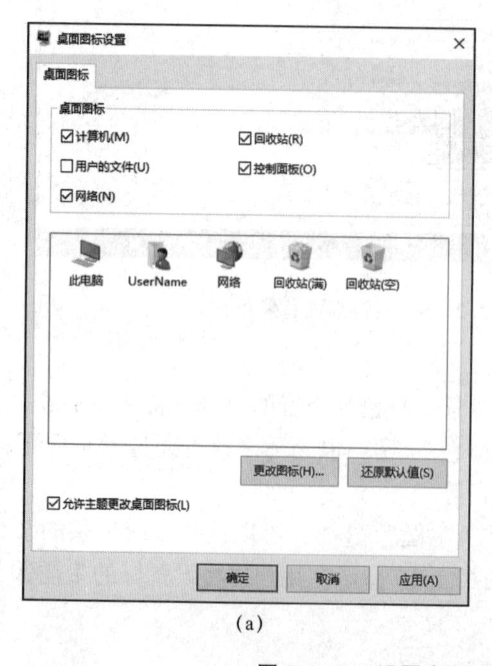

（a）

（b）

图 3.2.17　设置桌面图标

（a）“桌面图标设置”对话框；（b）设置结果

用户也可以根据自己的喜好，更改桌面图标的名称和标识。

（1）更改桌面图标名称。

在桌面上选择需要更改名称的桌面图标，单击右键，在弹出的快捷菜单中选择“重命名”选项，进行更改。

（2）更改桌面图标标识。

单击“个性化”设置窗口中“主题”分类下的“桌面图标设置”选项，打开“桌面图标设置”对话框，选择需要更改图标标识的图标，单击“更改图标”按钮，如图3.2.18（a）所示，在弹出的“更改图标”对话框中选择合适的图标，或单击“浏览”按钮在计算机中选择自己喜好的图片来作为标识，如图3.2.18（b）所示。

(a)

(b)

图3.2.18　更改桌面图标标识

（a）“桌面图标设置”对话框；（b）“更改图标”对话框

4）屏幕保护程序

在一段时间内，若计算机没有接收到用户的任何指令，既没有使用鼠标，也没有使用键盘，那么系统会自动启动屏幕保护程序。其表现形式为：在屏幕上出现动态的图片或文字。屏幕保护程序能减少屏幕损耗、隐藏屏幕信息、保障系统安全。

在“个性化”设置窗口中选择“锁屏界面”分类下的“屏幕保护程序设置”选项，如图3.2.19（a）所示，打开“屏幕保护程序设置”对话框，如图3.2.19（b）所示，在“屏幕保护程序”下拉列表中，选择一种屏幕保护程序，然后单击“设置”按钮，即可进行更详细的设置。用户还可以为屏幕保护程序设置等待时间、在恢复时是否显示登录屏幕。例如，设置等待时间为1分钟、恢复时显示登录屏幕，那么计算机如果在1分钟内没有接收到用户的任何指令，就启动屏幕保护程序。当用户使用鼠标或按任意键，系统将结束屏幕保护程序，返回系统登录界面。

5）屏幕分辨率

屏幕分辨率决定了屏幕上所显示字符、图像的大小和清晰度，分辨率越高，显示的图标就越小，整个屏幕能容纳的图标就越多。

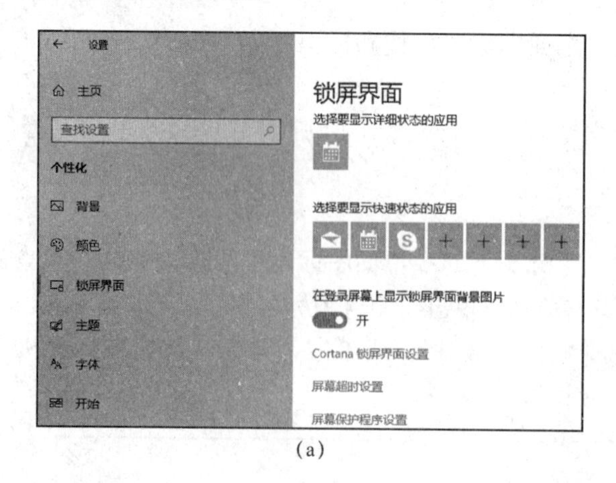

(a)

(b)

图 3. 2. 19　设置屏幕保护程序

(a)“锁屏界面”对话框；(b)“屏幕保护程序设置”对话框

单击“开始”菜单中的“设置”按钮，在“设置”窗口中选择“系统”图标，在“系统”设置窗口中选择“显示”分类下的“分辨率”选项，在“分辨率”下拉列表中选择合适的分辨率；在“方向”下拉菜单中选择桌面的显示方向，如图 3. 2. 20 所示。

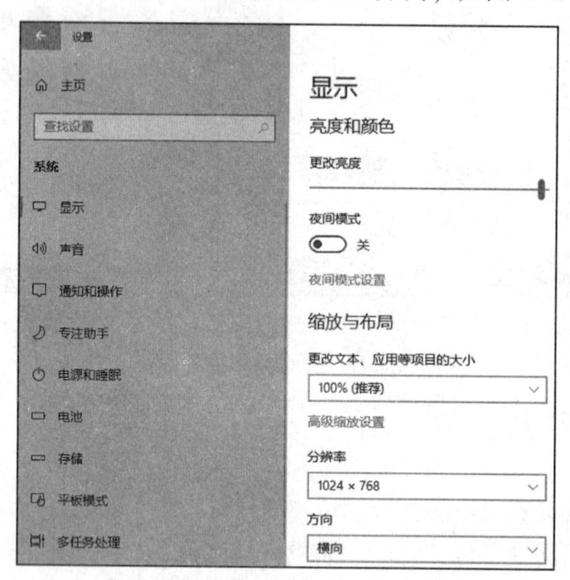

图 3. 2. 20　设置分辨率

6）任务栏

任务栏主要用于查看应用，当用户打开程序、文档或窗口后，就会在任务栏上出现一个相应的按钮。用户可以将某个应用直接固定到任务栏，以便快速访问，也可以取消固定，从“开始”菜单或“跳转列表”（最近打开的文件、文件夹和网站的快捷方式列表）进行设置。

（1）从“开始”菜单固定应用。

在“开始”屏幕上，选择某个应用，单击右键，在弹出的快捷菜单中选择“更多”→“固定到任务栏”命令，如图 3. 2. 21 所示。若要取消固定，则选择“从任务栏取消固定”。

（2）从“跳转列表”固定应用。

右键单击任务栏上的某个应用按钮，从弹出的菜单中选择“固定到任务栏”命令，如

图 3. 2. 22 所示。若要取消固定，则选择“从任务栏取消固定”。

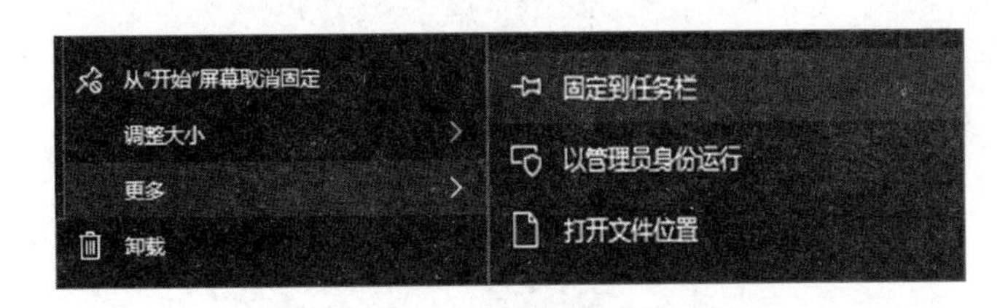

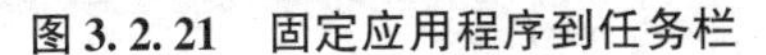

图 3. 2. 21　固定应用程序到任务栏

图 3. 2. 22　跳转列表

任务栏通常位于桌面的最底端，用户可以根据自己的需要进行设置，如任务栏的位置、显示或隐藏、通知区域是否显示系统图标或应用图标等。单击“开始”菜单中的“设置”按钮，在“设置”窗口中选择“个性化”图标，在“个性化”设置窗口中选择“任务栏”分类，进行详细设置，如图 3. 2. 23 所示。

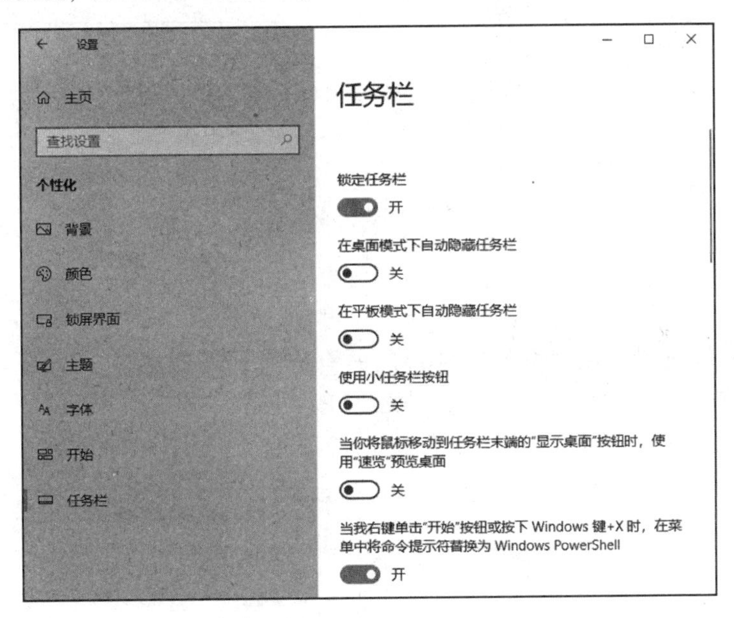

图 3. 2. 23　设置“任务栏”

5. 输入法设置

Windows 10 操作系统的默认输入法是英文输入法，可使用〈Ctrl + 空格〉组合键进行中、英文输入法切换；或单击语言栏 M 英 ♪ °, 简 ⚙ : 中的**英**、**中**图标进行中、英文输入法切换。

Windows 10 操作系统默认的中文输入法是微软拼音、微软五笔，用户也可以下载一些常用的输入法。在输入中文时，首先应选择合适的输入法，单击语言栏 M 中 ♪ °, 简 ⚙ : 中的 M 图标，在输入法列表中选择所需的输入法；或者使用〈Ctrl + Shift〉组合键在输入法之间进行切换。

单击“开始”菜单中的“设置”按钮，在“设置”窗口中选择“时间和语言”图标，在“时间和语言”设置窗口中选择“区域和语言”分类：

（1）单击“中文(中华人民共和国)”按钮栏的“选项”按钮进行添加或删除输入法，如图 3. 2. 24（a）所示。

（2）单击“高级键盘设置”按钮，在弹出的对话框中设置默认输入法、语言栏的显示与隐藏等，如图 3. 2. 24（b）所示。

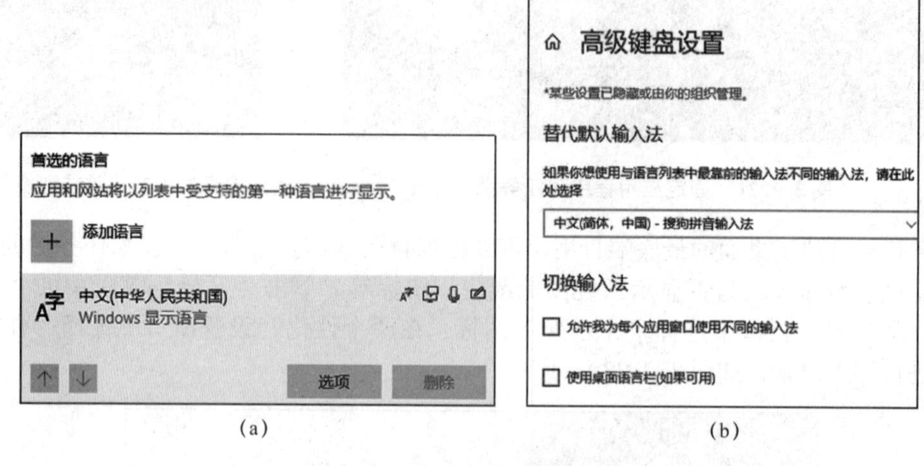

（a） （b）

图 3. 2. 24 设置输入法

（a）“选项”按钮；（b）设置默认输入法

3. 2. 4 控制面板

控制面板是对计算机软、硬件进行设置和管理的一个工具集，它允许用户查看系统和设备的信息、安装或删除程序、设置和管理鼠标、键盘、打印机等硬件设备，还允许用户对系统、应用程序进行设置。在“开始”菜单的所有程序列表中选择“Windows 系统”下的“控制面板”，打开“控制面板”窗口，该窗口有类别视图和图标视图两种显示方式，如图 3. 2. 25 所示，用户可通过“查看方式”下拉列表进行选择。

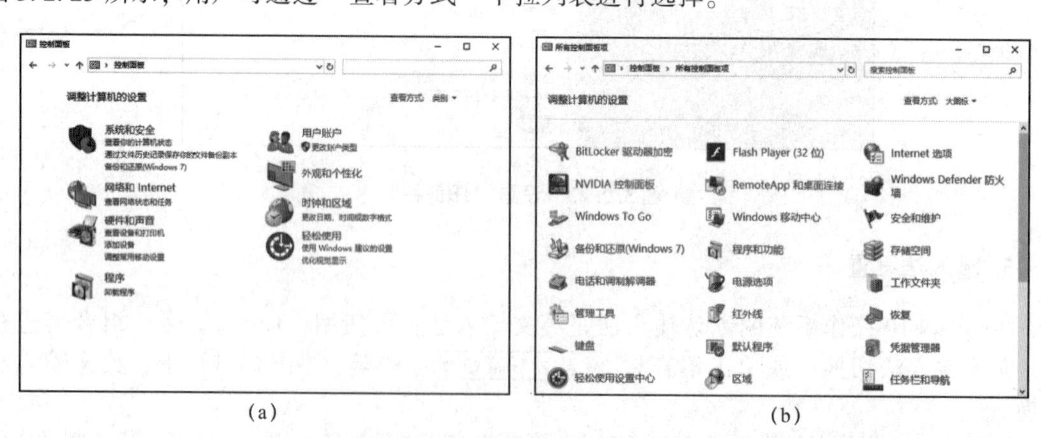

（a） （b）

图 3. 2. 25 控制面板的两种视图

（a）类别视图；（b）图标视图

1. 系统

单击“控制面板”窗口中的“系统”项，或右键单击“此电脑”图标，在弹出的快捷菜单中选择“属性”选项，即可打开“系统”窗口，如图3.2.26所示。在该窗口中，可以查看Windows操作系统版本、CPU型号、内存大小、计算机名称等相关信息。

图3.2.26 “系统”窗口

2. 用户账户

Windows 10操作系统有两种账户类型：本地账户和Microsoft账户。它们都可以登录操作系统。

1）本地账户

本地账户主要有Administrator（管理员）账户、标准账户和来宾账户三种类型，每种类型的权限不同。

管理员账户默认禁用，具有对计算机进行管理的最高权限，能更改计算机相关设置、安装或卸载软件和硬件、操作计算机所有文件等。管理员账户可以创建或删除其他用户、为其他用户创建密码、更改图片和账户类型。一台计算机至少要有一个管理员账户类型的用户，当计算机中只有一个管理员账户类型的用户时，不能将自己的账户类型更改为受限账户类型。

标准账户的权限次于管理员账户，可以对计算机进行常规操作，但是不能执行对其他用户有影响的操作，如安装软件或更改安全设置等。

来宾账户默认禁用，属于受限账户，适用于临时使用计算机的用户，该账户不能安装或卸载软件或硬件，不能更改计算机设置、创建密码等。

（1）创建本地账户。

创建本地账户有两种方法。

方法1：单击“开始”菜单中的“设置”按钮，在“设置”窗口中选择“账户”图标，在“账户”设置窗口中选择“家庭和其他人员”分类下的“将其他人添加到这台电脑”选项，打开“Microsoft账户”窗口，在第1步中单击“我没有这个人的登录信息”，在第2步中单击“添加一个没有Microsoft账户的用户”，然后输入用户名、密码。

方法2：单击“开始”菜单中所有程序列表中的“Windows系统”下的“控制面板”，

在“控制面板”窗口中，打开“管理工具”下的“计算机管理”窗口，在“本地用户和组”下方选择“用户”，展开本地用户列表，在用户列表空白处单击右键，在弹出的快捷菜单中选择“新用户”，打开“新用户”对话框，输入用户名和密码，如图 3.2.27 所示。

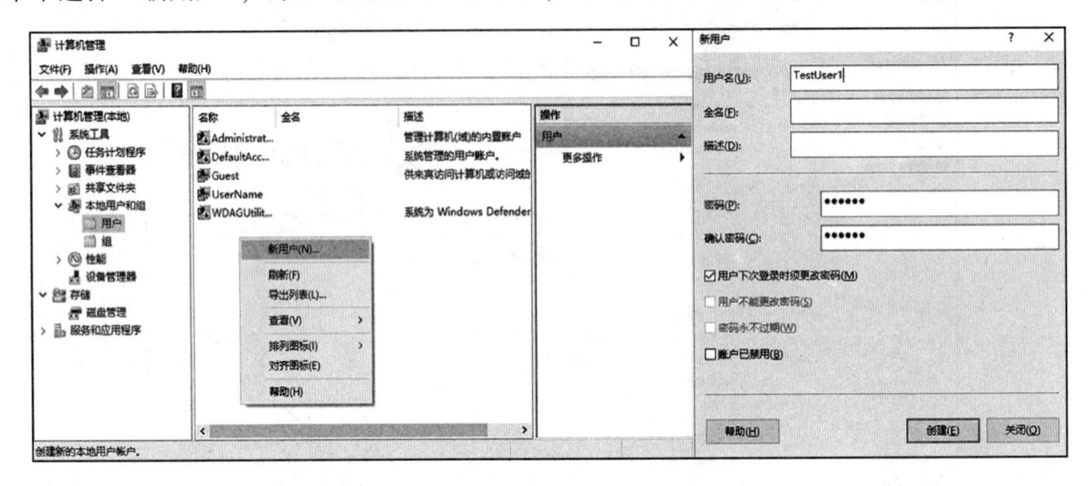

图 3.2.27 创建新账户

（2）管理本地账户。

单击“开始”菜单所有程序列表中“Windows 系统”下的“控制面板”，在“控制面板”窗口中单击“用户账户”图标，进入用户账户设置窗口，单击“管理其他账户”选项，选择某一个用户，进入“更改账户”窗口，即可更改该账户名称、密码、账户类型等，如图 3.2.28 所示。

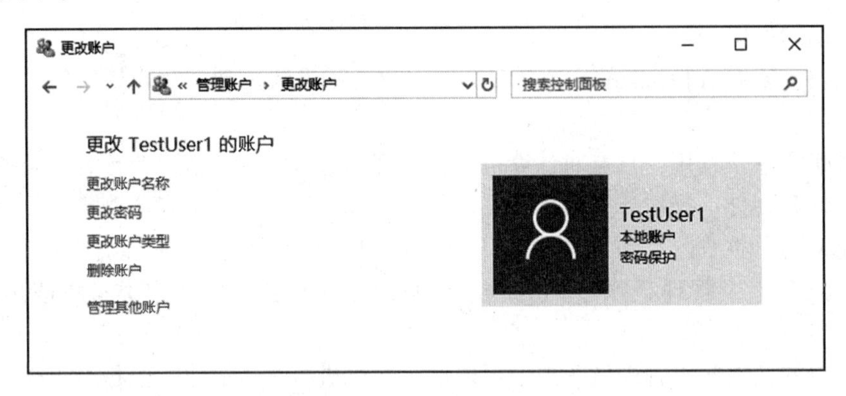

图 3.2.28 管理账户

2）Microsoft 账户

Microsoft 账户是登录 Office Online、Outlook、Skype、OneNote、OneDrive 等一系列服务的账号。登录 Microsoft 账户，可以免费使用云存储或备份重要的数据和文件，可以跨设备同步更新用户的文件。

单击“开始”菜单中的“设置”按钮，在“设置”窗口中选择“账户”图标，在“账户”设置窗口中选择“账户信息”分类下的“改用 Microsoft 账号登录”选项，如图 3.2.29 所示。如果已经有 Microsoft 账号，则输入账号的电子邮件（或手机号码）以及密码登录。

如果没有 Microsoft 账户，则单击“创建一个”选项，按照向导输入账户信息，进行注册。

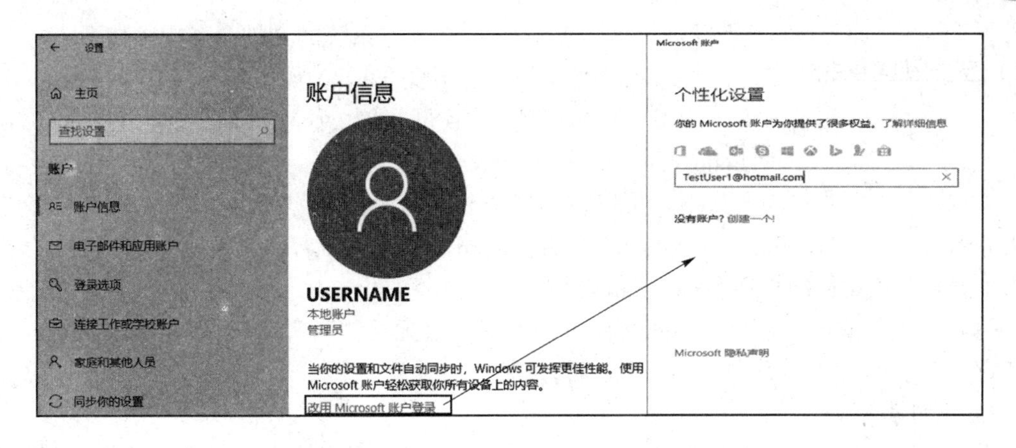

图 3.2.29 Microsoft 账户登录

3.2.5 文件管理

文件是具有名称并存储在存储介质上的一组相关信息的集合。在计算机系统中，所有的程序和数据都以文件形式进行存储。例如，文本、图片、视频、音频、各种可执行程序等都是文件。

在操作系统中，对文件进行统一组织、管理和存取的程序称为文件系统，它是操作系统的一部分。在文件系统的管理下，用户通过文件名称对文件进行操作，而无须了解文件存储的具体物理位置以及如何存储的。

1. 文件系统

Windows 10 操作系统支持的常用文件系统有 FAT32、NTFS、exFAT。

1）FAT32

FAT32 可支持容量达 8 TB 的卷，但因 Windows 10 操作系统的限制，只能创建最大为 32 GB 的 FAT32 分区。FAT32 的兼容性高，可以被绝大部分操作系统识别，但是单个文件大小不能超过 4 GB，不具备文件加密、文件压缩和磁盘配额的高级功能。

2）NTFS

NTFS 是日志型文件系统，具有文件或文件夹权限、加密、磁盘配额和压缩等高级功能，安全、可靠、容错能力好。理论上，它支持的单个文件最大为 16 EB，在 Windows 10 操作系统中，其支持的单个文件最大为 256 TB。

3）exFAT

exFAT 是为解决 FAT32 不支持 4 GB 及更大文件而推出的文件系统，适用于闪存。

2. 文件

1）文件名

在计算机的相同目录下，每个文件都必须有一个且唯一的文件名。文件名分为文件主名和扩展名，如图 3.2.30 所示。

为方便访问文件，文件名应该是具有意义的词或数字的组合。不同操作系统的文件命名

大学计算机基础.docx

文件主名　扩展名

图 3.2.30　文件名

规则有所不同，Windows 10 操作系统的文件命名规则如下：

(1) 有 9 种字符不能出现：\ 、:、>、<、|、"、*、?、/。

(2) 不区分英文字母的大小写，如“HELLO.docx”和“hello.docx”是同一个文件。

(3) 可以包含多个分隔符，空格、逗号、顿号和句号都可以作为分隔符，如“My, First, Program. Hello、Word.abc”文件名中最后一个“.”后的字符称为扩展名，该文件的扩展名为“.abc”。

(4) 在查找或操作具有共性的文件时，可使用通配符“*”和“?”。其中，“*”表示任意多个字符，“?”表示任意一个字符。

2) 文件类型

文件的扩展名表示文件的类型，不同类型的文件需要相应的应用程序来打开，表 3.2.1 所示是 Windows 10 操作系统中常用的文件扩展名及其类型。

表 3.2.1　常用的文件扩展名及其类型

扩展名	文件类型	扩展名	文件类型
.docx	Word 2010 文档	.jpg、.bmp、.gif、.png	图像文件
.elsx	Excel 2010 电子表格	.avi、.mp4、.rmvb、.wmv	视频文件
.pptx	PowerPoint 2010 演示文稿	.mp3、.wma、.wav、.mid	音频文件
.txt	文本文件	.exe、.com	可执行程序文件
.rar、.zip	压缩文件	.htm、.asp	网页文件

默认情况下，文件的扩展名是不显示的，若需要显示文件扩展名，则可在“文件”窗口中“查看”选项卡“显示/隐藏”组中，选中“文件扩展名”复选框，如图 3.2.31 所示。

图 3.2.31　显示文件扩展名

3) 文件属性

文件具有大小、占用空间、所有者等信息，这些类型信息称为属性。右键单击某个文件，在弹出的快捷菜单中选择“属性”选项，即可查看，如图 3.2.32 所示。其中，重要的属性有“只读”与“隐藏”。

(1) 只读。选中此属性后，只能查看该文件，不能对其进行修改或删除。

(2) 隐藏。默认情况下，具有隐藏属性的文件是不显示的，若要让系统显示隐藏的文

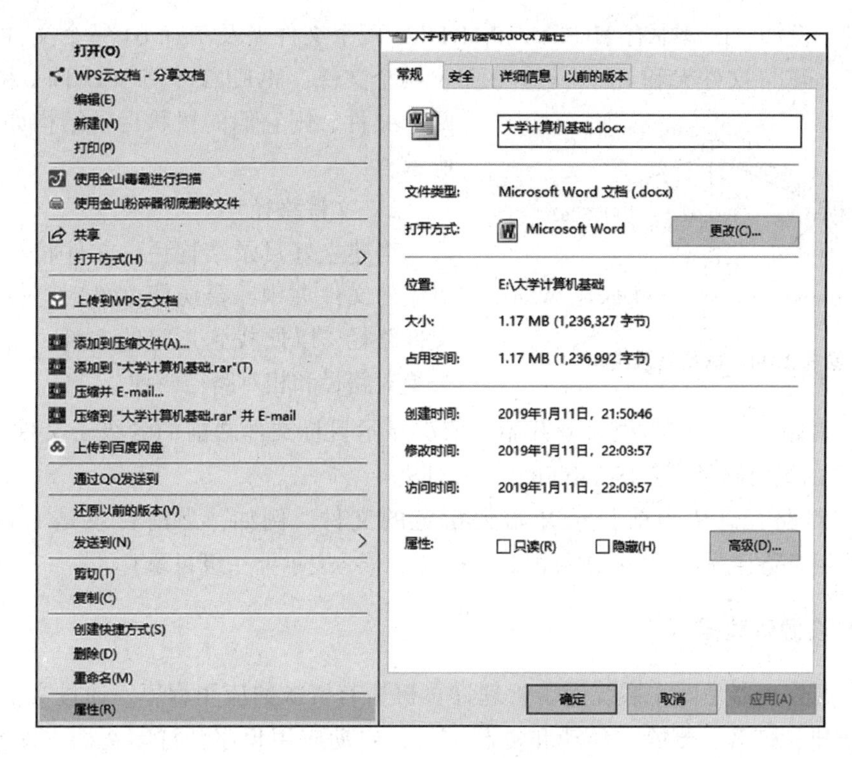

图 3.2.32 Word 文件属性

件，则需要在“文件”窗口下“查看”选项卡的“显示/隐藏”组中，选中“隐藏的项目”复选框，如图 3.2.33 所示。

图 3.2.33 显示隐藏项目

3. 文件夹

文件夹也称目录，是磁盘中存放文件和子文件夹的一块存储空间，对文件进行分类管理。与文件类似，用户通过文件夹名称来对文件夹进行操作。

1）树状目录结构

为了便于管理计算机中的大量文件，用户需要在磁盘上创建文件夹（目录），再在文件夹下创建子文件夹（子目录），然后将文件分门别类地存放在不同的文件夹或子文件夹中，这种组织结构称为树状目录结构。树根为根文件夹（根目录），树枝为子文件夹（子目录），树叶为文件。例如，D 盘中有 MyFile1 和 MyFile2 两个文件夹及 Test. txt 一个文件，MyFile1 中有一个 ExcelFile 文件夹和 E1. xlsx、E2. xlsx 两个文件，MyFile2 中有 W1. docx 和 W2. docx 两个文件，则它们的树状目录结构如图 3. 2. 34 所示。

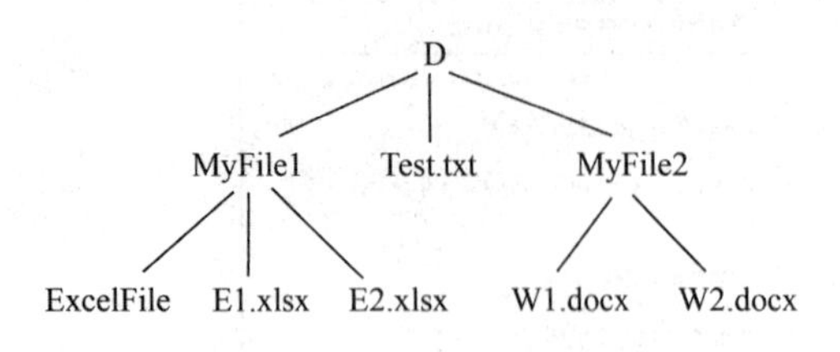

图 3. 2. 34　树状目录结构

2）文件路径

当建立好目录结构后，文件将存放在各自对应的文件夹中，要访问文件时，就需要加上文件路径，以便找到指定的文件。文件路径分为绝对路径和相对路径两种。

（1）绝对路径。从磁盘根目录开始，依次显示目标文件之前的各级子文件夹。例如，E1. xlsx 文件的绝对路径为：D:\MyFile1\E1. xlsx。

（2）相对路径。从当前目录开始到指定的文件。例如，当前目录是 ExcelFile，则 W1. docx 的相对路径为：…\…\MyFile2\W1. docx（…表示上一级目录）。

4. 文件资源管理器

文件资源管理器是操作系统用于管理计算机所有资源的应用程序。通过文件资源管理器，可以新建、打开、删除、移动和复制文件，启动应用程序，打印文档，搜索文件等。“文件资源管理器”与“此电脑”是有区别的，“文件资源管理器”是一个应用程序，而“此电脑”是一个系统文件夹。

1）文件资源管理器的打开

（1）使用〈Windows + E〉组合键。

（2）右键单击“开始”菜单，在弹出的快捷菜单中选择“文件资源管理器”命令。

（3）单击“开始”菜单“所有程序”列表中“Windows 系统”下的“文件资源管理器”命令。

2）“文件资源管理器”窗口的组成

“文件资源管理器”窗口由“后退”“前进”和“上移”按钮、控制菜单，快速访问工具栏、导航窗格、内容窗格、搜索栏、地址栏、状态栏、视图栏、选项卡及所对应的功能区按钮组成，如图 3. 2. 35 所示。

（1）后退、前进和上移按钮。

单击“后退”按钮，返回前一操作位置；“前进”是相对于“后退”的操作。单击“上移”按钮，返回上一级目录。

（2）快速访问工具栏。

快速访问工具栏默认按钮有“属性”和“新建文件夹”，单击“自定义快速访问工具栏”选项，在下拉列表中可添加“撤销”“恢复”“删除”“重命名”等按钮到快速访问工具栏。

（3）导航窗格。

导航窗格显示整个计算机资源的文件夹结构，可以快速访问相应的文件夹。用户通过单击“展开”和“收缩”按钮，可显示或隐藏子文件，如图 3. 2. 36 所示。

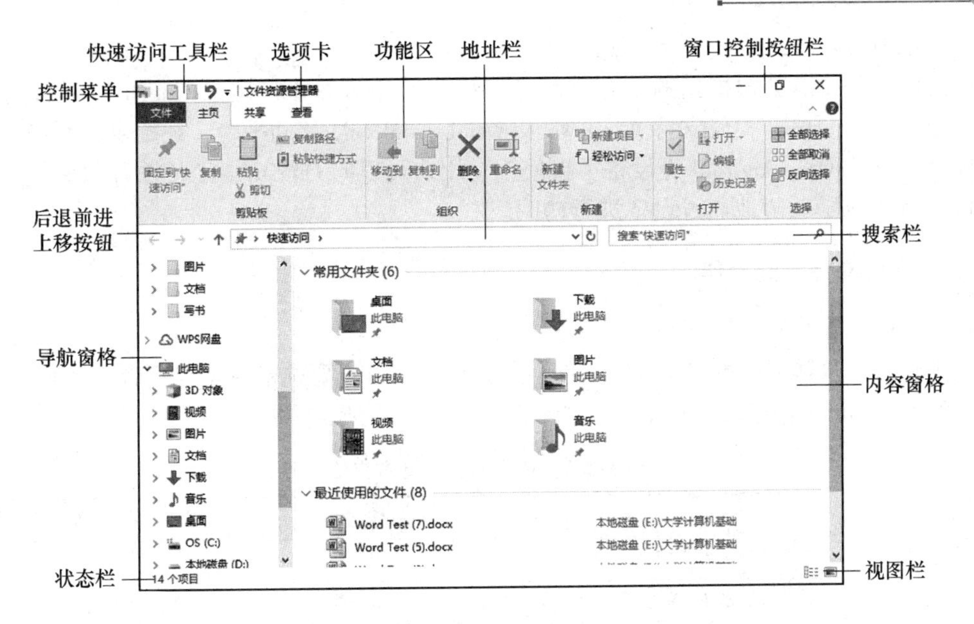

图 3.2.35　文件资源管理器窗口

（4）内容窗格。

内容窗格显示当前文件夹中的内容。打开文件资源管理器后，默认显示的是快速访问界面，其内容窗格中包含“常用文件夹”和“最近使用的文件”。右键单击经常访问的文件夹，在弹出的快捷菜单中选择“固定到‘快速访问’”，即可将经常访问的文件夹添加到“常用文件夹”。

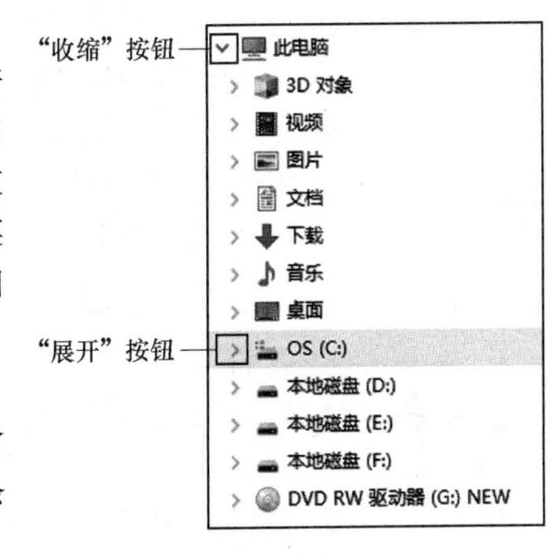

图 3.2.36　导航窗格

（5）搜索栏。

在搜索框内输入需要查询文件或文件夹所包含的关键字，单击右侧的搜索按钮，可搜索出满足条件的文件或文件夹，并高亮显示关键字。

（6）地址栏。

地址栏显示当前文件或文件夹的完整路径。

（7）状态栏。

状态栏显示所选文件或文件夹的相关信息。

（8）视图栏。

在视图栏，单击“在窗口中显示每一项的相关信息”和“使用大缩略图显示项”按钮即可进行视图的切换。

（9）选项卡及所对应的功能区按钮。

选项卡包含主页、共享、查看三个主选项卡，根据选择的对象，还包含针对该对象的上下文选项卡。每个选项卡所对应功能区的按钮按功能分为不同的组。选择不同的项目时，按钮会有所不同。在“主页”选项卡，可以对文件或文件夹进行复制、粘贴、移动、删除、重命名、新建文件夹等操作。在“共享”选项卡，可以对选中的文件或文件夹进行共享设置，包括设置共享用户、权限、停止共享等。在“查看”选项卡，可以设置文件夹内容的显示方式、排序方式、分组依据、是否显示扩展名和隐藏项目等。

3）OneDrive

OneDrive 是微软公司推出的云存储服务，用户使用微软账户登录 OneDrive 后即可获取云存储服务。OneDrive 不仅支持 Windows 及 Windows Mobile 移动平台，还提供了相应的客户端程序供 Mac、iOS、Android 等设备平台使用。用户可以向 OneDrive 上传图片、文档、视频等文件，并可以随时随地通过设备进行访问。

5. 文件和文件夹的操作

1）选定文件或文件夹

在 Windows 操作系统中对文件或文件夹进行操作，首先要选定对象，然后选择操作命令。选定对象是 Windows 操作系统中最基本的操作。表 3.2.2 中所示的是选定对象的几种基本方法。

表 3.2.2　选定对象的基本方法

选定对象	操作方法
选定单个对象	单击要选定的对象
选定多个连续对象	方法 1：单击第一个对象，按住〈Shift〉键不松开，然后单击最后一个对象
	方法 2：使用键盘上的方向键，将光标移动到第一个对象上，按住〈Shift〉键不松开，再将光标移动到最后一个对象上
选定多个不连续对象	方法 1：按住〈Ctrl〉键，单击要选定的对象
	方法 2：在文件夹窗口“查看”选项卡的“显示/隐藏”组中，选中的“项目”复选框，然后通过对象的复选框进行选择
选定全部对象	方法 1：使用〈Ctrl + A〉组合键
	方法 2：在文件夹窗口“主页”选项卡的“选择”组中，选择“全部选择”按钮

2）新建文件或文件夹

新建文件或文件夹有两种方法：通过快捷菜单、通过文件夹窗口的按钮。

(1) 通过快捷菜单。

在桌面空白处或文件夹的内容窗格中，单击右键，在弹出的快捷菜单中选择“新建”，若在其子菜单中选择“文件夹”，则在桌面或文件夹中生成一个名为“新建文件夹”的文件夹；若选择某一类型文件，如“Microsoft Word 文档”，则在桌面或文件夹内生成一个名为“新建 Microsoft Word 文档”的 Word 文档，如图 3.2.37 所示。

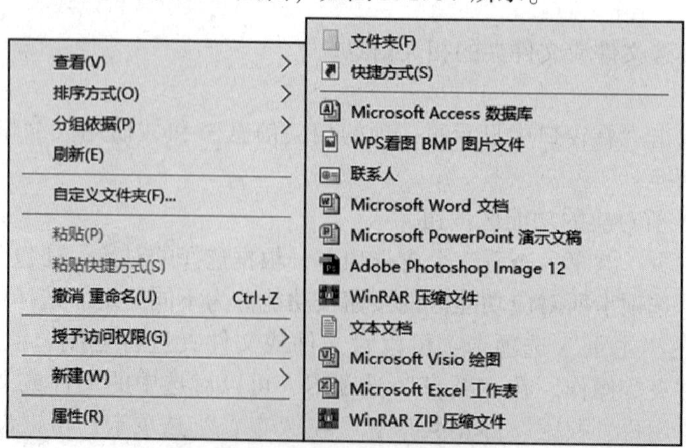

图 3.2.37　新建文件或文件夹

(2) 通过文件夹窗口的按钮。

在文件夹窗口“主页”选项卡的“新建”组中，单击“新建项目”按钮或“新建文件夹”按钮，即可新建文件或文件夹。

3) 打开文件或文件夹

打开文件或文件夹有以下4种方法。

(1) 选定要打开的文件或文件夹，双击。

(2) 选定要打开的文件或文件夹，右键单击，在弹出的快捷菜单中选择“打开”命令。

(3) 选定要打开的文件或文件夹，按〈Enter〉键。

(4) 在文件资源管理或文件夹窗口中，选中要打开的文件或文件夹，在“主页”选项卡的“打开”组中，单击“打开”按钮（也可以在“打开”按钮的下拉列表中选择不同的应用程序），即可将文件打开。

说明： *打开文件夹即打开文件夹窗口。打开文件则启动该文件的应用程序，并将其内容在应用程序窗口中显示。*

4) 关闭文件或文件夹

关闭文件或文件夹有以下3种方法。

(1) 在打开的文件或文件夹窗口中，单击“窗口控制按钮栏”的“关闭”按钮。

(2) 使用〈Alt + F4〉组合键。

(3) 在打开的文件或文件夹窗口中双击“控制菜单”图标，或在“控制菜单”中选择“关闭”命令。

5) 查看文件或文件夹

文件或文件夹的查看包括显示方式、排序方式、分组方式等。显示方式包括大图标、大图标、中等图标、小图标、列表、详细信息、平铺和内容等。排序方式和分组方式包括按文件或文件夹的名称、类型、大小、修改日期、标题等。

(1) 通过快捷菜单查看。

在文件夹的内容窗口中，单击右键，在弹出的快捷菜单中选择“查看”命令，在其子菜单中可设置文件或文件夹的显示方式，如图3.2.38（a）所示；选择“排序方式”命令，可在其子菜单中设置文件或文件夹的排序方式，如图3.2.38（b）所示；选择“分组依据”命令，在其子菜单设置文件或文件夹的分组方式，如图3.2.38（c）所示。

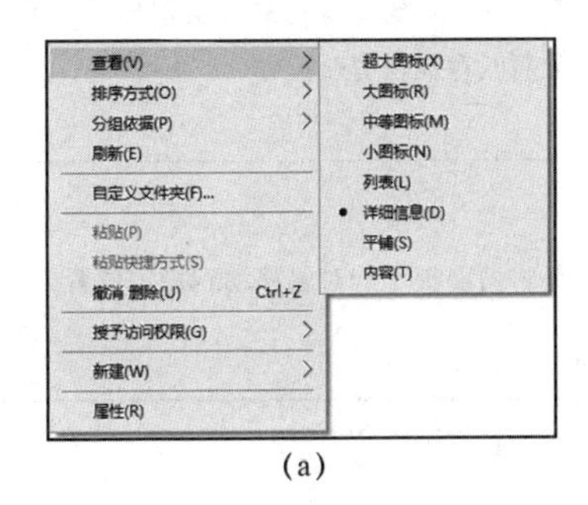

(a)

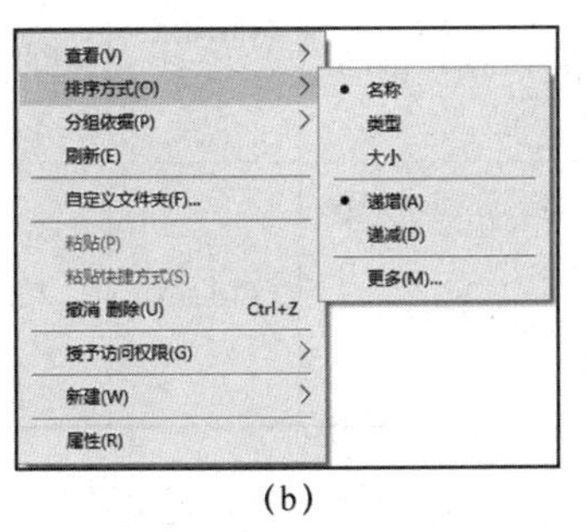

(b)

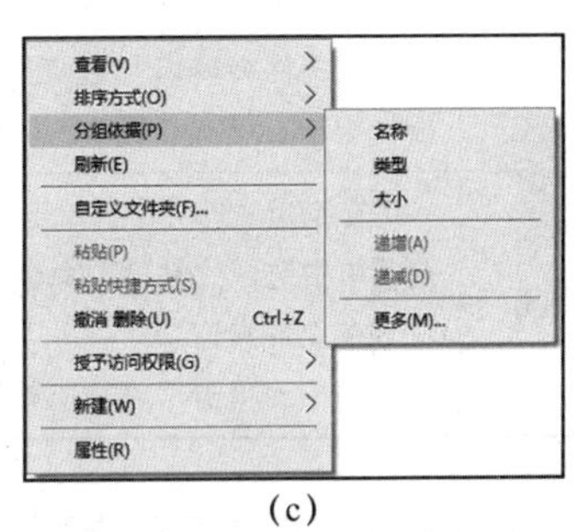

(c)

图3.2.38 快捷菜单设置查看方式

(a) 查看；(b) 排序；(c) 分组

(2) 通过“查看”选项卡查看。

在文件夹窗口“查看”选项卡的功能分组中，对相关按钮进行设置，如图 3.2.39 所示。

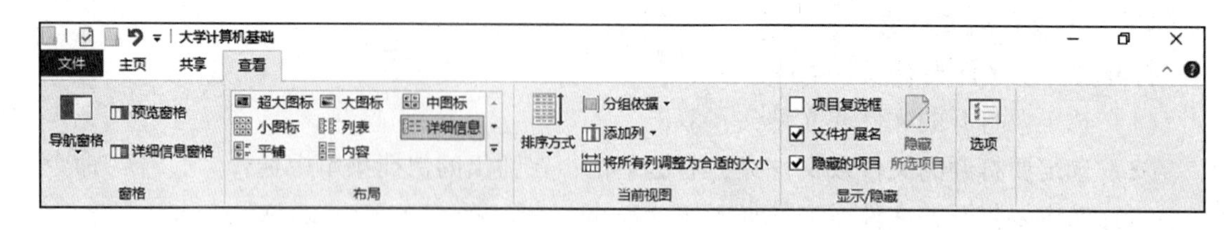

图 3.2.39 “查看”选项卡设置查看方式

6) 重命名文件或文件夹

重命名文件或文件夹有以下 3 种方法：

(1) 选定文件或文件夹，单击右键，在弹出的快捷菜单中选择“重命名”命令，输入新名称，按〈Enter〉键。

(2) 选定文件或文件夹，按功能键〈F2〉，输入新名称，按〈Enter〉键。

(3) 选定文件或文件夹，在文件夹窗口“主页”选项卡的“组织”组中，单击“重命名”按钮，输入新名称，按〈Enter〉键。

7) 文件或文件夹的复制与移动

在学习复制与移动的方法之前，需要先了解一下“剪贴板”。

在 Windows 操作系统中，剪贴板是系统在内存中分配的一块临时存储区域，主要用来存放用户复制或剪切的对象。剪贴板中的内容可以用于多次粘贴。

文件或文件夹的复制与移动的方法如表 3.2.3 中所示。

表 3.2.3 复制与移动对象的方法

操作	方法	组合键	备注
复制	①选定对象，单击右键，在弹出的快捷菜单中选择“复制”命令 ②在文件夹窗口“主页”选项卡的“剪贴板”组中，单击“复制”按钮	〈Ctrl + C〉	复制是将对象的副本移动到指定的位置，原对象依然存在。复制的对象暂时存储在剪贴板中
剪贴	①选定对象，单击右键，在弹出的快捷菜单中选择“剪切”命令 ②在文件夹窗口“主页”选项卡的“剪贴板”组中，单击“剪切”按钮	〈Ctrl + X〉	剪切是将对象从原位置移动到指定位置。剪切的对象暂时存储在剪贴板中
粘贴	①在指定文件夹中，单击右键，在弹出的快捷菜单中选择“粘贴”命令 ②在文件夹窗口“主页”选项卡的“剪贴板”组中，单击“粘贴”按钮	〈Ctrl + V〉	粘贴是将剪贴板中的对象移动到指定位置

8) 删除文件或文件夹

删除文件或文件夹有以下 3 种方法：

(1) 选定对象，单击右键，在弹出的快捷菜单中选择“删除”命令。

(2) 在文件夹窗口“主页”选项卡的“组织”中，单击“删除”按钮。

（3）使用快捷键〈Delete〉或〈Shift + Delete〉组合键（永久删除）。

说明： 删除是将不需要的对象移动到“回收站”。若永久删除，则对象不会移动到“回收站”。若删除的对象在移动设备上，则不经过“回收站”，直接删除。

9）恢复文件或文件夹

打开“回收站”窗口，选定需要恢复的文件，可用以下两种方法来恢复文件或文件夹：

（1）单击右键，在弹出的快捷菜单中选择“还原”选项。

（2）在“回收站”窗口“回收站工具—管理”选项卡的“还原”组中，单击“还原选定的项目”按钮或“还原所有项目”按钮。

10）搜索文件或文件夹

在使用计算机的过程中，用户可能会忘记某些文件或文件夹的存放位置，利用 Windows 操作系统提供的搜索功能，可以快速而准确地定位文件或文件夹的所在位置。搜索分为简单搜索和高级搜索。

（1）简单搜索。

在文件资源管理器中设定要查找的范围（如某个磁盘驱动器或文件夹），然后在搜索栏内输入要查找内容的关键字，如图 3.2.40 所示。搜索结果会显示在内容窗格中，如图 3.2.41 所示。

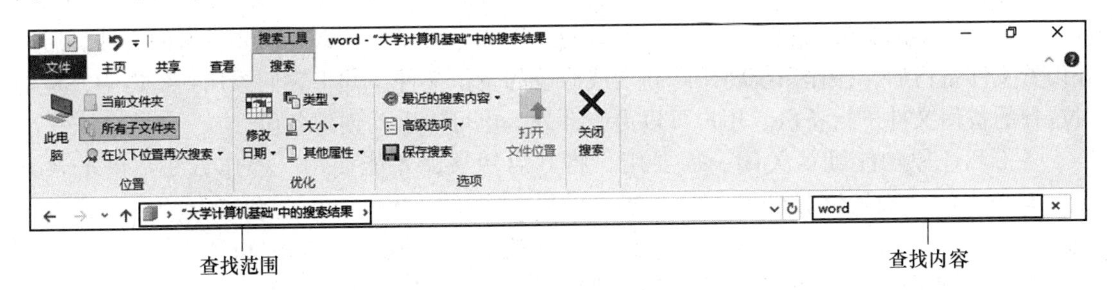

图 3.2.40 简单搜索

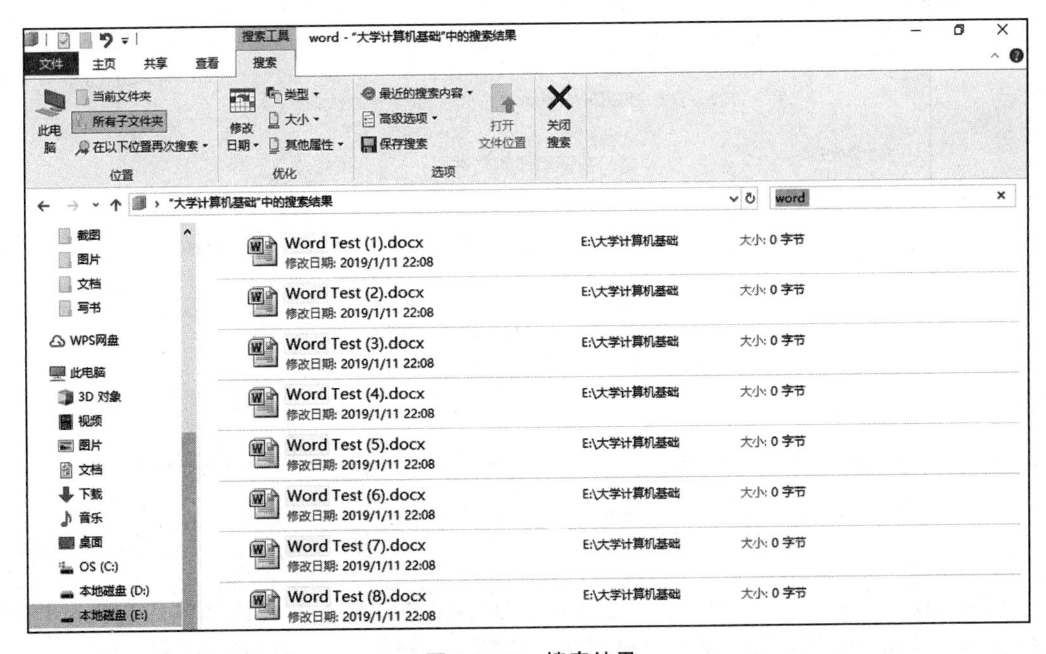

图 3.2.41 搜索结果

（2）高级搜索。

使用简单搜索得到结果比较多，用户可通过“搜索工具—搜索”选项卡的“优化”组中的各按钮，限定文件或文件夹的相关信息（如修改日期、类型、大小等），以提高搜索的效率，如图 3.2.42 所示。

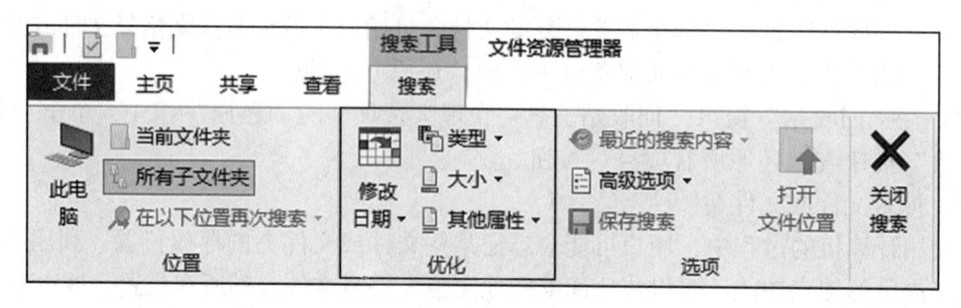

图 3.2.42　优化搜索项目

6. 文件的备份和还原

1）文件的备份

文件备份功能可为用户创建安全的数据文件备份。操作系统默认对图片、文档、下载、音乐、视频、桌面文件以及硬盘分区进行备份，用户也可以自己选择需要备份的文件。启用和设置文件备份后，操作系统将跟踪新增或修改的备份文件，并将它们添加到备份中，定期对选择的备份文件进行备份。用户可以更改计划，也可以手动创建备份。

备份和还原功能默认关闭，需要用户将其启用后，才能使用。操作方法：单击“开始”菜单中的“设置”按钮，在打开的“设置”窗口中单击“更新和安全”图标，进入“更新和安全”设置对话框，选择“备份”分类下的“转到‘备份和还原’（Windows 7）”选项，即可打开“备份和还原”设置界面，如图 3.2.43 所示。单击“设置备份”按钮，启动文件备份向导，按照向导进行设置。

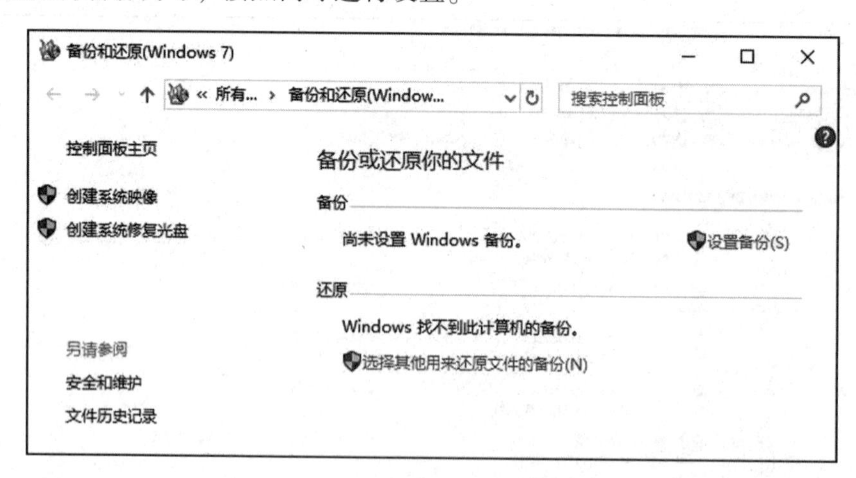

图 3.2.43　备份和还原

2）文件还原

如果文件已备份，则用户可在“备份和还原”设置界面单击“还原我的文件”按钮，根据还原文件向导进行还原。在默认情况下，系统会选择最新的备份数据进行还原，如果需要还原特定时间段备份的数据，可单击“选择其他日期”按钮来选择其他时间段内备份的数据进行还原，如图 3. 2. 44 所示。

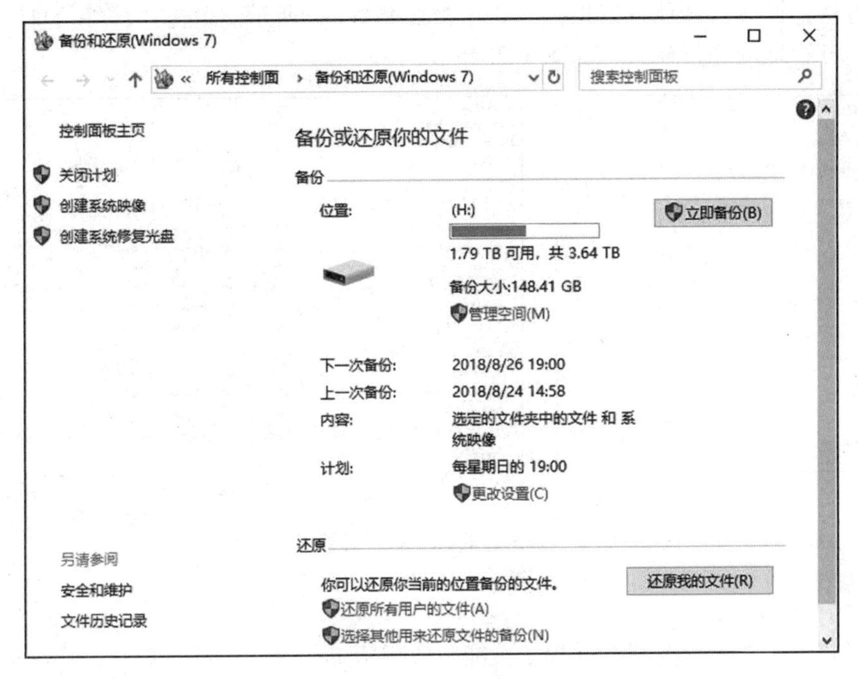

图 3. 2. 44 文件还原

3. 2. 6 程序管理

1. 程序、进程和线程

程序是指令的有序集合，它以文件的形式存储在外存储器中。当执行程序时，操作系统将其从外存储器中调入内存，并开始运行。

进程是一个正在被执行的程序。当程序被调入内存运行时，系统就会创建一个进程，当程序执行结束，进程也就消失了。若一个程序被执行多次，则系统会产生多个进程。

程序是静态的，而进程是动态的。程序是存放在外存储器中的文件，即使不执行，它也是存在的，是静态的、不变的。只有当程序被调入内存时，才会产生进程。也就是说，进程是由程序执行而产生的，是描述程序执行时的动态行为。

线程是操作系统对进程的进一步细分，是调度和分配 CPU 的最基本单位。一个进程可以细分为多个进程。

2. 任务管理器

通过任务管理器，用户可以查看当前正在运行的程序、进程、线程和计算机的性能等相关信息。

1）打开任务管理器

打开任务管理器有以下 4 种方法：

（1）在任务栏空白处单击右键，在弹出的快捷菜单中选择“任务管理器”命令。

（2）右键单击“开始”菜单，在弹出的快捷菜单中选择“任务管理器”命令。

（3）使用〈Ctrl + Shift + Esc〉组合键。

（4）使用〈Ctrl + Alt + Delete〉组合键，在登录屏幕上选择“任务管理器”命令。

上述方法都可以打开任务管理器，如图3.2.45（a）所示。单击“详细信息”按钮，可以切换到任务管理的完整模式，如图3.2.45（b）所示。

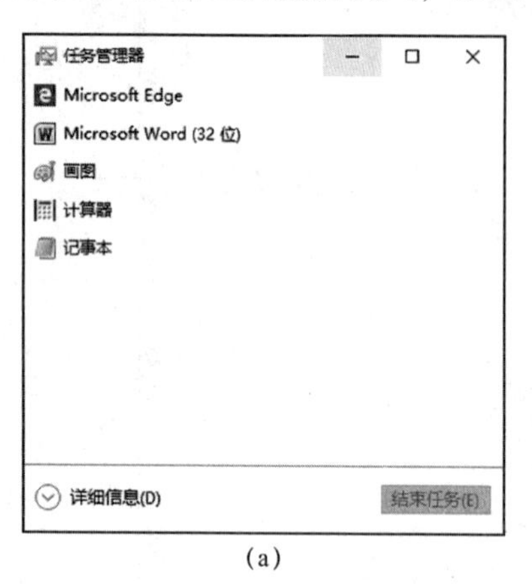

（a）

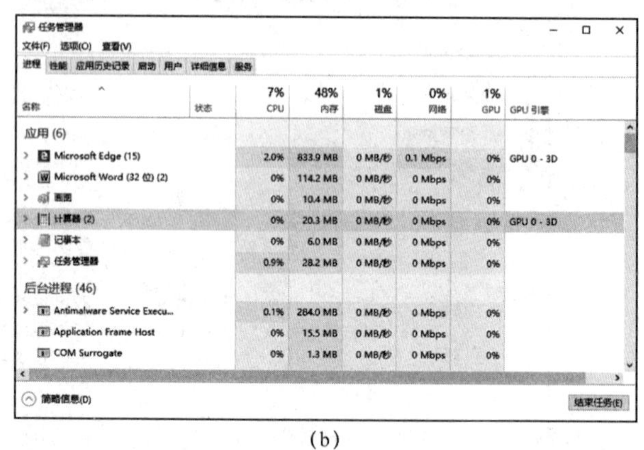

（b）

图3.2.45　任务管理器

（a）简要模式；（b）完整模式

2）使用任务管理器

完整模式下，任务管理器有进程、性能、应用历史记录、启动、用户、详细信息和服务等7个选项卡。

（1）进程。

“进程”选项卡显示当前正在运行的应用程序、后台进程、Windows进程及各个应用程序和进程所占用的CPU（程序使用CPU状况）、内存（程序占用内存大小）、磁盘（程序占用磁盘空间的大小）、网络（程序使用网络流量的多少）等资源情况。用户可以结束无响应的应用程序或进程、切换程序和运行新任务。在选项栏中，单击右键，在弹出的快捷菜单中可以选择显示的类型、发布者、PID等项目，如图3.2.46所示。

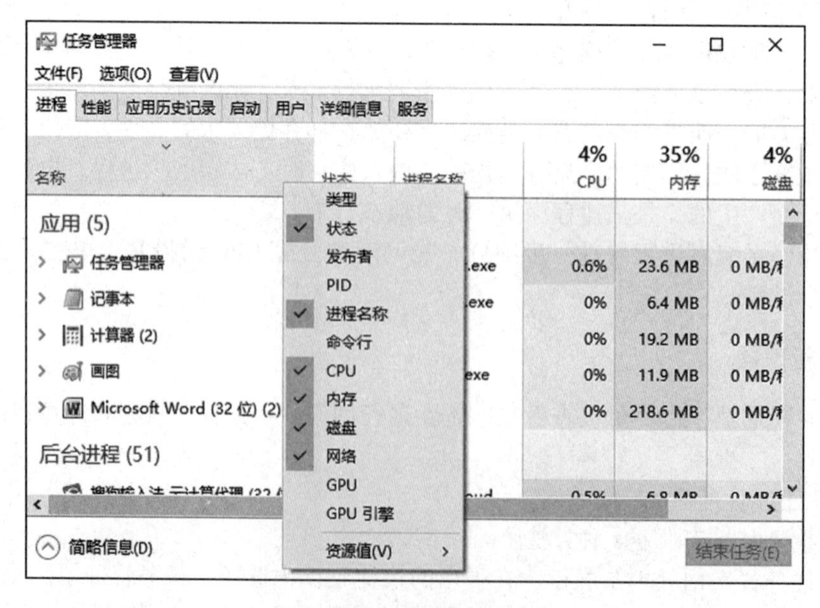

图3.2.46　选择显示项目

（2）性能。

“性能”选项卡显示 CPU、内存、磁盘、Wi-Fi 等资源的实时使用动态。选择 CPU，可以查看 CPU 的利用率、进程数、线程数以及 CPU 的基本信息等，如图 3.2.47 所示。

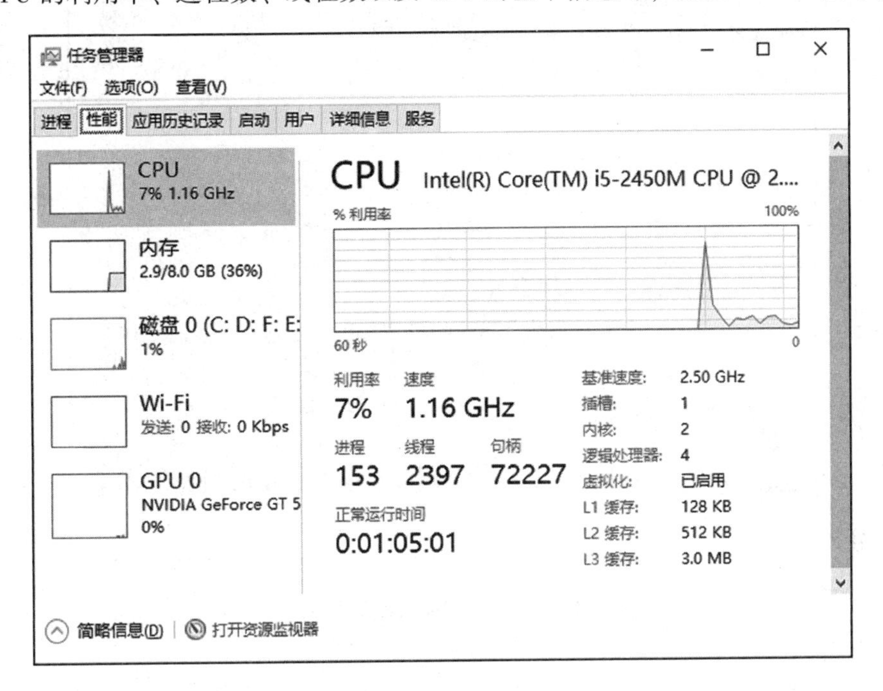

图 3.2.47 “性能”选项卡

单击“打开资源监视器”按钮，在弹出的资源监视器窗口中可以查看使用 CPU、内存、磁盘、网络的具体信息，如图 3.2.48 所示。

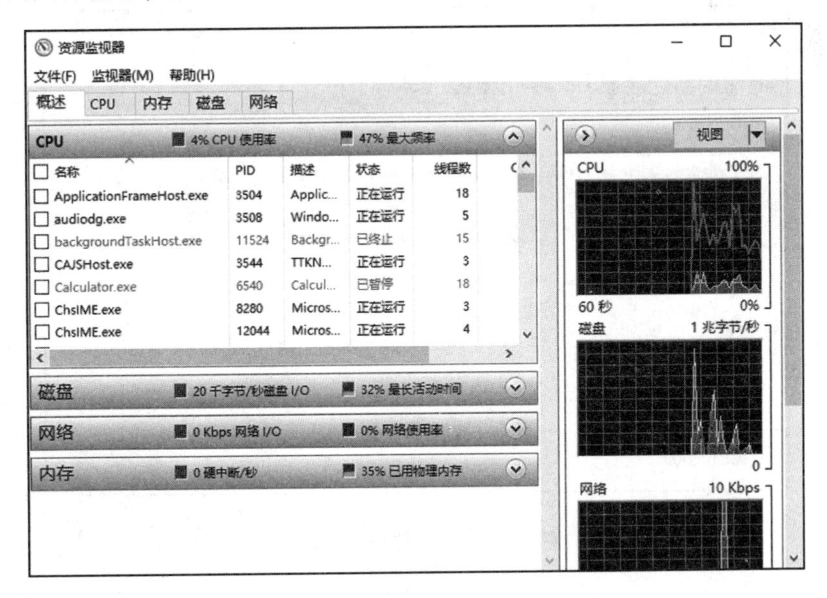

图 3.2.48 “资源监视器”窗口界面

（3）应用历史记录。

“应用历史记录”选项卡统计应用程序的运行信息，如占用 CPU 的时间、上传和下载消耗的网络流量等，如图 3. 2. 49 所示。

任务管理器

文件(F) 选项(O) 查看(V)

进程 性能 应用历史记录 启动 用户 详细信息 服务

自 2018/12/12 以来，当前用户账户的资源使用情况。

删除使用情况历史记录

名称	CPU 时间	网络	按流量计费的网...	磁
3D 查看器	0:00:00	0 MB	0 MB	
Cortana (小娜)	0:28:33	17.8 MB	0 MB	
Groove 音乐	0:00:05	0 MB	0 MB	
Microsoft Edge	29:02:43	7,701.5 MB	0 MB	
Microsoft Store	0:14:19	30.4 MB	0 MB	
Microsoft 照片	0:28:37	1.5 MB	0 MB	
OneNote	0:00:00	0 MB	0 MB	
Print 3D	0:00:00	0 MB	0 MB	

简略信息(D)

图 3. 2. 49　“应用历史记录”选项卡

（4）启动。

“启动”选项卡显示开机自动运行的程序，单击“禁用”按钮，可禁止该程序在开机时启动，加快操作系统的启动速度。“启动影响”栏显示启动项对 CPU 和磁盘活动的影响程度，向用户提供一些启动影响度方面的建议，如图 3. 2. 50 所示。

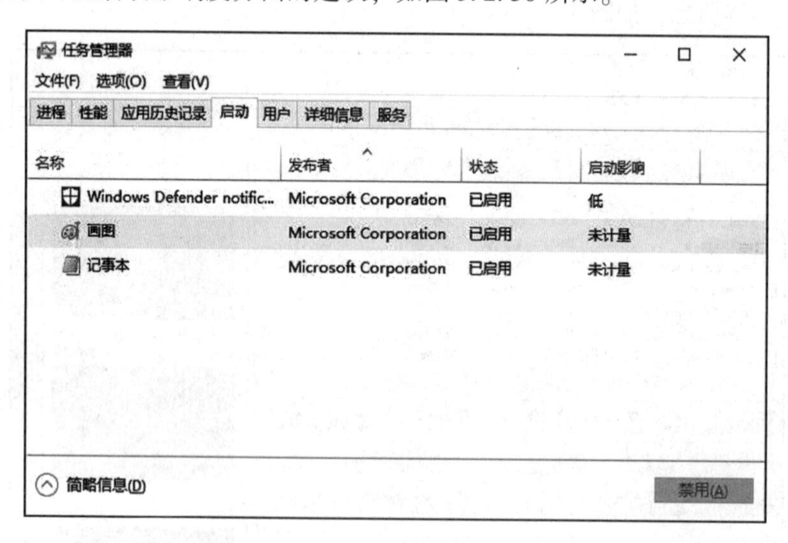

图 3. 2. 50　“启动”选项卡

（5）用户。

“用户”选项卡显示当前已登录用户和连接到本机的用户。单击“展开”按钮，可显示用户运行的程序，以及程序所占用的 CPU、内存、磁盘和网络流量等使用情况，如图 3. 2. 51 所示。

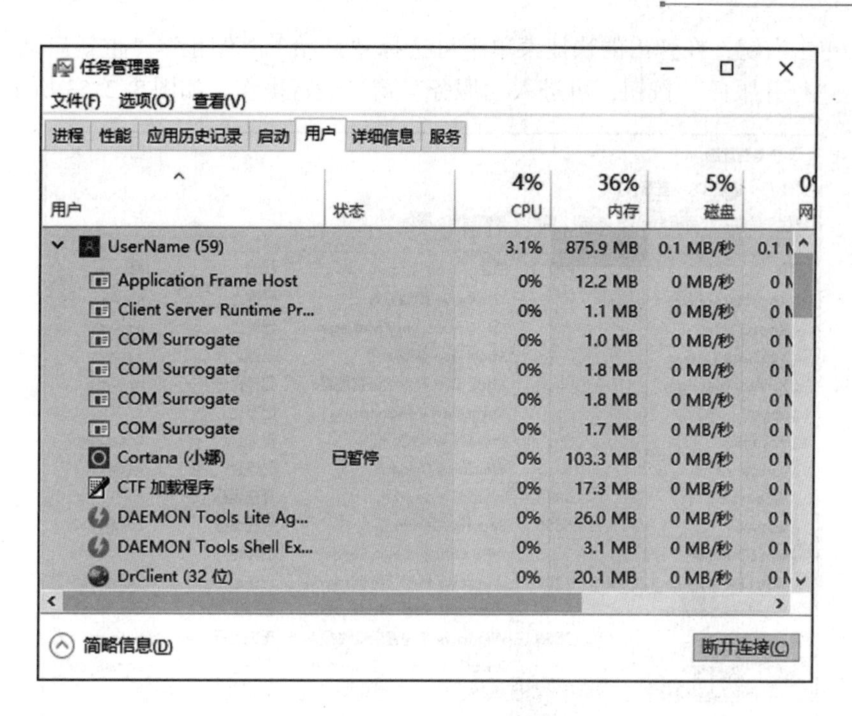

图 3.2.51 “用户”选项卡

（6）详细信息。

“详细信息”选项卡显示计算机所有进程的状态、用户名、占用 CPU 和内存资源、线程数等详细信息，如图 3.2.52 所示。

任务管理器

文件(F) 选项(O) 查看(V)

进程 性能 应用历史记录 启动 用户 详细信息 服务

名称	PID	状态	用户名	CPU	内存(专用...
ApplicationFrameH...	3504	正在运行	UserName	00	12,520 K
audiodg.exe	3508	正在运行	LOCAL SERVICE	00	4,160 K
backgroundTaskH...	216	已暂停	UserName	00	3,280 K
CAJSHost.exe	3544	正在运行	SYSTEM	00	936 K
Calculator.exe	6540	已暂停	UserName	00	17,276 K
ChsIME.exe	8280	正在运行	UserName	00	1,312 K
ChsIME.exe	12044	正在运行	SYSTEM	00	3,028 K
csrss.exe	492	正在运行	SYSTEM	00	1,008 K
csrss.exe	5192	正在运行	SYSTEM	00	1,116 K
ctfmon.exe	1908	正在运行	UserName	00	17,884 K
dasHost.exe	3240	正在运行	LOCAL SERVICE	00	880 K
DiscSoftBusService...	9288	正在运行	SYSTEM	00	2,716 K
dllhost.exe	2008	正在运行	UserName	00	1,768 K
dllhost.exe	2748	正在运行	UserName	00	1,884 K

简略信息(D) 结束任务(E)

图 3.2.52 “详细信息”选项卡

（7）服务。

“服务”选项卡显示操作系统后台的 Windows 服务程序列表，如图 3.2.53 所示。选中某项服务，单击右键，在弹出的快捷菜单中可选择“开始”“停止”“重新启动”等命令。在下方单击“打开服务”按钮，可进入“服务”窗口进行操作，如图 3. 2. 53 所示。

任务管理器

文件(F) 选项(O) 查看(V)

进程 性能 应用历史记录 启动 用户 详细信息 服务

名称	PID	描述	状态	组
XboxNetApiSvc		Xbox Live 网络服务	已停止	netsvcs
XboxGipSvc		Xbox Accessory Manage...	已停止	netsvcs
XblGameSave		Xbox Live 游戏保存	已停止	netsvcs
XblAuthManager		Xbox Live 身份验证管理器	已停止	netsvcs
xbgm		Xbox Game Monitoring	已停止	
WwanSvc		WWAN AutoConfig	已停止	LocalServi
wuauserv		Windows Update	已停止	netsvcs
WSearch	6964	Windows Search	正在运行	
wscsvc	6856	Security Center	正在运行	LocalServi
wpscloudsvr		WPS Office Cloud Service	已停止	
WpnUserService_12e48f	7200	Windows Push Notificatio...	正在运行	UnistackSv
WpnUserService		Windows Push Notificatio...	已停止	UnistackSv
WpnService	3568	Windows 推送通知系统服务	正在运行	netsvcs
WPDBusEnum		Portable Device Enumerat...	已停止	LocalSyste

简略信息(D) | 打开服务

图 3. 2. 53 “服务”选项卡

3. 程序的安装和删除

1）程序的安装

Windows 操作系统提供的记事本、画图、计算器等应用程序并不能满足用户的日常需求，用户可根据自己的需要安装应用程序。在安装应用程序之前，用户可通过应用程序官网下载、Microsoft Store（应用商店）下载或购买软件安装光盘等方式来获取应用程序安装包。

（1）通过光盘安装。

软件安装光盘通常有 Autorun 功能，将光盘放入光驱中即可自行启动安装程序，根据安装程序向导即可完成安装。

（2）通过安装文件。

打开从官网或 Microsoft Store（应用商店）下载的软件安装包的所在文件夹，双击可执行文件，再根据安装程序向导即可完成安装。可执行文件名通常为 Setup. exe、Install. exe 或 *. exe（*为应用程序的名称）。

2）程序的卸载

当程序不再使用时，可将程序卸载，以节省磁盘空间。卸载程序有以下两种方法：

方法 1：单击“开始”菜单所有程序列表中“Windows 系统”下的“控制面板”，在打开的“控制面板”列表视图窗口中单击“程序和功能”图标，在打开的“程序和功能”窗口中列出了已安装的程序，右键单击某程序，在弹出的快捷菜单中选择“卸载/更改”命令，根据向导即可完成程序的卸载，如图 3. 2. 54 所示。

方法 2：单击“开始”菜单中的“设置”按钮，在打开的“设置”窗口中单击“应用”

图 3.2.54　卸载应用程序（方法 1）

图标，在“应用”设置窗口中选择“应用和功能”分类，或者打开“此电脑”窗口，在“计算机”选项卡的单击“系统”组中，单击“卸载或更改程序”按钮，打开如图 3.2.55 所示的“应用和功能”对话框，选中需要卸载的程序，单击“卸载”按钮即可。

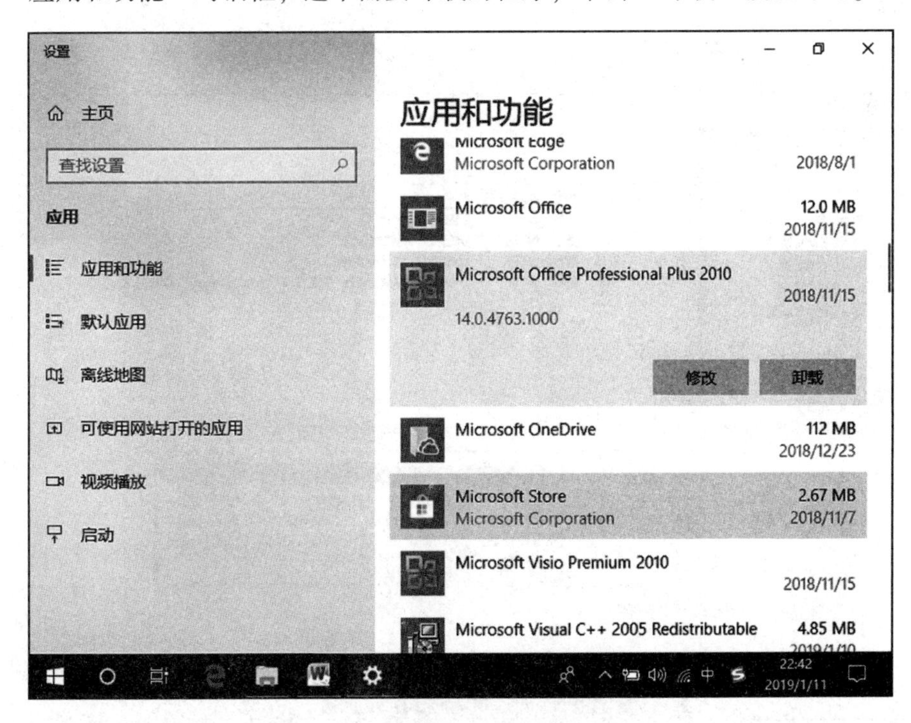

图 3.2.55　卸载应用程序（方法 2）

3.2.7 磁盘管理

磁盘是计算机最重要的外存储器，存储着大量文件。对磁盘进行正确的管理，可以确保信息的安全，延长磁盘的使用寿命，提高磁盘的工作效率。

1. 磁盘的分区和格式化

新购买的硬盘（包括移动硬盘）在没有进行任何处理之前是无法使用的，必须对其进行分区和格式化，才能使用。

1）磁盘分区

由于磁盘的容量很大，通常把磁盘划分成多个分区，分别用来安装操作系统、应用程序和存放文件等。

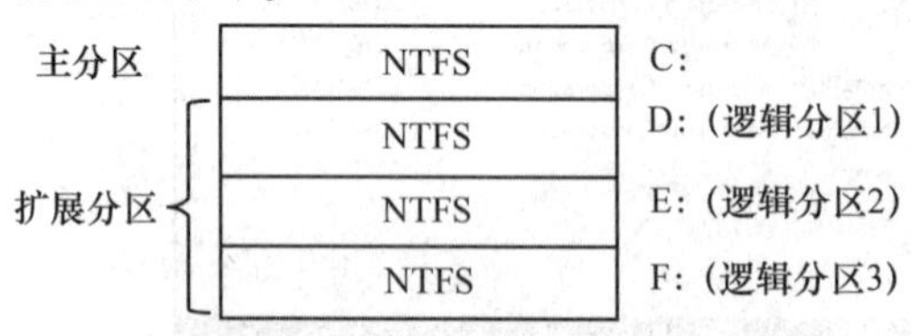

图 3.2.56　磁盘分区

在 Windows 操作系统中，硬盘可以分成主分区和扩展分区。主分区不能再细分，通常用于安装操作系统。扩展分区可以细分为若干逻辑分区。每个主分区和逻辑分区称为卷，都有一个由字母和冒号组成的编号，这个编号叫做盘符，如图 3.2.56 所示。

2）磁盘管理工具

在“控制面板”窗口中单击“管理工具”图标，在“管理工具”窗口下双击“计算机管理”，并在“计算机管理”窗口中选择“磁盘管理”，即可查看磁盘的分区、卷标、文件系统类型、容量等相关信息，还可以进行格式化、删除卷、更改驱动器号和路径等操作，如图 3.2.57 所示。

注意：数据无价，谨慎操作。

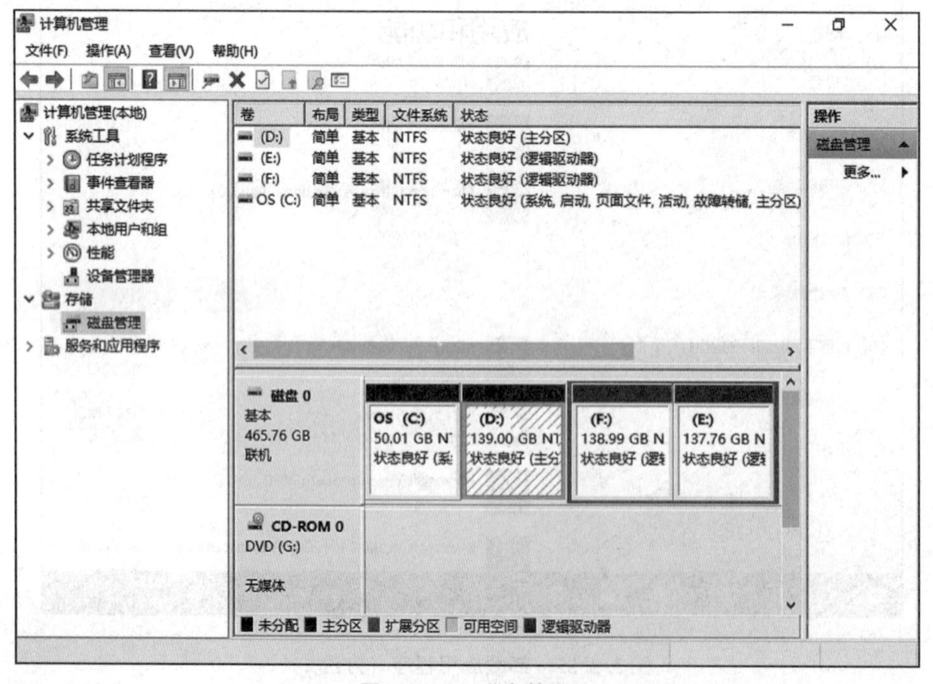

图 3.2.57　磁盘管理

通过“磁盘管理”对磁盘进行分区的方法：在未分配的磁盘空间区块上单击右键，在弹出的快捷菜单中选择“新建简单卷”，如图 3. 2. 58 所示。

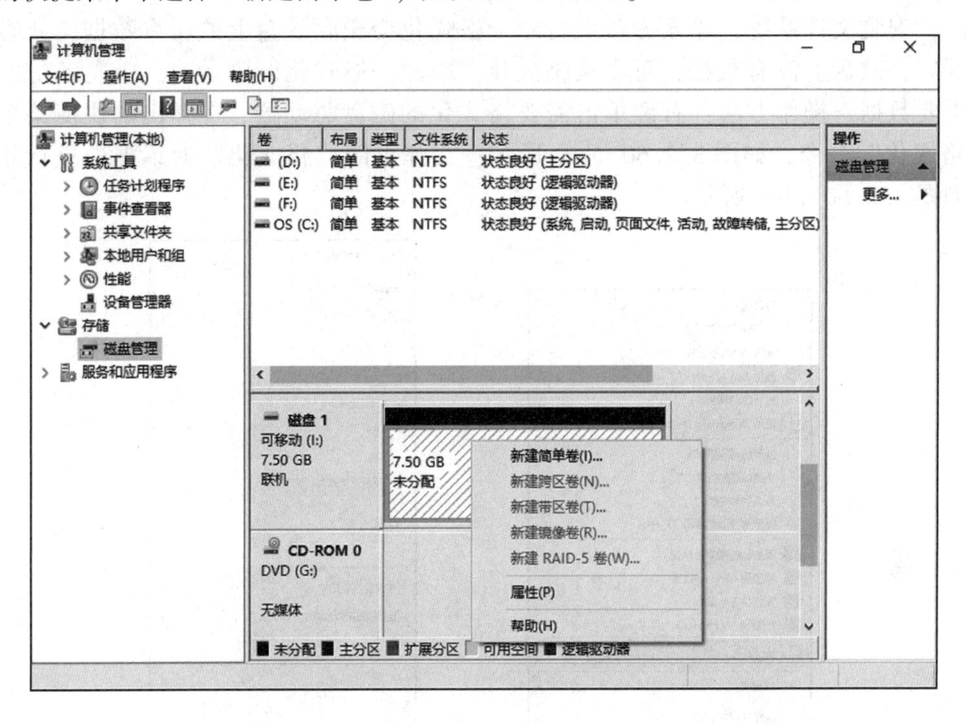

图 3. 2. 58　磁盘分区

然后，根据弹出的向导进行操作。磁盘分区结果如图 3. 2. 59 所示。

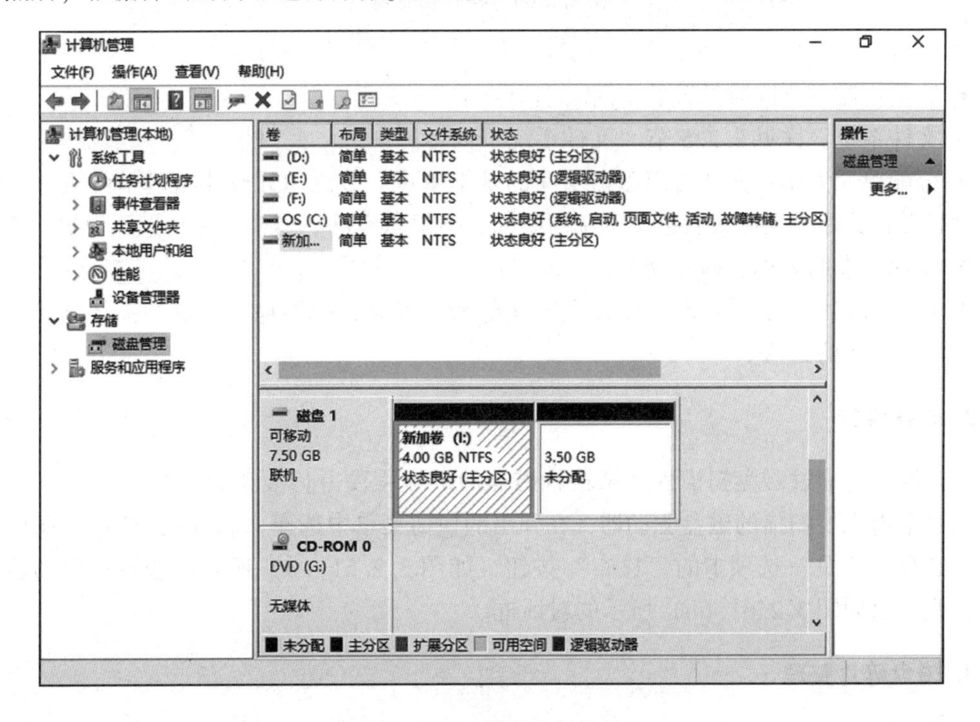

图 3. 2. 59　磁盘分区结果

3）磁盘格式化

磁盘在分区之后，还必须经过格式化才能使用。格式化的目的是将磁盘划分为若干个扇区，安装文件系统，建立磁盘根目录。格式化会删除磁盘上的所有数据，新磁盘进行分区后，磁盘上没有数据，可直接格式化。因此，格式化旧磁盘前，应先备份旧磁盘上的重要数据。操作方法：右键单击需要格式化的磁盘驱动器，在弹出的快捷菜单中选择“格式化”命令，如图 3. 2. 60（a）所示；在弹出的“格式化”对话框中进行相关设置，如图 3. 2. 60（b）所示。

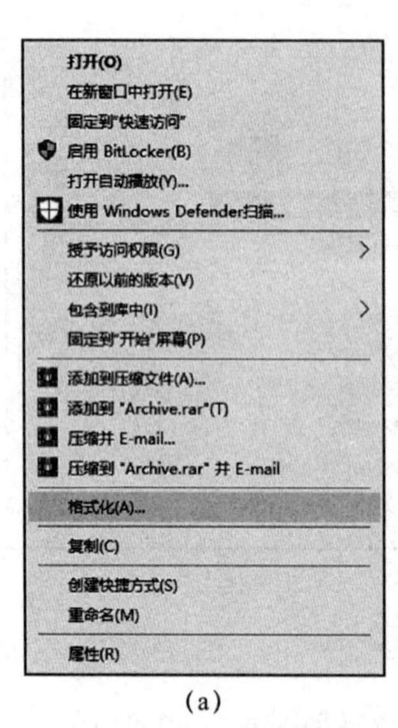

（a）

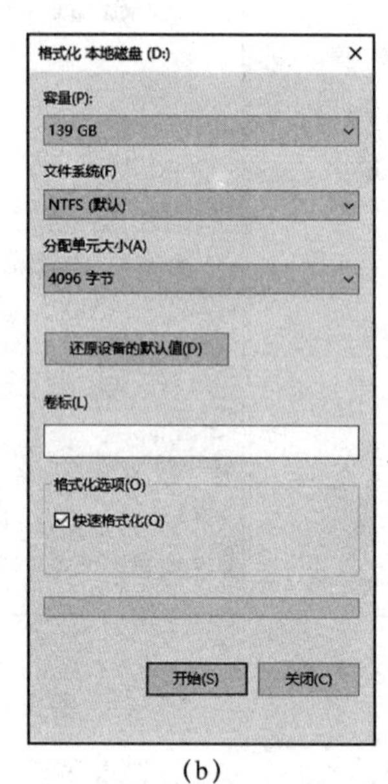

（b）

图 3. 2. 60　格式化磁盘

（a）快捷菜单；（b）“格式化”对话框

- 容量：磁盘分区时设置的空间大小。
- 文件系统：详见 3. 2. 5 节“文件系统”内容。
- 分配单元大小：文件占用磁盘空间的基本单位。分配单元越小就越节约空间，但读写速度越慢；分配单元越大就越节约读写时间，但浪费空间。通常，保持默认设置。
- 卷标：卷的名称，即磁盘驱动器的名称。
- 快速格式化：表示仅删除磁盘上的文件和文件夹，而不检查磁盘的损坏情况，通常适用于没有损坏的磁盘。

2. 磁盘维护

磁盘维护是通过磁盘扫描程序来检查磁盘的破损程度并修复磁盘。打开“此电脑”窗口，右键单击需要扫描的磁盘驱动器，在弹出的快捷菜单中选择“属性”，打开“属性”对话框，选择“工具”选项卡的“检查”按钮，如图 3. 2. 61（a）所示。若磁盘驱动器没有损坏，则弹出如图 3. 2. 61（b）所示的对话框。

3. 磁盘碎片整理

磁盘碎片是指一个文件没有被存储在连续的磁盘空间，而是被分散存储在不同的磁盘空

(a)

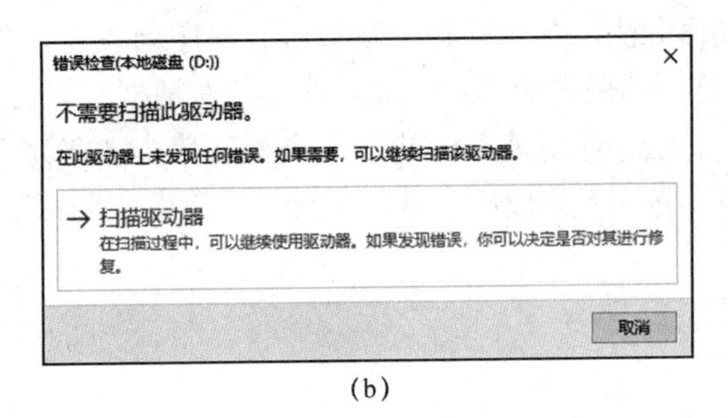

(b)

图 3.2.61　磁盘维护

(a) 磁盘的“属性”对话框；(b)“错误检查”对话框

间。在对文件进行复制、移动或删除时，会产生许多碎片，日积月累，这些碎片会降低磁盘的读写效率。磁盘碎片整理就是将分散存储的文件重新整理，使其存储在连续的磁盘空间中。定期对磁盘进行碎片整理，可以提高计算机的性能。

在“开始”菜单所有程序列表中的“Windows 管理工具”下，单击“碎片整理和优化驱动器”，打开“优化驱动器”对话框，如图 3.2.62 所示。在该对话框中，选择需要进行磁盘碎片整理的硬盘驱动器，单击“分析”按钮，分析系统的碎片程度，然后根据分析结

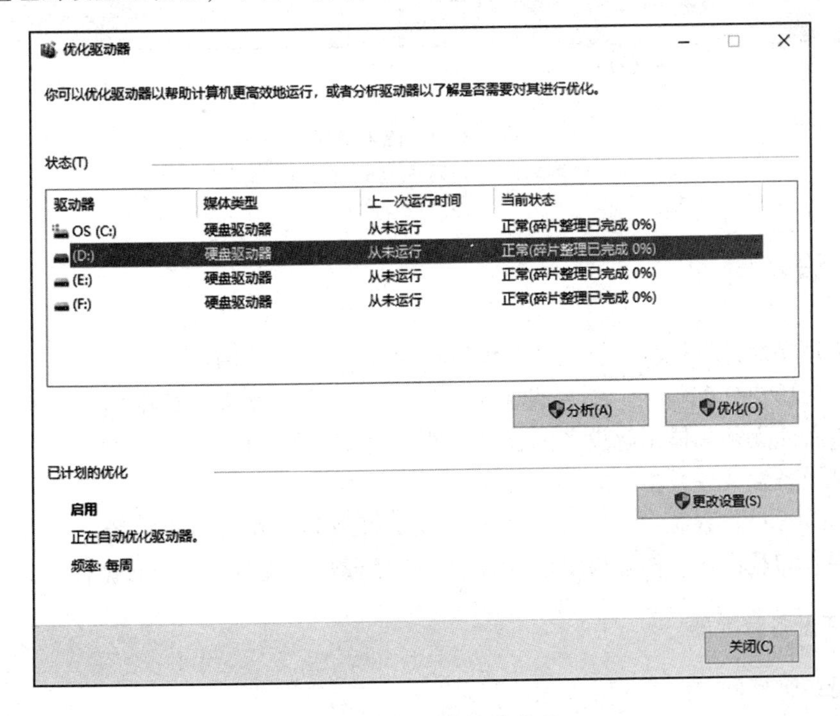

图 3.2.62　磁盘碎片整理

果来决定是否整理磁盘碎片；单击“优化”按钮，即可对选定的磁盘驱动器进行碎片整理。

4. 磁盘清理

磁盘清理是指将已下载的程序文件、Internet 临时文件、临时文件等删除，以释放磁盘空间。

操作方法：在“开始”菜单所有程序列表中“Windows 管理工具”下，单击“磁盘清理”，打开“磁盘清理：驱动器选择”对话框，如图 3. 2. 63（a）所示。在“驱动器”下拉列表中，选择需要清理的磁盘驱动器，单击“确定”按钮，打开如图 3. 2. 63（b）所示的对话框，选中要删除的文件的复选框，单击“确定”按钮。

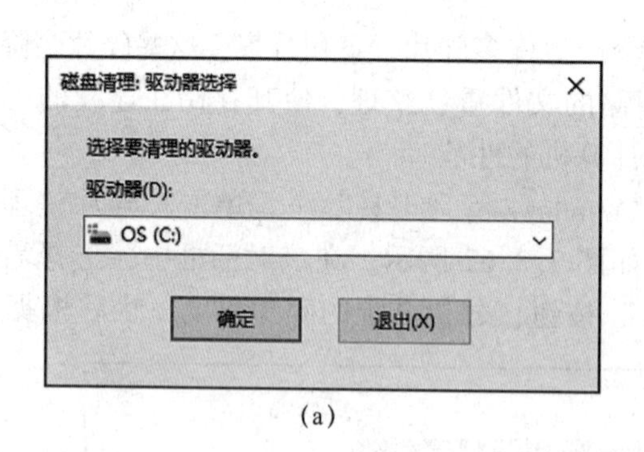

(a)

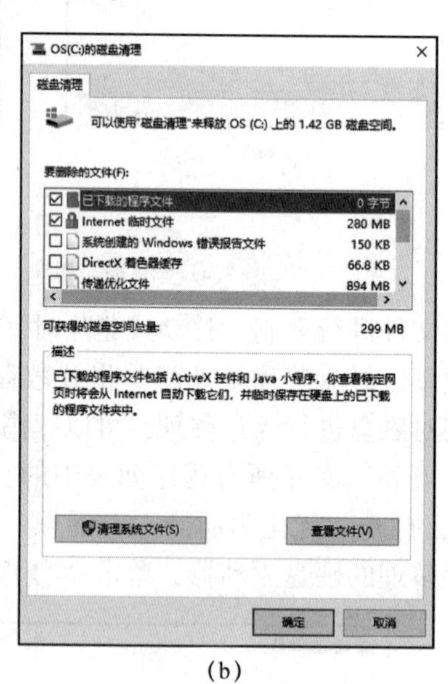

(b)

图 3. 2. 63　磁盘清理

（a）磁盘清理选项对话框；（b）磁盘清理对话框

3. 2. 8　设备管理

设备管理是对计算机输入、输出系统进行管理。它的主要任务是完成用户提出的输入、输出请求，为用户分配输入、输出设备，提高输入、输出设备的利用率，方便用户使用输入、输出设备而无须具体了解设备的物理特性。设备管理具有缓冲区管理、设备分配、设备处理、虚拟设备及实现设备独立性等功能。

在 Windows 操作系统中，用户可通过“设备管理器”对设备进行统一管理，如更新硬件驱动程序、卸载设备、扫描检测硬件改动、启用或禁用设备以及查看硬件相关信息等。

1. 打开设备管理器

打开设备管理器有以下 3 种方法。

方法 1：单击“开始”菜单所有程序列表中“Windows 系统”下的“控制面板”，在

“控制面板”的列表视图窗口中选择“设备管理器”。

方法2：右键单击“此电脑”，在弹出的快捷菜单中选择“管理”，在打开“计算机管理”窗口左侧导航窗格中选择“设备管理器”。

方法3：右键单击“此电脑”，在弹出的快捷菜单中选择“属性”，打开“系统”窗口，在左侧选择“设备管理器”。

通过上述方法都可以打开“设备管理器”窗口，如图3.2.64所示。

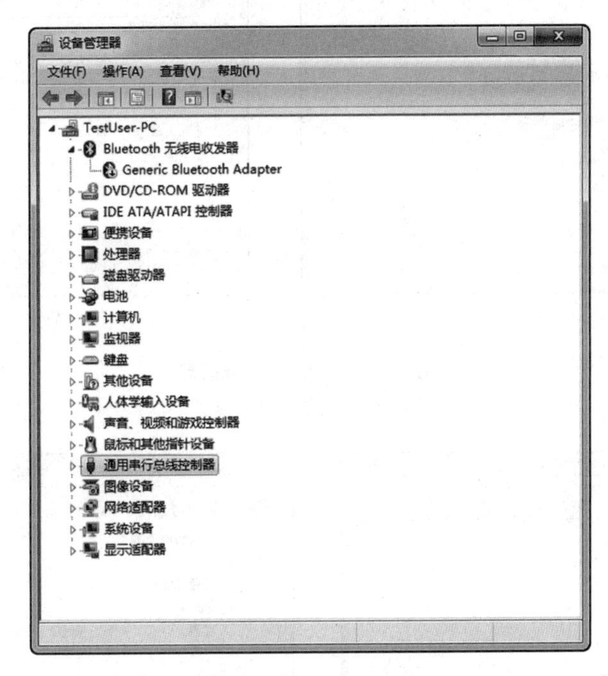

图3.2.64 设备管理器

2. 查看设备信息

在“设备管理器”窗口中，分类显示了计算机中的所有硬件设备，单击“展开”按钮，可以查看具体设备。右键单击设备名，在弹出的快捷菜单中可进行相关操作，如图3.2.65（a）所示。不同类型的硬件设备，其快捷菜单选项会有所不同。在快捷菜单中选择“属性”选项，还可查看设备的具体信息，如图3.2.65（b）所示。

当硬件设备不能正常运行时，在设备管理器中会列出带有“?”的“其他设备”类别，在具体设备名前带有“!”标志，如图3.2.66（a）所示。双击设备名称，打开“属性”对话框，在“常规”选项卡的“设备状态”框中显示了该设备的问题及解决方法，用户可根据提示进行操作，如图3.2.66（b）所示。

3. 设备驱动程序

当设备接入计算机后，只有在安装设备驱动程序后才能使用。

即插即用设备（U盘、USB鼠标、移动硬盘、数码相机等）连接到计算机后，操作系统会自动检测设备并安装驱动程序。

非即插即用设备（声卡、显卡、打印机等）连接到计算机后，则需要用户手动安装驱动程序，设备才能正常工作。该类型设备所需的驱动程序可以从购买设备时所配备的驱动程

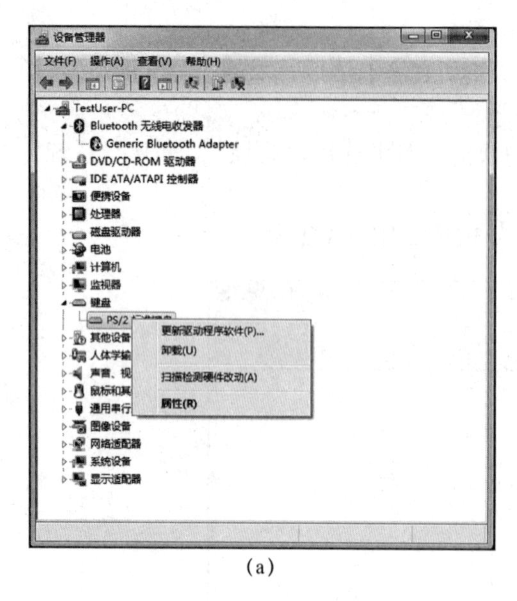

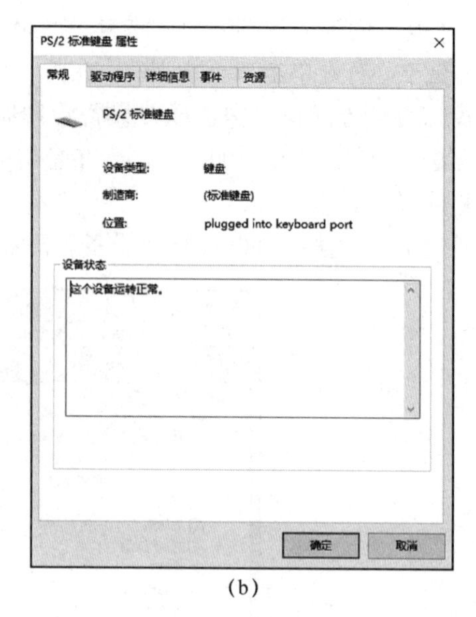

图 3.2.65　查看设备信息

（a）快捷菜单；（b）属性

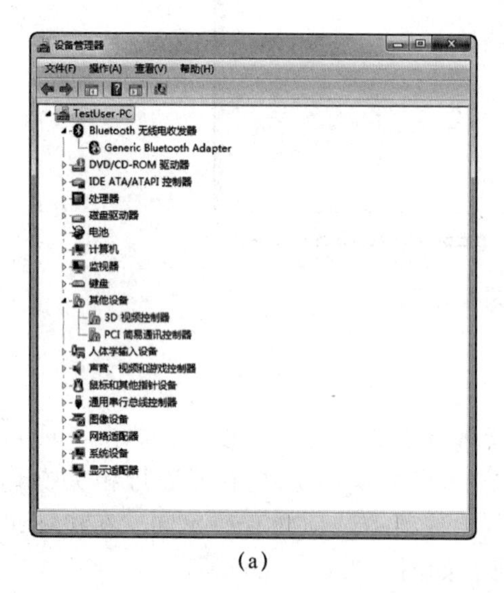

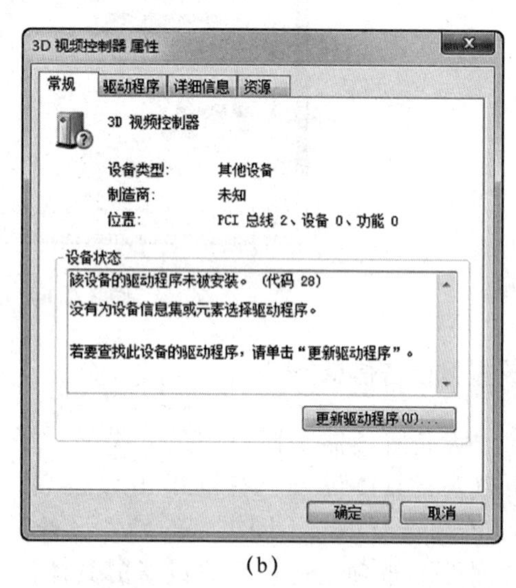

图 3.2.66　问题设备

（a）设备问题标识；（b）属性

序光盘安装，也可以从硬件厂商的官网下载对应型号的驱动程序进行安装。

此外，用户还可以使用驱动精灵等软件来扫描计算机的硬件设备，为硬件设备安装、更新、卸载驱动程序。

思考题

1. 什么是操作系统，它的功能有哪些？
2. 简述文件命名的规则。

3. 简述文件、文件夹和文件管理系统的区别。

4. 什么是绝对路径、什么是相对路径？

5. 如何查找D盘中的所有JPG类型的图像文件？

6. 什么是程序，什么是进程？程序和进程的区别是什么？

7. 什么是线程，线程和进程的区别是什么？

8. 如何处理未响应的程序？

9. 如何进行磁盘碎片整理和磁盘清理？

10. 简述进行磁盘格式化时的注意事项。

11. 什么是驱动程序，哪些设备不需要用户手动安装驱动程序，哪些设备需要用户手动安装驱动程序？

12. 如何查看故障设备？

第4章 计算机网络与 Internet 基础

本章的主要内容有：计算机网络的概念和功能；计算机网络的发展、组成和分类；计算机网络协议和网络体系结构；Internet 的产生与发展；IP 地址和域名；Internet 的接入技术；Internet 提供的服务；等等。

4.1 计算机网络概述

当今社会是一个网络化的社会，网络无处不在，网络对社会的经济发展和人们的生活方式都产生了深远的影响。

4.1.1 计算机网络的定义及功能

1. 计算机网络的定义

计算机网络是指，利用通信设备和线路将功能独立的多个计算机连接在一起，实现信息传递功能的系统。

2. 计算机网络的功能

计算机网络主要提供数据通信和资源共享两项功能。

1）数据通信

数据通信是指分散在不同地理位置上的计算机利用网络进行传输数据、信息交换等、如收发电子邮件、发布信息、网上聊天、电子商务、视频会议等。数据通信是计算机网络最基本的功能。

2）资源共享

资源共享是指网络中所有的计算机可以不受地理位置的限制，在被允许的情况下，可以使用网络中所有的硬件资源、软件资源和数据资源，而不必考虑资源所在的地理位置，如使用打印机、下载各类软件资源、访问数据库等。资源共享是计算机网络最主要的功能。

4.1.2 计算机网络的发展

计算机网络是通信技术和计算机技术相结合的产物，发展至今可以划分为四代。

1. 面向终端的第一代计算机网络

面向终端的计算机网络是以单个主机为中心，将若干终端通过通信线路连接到主机的网络，其简化逻辑结构如图 4.1.1 所示。

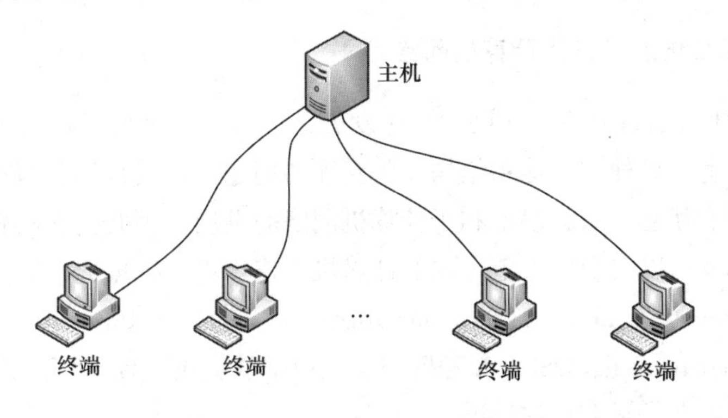

图 4.1.1 面向终端的计算机网络

在第一代计算机网络系统中，只有主机具有独立的数据处理功能，而终端没有独立的数据处理功能，因此终端不能为主机提供服务，只能使用主机提供的资源，该阶段的网络以数据通信为主。严格意义上来说，这一阶段的计算机网络还不算真正的计算机网络。第一代计算机网络的代表是美国于 1954 年建立的半自动地面防空系统（SAGE），它将远距离的雷达和测控仪器所探测到的数据通过通信线路传送到某基地的一台计算机上进行数据处理，再将结果送回到各自的终端。

2. 以分组交换网为中心的第二代计算机网络

以分组交换网为中心的第二代计算机网络以通信控制处理机（Communication Control Processor，CCP）和通信线路构成的通信子网为中心，由主机和终端构成的资源子网通过通信线路连接到通信子网的计算机网络，其简化逻辑结构如图 4.1.2 所示。

该计算机网络中的主机既可以相互通信，也可以进行资源共享。第二代计算机网络的代表是 1969 年美国国防部高级研究计划署（Advanced Research Project Agency，APRA）于 1969 年建立的阿帕网（ARPANET），它为计算机网络的概念、结构、实现和设计奠定了基础，往往被认为是现代计算机网络诞生的标志。

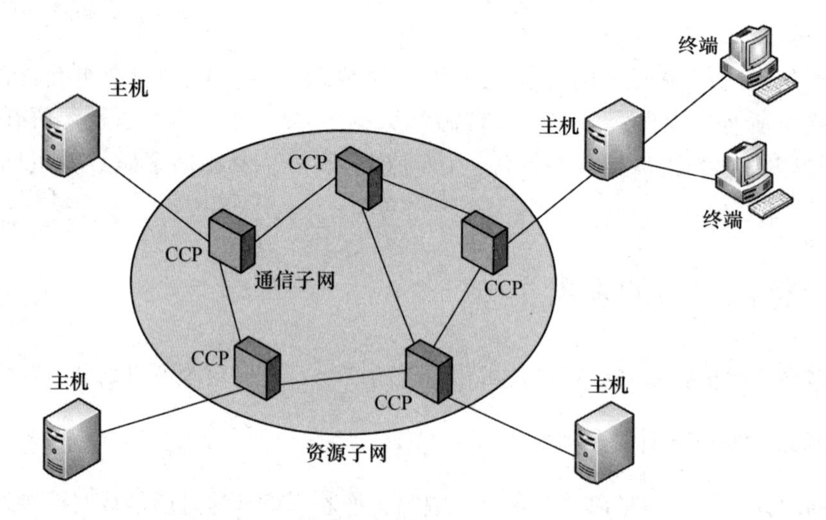

图 4.1.2　以分组交换网为中心的计算机网络

3. 体系结构标准化的第三代计算机网络

20 世纪 70 年代，随着分组交换网的迅速发展，一些计算机公司提出了本公司的网络体系结构，随之就产生了异种网络体系结构设备互连的问题。也就是说，只有同公司相同网络体系结构的设备才能互连，这就很不利于计算机网络的发展。因此，有必要建立一个国际化的网络体系结构标准，以实现更大范围内的计算机互连，进行数据通信和资源共享。国际标准化组织（International Organization for Standardization，ISO）于 1983 年提出了开放系统互连（Open System Interconnection，OSI）参考模型。该模型的提出，促进了计算机网络技术的发展，使计算机网络走上了标准化的轨道。

4. 以网络互连为核心的第四代计算机网络

网络互连是指网络与网络通过路由器等互连设备进行连接，以形成可以相互通信和资源共享的互联网，如图 4.1.3 所示。目前，全球最大的计算机网络就是互联网，它不仅可以使身在不同地域、不同国家的上网用户之间方便、快捷地交换文本、声音、视频、音频、图形、图像等信息，还可以使上网用户共享互联网中的所有硬件资源和软件资源。

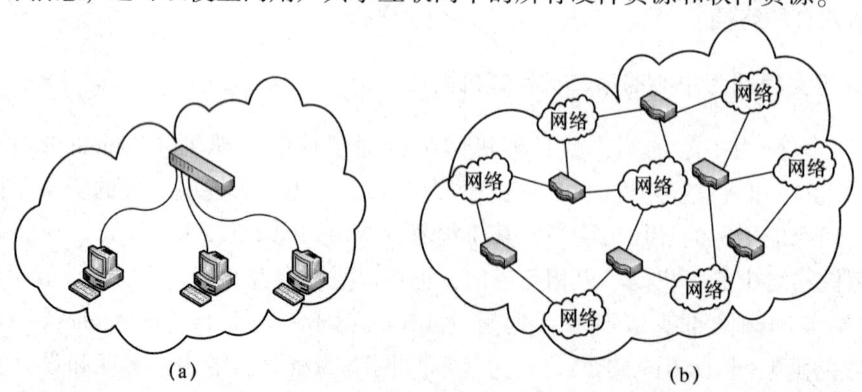

图 4.1.3　互联网

（a）一个简单的计算机网络；（b）由网络互连构成的大型网络

4.1.3 计算机网络的组成

在描述计算机网络组成时，可以从多方面来进行说明，以下便从局域网的角度来阐述计算机网络的组成。

1. 逻辑功能组成

从逻辑功能上看，计算机网络由通信子网和资源子网组成，如图 4.1.4 所示。

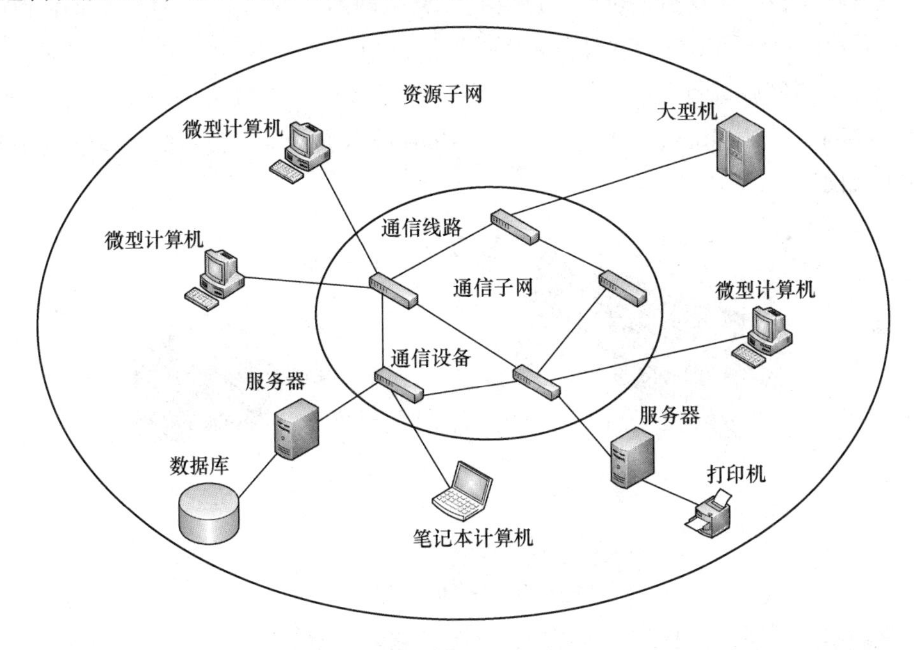

图 4.1.4 计算机网络逻辑功能组成

通信子网由通信设备和通信线路组成，主要负责网络的数据传输、加工和变换等通信处理工作，位于计算机网络的内层。

资源子网由主机、终端和其他提供资源共享服务的设备组成，主要负责网络的数据处理、提供资源共享和服务，位于计算机网络的外层。

2. 网络系统组成

从计算机网络系统看，计算机网络主要由硬件系统和软件系统组成。硬件系统包括计算机设备、网络连接设备和网络传输介质；软件系统包括网络操作系统、网络应用软件和网络协议。

1）计算机设备

计算机设备包括服务器、工作站。

（1）服务器。服务器是一台速度快、存储量大、配置高的计算机，它是整个网络系统的核心，主要负责网络资源管理和提供网络服务。其可以分为文件服务器、通信服务器、数据库服务器、应用程序服务器、打印服务器等。图 4.1.5 所示为华为服务器（Fusion Server RH2288 V3）。

（2）工作站。工作站是具有独立处理能力的计算机，它是用户向服务器提出服务请求的终端设备。常用的工作站有台式计算机、笔记本计算机、数据采集器、智能手机等。

图 4.1.5　华为服务器
（Fusion Server RH2288 V3）

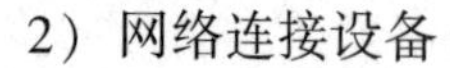

2）网络连接设备

网络连接设备包括网卡、交换机、路由器。

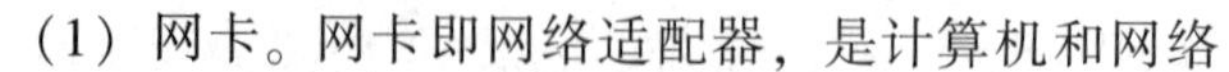

（1）网卡。网卡即网络适配器，是计算机和网络之间的物理连接设备，计算机通过网卡连接到计算机网络。网卡分为有线网卡和无线网卡，如图 4.1.6 所示。有线网卡安装在计算机的扩展插槽中或集成在主板中，通过传输介质（如双绞线、光纤）与网络进行连接。无线网卡则通过无线信号连接到网络。目前，常用的有线网卡是 10 Mbps、100 Mbps、1 000 Mbps、10 Gbps 等以太网卡；常用的无线网卡是 USB 接口形式的无线网卡。

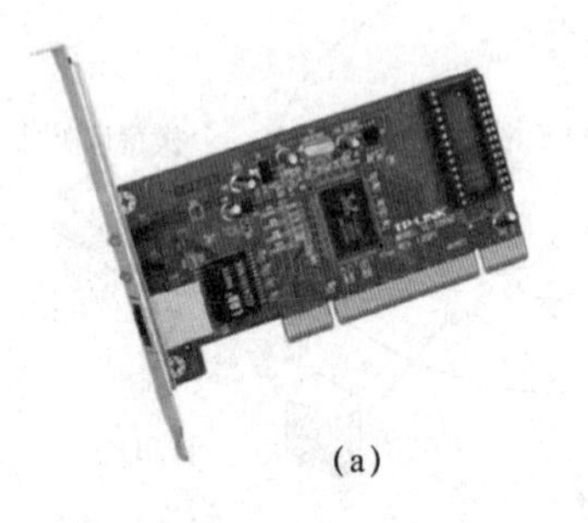

(a)

(b)

图 4.1.6　网卡

（a）有线网卡；（b）无线网卡

（2）交换机。交换机主要用于终端设备（如计算机、服务器、打印机、摄像头）和网络设备（如交换机、无线 AP、路由器、防火墙等）的互连，以组建局域网，实现所有设备之间的通信。交换机拥有若干端口，每个端口独享带宽，如图 4.1.7 所示。

（3）路由器。路由器主要用于网络与网络之间的互连（如局域网、广域网、Internet），以实现不同网络之间的通信，属于网际互连设备。通过路由器，可以将不同类型、不同规模的网络连接起来，形成一个更大的网络，进行数据传输和资源共享，如图 4.1.8 所示。

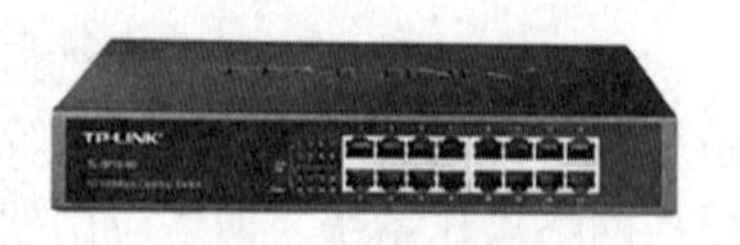

图 4.1.7　交换机

图 4.1.8　路由器

3）网络传输介质

传输介质是网络中数据传输的物理通道，包括有线传输介质和无线传输介质。

（1）有线传输介质。有线传输介质主要包括双绞线、光纤，是指各设备之间的物理连接线路。

双绞线由一组相互绝缘的金属导线绞合而成。通常，将一对或多对双绞线放在一个绝缘套管中，就成了双绞线电缆，简称双绞线，如图 4. 1. 9 所示。双绞线分为非屏蔽双绞线（Unshielded Twisted Pair，UTP）和屏蔽双绞线（Shielded Twisted Pair，STP）两种，屏蔽双绞线在防电磁干扰能力方面比非屏蔽双绞线更强。双绞线的缺点是传输距离短、速率低，但因其价格低廉，易于安装和使用，现广泛应用于局域网。

图 4. 1. 9　双绞线

（a）非屏蔽双绞线；（b）屏蔽双绞线；（c）成品双绞线

光纤即光导纤维，是由玻璃或塑料制成的一种纤维，通过传递光波实现通信。通常，将多根光纤放在一起，并包上保护层，组成光缆使用。光纤传输不受电磁干扰，带宽高、损耗小，但是连接技术比较复杂，而且单向传输、成本高。光纤主要应用于长距离数据传输、网络的主干线和高速局域网，如图 4. 1. 10 所示。

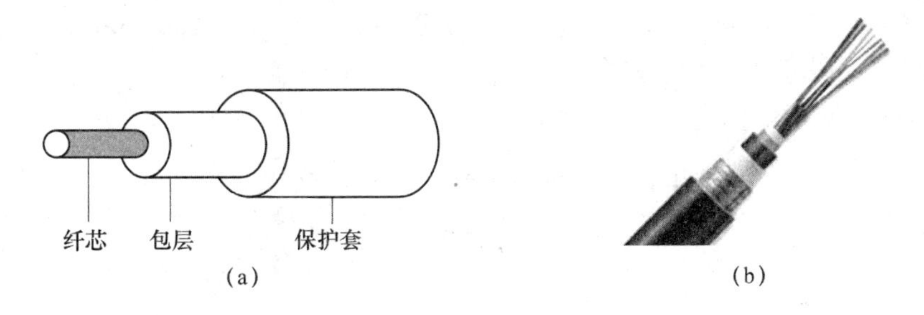

图 4. 1. 10　光纤

（a）光纤结构；（b）光缆

（2）无线传输介质。无线传输是指设备之间的通信无须物理线路，而是通过电磁波在空间维度上的数据传输。无线传输介质有无线电波、微波、红外线、可见光等。

4）网络操作系统

网络操作系统是对网络资源进行管理和控制，为用户提供各种网络服务的一组程序。网络操作系统是用户与计算机网络之间的接口，是网络的心脏和灵魂。其功能主要包括：管理网络中的共享资源（如局域网中的打印机、硬盘）；确保网络通信的高效性和可靠性；提供电子邮件、文件传输、共享硬盘等服务。目前，常用的网络操作系统有 UNIX、Linux 和微软公司的 Windows Server 系列。

5）网络应用软件

网络应用软件是为网络用户提供各种服务的程序。例如，提供浏览网页服务的 Microsoft Edge；提供下载文件服务的迅雷；提供传输文件服务的 Server - U；等等。

6）网络协议

网络协议是负责保证各设备之间的正常通信。目前，局域网常用的网络协议是 TCP/IP 协议。

4.1.4 计算机网络的分类

1. 按地理范围分

1）局域网

局域网（Local Area Network，LAN）的地理覆盖范围小（一般在 10 km 以内）、传输速率高、误码率低。局域网投资规模较小，且组网简单、容易实现，是目前最常见、应用最广泛的一种计算机网络。如今，一个单位、学校或公司都有若干互连的局域网，称为校园网或企业网。

2）城域网

城域网（Metropolitan Area Network，MAN）的地理覆盖范围介于局域网和广域网之间，它将多个局域网互连。城域网多采用以太网技术，因此有时也并入局域网的范围进行讨论。

3）广域网

广域网（Wide Area Network，WAN）的地理覆盖范围广（一般在 100 km 以上），传输速率相对较低、误码率高，也被称为远程网，是互联网的核心。

LAN、MAN、WAN 之间的比较见表 4.1.1。

表 4.1.1 LAN、MAN、WAN 之间的比较

网络种类	覆盖范围	分布距离
局域网	房间	10 m
	建筑物	100 m
	校园	1 000 m
城域网	城市	10 km 以上
广域网	国家	100 km 以上

2. 按使用者分

1）公用网

公用网是指为全社会所有人提供服务的大型网络（如中国电信、中国移动），凡是按照网络公司规定缴纳相应费用的人都可以使用该网络，因此也被称为公众网。

2）专用网

专用网是指某个部门为满足本单位的特殊业务工作需要而建造的网络。该网络只为本部门提供网络服务，不向外界提供网络服务，如银行、电力、铁路等系统都有各自的系统专用网络。

3. 按拓扑结构分

网络拓扑结构是指网络中的计算机、交换机、路由器等设备和通信线路连接的结构方

式。常用的网络拓扑结构有星形拓扑、环形拓扑、总线拓扑、树状拓扑，按照这些拓扑结构组成的网络称为星形网络、环形网络、总线网络、树状网络。

1）星形拓扑

在星形拓扑中，计算机要通过一条通信线路连接到一个中心设备上，呈放射状星形分布，如图 4. 1. 11 所示。计算机之间不能直接通信，必须通过中心设备进行转发。若中心设备出现故障，则整个网络的通信将会中断，因此对中心设备的要求较高。

星形拓扑简单、组网容易、容易控制和管理，是以太网中常见的拓扑结构之一。

2）环形拓扑

在环形拓扑中，计算机通过通信线路首尾相连，构成一个闭合的环，数据则沿着环的一个方向进行传输，如图 4. 1. 12 所示。

环形拓扑简单、实时性强，但不易扩充，若环中某台计算机发生故障则造成整个网络的通信中断，且难以进行检测维修。环形拓扑主要应用于光纤网。

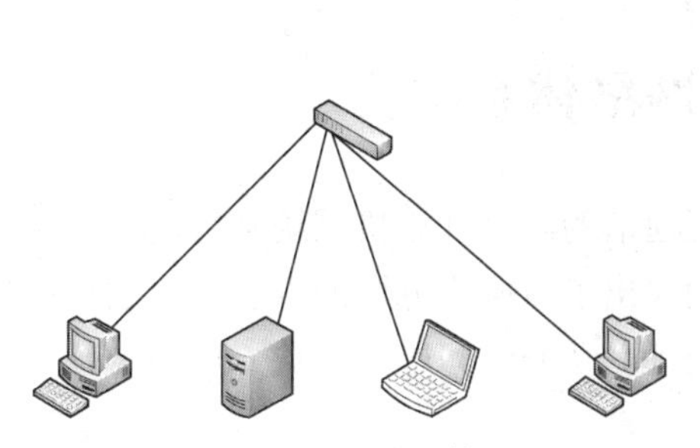

图 4. 1. 11　星形网络

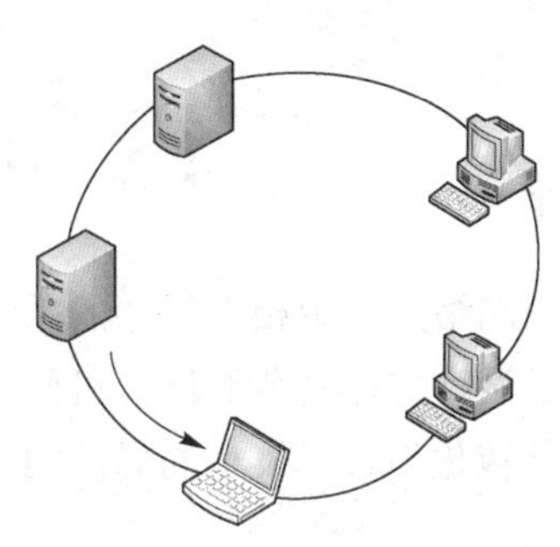

图 4. 1. 12　环形网络

3）总线拓扑

在总线拓扑中，所有计算机都通过通信线路连接到一条传输总线上，计算机之间按广播方式进行通信，每次只允许一台计算机发送信息，其他计算机都将收到该信息，如图 4. 1. 13 所示。就如同大家围坐在一起开会，每次只能有一个人发言，而其他人都将听到该发言。

总线拓扑结构简单、组网容易、易于扩充、成本较低，但存在竞用总线发送信息，容易产生冲突，造成网络传输失败，如图 4. 1. 14 所示。若传输总线出现问题，将导致整个网络的通信中断。

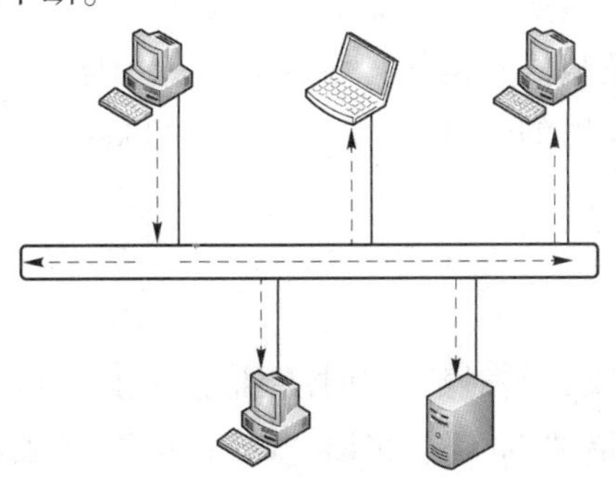

图 4. 1. 13　总线网络

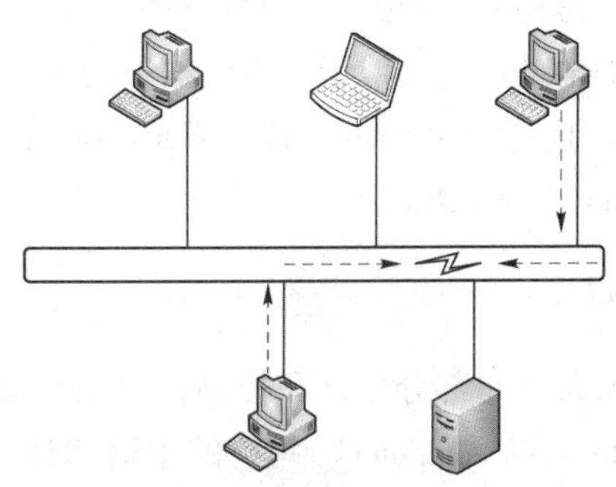

图 4. 1. 14　总线网络的“冲突”现象

4）树状拓扑

在树状拓扑中，计算机按层次进行连接，计算机需要经过位于不同层的集线器或交换机进行相互之间的通信，如图 4. 1. 15 所示。树状拓扑是一种分级结构，是星形拓扑的扩充形式。

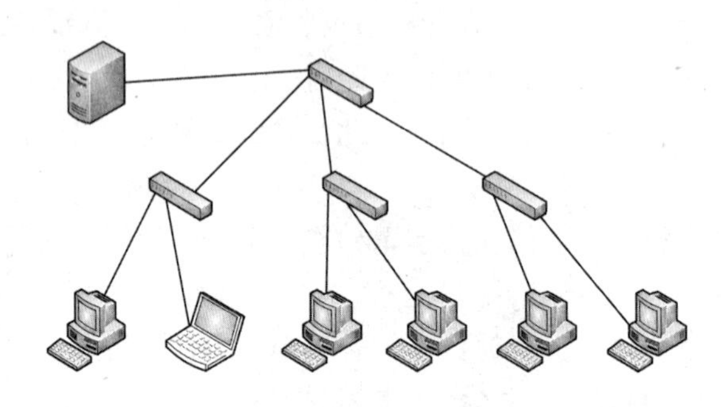

图 4. 1. 15　树状网络

4. 2　计算机网络体系结构

计算机网络是一个相当复杂的系统，相互通信的两个计算机系统必须高度协调才能正常工作。为了设计这样复杂的计算机网络，人们提出了将网络分层的方法。分层可以将庞大而复杂的问题转化为若干较小的局部问题进行处理，从而将问题简单化。

4. 2. 1　网络协议

网络协议就是为了实现计算机之间的通信而设计的规则。实际上，网络协议就好比人类社会中人与人之间交流所使用的语言，两个人只有使用相同的语言才能顺利地进行沟通。而两台计算机之间要成功地进行通信，也必须使用一种共同“语言”，即网络协议。网络协议规定了计算机之间交换数据的格式以及有关的同步问题，由语法、语义和时序三部分要素组成。

1. 语法

语法是指通信数据与控制信息的结构或格式，例如，哪一部分表示数据，哪一部分表示接收方的地址。这类似于英语语法中的主、谓、宾格式。例如，“computer”“He”“likes”，按照语法组成的句子是“He likes computer”，这里的“He”是主语，“likes”是谓语，“computer”是宾语。

2. 语义

语义是指每部分数据和控制信息所代表的含义，是对数据和控制信息的具体解释。例如，“He likes computer”句中的主语“He”、谓语“likes”、宾语“computer”各表示什么意思。

3. 时序

时序是指通信事件实现顺序的详细说明。例如，计算机在接收到一个数据后，下一步要做什么。这类似于甲同学对乙同学交流时说“I like computer”，乙同学在接收到这样一个交流信息后，他下一步要做出什么回应。时序即通信双方之间交流的顺序。

4.2.2 分层结构

计算机网络中的通信是一个非常复杂的问题。从技术层面上，其涉及通信技术和计算机技术；从组成上，其涉及硬件系统和软件系统。显然，用一个网络协议来解决整个网络的通信问题是行不通的。因此，通过将计算机网络分层的方法，将其转化为若干较小的局部问题，再来制定每一层的网络协议，问题就简单化了。

例如，甲要给乙邮寄一封信件，我们可以将整个过程划分为三层：第一层是铁路局，负责信件的运输；第二层是邮局，负责信件的处理；第三层是用户，负责信件的内容。在整个过程中，每一层各司其职、相互独立，如图4.2.1所示。

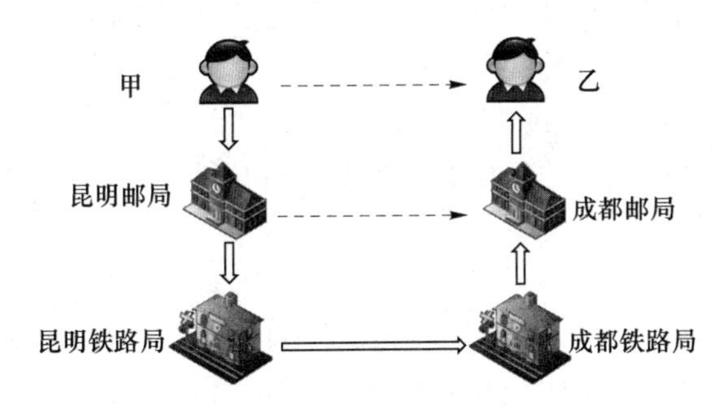

图4.2.1 寄送信件过程

同样地，计算机网络分层就是把相似的功能划分在同一层，每一层都遵循某种网络协议来完成特定的功能，并通过接口为其上层提供服务。上下层之间通过接口进行信息交流，因此，从“分而治之”的思想出发，计算机网络体系结构就是指计算机网络各层及其协议的集合。需要注意的是，计算机网络体系结构是一种功能上的抽象结构，而非网络物理构成部件上的实体结构。

每个分层都接受由它下一层提供的特定服务，并且负责为自己的上一层提供特定的服务，上、下层之间进行交互所遵循的约定叫作“接口”，同一层之间的交互所遵循的约定叫作“协议”。

4.2.3 OSI参考模型和TCP/IP体系结构

1. OSI参考模型

OSI参考模型共有7层，如图4.2.2所示，由上到下分别是：应用层、表示层、会话层、传输层、网络层、数据链路层和物理层，各层的功能如下。

应用层
表示层
会话层
传输层
网络层
数据链路层
物理层

图 4.2.2　OSI 参考模型

1）应用层

应用层为应用程序提供服务，并规定应用程序中与通信相关的细节，包括文件传输、电子邮件、远程登录等协议。

2）表示层

表示层将应用处理的信息转换为适合网络传输的格式，或将来自下一层的数据转换为上层能够处理的格式。因此，它主要负责数据格式的转化。具体来说，就是将设备固有的数据格式转换为网络标准传输格式。不同设备对同一比特流解释的结果可能会不同。因此，使它们保持一致是这一层的主要作用。

3）会话层

会话层负责建立和断开通信（数据流动的逻辑通路），以及数据的分割等数据传输相关的管理。

4）传输层

传输层起着可靠传输的作用，只在通信双方节点上进行处理，而无须在路由器上处理。

5）网络层

网络层将数据传输到目标地址。目标地址可以是多个网络通过路由器连接而成的某一个地址。因此，这一层主要负责寻址和路由选择。

6）数据链路层

数据链路层负责物理层面上的互连的、节点之间的通信传输。例如，与一个以太网相连的两个节点之间的通信。

7）物理层

物理层负责 0、1 比特流（0、1 序列）与电压的高低、光的闪灭之间的互换。

两台主机进行通信，其实是比较复杂的过程，但是我们可以简单地了解一下。例如，从主机 A 的用户要发送数据给主机 B 用户，主机 A 先将数据送入应用层，再由应用层送入表示层，自上而下，依此类推，最后在物理层通过通信线路的传输到达主机 B 的物理层。而主机 B 在接收到数据后自下而上传输数据，最后把数据送给主机 B 用户，如图 4.2.3 所示。由此可见，两台主机在整个通信过程中，只有物理层是进行实际通信的，其余各层都只是概念上的通信而已。

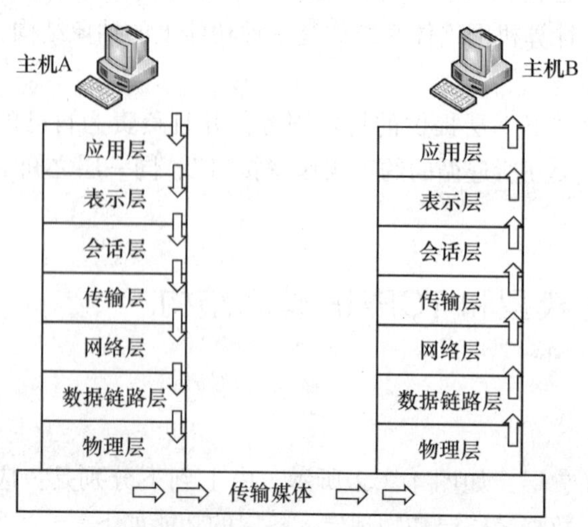

图 4.2.3　OSI 参考模型实例

2. TCP/IP 体系结构

OSI 参考模型虽然是国际标准，但因其复杂性难以实现，最终并未真正流行，而真正广泛使用的是非国际标准 TCP/IP 体系结构。TCP/IP 体系结构是一个 4 层结构，从下到上依次是网络接口层、网际层、传输层和应用层，它与 OIS 参考模型的对照关系如图 4.2.4 所示。

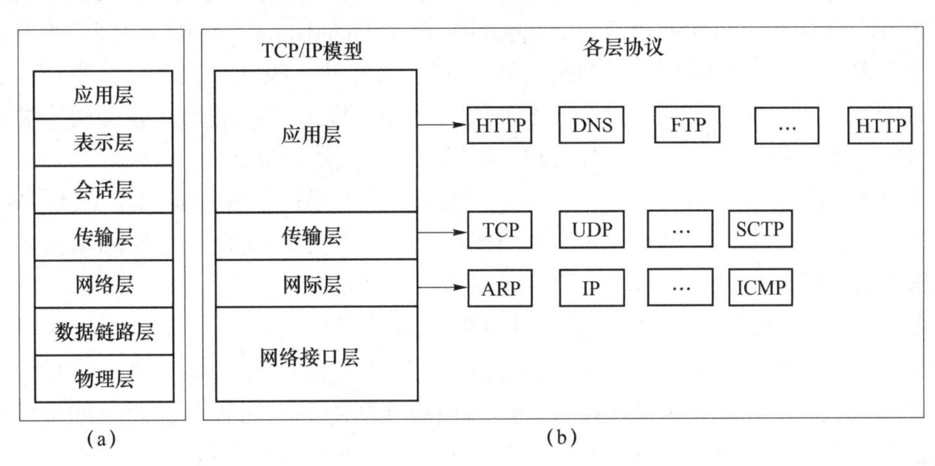

图 4.2.4　OSI 参考模型和 TCP/IP 体系结构对照

(a) OSI 参考模型；(b) TCP/IP 体系结构

TCP/IP 协议是由一百多个网络协议组成的协议族，因为其中最重要的是传输控制协议（Transmission Control Protocol，TCP）和网际协议（Internet Protocol，IP），所以被称为 TCP/IP 协议。TCP 协议是提供可靠的数据流服务并进行流量控制。IP 协议是为 IP 数据报（数据传输的基本单位）在 Internet 中的发送、传输和接收制定详细的规则。目前，网络操作系统都配置了 TCP/IP 协议。

4.3　Internet 基础

如今，我们足不出户就可知晓天下事，通过 Internet 可以看电影、听音乐、看新闻等；可以与远在大洋彼岸的朋友进行语音通信和视频聊天；可以访问名校图书馆，听名师授课；还可以在家购物。Internet 的出现，改变了我们原有的生活、学习和工作方式。Internet 是世界上规模最大、覆盖面最广且最具影响力的计算机互连网络，它将世界各地的计算机连接在一起，进行数据传输、信息交换和资源共享。

4.3.1　Internet 的产生与发展

1969 年，美国国防部高级研究计划署资助搭建了阿帕网（ARPANET）。ARPANET 最初只连接了加州大学洛杉矶分校、加州大学圣巴巴拉分校、犹他州大学和斯坦福研究所等 4 个节点，位于各个节点的大型计算机采用分组交换技术，通过专门的通信交换机和专门的通信线路相互连接。Internet 便起源与此。

1972 年，由于美国国防部对 ARPANET 的重点开发和相关技术的快速发展，ARPANET

的节点数已经从最初的4个节点迅速发展成为50个节点的大型网络。位于该网络中的计算机相互之间可以发送电子邮件、文本文件等。

随着用于异构网络连接的TCP/IP协议的诞生和规范（1975—1983年），ARPANET在1983年正式启用TCP/IP协议。这就使所有使用TCP/IP协议的计算机都能相互连接并通信，因此人们将1983年作为互联网诞生的时间。

1986年，美国国家科学基金会（National Science Foundation，NSF）围绕六大计算机中心，建成了由主干网、地区网和校园网（企业网）构成的三级计算机网络，即国家科学基金网NSFNET。该网络覆盖了当时美国主要的大学和研究所，并成为互联网的主要组成部分。随后，世界上的很多公司也纷纷入网，加速了互联网的发展。

1989年，欧洲原子核研究组织（CERN）成功开发万维网（World Wide Web，WWW），并将其投入互联网使用。这大大方便了人们使用互联网的各种资源，也为Internet实现信息检索和服务打下了坚实的基础，推动了互联网的高速发展。

1990年，ARPANET完成历史使命，正式被关闭。

1991—1993年期间，美国政府将互联网的主干网转交私人公司经营，并开始对接入互联网的单位收费。NSFNET也逐渐被若干商用的互联网主干网替代，同时催生了互联网服务提供商（Internet Service Provider，ISP）的出现。Internet的商业化也推动了其飞速发展。

目前，Internet已经成为世界上规模最大和覆盖全球的计算机网络。

4.3.2 IP地址和域名

甲同学要给乙同学邮寄一份快递，那么甲同学必须知道乙同学的地址，才能够成功邮寄。同理，互联网中的主机A要给主机B发送数据，主机A也必须有主机B的地址，才能成功发送数据。这里，主机B的“地址”就是Internet地址。位于互联网中的每台计算机都有一个全球唯一的Internet地址，该地址可以用IP地址和域名两种方式来表示。

1. IP地址

根据IP协议的版本号，IP地址有IPv4和IPv6两个版本。目前，互联网使用的主流IP地址依然是IPv4。因此，本书仍以IPv4地址为主进行介绍。

1）IPv4地址

IPv4地址用32位二进制数来表示，如01110111001111100000011000011110。因二进制数的IPv4地址很难记住，因此将32位二进制数分成4个字节，每个字节中间用圆点“.”隔开，并将每个字节转换成人们所熟悉的十进制数据，这种表示方法称为点分十进制法。例如，将上述IPv4地址用点分十进制表示则是：119.62.6.30，如图4.3.1所示。

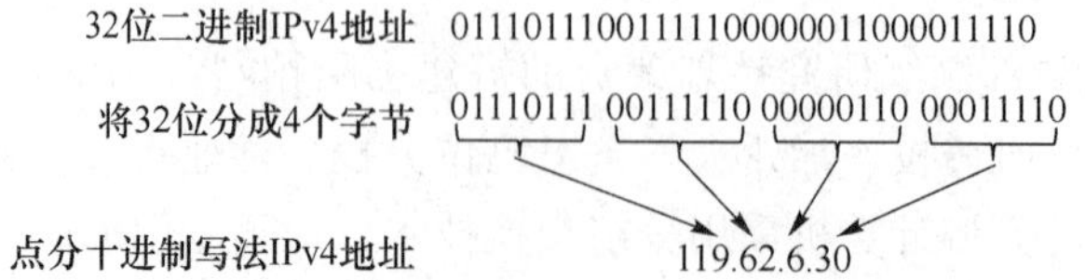

32位二进制IPv4地址　01110111001111100000011000011110

将32位分成4个字节　01110111 00111110 00000110 00011110

点分十进制写法IPv4地址　119.62.6.30

图4.3.1　IPv4地址

2）IPv4 地址的分类

IPv4 地址使用两级编址，由网络号（Net ID）和主机（Host ID）号两部分构成，如图4.3.2所示。网络号标识主机所从属的网络，主机号标识网络中的某台具体主机。网络号和主机号所占的长度与 IPv4 地址的分类有关。

网络号	主机号

图 4.3.2　IPv4 两级地址结构

IPv4 地址分为 A、B、C、D、E 五类，其中 A、B、C 三类是常用的 IPv4 地址，用于一对一通信（单播），D 类用于一对多通信（多播），E 类保留为今后使用。在此，主要介绍 A、B、C 三类常用的 IPv4 地址。

（1）A 类地址。

A 类地址的网络号为 8 位，最高位为类别位，置为 0，主机号为 24 位，如图 4.3.3 所示。

网络地址的范围为 0 ~ 127，共有 2^7（即 128）个网络地址，因 0 和 127 是保留网络地址，有特殊用途，所以其可用的网络地址有 128 − 2 = 126（个）。

主机地址的范围为 0.0.0 ~ 255.255.255，共有 2^{24}（即 16 777 216）个主机地址，其中全 0 和全 1（即 0.0.0 和 255.255.255）是保留主机地址，另做他用，所以可用的主机地址有 $2^{24}-2$（即 16 777 214）个，如图 4.3.3 所示。因此，A 类 IP 地址的一个网络地址可以分配 16 777 214 个主机地址。

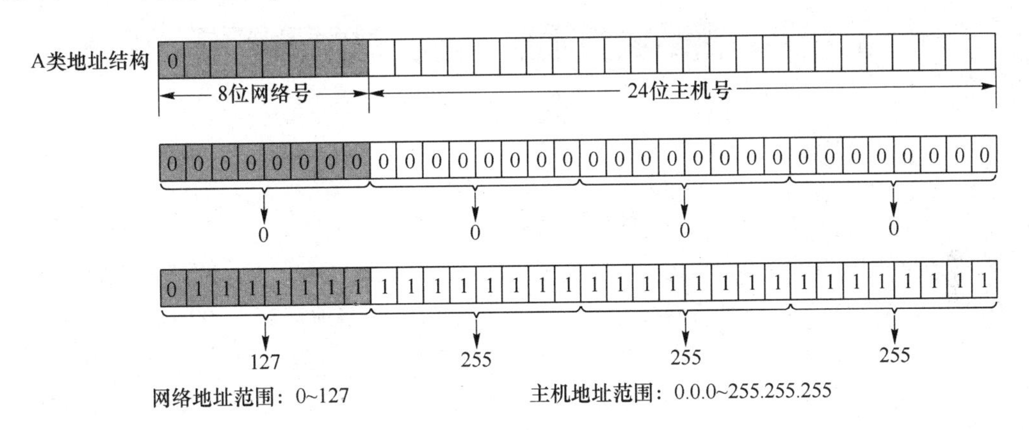

图 4.3.3　A 类 IPv4 地址

（2）B 类地址。

B 类地址的网络号为 16 位，最高两位为类别位，置为 10，主机号为 16 位，如图 4.3.4 所示。

网络地址范围为 128.0 ~ 191.255，共有 2^{14}（即 16 384）个网络地址。因 128.0 和 191.255 是保留网络地址，所以其可用网络地址有 16 382 个。

主机地址范围为 0.0 ~ 255.255，共有 2^{16}（即 65 536）个主机地址，因全 0 和全 1（即 0.0 和 255.255）的主机地址保留做他用，所以可用的主机地址有 65 534 个。因此，B 类 IP 地址一个网络地址可分配 65 534 个主机地址。

（3）C 类地址。

C 类地址的网络号为 24 位，最高三位为类别位，置为 110，主机号为 8 位，如图 4.3.5 所示。

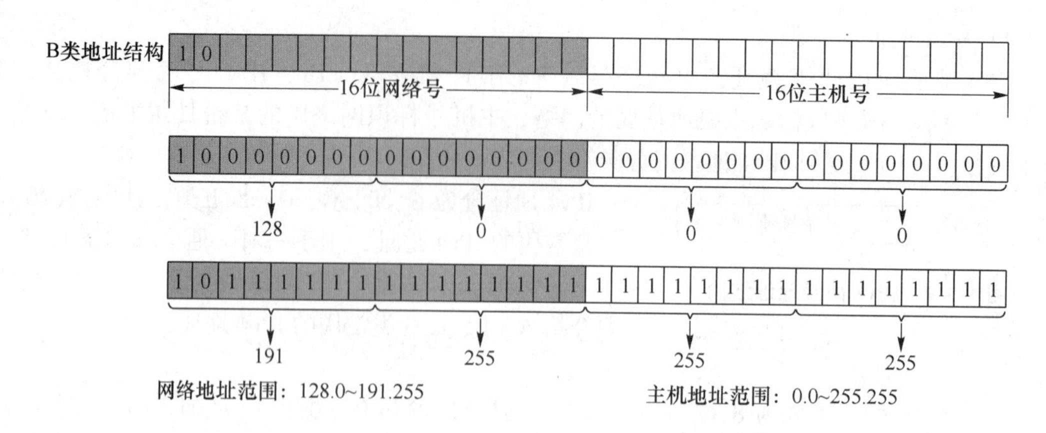

图 4.3.4　B 类 IPv4 地址

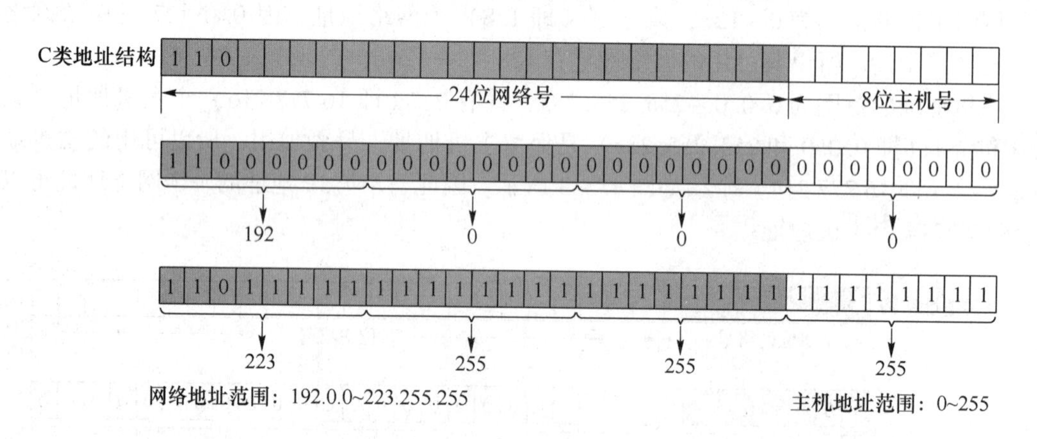

图 4.3.5　C 类 IPv4 地址

网络地址范围为 192.0.0 ~ 223.255.255，共有 2^{21}（即 2 097 152）个网络地址。其中，192.0.0 和 223.255.255 是保留网络地址，所以其可用的网络地址有 2 097 150 个。

主机地址范围为 0 ~ 255，共有 2^8（即 256）个主机地址，全 0 和全 1（即 0 和 255）的主机地址被保留，所以可用的主机地址有 254 个。因此，C 类 IP 地址一个网络地址可分配 254 个主机地址。

采用点分十进制写法的 IPv4 地址，可以通过第一个字节的值来识别属于 A 类、B 类还是 C 类，如 IPv4 地址是 192.168.1.100，第一个字节的值是 192，则该 IPv4 地址属于 C 类。

因 IPv4 地址资源紧张，因此在 A、B 和 C 三类 IPv4 地址中，保留了部分地址作为私有地址在局域网中重复使用，如表 4.3.1 所示。但这部分 IPv4 地址不能在 Internet 上使用。

表 4.3.1　私有 IPv4 地址

网络类别	地址段	网络数
A 类	10.0.0.0 ~ 10.255.255.255	1
B 类	172.16.0.0 ~ 172.31.255.255	16
C 类	192.168.0.0 ~ 192.168.255.255	256

3）子网划分与子网掩码

（1）子网划分。

甲公司有 200 台主机需要连接到 Internet，考虑到今后的发展，主机数量会在 250 台左右，若申请一个 C 类地址，当今后主机数量超过 254 台时，就不够用了，所以甲公司不得不申请一个 B 类地址，而一个 B 类地址可连接的主机数超过 6 万多台，这就造成了 IP 地址的浪费。随着 Internet 的发展和局域网数量的激增，这个问题变得越来越突出。为了解决这个问题，人们提出了将一个大的网络划分成若干小的子网络，即子网，并从主机地址中借用若干位作为子网地址，即由原来的两级编址变成三级编址，其 IP 地址结构如图 4.3.6 所示。

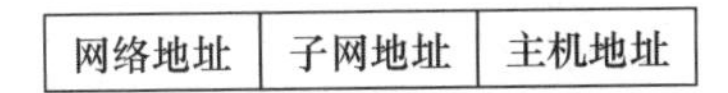

图 4.3.6　IPv4 三级地址结构

（2）子网掩码。

为了判断主机属于哪一个子网，就需要子网掩码。子网掩码也是用 32 位二进制表示，它对应 IP 网络地址部分的位全部为“1”，对应 IP 主机地址部分的位则全为“0”。

例如，某子网中的一个 IPv4 地址是 11000000 10101000 00000001 10100011（点分十进制写法：192. 168. 1. 163），前 27 位为网络地址（该 IPv4 地址是一个 C 类地址，C 类地址有 24 位，从主机地址中借用了 3 位作为子网地址），其子网掩码则为 11111111 11111111 11111111 11100000（点分十进制法写：255. 255. 255. 224），如图 4.3.7 所示。

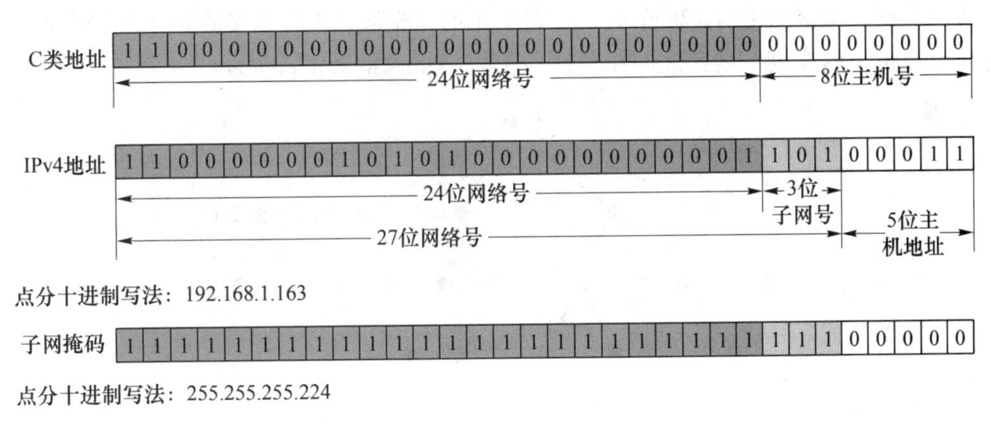

图 4.3.7　子网掩码

要判断 192. 168. 1. 163 属于哪一个子网，只需将其与子网掩码 255. 255. 255. 224 进行“与”运算，就可以知道该 IPv4 地址的子网地址。

IPv4 地址：11000000 10101000 00000001 10100011　　（192. 168. 1. 163）

子网掩码：11111111 11111111 11111111 11100000　　（255. 255. 255. 224）

子网地址：11000000 10101000 00000001 10100000　　（192. 168. 1. 160）

若没有划分子网，则 A、B、C 3 类 IP 地址的默认子网掩码如表 4. 3. 2 所示。

表 4.3.2　默认子网掩码

网络类别	默认子网掩码	网络类别	默认子网掩码	网络类别	默认子网掩码
A 类	255.0.0.0	B 类	255.255.0.0	C 类	255.255.255.0

4）IPv6

IPv6 使用 128 位二进制数表示，是 IPv4 地址长度的 4 倍。为了表示方便，将 IPv6 地址的每 16 位分为一段，共分为 8 段，每段用 4 个十六进制数表示，段与段之间用冒号“:”隔开（如 5f05:2000:80ad:5800:0058:0800:2023:1d71），这种表示方法称为冒分十六进制法。粗略估算，IPv6 地址的数量是 IPv4 地址的 2^{96} 倍，能满足未来互联网发展对 IP 地址的需要。

2. 域名和域名服务器

1）域名

虽然点分十进制法表示的 IP 地址已比二进制方便，但依然不便于人们记忆和使用，我们在访问 Internet 上某台服务器时，并不是直接在浏览器输入数字 IP 地址，而是输入该服务器的域名。例如，访问云南大学网址，可输入域名“www.ynu.edu.cn”。

所有域名的集合就构成了域名空间，整个域名空间就如一棵倒置的树，与计算机文件系统的文件夹和文件相似，都采用层次结构，如图 4.3.8 所示。树中的每个节点都有一个标签，标签的长度不超过 63。位于最上层的是根，但是没有对应的标签，因此根的下一层节点被称作顶级域名，顶级域名又可以划分为二级子域，二级子域还可以继续划分为三级子域，依次类推，最多只能有 128 个级。一台主机的完整域名就是从节点向上到根节点路径上的各个节点标签的序列，名字之间用“.”分隔，如 www.ynu.edu.cn。

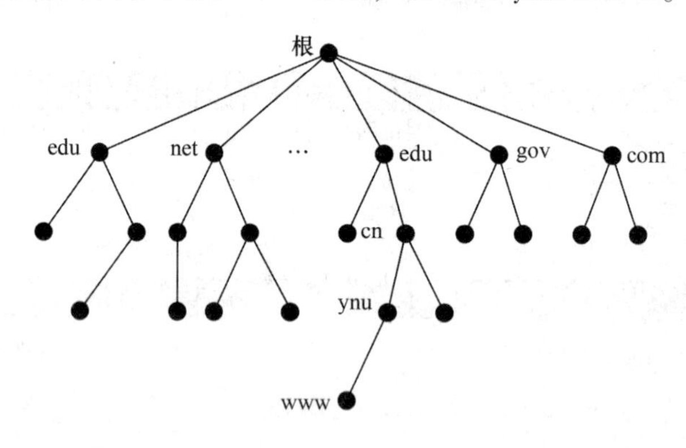

图 4.3.8　域名空间

域名从右到左依次是顶级域名、二级域名、三级域名、四级域名……域的范围逐渐减小。例如，在域名 www.ynu.edu.cn 中，cn 表示中国，edu 表示教育机构，ynu 表示云南大学，www 表示主机名。

顶级域名分为国际顶级域名和国家顶级域名两类。国际顶级域名有 14 个，如表 4.3.3 所示。国家顶级域名用两个字母表示世界各个国家和地区。例如，cn 表示中国；jp 表示日本；us 表示美国；ed 表示德国。

表 4.3.3 国际顶级域名

域名	含义	域名	含义	域名	含义
com	商业类	edu	教育类	gov	政府部门
int	国际机构	mil	军事类	net	网络机构
org	非营利组织	arts	文化娱乐类	arc	消遣娱乐类
firm	公司企业	info	信息服务	nom	个人
store	销售单位	web	与 www 有关单位		

2）域名服务器

域名比 IP 地址更方便，更容易被记住，但是在网络通信过程中，主机域名必须要转换成 IP 地址，因此在各子域都设有域名服务器。在域名服务器中，包含该子域所有的域名和 IP 地址信息。而主机上都有地址转换请求程序，负责域名和 IP 地址的转换。域名与 IP 地址之间的转换工作称为域名解析，整个过程是自动进行的。反之，IP 地址也可以转换为域名。

3. 网络连通性测试

甲、乙、丙 3 位同学为了共享学习资源，按照对等网模型搭建了一个星形拓扑结构网络，如图 4.3.9 所示。

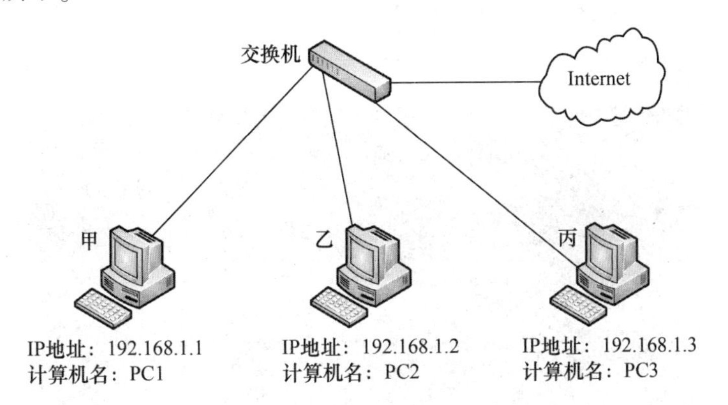

图 4.3.9 星形网络

现在需要对网络进行连通性测试，通过 Ping 命令可以检查网络是否连通及测试与目的计算机之间的连接速度。Ping 命令是自动向目的计算机发送一个 32 字节的测试数据包，并计算目的计算机响应的时间。默认情况进行 4 次测试，并统计 4 次的发送情况。测试方法如下：

1）检查本机的网络设置是否正常

方法 1：Ping 127.0.0.1。

方法 2：Ping localhost。

方法 3：Ping 本机的 IP 地址。

方法 4：Ping 本机的计算机名。

说明：Ping 命令不区分字母大小写。

如果甲同学要检查自己计算机的网络设置是否正常，则单击“开始”菜单所有程序列表中“Windows 系统”下的“命令提示符”选项，打开“命令提示符”窗口，输入上述方法中任意一种即可，如图 4. 3. 10 所示。

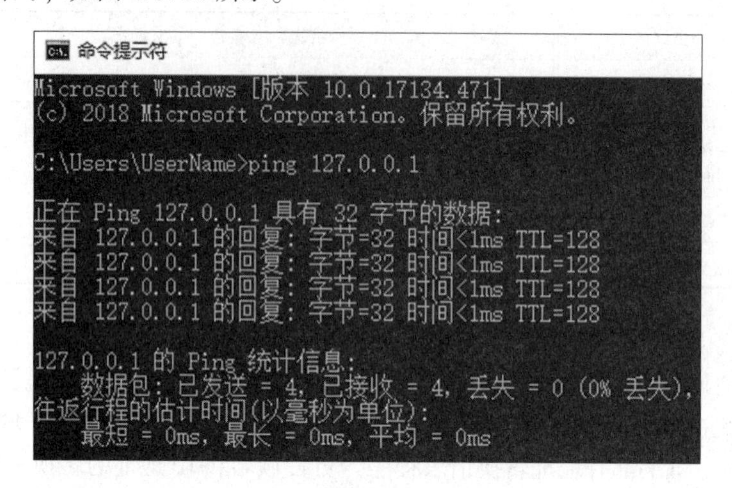

图 4. 3. 10　检查本机的网络设置

2）检查相邻计算机是否连通

操作方法：Ping 相邻计算机的 IP 地址或计算机名。

如果甲同学要检查与乙同学的计算机是否连通，则在“命令提示符”窗口中输入“ping 192. 168. 1. 2”或“Ping PC2”，如图 4. 3. 11 所示。

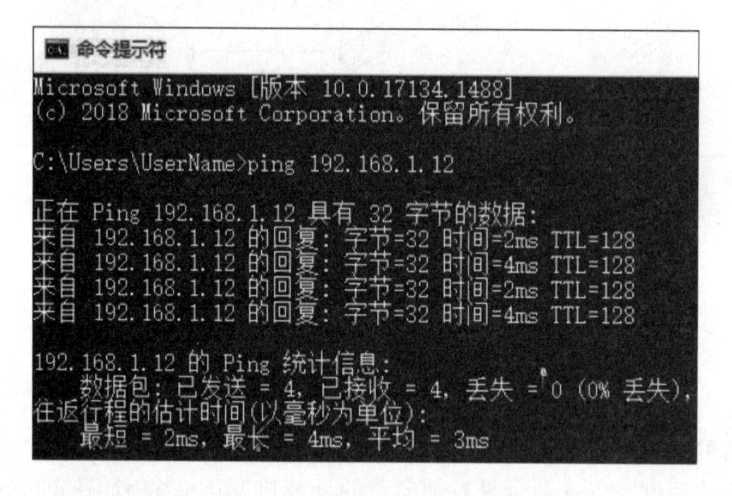

图 4. 3. 11　检查与相邻计算机的连通性

3）检查默认网关是否连通

操作方法：Ping 默认网关的 IP 地址。

默认网关的 IP 地址可在“命令提示符”窗口中输入“ipconfig /all”命令获取。

4）检查 Internet 是否连通

操作方法：Ping internet 上某台服务器的 IP 地址或域名。

例如，在“命令提示符”窗口中输入“ping www. qq. com”，如图 4. 3. 12 所示。

若 Ping 返回“请求超时”，则说明目的计算机在 1s 内没有响应。若返回 4 个“请求超时”，则说明目的计算机拒绝 Ping 请求，如图 4. 3. 13 所示。

```
命令提示符
Microsoft Windows [版本 10.0.17134.471]
(c) 2018 Microsoft Corporation。保留所有权利。

C:\Users\UserName>ping www.qq.com

正在 Ping https.qq.com [58.250.137.36] 具有 32 字节的数据:
来自 58.250.137.36 的回复: 字节=32 时间=38ms TTL=53
来自 58.250.137.36 的回复: 字节=32 时间=39ms TTL=53
来自 58.250.137.36 的回复: 字节=32 时间=39ms TTL=53
来自 58.250.137.36 的回复: 字节=32 时间=42ms TTL=53

58.250.137.36 的 Ping 统计信息:
    数据包: 已发送 = 4, 已接收 = 4, 丢失 = 0 (0% 丢失),
往返行程的估计时间(以毫秒为单位):
    最短 = 38ms, 最长 = 42ms, 平均 = 39ms
```

图 4.3.12 Ping 域名

```
命令提示符
Microsoft Windows [版本 10.0.17134.471]
(c) 2018 Microsoft Corporation。保留所有权利。

C:\Users\UserName>ping www.baidu.com

正在 Ping www.a.shifen.com [112.80.248.76] 具有 32 字节的数据:
请求超时。
请求超时。
请求超时。
请求超时。

112.80.248.76 的 Ping 统计信息:
    数据包: 已发送 = 4, 已接收 = 0, 丢失 = 4 (100% 丢失),
```

图 4.3.13 拒绝 Ping 请求

4.3.3 Internet 接入技术

Internet 接入技术是指用户的计算机接入 Internet 服务提供方（Internet Service Provider, ISP）时所采用的技术和结构。ISP 是为用户提供 Internet 接入和 Internet 信息服务的公司和机构，既能为用户提供 Internet 接入服务，又能为用户提供各类信息服务。ISP 是用户接入 Internet 的入口点，用户首先通过某种通信线路连接到 ISP，然后通过 ISP 的连接线路接入 Internet。

Internet 接入技术主要有 ADSL（Asymmetrical Digital Subscriber Line，非对称数字用户线）接入、有线电视接入、光纤接入和无线接入。

1. ADSL 接入

ADSL 是一种能够通过普通电话线提供宽带数据业务的技术。ADSL 分为上行和下行两个通道，下行通道的数据传输速率远远大于上行通道的数据传输速率，即“非对称”。

ADSL 具有下载速率高、独享带宽、数据信号和电话信号同时传输而互不干扰、安装方便等优点，是现在家庭上网的主要接入方式。

如图 4. 3. 14 所示，用户计算机通过 ADSL Modem（ADSL 调制解调器）连接到分离器，分离器将数据信道和通话信道分别连接到不同的服务器上。

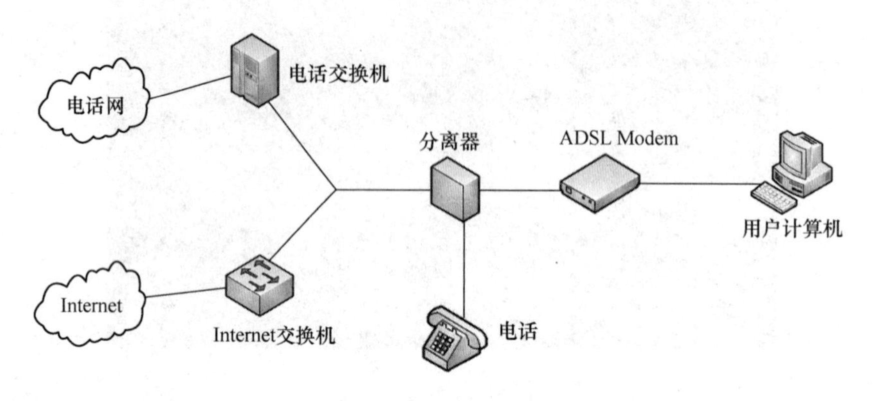

图 4. 3. 14　ADSL 接入

2. 有线电视接入

有线电视接入是通过 Cable Modem（同轴电缆调制解调器）连接到有线电视网，进而连接到 Internet 的一种宽带接入方式。有线电视接入具有上网、模拟节目和数字点播三者互不干扰、带宽上限高等优点；缺点是用户共享带宽、需对传统有线电视网络进行双向改造，才能接入 Internet。

如图 4. 3. 15 所示，用户计算机通过 Cable Modem 连接到有线电视网，Cable Modem 将电缆带宽分为 3 条独立的数据带，即 Internet、模拟节目、数字节目。

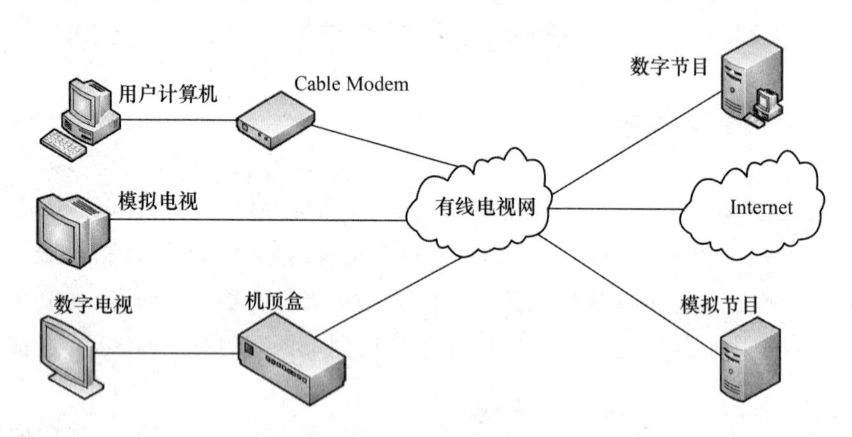

图 4. 3. 15　有线电视接入

3. 光纤接入

光纤由于其容量大、保密性好、不怕干扰和雷击、重量轻等诸多优点，正在得到迅速发展和应用。光纤接入就是以光纤为传输介质的宽带接入技术。用户通过光网络单元（俗称"光纤猫"）连接到网络，再通过 ISP 的骨干网出口连接到 Internet。光纤接入具有带宽高、独享端口带宽、抗干扰性能好、安装方便等优点，正广泛被使用。

4. 无线接入

无线接入方式主要有 GPRS（General Packet Radio Service，通用信息包交换无线服务）、CDMA（Code Division Multiple Access，码分多址）和 WLAN（Wireless Local Area Network，无线局域网）。

GPRS 和 CDMA 是智能手机连接到 Internet 的方式，笔记本计算机通过 GPRS 无线网卡或 CDMA 无线网卡也同样可以连接到 Internet。

WLAN 是指不使用导线（电缆或光缆）、采用无线电波作为介质来传送数据的局域网。WLAN 的接入如图 4.3.16 所示。

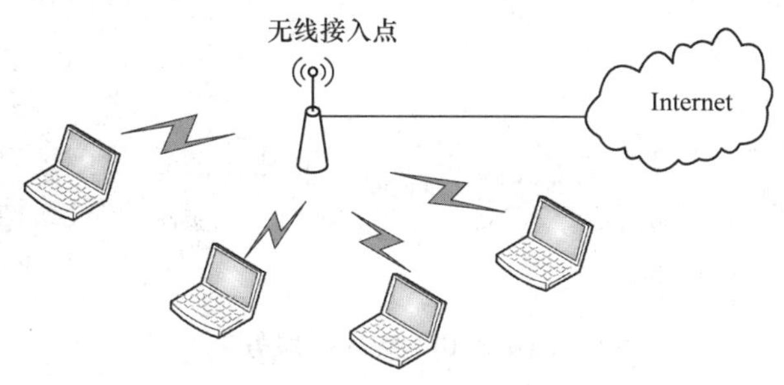

图 4.3.16　无线接入

4.3.4　Internet 提供的服务

Internet 在早期提供的服务主要包括远程登录服务（Telnet）、电子邮件服务（E－mail）和文件传输服务（FTP）等，随着万维网（World Web Wide，WWW）的出现，WWW 服务成了 Internet 中应用得最广泛的服务。这些服务都是基于客户机/服务器模式的。

1. 客户机/服务器模式

客户机/服务器（Client/Server）模式是服务器处于等待状态，当客户机发出的服务请求被服务器接收到后，立即启动与客户机的通信。当客户机发出请求时，该请求通过 Internet 到达服务器；当服务器接收到该请求时，即可执行该请求指定的任务，并将执行结果通过 Internet 传回客户机，如图 4.3.17 所示。

客户机发出服务请求及服务器监听请求都是通过安装在客户机和服务器上的软件来调动网络设备实现的。

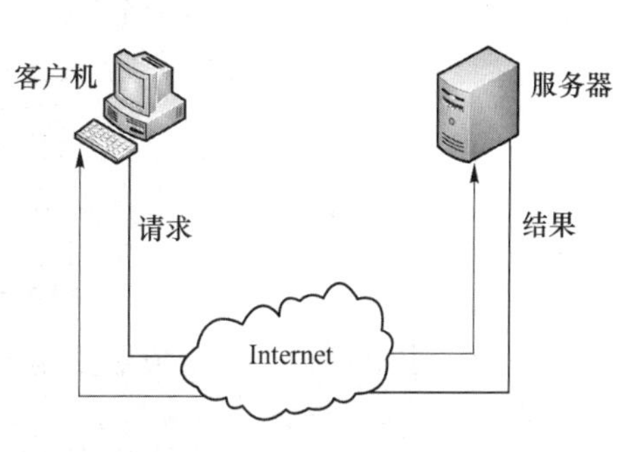

图 4.3.17　客户机/服务器交互模式

2. WWW 服务

WWW 服务也称为 Web 服务，是目前 Internet 最方便和最受欢迎的信息服务类型。通过 WWW，用户可以不受空间的限制来访问世界上的网页进行信息的浏览和检索。

1）WWW 服务器与 WWW 浏览器

WWW 服务器是指存放信息资源的计算机。这些信息资源以网页的方式进行组织，多个相关的网页便组成一个网站。网页是一个超文本文件，除了包含普通的文本外，还包含指向其他网页的超链接。通过超链接，可以访问网站的所有网页，也可以链接到其他 WWW 服务器上的网页。这样就可以把 Internet 中计算机的信息联系起来，形成一个有机整体，不必考虑信息存放的具体位置，从而使 WWW 服务覆盖全球。

WWW 浏览器也称为 Web 浏览器，是一种用于浏览 WWW 服务器中网页的客户端应用程序。目前，市场上常用的浏览器有 IE、FireFox、Google Chrome 等。

WWW 服务采用客户机/服务器的工作模式，用户在客户机上使用浏览器发出访问请求，WWW 服务器根据访问请求向浏览器返回信息，如图 4. 3. 18 所示。

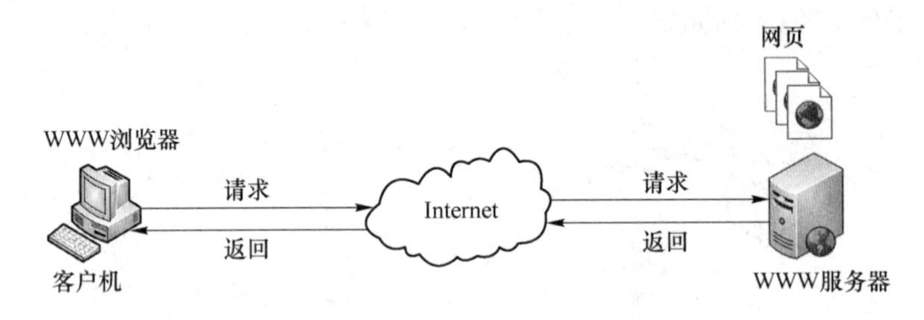

图 4. 3. 18　WWW 服务

2）HTML 与 HTTP

HTML（Hypertext Markup Language，超文本标记语言）是一种文档结构的标记语言，它使用一些约定的标记对 WWW 服务器上各种信息（包括文字、声音、图形、图像和视频等）、格式以及超链接进行描述。当用户浏览 WWW 服务器的信息时，浏览器会自动解释这些标记的含义，并将其显示为用户在屏幕上所看到的网页。这种用 HTML 编写的网页又称为 HTML 文档。

HTTP（Hypertext Transfer Protocol，超文本传输协议）是专门为 WWW 服务器和 WWW 浏览器之间传输 HTML 文本的网络协议。

3）URL

Internet 中存在众多 WWW 服务器，每台 WWW 服务器上又包含众多网页，为了使客户端程序能够准确找到 Internet 中的某个信息资源，WWW 系统采用统一资源定位（Uniform Resource Locator，URL）规范。

如图 4. 3. 19 所示，URL 的格式：

协议类型://主机名:端口号/资源文件路径及文件名

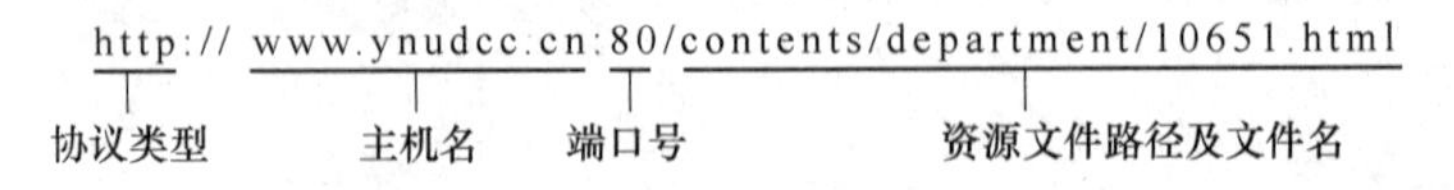

图 4. 3. 19　URL 的格式

（1）http 表示客户端和服务器使用 HTTP 协议，将 WWW 服务器上的网页传输给用户的浏览器。

（2）主机名是提供服务的主机域名。

（3）端口号是一种特定服务的软件标识，用数字表示，通常可以省略。此处的“80”表示 HTTP 使用的端口号。

（4）资源文件路径及文件名表示网页在 WWW 服务器中的位置和文件名。若 URL 缺

省，则表示访问网站的主页，即访问网站时看到的第一个网页。

3. 文件传输服务

文件传输服务是使用 FTP（File Transfer Protocol）协议，在两台计算机之间传输文件的服务。FTP 服务同样采用客户机/服务器模式工作，如图 4.3.20 所示。提供 FTP 服务的计算机称为 FTP 服务器；用户的本地计算机称为客户机。FTP 服务器提供文件上传和下载服务，从 FTP 服务器复制文件到客户机称为下载（Download），将本地计算机的文件复制到 FTP 服务器上称为上传（Upload）。

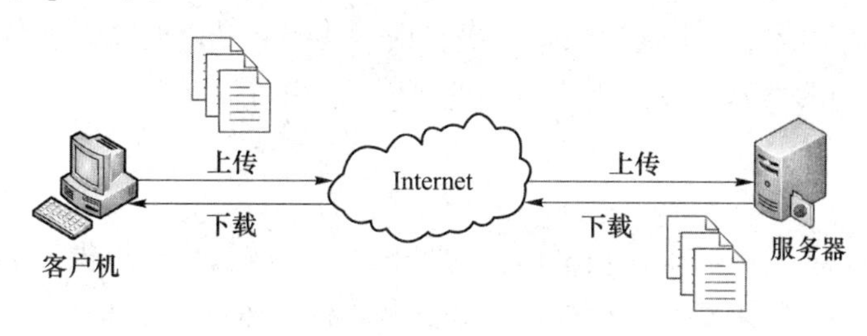

图 4.3.20　FTP 服务

4. 电子邮件服务

电子邮件服务相当于 Internet 的邮政服务，是一种现代化的通信手段。通过电子邮件，人们可以发送文字、图片、动画、音频和视频等信息。

电子邮件系统采用客户机/服务器工作模式。负责电子邮件收发管理的计算机称为邮件服务器。一方面，它负责将用户所写的邮件，根据邮件地址将其发送到相应的邮件服务器；另一方面，它负责接收从其他邮件服务器发来的邮件，并根据邮件用户名将邮件分发到相应的电子邮箱。发送邮件使用 SMTP（Simple Mail Transfer Protocol）协议，接收邮件使用 POP3（Post Office Protocol Version3）协议。

电子邮箱是用户在邮件服务器中申请的一个存储邮件信息的空间，每个电子邮箱都有唯一的邮件地址。邮件地址格式：用户名@主机域名，如 TestUser@hotmail.com。

5. 远程登录服务

远程登录服务是 Internet 早期提供的基本服务功能之一。远程登录服务使用 Telnet 协议，将用户计算机登录到远程计算机，将用户的输入传到远程计算机，同时将远程计算机的输出传回用户计算机。在整个过程中，用户感觉到好像键盘和显示器直接连在远程计算机上。当用户使用 Telnet 登录计算机主机时，需要使用远程计算机登录账号和密码，否则远程计算机将拒绝用户登录。

Telnet 服务采用客户机/服务器模式，本地计算机运行 Telnet 客户端进程，远程计算机运行 Telnet 服务器进程。由于计算机和操作系统存在着差异，因此客户机和服务器之间进行通信时，需要 NVT（Network Virtual Terminal，网络虚拟终端）来统一数据和命令的格式。首先，本地计算机把用户输入的数据和命令转换成 NVT 格式，并传到远程计算机。然后，远程计算机把接收到的数据和命令从 NVT 格式转换成它所需要的格式。向用户传回数据时，远程计算机又将数据和命令的格式转换成 NVT 格式，本地计算机再从 NVT 格式转换成它所需的格式，如图 4.3.21 所示。

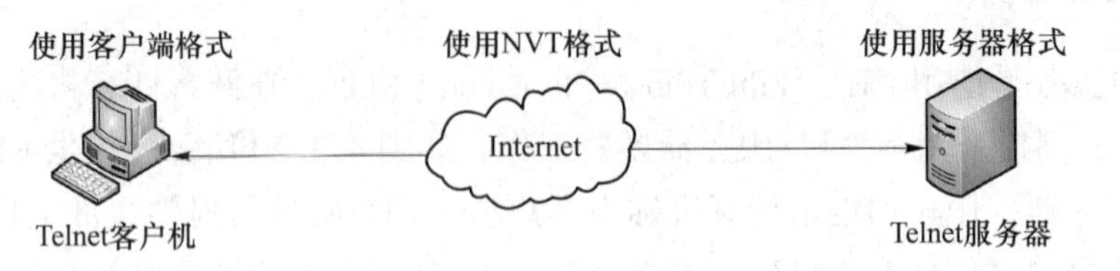

图 4.3.21　Telnet 使用网络虚拟终端 NVT 格式

在分时操作系统阶段，Telnet 应用得很多，由于 Telnet 是以明文形式传输数据，不够安全，随着计算机的功能越来越强，用户已较少使用 Telnet 了。

6. 远程桌面

远程桌面从 Telnet 发展而来，是图形化的 Telnet，由微软公司提供。远程桌面就是用户直接连远程计算机的桌面来对其进行控制，如安装软件、运行程序等。使用远程桌面不需要安装专用的软件，只须进行简单的设置即可。

1）设置远程计算机

在“控制面板”列表视图窗口中单击“系统”图标，在打开的“系统”窗口左侧，单击“远程设置”选项。在弹出的“系统属性”对话框的“远程”选项卡下，选中“允许远程协助连接这台计算机”复选框和“允许远程连接到此计算机”单选框，如图 4.3.22 所示。

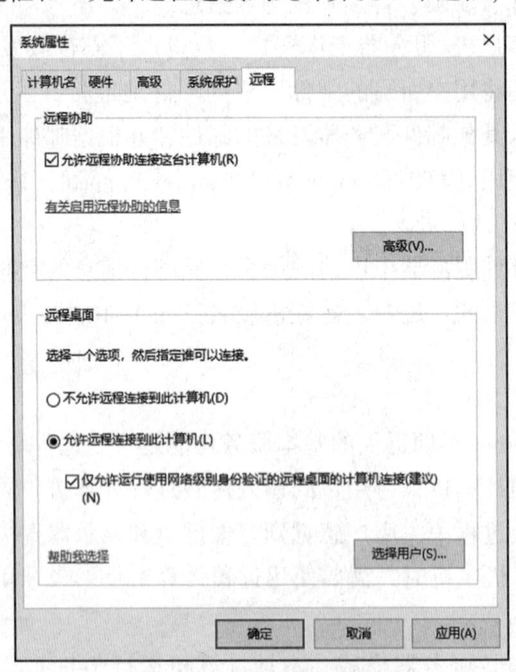

图 4.3.22　“系统属性”对话框

2）设置本地计算机

单击“开始”菜单所有程序列表中“Windows 附件”下的“远程桌面连接”命令，打开“远程桌面连接”对话框，如图 4.3.23（a）所示。在“远程桌面连接”对话框中输入远程计算机的域名或 IP 地址，单击“连接”按钮，进入如图 4.3.23（b）所示的 Windows 安全性对话框。输入远程计算机的用户名和密码，单击“确定”按钮，弹出如图 4.3.23（c）所示对话框。单击“是”按钮，即可连接成功，进入远程计算机桌面，如图 4.3.23（d）所示。

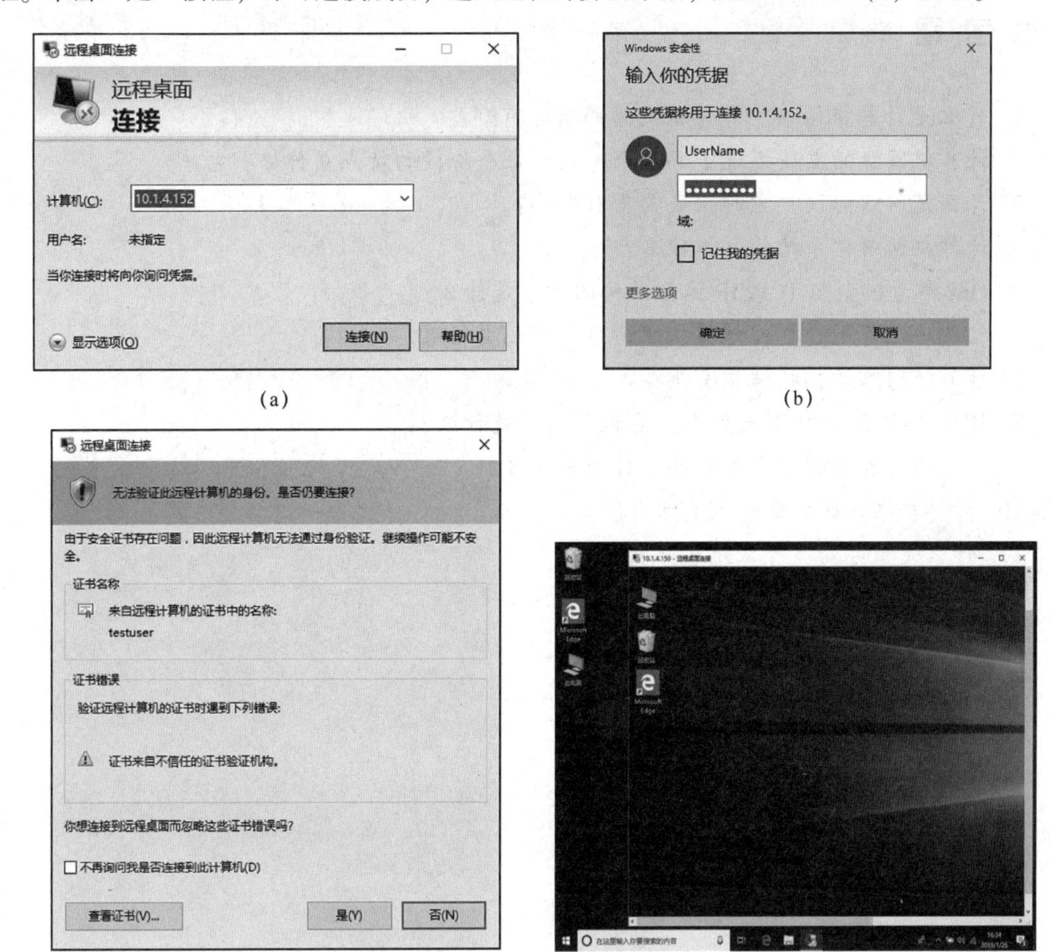

图 4.3.23　远程桌面连接设置

（a）输入远程计算机的域名或 IP 地址；（b）输入用户名和密码；（c）询问是否连接；（d）连接成功

7. DHCP 服务

能连接 Internet 的计算机都有一个 IP 地址，若要为每一台计算机配置 IP 地址且使每台计算机的 IP 地址唯一，那将是一项非常烦琐的工作。因此，动态主机配置协议（Dynamic Host Configuration Protocol，DHCP）应运而生。

DHCP 是自动设置 IP 地址、统一管理 IP 地址分配的服务，它采用客户机/服务器工作模式。DHCP 服务器上设置了可分配的 IP 地址、相应的子网掩码、路由控制信息以及 DNS（Domain Name Server，域名服务器）的地址等。当安装了 DHCP 服务客户端程序的计算机加入新网络时，DHCP 服务器就为该计算机进行动态分配 IP 地址和其他相关设置，而不需要人工干预。

实际上，并不是为每个网络设置一个 DHCP 服务器，而是通常将路由器作为一个 DHCP 中继代理来配合 DHCP 服务器，为接入网络的计算机配置 IP。

思 考 题

1. 什么是计算机网络？计算机网络的功能有哪些？
2. 计算机网络的发展经过了哪几个阶段？每个阶段的特点是什么？
3. 什么是网络协议？它的组成要素有哪些？
4. 计算机网络体系结构是指什么？
5. OSI 参考模型与 TCP/IP 体系结构的关系是什么？
6. 按照地理范围分类，计算机网络分为哪几类网络？
7. 计算机网络的拓扑结构有哪些？
8. IPv4 和 IPv6 的区别是什么？它们的格式是什么？
9. 用于网络互连的设备有哪些？作用是什么？
10. 计算机网络的传输介质有哪些？
11. 什么是服务器？什么是客户机？
12. Internet 的接入技术有哪些？
13. Internet 提供的服务有哪些？

第二篇

办公软件介绍篇

第 5 章 文字处理软件 Word 2010

Microsoft Word 是一款文字处理软件，可以将文字、图片、表格等完美地结合并格式化，有助于用户创建高水平的文档文件。本章将通过 Word 2010，介绍文字的输入、编辑、格式化、图文混排、表格、邮件合并等操作。

5.1 Word 2010 的应用界面

Word 2010 应用界面在设计上非常友好，使用起来直观，且互动性好。启动 Word 2010 文字处理软件后，呈现在用户面前的就是应用界面，处理文档所需要的所有功能都可在这里选取。

应用界面由快速访问工具栏、标题栏、“文件”按钮、选项卡、工具栏、标尺、状态栏、编辑区、视图按钮组、显示比例等组成，如图 5.1.1 所示。

1）快速访问工具栏

快速访问工具栏位于应用界面左上角，用户可以根据操作习惯更改它的位置。快速访问工具栏一般包含“保存”“撤销”“恢复”命令，用户也可添加常用命令。

2）标题栏

标题栏位于应用界面的顶端，显示当前正在编辑的文档名称。

3）“文件”按钮

“文件”按钮位于快速访问工具栏的下方，可以对文档进行新建、保存、保护、版本转换、打印、共享等操作。

4）选项卡

选项卡位于标题栏的下方，包括“开始”“插入”“页面布局”“引用”“邮件”“审阅”“视图”等选项卡，用户可根据使用自行添加或删除选项卡。

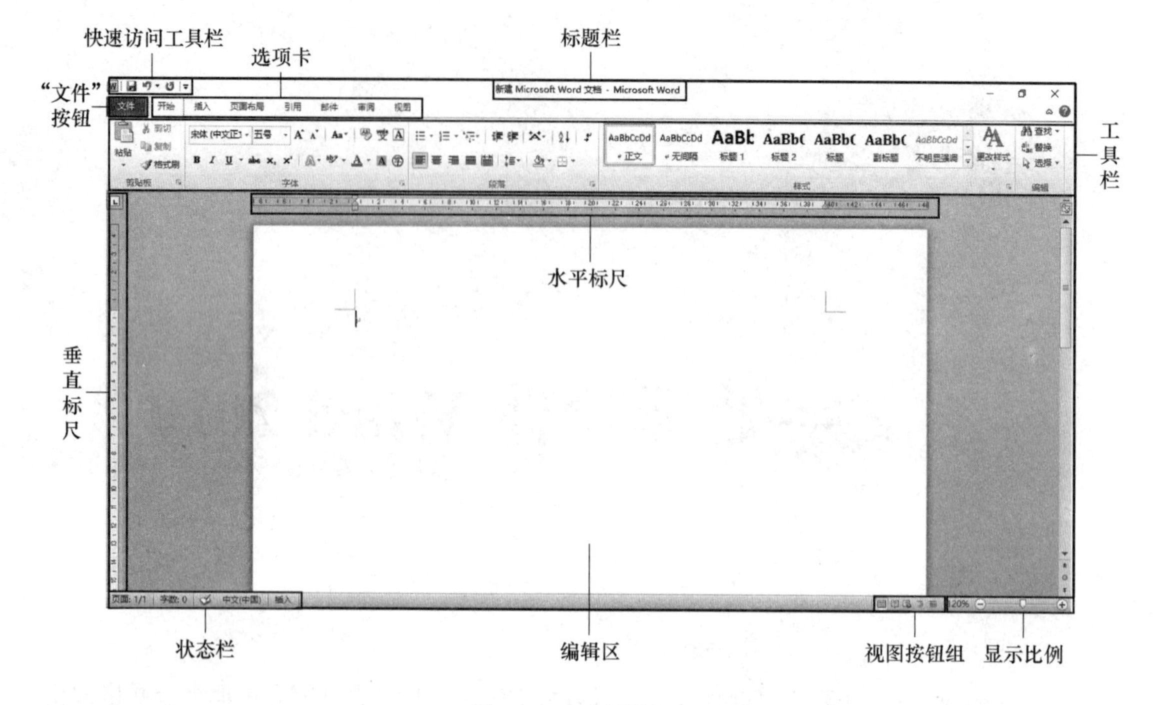

图 5.1.1 应用界面

5）工具栏

工具栏位于选项卡下方，将常用的按钮按照类型分为不同的组进行显示，用户也可根据使用自行添加按钮。

6）标尺

标尺位于编辑区的上方区域（水平标尺）和左侧区域（垂直标尺），用于调整段落缩进、调整页边距、查看页面字符数和行数，还可以快速打开“段落”对话框、“页面设置”对话框、设置制表位等。

7）状态栏

状态栏位于应用界面的左下角，通过“状态栏”，用户可方便地查看文档页面数、字数、语言、输入状态，打开“查找与替换”对话框。

8）编辑区

编辑区位于应用界面的中间，是 Word 2010 应用界面最大的区域，文档的输入、编辑、美化都在该区域完成。

9）视图按钮组

视图按钮组位于编辑区的右下方，方便用户切换视图类型。

10）显示比例

显示比例位于应用界面的右下角，显示编辑框的显示比例，可用“+”“-”按钮或拖动滑动块来调整比例设置。

1. 快速访问工具栏添加按钮

用户可以将使用频率高的按钮添加在快速访问工具栏，之后用户处于任意选项卡都可以方便地使用这些按钮。具体操作步骤如下：

第 1 步：单击 Word 2010 快速访问工具栏右侧的倒三角符号，在弹出的菜单内选择需要的按钮；如果需要的按钮不在弹出的菜单中，则可以选择“其他命令”命令，如图 5.1.2 所示。

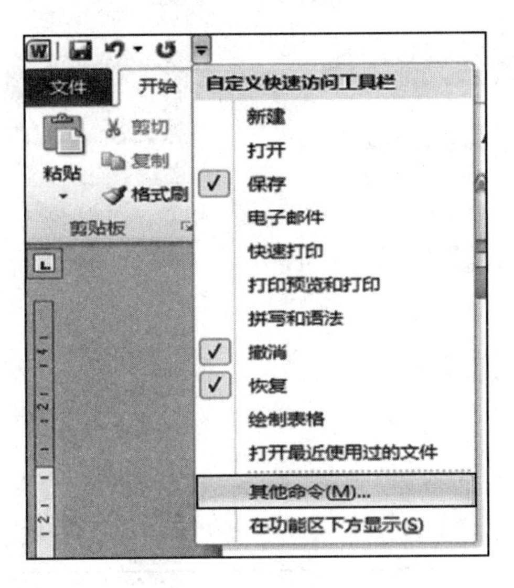

图 5.1.2　快速访问工具栏

第 2 步：在弹出的“Word 选项”对话框中，定位在“快速访问工具栏”选项组，在对话框左侧的命令列表中选择要使用的命令，单击“添加”按钮，当命令出现在右侧的“自定义快速访问工具栏”命令列表后，单击“确定”按钮，如图 5.1.3 所示。

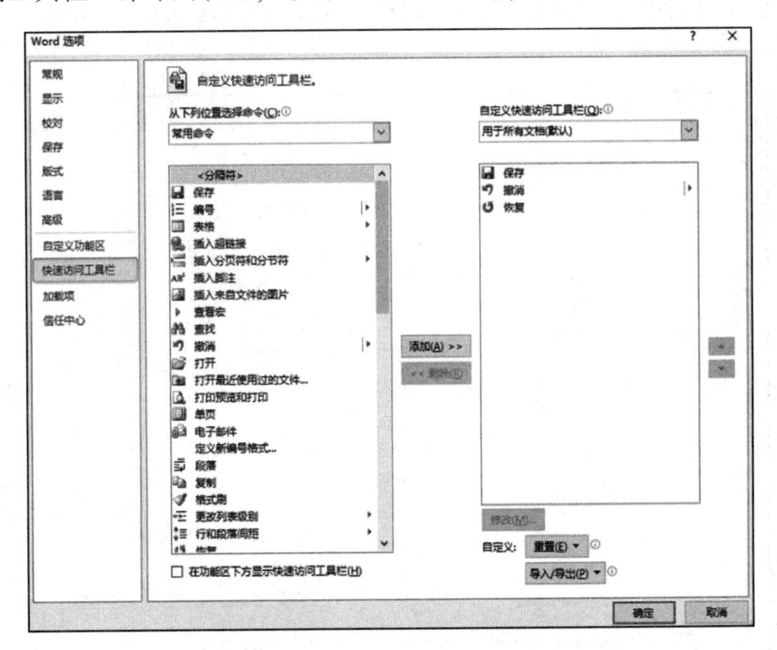

图 5.1.3　“Word 选项”对话框

2. 用户自定义功能区

在 Word 2010 的选项卡中，已默认显示了能满足大多数用户需求的按钮，但用户也可以根据操作习惯自行添加选项卡及按钮，具体操作步骤如下：

第 1 步：单击“文件”按钮，在出现的选项组中单击“选项”按钮，如图 5.1.4 所示。

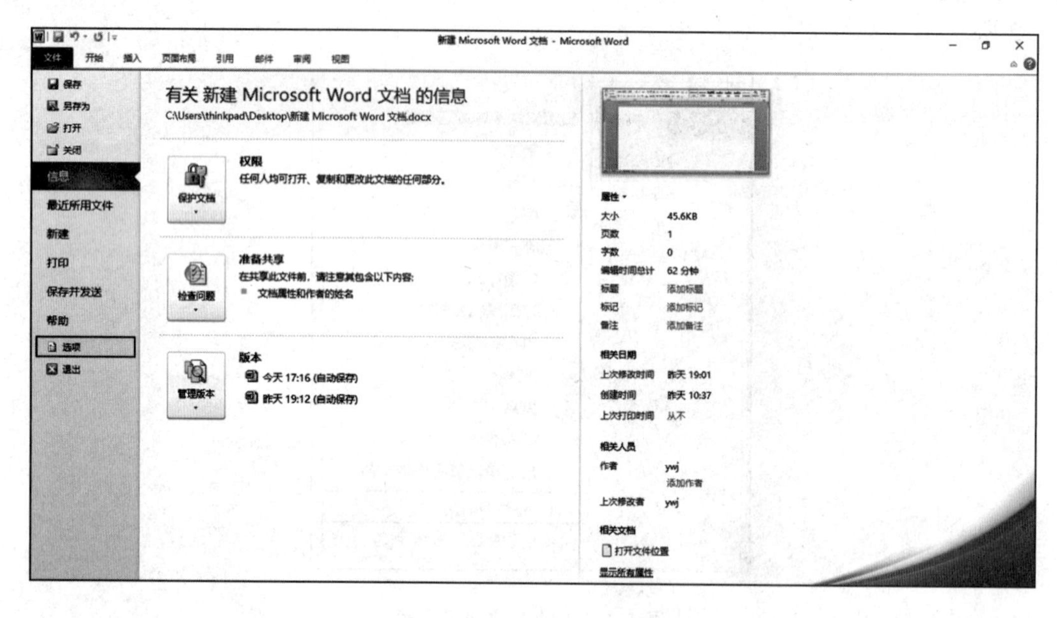

图 5.1.4 “文件”按钮界面

第 2 步：在弹出的“Word 选项”对话框中，定位在“自定义功能区”选项组，在对话框右侧的“主选项卡”中单击“新建选项卡”（或“新建组”）按钮，并根据需求单击“重命名”按钮，在弹出的“重命名”对话框中对新建的选项卡（或命令组）命名，如图 5.1.5 所示。

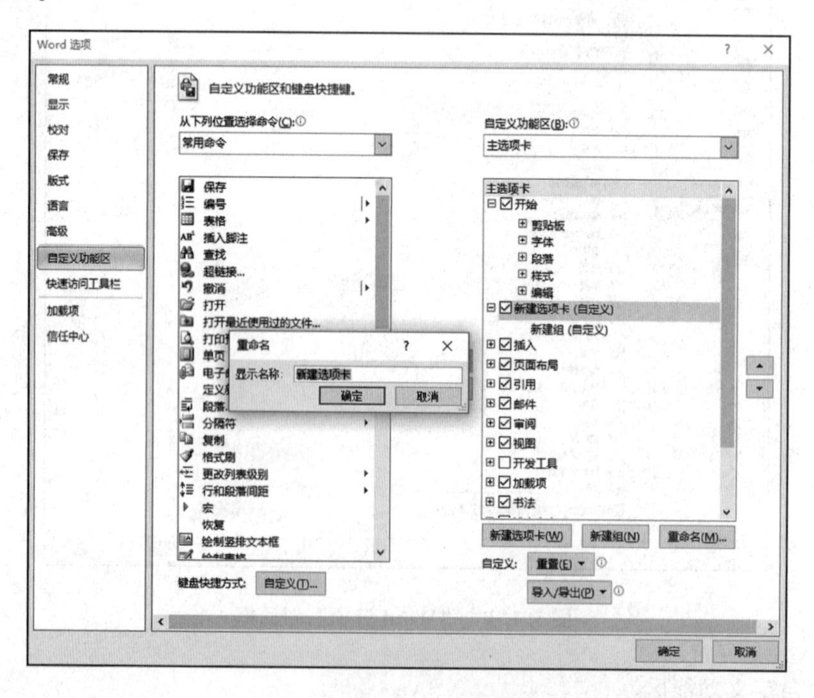

图 5.1.5 自定义功能区

5.2 文档的创建和保存

5.2.1 文档的创建

在 Word 2010 中创建文档的方法有多种，以下介绍几种常用方法。

1. 使用快捷菜单创建空白文档

当需要创建一个空白的文档时，可在计算机桌面或在任意文件夹下，单击右键，在弹出的快捷菜单中选择“新建”→“Microsoft Word 文档”，则可在相应位置创建一个新文档。

2. 使用“新建”按钮创建空白文档

创建空白文档时，不仅可以使用快捷菜单，还可以使用“新建”按钮来创建。单击“文件”按钮，在出现的选项组中选择“新建”类，在界面中部的“可用模板”组中，选择“空白文档”后单击“创建”按钮，即可创建空白文档，如图 5.2.1 所示。

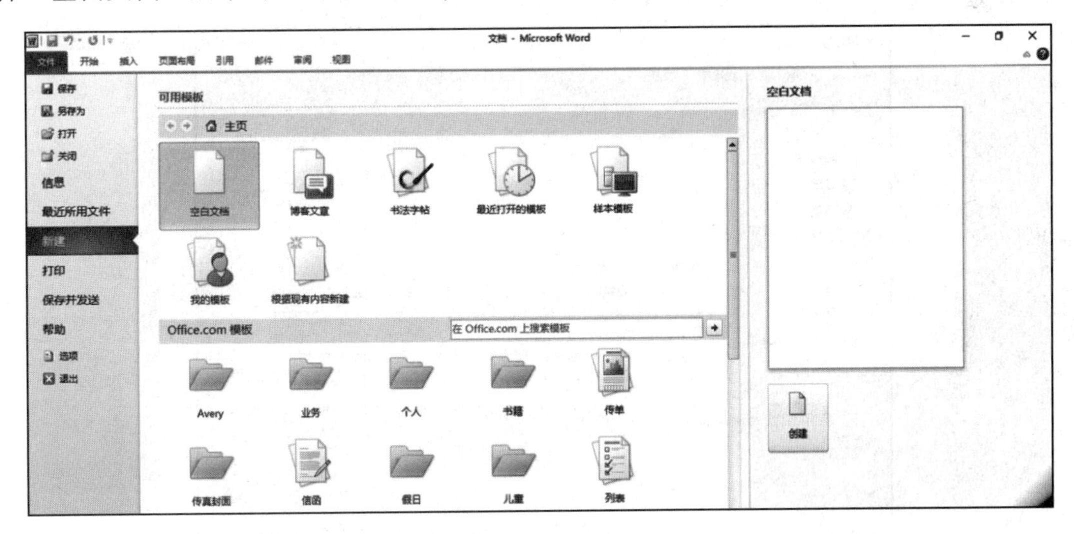

图 5.2.1 创建空白文档

3. 根据现有内容创建

当创建的文档需要使用现有文档的内容或格式时，可根据现有内容进行文档创建。创建方法与使用“新建”按钮创建空白文档相似，在“可用模板”组中，选择“根据现有内容新建”即可。

4. 根据模板创建

模板是 Word 2010 中内置的包含固定格式设置和版式设置的模板文件，用于帮助用户快速生成特定类型的 Word 文档，有助于用户创建比较专业的文档。在 Word 2010 中，模板分三类：Word 2010 已安装的模板；用户自定义模板；Office 网站提供的模板。其创建过程与

"根据现有内容创建"一致。

5.2.2 文档的保存

在 Word 2010 中，对文档进行了新建或编辑后，要及时对文档保存，这样才能保证下次使用文档时，文档中的数据能被正常调取。下面具体介绍三种常用的文档保存方法。

1. "保存" 按钮

使用"保存"按钮进行文档保存，是在原文档的存储路径下，使用文档原文件名将新编辑的内容进行保存，在快速访问工具栏上单击"保存"按钮即可。

2. "另存为" 按钮

单击"另存为"按钮进行文档保存，会弹出"另存为"对话框，如果对保存路径进行选择或更改文件名称，则不会对文档的原件进行修改，而是在用户选择的路径保存一个全新的文档。如果在保存过程中不改变存储路径、文件名和保存类型，则会替换原文档，如图 5.2.2 所示。

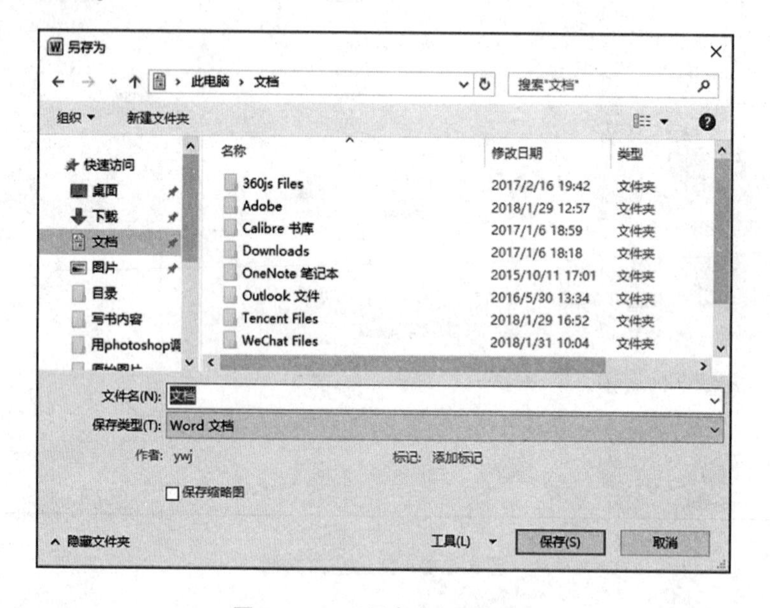

图 5.2.2 "另存为"对话框

3. 自动保存

"自动保存"是 Word 2010 的重要功能，可以在后台以一定的时间间隔自动保存用户所做的编辑，以防止由于意外断电、误操作或系统错误导致的损失。如果发生上述意外，再次打开 Word 2010 时，系统会恢复自动保存的文档。具体操作步骤如下：

第 1 步：单击"文件"按钮，在出现的选项组中单击"选项"按钮。

第 2 步：在弹出的"Word 选项"对话框中，定位在"保存"选项组，用户根据实际情况设置自动保存选项，如图 5.2.3 所示。

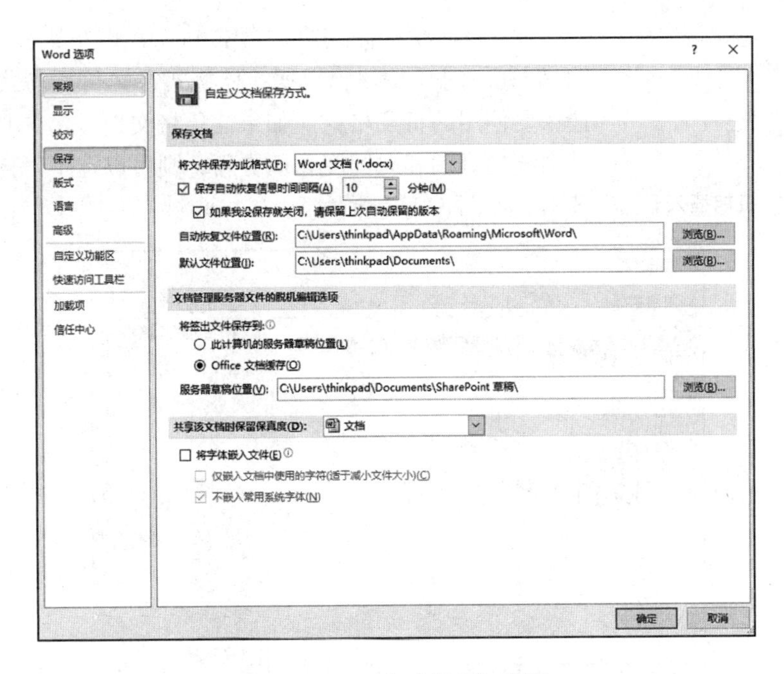

图 5.2.3 “自动保存”设置

5.3 文档的格式化

5.3.1 Word 2010 基本操作

1. 输入状态

在进行文档编辑时，文档内容的输入是最基本的操作。在 Word 2010 中，内容的输入有插入和改写两种状态。若光标处于内容末尾，则插入和改写两种状态的输入无区别。若光标处于文字段的中间，则插入状态是将输入的内容插入插入点处，原有内容往后顺移，而改写状态则是将输入的内容覆盖插入点后的原有内容。

文档内容的输入状态相互转换的方法：单击状态栏上“插入”按钮，文档由插入状态转换为改写状态，“插入”按钮变为“改写”按钮；单击“改写”按钮，文档由改写状态转换为插入状态，“改写”按钮变为“插入”按钮。

2. 输入特殊内容

在文档输入时，除了常用的文字输入外，还有一些特殊内容的输入。

1）输入日期和时间

在输入日期和时间时，除了可以直接输入外，还可用其他两种方法来输入。

方法 1：如果“记忆式键入”功能为启动状态，则输入日期的前几个字符，按照提示，按〈Enter〉键即可，如图 5.3.1 所示。

图 5.3.1　日期插入

方法 2：在“插入”选项卡中，单击“文本”命令组中的“日期和时间”按钮，根据文档格式在“可用格式”列表框中选择要使用的日期格式。如果需要将文档显示的日期和时间随着系统的日期和时间变化而更新，则可以选中“自动更新”复选框，如图 5.3.2 所示。

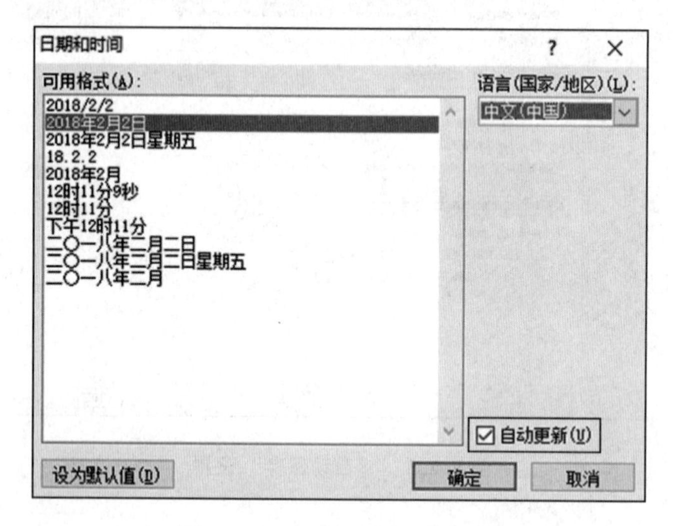

图 5.3.2　自动更新日期和时间

2）输入标点符号

当想要输入键盘上的标点符号（如“<”“:”“?”等时），在确定所需的中/英文输入法后，按〈Shift + 符号键〉组合键即可。

3）输入特殊符号

在输入符号时，除了常用的符号之外，常常需要输入一些特殊的符号（如℃、‰等）。特殊符号的输入方法：在“插入”选项卡的“符号”命令组中，单击“符号”按钮，在弹出的下拉菜单中单击“其他符号”按钮，弹出“符号”对话框，如图 5.3.3 所示。选定符号后，单击“插入”按钮即可。

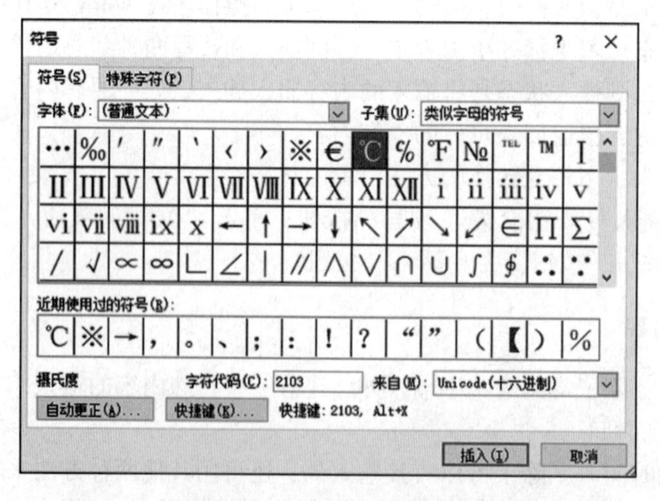

图 5.3.3　“符号”对话框

3. 选定文本

在对文档进行格式化之前，要对内容文本进行选定。光标选定文本是最常用的方法，具体操作如表 5. 3. 1 所示。

表 5. 3. 1　光标选定文本

选定内容	操作方法
英文单词/汉字词语	双击该英文单词/汉字词语
语句	按下〈Ctrl〉键 + 单击该语句任意位置
单行文本	将光标移到该行文本左侧（选定栏），单击
整段文本	将光标移到该段文本左侧（选定栏），双击
整篇文本	方法 1：光标移到该篇文本左侧（选定栏），三击
	方法 2：按〈Ctrl + A〉组合键
垂直文本	按下〈Alt〉键 + 光标拖动
不连续文本	按下〈Ctrl〉键 + 光标拖动
连续文本	选择起始位置，按下〈Shift〉键，选择结束位置

除了常用的光标选定文本外，键盘也可用于选定文本。键盘选定文本时，通常使用组合键，一般为〈Shift〉键与〈Alt〉、〈Ctrl〉、〈End〉、〈Home〉、〈PageUp〉、〈PageDown〉、〈↑〉、〈↓〉、〈←〉、〈→〉等键组合。

4. 复制和粘贴文本

在输入文本的过程中，会有许多内容需重复输入，大量的重复性操作往往会浪费很多人力和时间，同时在输入过程中还会不可避免地出现错误。如果用户能熟练地使用复制和粘贴功能，就可以很好地解决这个问题。

1）利用鼠标、键盘

方法 1：快捷菜单。选中要复制的文本，单击右键，在弹出的快捷菜单中选择“复制”命令，将光标移动至目标位置，单击鼠标右键，在弹出的快捷菜单中选择“粘贴”命令，被选择的文本就会被粘贴到目标位置。

说明：若在两次弹出的快捷菜单中分别选择“剪切”“复制”命令，则被选中的文本会被移动到目标位置。

方法 2：按组合键。选中要复制的文本，按〈Ctrl + C〉组合键（复制），将光标移动至目标位置，按〈Ctrl + V〉组合键（粘贴），被选择的文本就会被粘贴到目标位置。

说明：若选中文本后，按〈Ctrl + X〉组合键，将光标移至目标位置，按〈Ctrl + V〉组合键，则被选中的文本就会被移动到目标位置。

2）利用按钮

在 Word 2010 中，“剪贴板”组中同样提供了丰富的复制和粘贴操作，用户只需单击相应按钮，就可完成操作。

操作方法：选择需要复制的文本，在“开始”选项卡的“剪贴板”组中，单击“复制”按钮，将光标移动至目标位置，选择“粘贴”按钮，被选择的文本就会被粘贴到目标位置。

3）选择性粘贴

使用按钮进行粘贴或使用快捷菜单进行粘贴时，除了全部粘贴外，还可以进行选择性粘贴。具体操作步骤如下：

第1步：选择需要复制的文本，在“开始”选项卡的“剪贴板”组中，单击“复制”按钮。

第2步：将光标移动至目标位置，在选择“粘贴”按钮时，使用下拉菜单中的“粘贴选项”，列表中包括使用目标主题、保留原格式、合并格式、只保留文本等，在粘贴时可根据实际需求进行粘贴操作。

“粘贴选项”命令下方的“选择性粘贴”提供了很丰富的粘贴选项。如图5.3.4所示，选择性粘贴能够将剪贴板中的内容粘贴为不同于内容源的格式。

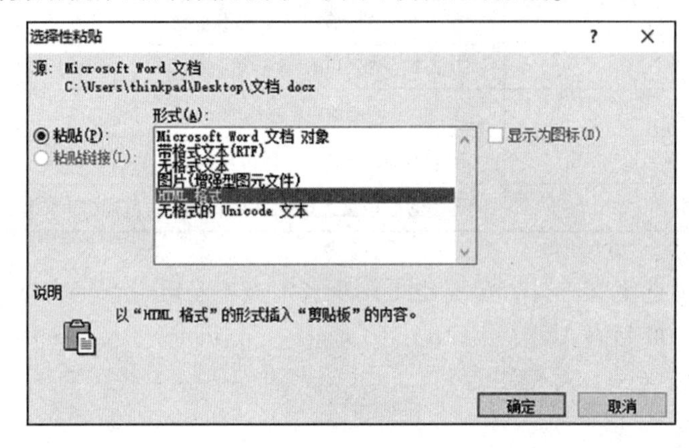

图5.3.4　“选择性粘贴”对话框

4）格式刷

“剪贴板”组中的“格式刷”按钮进行的也是复制操作，因此被称作格式复制。格式复制指的是将已经设置好的文本字体、字号、字体颜色、段落设置等应用到目标文本中。具体操作步骤如下：

选择要复制格式的文本，单击“格式刷”按钮（需进行多次格式粘贴时，双击“格式刷”按钮），当光标变为一把刷子的形状后，选中目标文本即可完成格式复制。

5）剪贴板

Word 2010剪贴板用于存放粘贴或剪切用的文本内容，当执行了复制或剪切命令后，文本内容会显示在“剪贴板”任务窗格中，如图5.3.5所示。将光标移至目标位置，单击相应文本内容，文本就会被复制或剪切到目标位置。与操作系统的剪贴板不同，Word 2010剪贴板可存放24个对象。

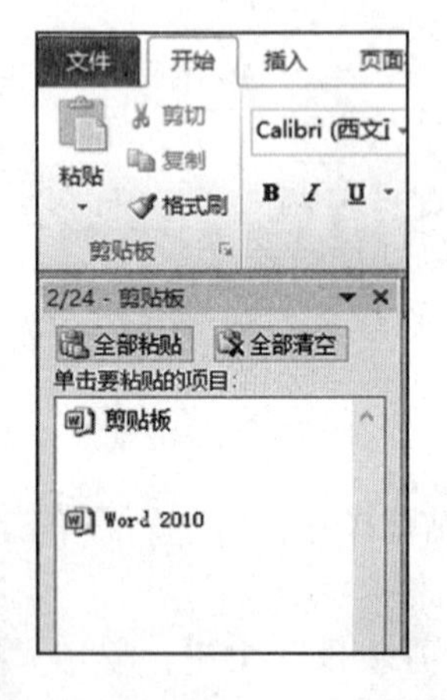

图5.3.5　“剪贴板”任务窗格

5. 查找与替换

在文本编辑中，当需要对某个特定词句进行查找或修改时，如果用户通过逐个阅读查找的方式来进行，那么工作量是巨大的，且难以保证无遗漏。Word 2010提供了强大的查找和替换功能，用于提高工作效率。

1）文本查找

方法1：在“开始”选项卡的“编辑”命令组中，单击“查找”按钮，在编辑框左侧会打开“导航”任务窗格，在“搜索”文本框中输入要查找的文本，找到的文本将以高亮形式体现在编辑框，如图5.3.6所示。

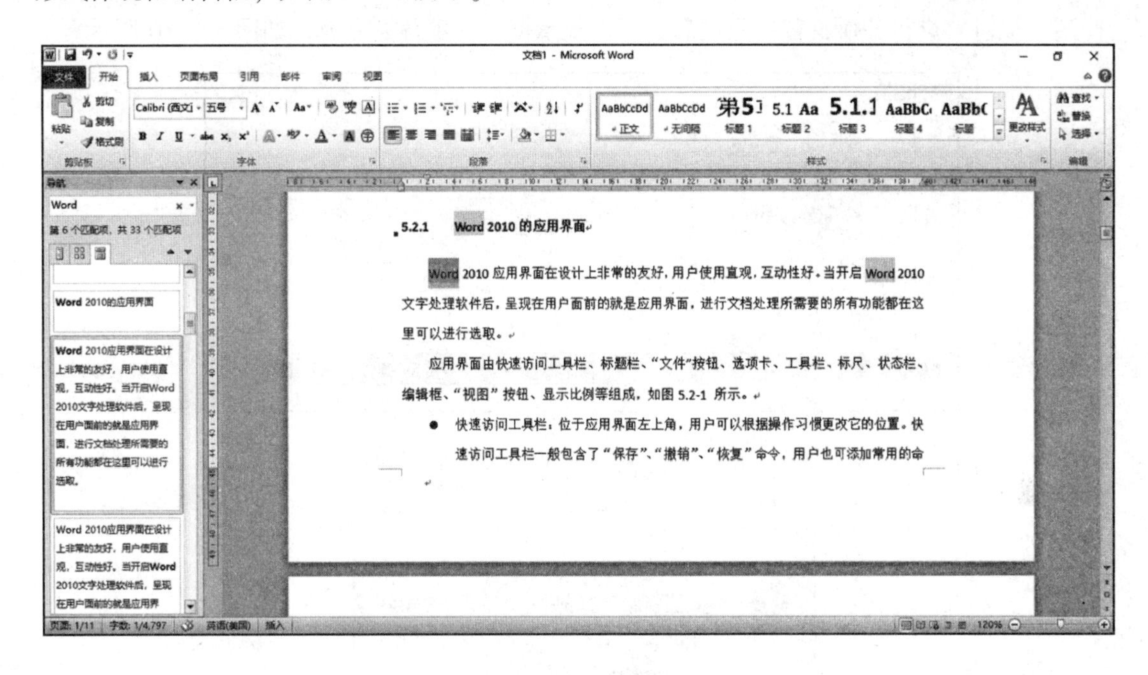

图5.3.6　在“导航”任务窗格中搜索查找文本

方法2：单击“状态”栏中的“页面”按钮，如图5.3.7所示，弹出“查找和替换”对话框，如图5.3.8所示，找到的文本以高亮形式体现在编辑框，单击“查找下一处”按钮，即可查找所需内容。

页面: 11/11　字数: 4,871　中文(中国)　插入

图5.3.7　“页面”按钮

查找和替换
查找(D)　替换(P)　定位(G)
查找内容(N): Word
选项:　区分全/半角
更多(M) >>　阅读突出显示(R)　在以下项中查找(I)　查找下一处(F)　取消

图5.3.8　在“查找和替换”对话框中查找替换文本

2）文本替换

在“开始”选项卡下“编辑”组中，单击“替换”按钮，弹出“查找和替换”对话框，在“查找内容”文本框中输入需要查找的文本，在“替换为”文本框中输入要替换的新文本内容，如图 5. 3. 9 所示；单击“全部替换”按钮（也可以根据查找内容逐个单击“替换”按钮）进行替换，替换完成后会弹出提示框，提示替换完成，如图 5. 3. 10 所示。

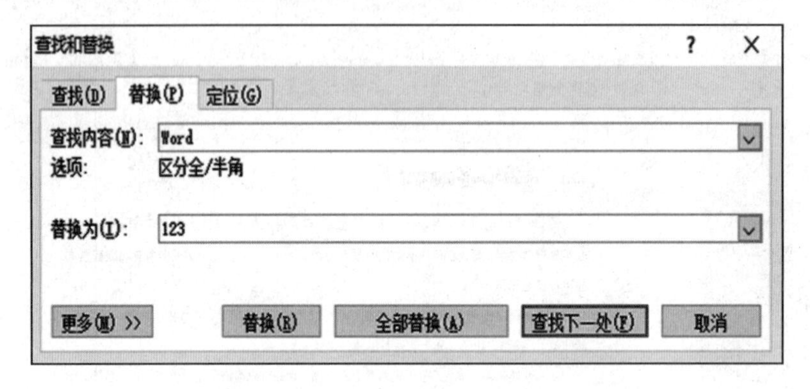

图 5. 3. 9　利用查找和替换对话框进行替换

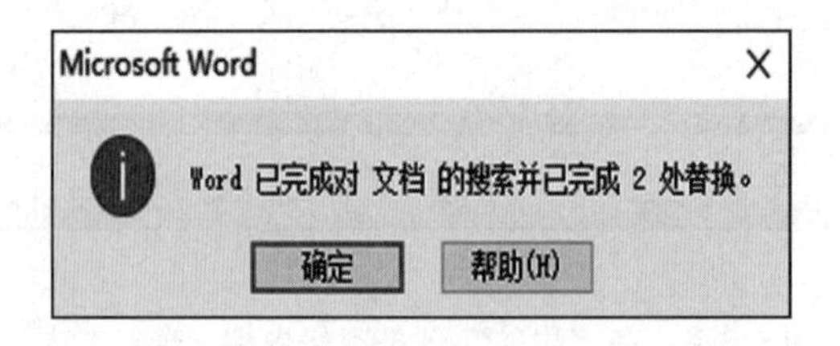

图 5. 3. 10　替换成功提示框

5. 3. 2　设置字符格式

文本输入完成后，为了内容一目了然，要对字符的格式进行统一设置，如字体颜色、字体、字号、加粗等，以便在阅读文档时更加轻松便利。

1. “字体”组

选定要进行格式设置的文本，在“开始”选项卡的“字体”组中，选择适用的按钮，如图 5. 3. 11 所示。

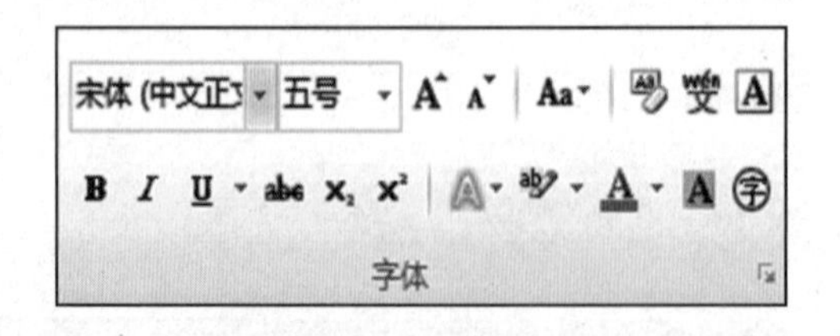

图 5. 3. 11　“字体”组

在“字体”组中，除了可以对字符进行字体、字号、字体颜色、加粗、斜体、删除线、下划线、上标、下标等格式设置外，还有其他特殊格式设置：

1）更改大小写

在进行字符排版时，该按钮可以对西文字符进行大小写排版、全/半角修改。

2）清除格式

该按钮可以将文本的所有格式清除，只留下原字符文本。

3）拼音指南

该按钮可对所选文本显示拼音字符，以明确字符发音。

4）文本效果

该按钮可对所选文本显示外观效果（如轮廓、阴影等），让文本拥有图片效果。

5）带圈字符

该按钮可对字符增加外圈，圈号有圆形、方形、三角形、菱形，用户可根据排版效果进行选择。需要注意的是，带圈字符只能针对单个字符进行操作。

2. 浮动工具栏

在 Word 2010 中，选定文本后，在光标右上方将出现浮动工具栏，如图 5. 3. 12 所示。该工具栏除了有“字体”命令组的部分按钮外，还可以进行缩进、对齐等格式设置。

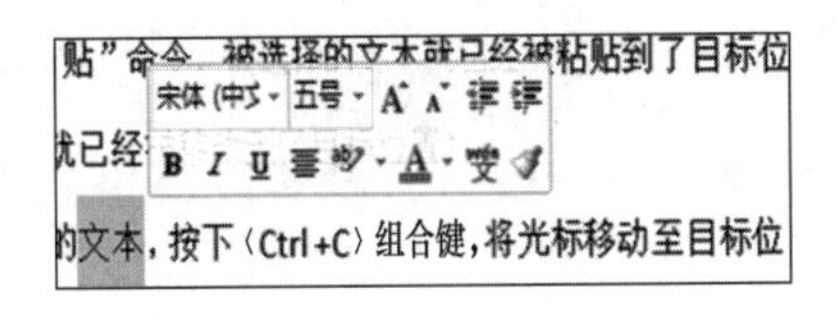

图 5. 3. 12　浮动工具栏

浮动工具栏是否显示，用户可以自行设置。单击“文件”按钮，在出现的选项组中单击“选项”按钮，弹出“Word 选项”对话框，定位在“常规”选项组，在“用户界面选项”组中选中“选择时显示浮动工具栏”复选框，如图 5. 3. 13 所示。

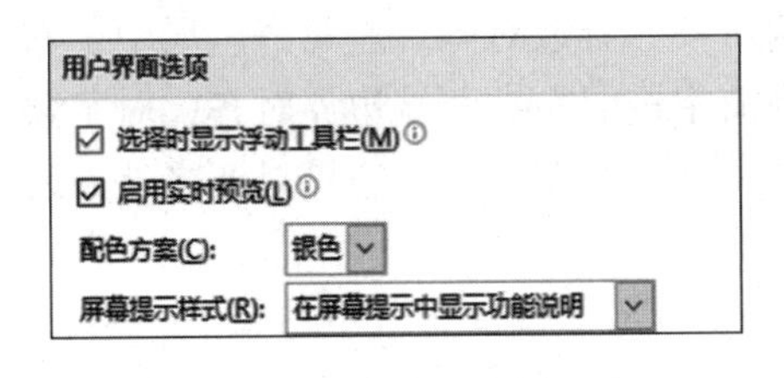

图 5. 3. 13　显示浮动工具栏

3. “字体” 对话框

单击“字体”组右下角的“字体”对话框启动器，弹出“字体”对话框，如图 5. 3. 14 所示，可对字符间距、字符缩放、字符位置等进行设置。

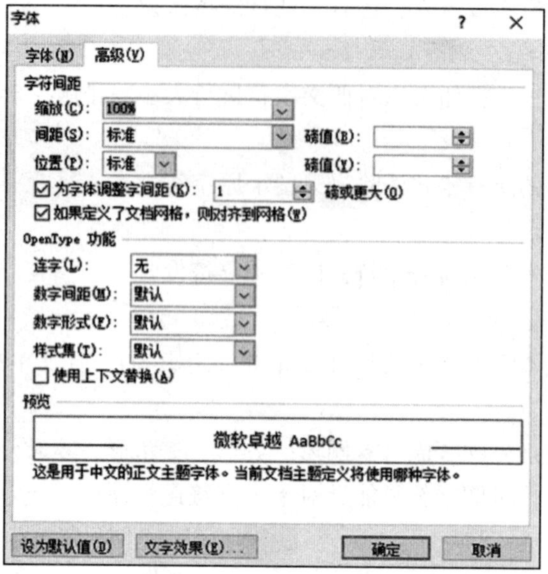

图 5.3.14 “字体”对话框

5.3.3 设置段落格式

两个段落标识符之间的内容为一个段落，设置段落格式指的是对整个段落外观进行设置。

1. “段落”组

在“段落”组中，可以对段落的对齐方式、缩进、行间距、边框等进行设置。

1）对齐方式

对齐方式是指段落内容在文档的左右边界之间的横向排列方式。段落的对齐方式分为左对齐、居中、右对齐、两端对齐、分散对齐。左对齐、居中、右对齐三种对齐方式显示效果比较明显。两端对齐是指将文字按照左右两端边界对齐，对字数较少的末行文字进行从左到右排列。分散对齐除了将为文字按照左右两端边界对齐之外，还对字数较少的末行文字进行分配排列，使其布满该行。

2）中文版式

利用该按钮，可对段落进行纵横混排、合并字符、双行合一、字符缩放、调整宽度等格式设置。

3）下边框

利用该按钮，可对文字、段落的边框和底纹进行自定义设置。

4）行距和段落间距

各行之间的垂直距离称为行距，段落之间的距离称为段落间距。利用该按钮，可调整行距和段落间距。

5）缩进量

缩进量是指文本与页面边界之间的距离，在“段落”命令组中可以减少、增加缩进量。

6）项目符号和编号

利用该按钮，可在段落前添加符号或编号，使段落内容更加突出。

2. “段落”对话框

“段落”对话框除了能进行“段落”命令组的所有格式设置外，还可以进行其他特殊设置，如缩进、分页、换行等。在对段落进行排版时，设置缩进形式是非常重要的格式，要进行缩进设置可以通过标尺或者“段落”对话框进行设置。

操作方法：单击“段落”命令组右下角的“段落对话框”启动器，弹出“段落”对话框，如图5.3.15所示。在“缩进”组中，即可进行缩进设置。

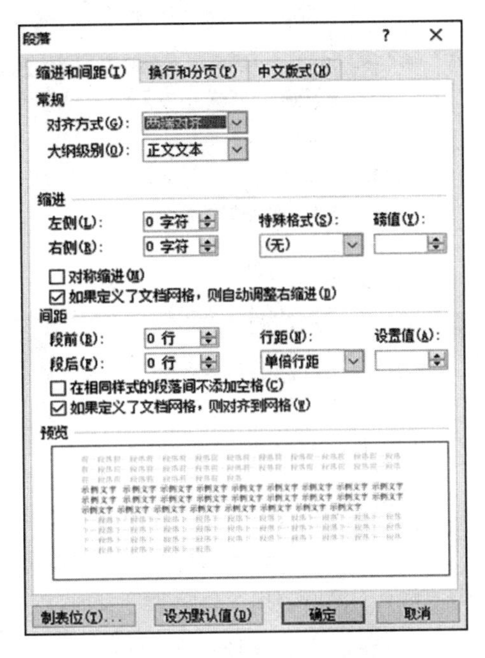

图5.3.15 “段落”对话框

段落的缩进方式有以下四种：

1）首行缩进

将某个段落的第一行向右进行段落缩进，其余行不进行段落缩进。

2）悬挂缩进

将某个段落首行不缩进，其余各行缩进。

3）左缩进

调整段落离左侧页边的距离。

4）右缩进

调整段落离右侧页边的距离。

5.3.4 利用样式格式设置

样式是已被命名的字符格式和段落格式的集合。选定文本或段落，将某个样式应用于目标段落，该段落就有了该样式所定义的所有格式。

利用样式进行格式设置，可以方便地统一文档格式和风格，从而简化文档编辑和修改操作，制作文档大纲和目录。

1. 使用已定义样式

在“快速样式库”中，Word 2010提供了部分已经定义好的样式，用户可直接选择使用，对某些段落进行快速格式统一。

方法1：选中要使用样式的文本或段落，在“开始”选项卡的“样式”命令组中，单击“快速样式库”选项，如图5.3.16所示。将光标置于所选样式上，即可预览该样式使用后的效果。找到符合要求的样式之后，单击该样式，即可完成操作。

方法2：选中要使用样式的文本或段落，在“开始”选项卡的“样式”命令组中，单击“样式任务窗格”启动器，弹出“样式”任务窗格，如图5.3.17所示。找到符合要求的样式之后，单击该样式，完成操作。在“样式”任务窗格操作中，样式预览是在窗格中显示的，而不是在目标文本或段落。

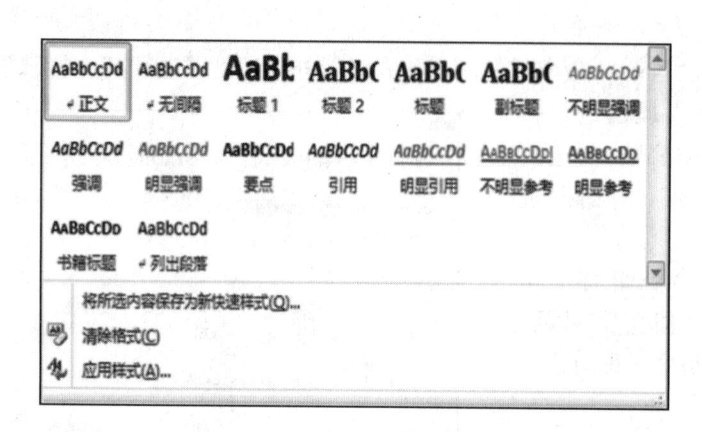

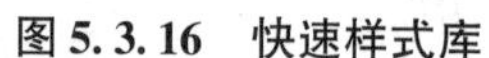
图 5. 3. 16　快速样式库

图 5. 3. 17　“样式”任务窗格

2. 自定义新样式

除了可以使用已经定义的样式，还可以根据排版来自定义新样式。

方法 1：选中要使用样式的文本或段落，在“开始”选项卡的“样式”组中，单击“快速样式库”按钮→“将所选内容保存为新快速样式”，弹出“根据格式设置创建新样式”对话框，在“名称”文本框中输入新名称，单击“修改”按钮，设置样式格式后，单击“确定”按钮，完成操作。

方法 2：选中要使用样式的文本或段落，在“开始”选项卡的“样式”组中，单击“样式任务窗格”启动器，在弹出的“样式”任务窗格中单击“新建样式”按钮，弹出“根据格式设置创建新样式”对话框，单击“修改”按钮，设置格式后，单击“确定”按钮，完成操作。

3. 修改样式

无论是 Word 2010 的自带样式，还是用户自定义的样式，在编辑过程中都可以进行修改。

方法 1：在“开始”选项卡的“样式”组中，单击“快速样式库”按钮，选择要修改的样式，单击右键，在弹出的快捷菜单中选择“修改”命令，弹出“修改样式”对话框，即可修改样式。单击“确定”按钮，修改完成。

方法 2：在“开始”选项卡的“样式”命令组中，单击“样式任务窗格”启动器，弹出“样式”任务窗格，选择要修改的样式后，单击右键，在弹出的快捷菜单中选择“修改”命令，弹出“修改样式”对话框，即可修改样式。单击“确定”按钮，修改完成。

4. 显示样式

在 Word 2010 中，“快速样式库”会将部分样式隐藏，如果格式化时需要某个特定样式，而该样式在“快速样式库”中没有显示，那么可将其设置显示。具体操作步骤如下：

第1步：在“开始”选项卡的“样式”组中，单击“样式任务窗格”启动器，弹出“样式”任务窗格，单击“管理样式”按钮，弹出“管理样式”对话框，如图5.3.18所示。

第2步：在“推荐”选项卡的样式列表中选择要显示的样式，单击“显示”按钮。然后，单击“确定”按钮，选择的样式就会显示在“快速样式库”中。

5. 清除样式

单击“字体”组中的“清除格式”按钮，即可将已经设置好的样式效果清除，该按钮也可在“快速样式库”中找到。

6. 复制样式

用户可在不同的文档使用自定义样式，为了避免用户重复新建样式的工作，Word 2010提供了样式复制功能。具体操作步骤如下：

第1步：在图5.3.18所示的“管理样式”对话框中，单击“导入/导出”按钮。

第2步：在弹出的“管理器”对话框中，选择要复制的样式，单击“复制”按钮，将样式复制到目标文档，如图5.3.19所示。如果打开的文档不是目标文档，则可通过单击“关闭文件”按钮，重新打开目标文档。已复制的样式将会在目标文档的“快速样式库”中显示。

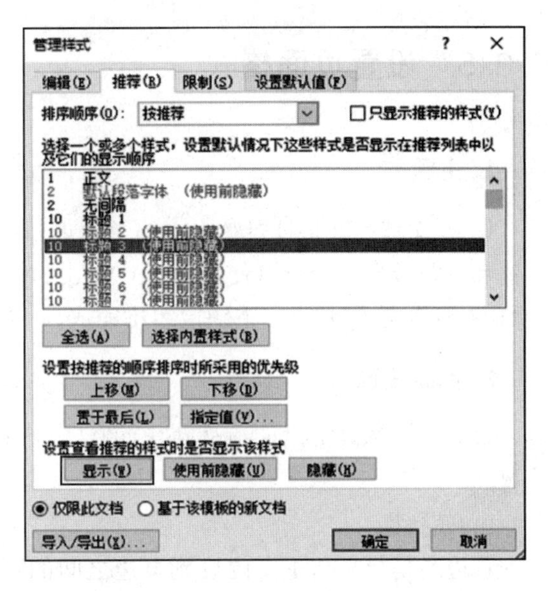

图5.3.18 “管理样式”对话框

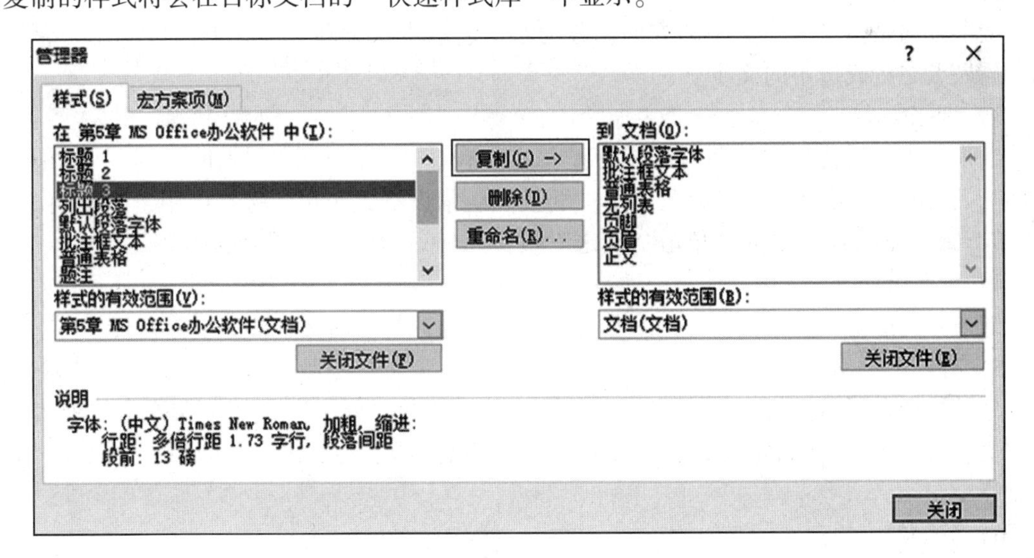

图5.3.19 “管理器”对话框

7. 删除样式

对于自定义的样式，用户可以进行删除。在“管理样式”对话框的“编辑”选项卡下，选中要删除的样式，单击“删除”按钮，即可删除。

注意：在“快速样式库”中选中要删除的样式，单击右键，在弹出快捷菜单中有“从快速样式库中删除”选项，该选项的作用只是将样式从“快速样式库”中移除，并未真正删除样式。

5.3.5 设置页面格式

1. 主题

Word 文档主题是针对整个文档总体设计而定义的一套格式选项，包括主题颜色、主题字体和主题效果。用户可使用 Word 2010 的自带主题，也可以自定义主题。主题的使用在“页面布局”选项卡的“主题”组中完成。

2. 页面设置

页面设置是对页面外观的整体调整，针对文档的页边距、文字方向、纸张大小等进行设置。

1）页边距

页边距是指文档正文内容到页边之间的距离，分为普通、窄、适中、宽。设置页边距时，在“页面设置”组中单击“页边距”按钮，选择“自定义边距”，弹出“页面设置”对话框，在该对话框中输入需要的上、下、左、右页边距及装订线位置，然后单击“确定”按钮。

2）文字方向

文字方向是指文档中文字的方向，分为水平、垂直、旋转，文字方向可应用于整篇文档、插入点之后或选中的文字。

3）纸张大小

纸张大小的设置与文本的当前节设置有关，单击“纸张大小”按钮，选择“其他页面大小”，弹出“页面设置”对话框，在“纸张”组中设置大小后，选择应用于“整篇文档”“本节”或“插入点”之后，单击“确定”按钮。

4）纸张方向

纸张方向是指文本布局的方向，分为横向、纵向，与当前文本节的设置有关。

5）分栏

分栏是指在页面排版中，将文本分为若干栏。单击“分栏”按钮，在弹出的列表中单击“更多分栏”，即可自定义分栏，自定义的内容有栏数、栏宽度、栏间距、分隔线、应用对象等。

6）分隔符

分隔符包括分页符、分栏符、自动换行符和分节符。

（1）分页符。当文本或图形等内容填满一页时，Word 文档会插入一个自动分页符并且自动开始新的一页。如果要在文档特定位置强制分页，则可插入分页符，这样可以确保章节标题总在新的一页开始。

（2）分栏符。将文本分栏时，会自动生成分栏符。如果要在文档特定位置强制分栏，则可插入分栏符。

(3) 自动换行符。当要将文档中的文本设置成一个段落时，按〈Enter〉键，可生成段落标记。如果要在文档特定位置强制断行，则可插入换行符。与自动换行符不同，这种方法产生的新行仍将作为当前段的一部分。

(4) 分节符。节是文档格式化的最大单位。在插入分节符前，Word 将整篇文档视为一节。若需要设置不同页眉页脚、页边距、纸张方向等特性，则需要创建新的节。分节符分为下一页、连续、偶数页、奇数页。在分栏时，分栏一般是将第一栏填满后，剩余内容填写在后续栏中，如果想要对文本进行平均分栏，则可在文本末端添加连续分节符。

删除分隔符时，先选定分隔符，再按〈Backspace〉键进行删除，或将光标移至分隔符之前，按〈Delete〉键，即可删除。

7）行号

行号设置是指在文档每一行旁边的边距中添加行号。

8）断字

当文本行尾的单词由于太长而无法全部容纳时，会在适当的位置将该单词分成两部分，并在行尾使用断字符进行连接。

3. 页面背景

Word 2010 提供了丰富的页面背景设置功能，用户可以设置页面的水印、页面颜色和页面边框。

1）水印

将水印嵌入页面背景，可表达某些信息且不影响文档的阅读或完整性。默认的水印有机密、紧急、免责声明三种，用户可自定义水印（图 5. 3. 20）或从 Office. com 中获取。

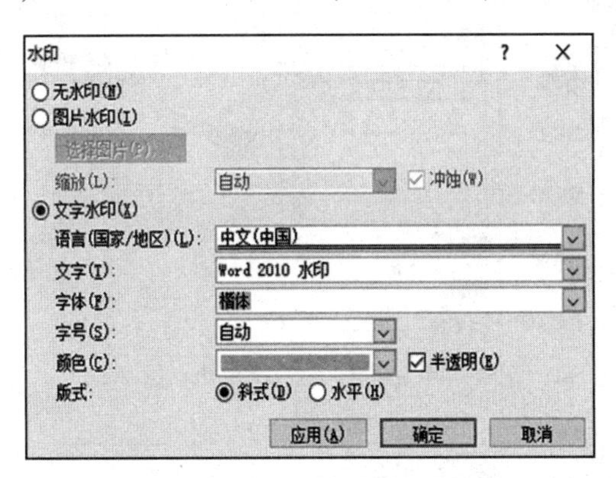

图 5. 3. 20　自定义水印

设置水印之后，如果要对水印进行修改，则需要在页眉页脚状态下进行。

2）页面颜色

根据文档需求，可以为页面背景设置颜色、渐变、纹理、图案或图片等填充效果。

通常，用户希望在页面打印时能打印出已经设置好的页面颜色效果，如背景图案、背景纹理等。但是，如果没有经过设置，页面颜色效果在打印时就无法显示。打印背景的具体设置方法如下：

单击“文件”按钮，在出现的选项组中单击“选项”按钮，弹出“Word 选项”对话框，定位在“显示”选项组，在“打印选项”组中选中“打印背景色和图像”复选框，单击“确定”按钮，如图 5.3.21 所示。

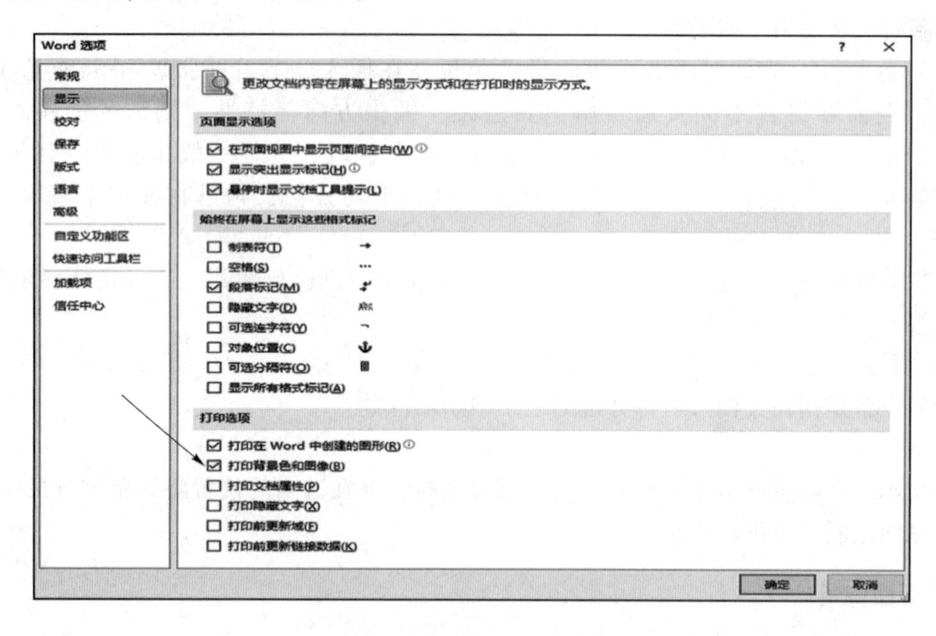

图 5.3.21　打印页面颜色

3）页面边框

单击“页面边框”命令，弹出“边框和底纹”对话框，如图 5.3.22 所示。

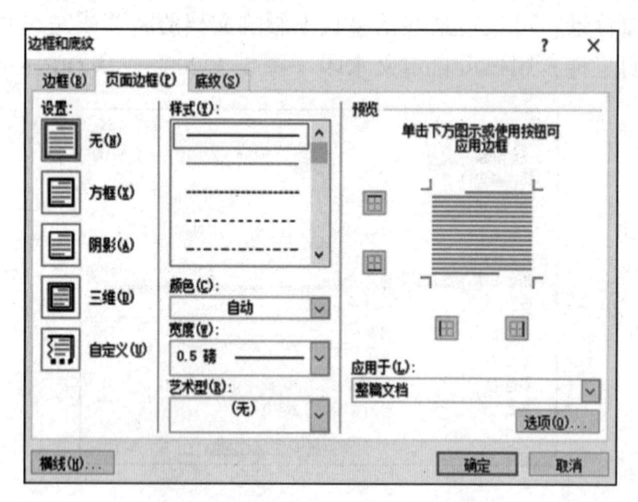

图 5.3.22　“边框和底纹”对话框

（1）边框。在“边框”选项卡下，可以对字符、段落设置边框，选择边框的样式、颜色、宽度。

（2）页面边框。在“页面边框”选项卡下，可以给整个页面或节加上边框，选择页面边框的艺术型。

（3）底纹。在“底纹”选项卡下，可对选定的文本或段落加底纹。其中，“填充”就是给选定的对象添加背景颜色；“样式”就是选择要添加的底纹的点密度，百分比越高，点密度就越大；“颜色”就是底纹点的颜色。

5.4 文档表格的使用

在文档中，对数据集合进行分析比较时，仅使用文字很难表述得清晰，如果用表格把内容组织起来，就可以让要表达的内容清晰、有序、简洁。

5.4.1 表格的插入

1. 使用表格预览框插入表格

在 Word 2010 中，若要插入 10 行 8 列之内的表格，可以使用表格预览框插入表格，即可在插入表格的同时预览插入效果。

操作方法：在“插入”选项卡中，单击“表格”按钮，在下拉菜单中有表格预览框，按照表格的行、列数进行选择，确定选择后单击，即可插入表格。

2. 使用“插入表格”对话框插入表格

在 Word 2010 中，还可以通过“插入表格”对话框来插入表格。插入时，用户可选择表格的格式和尺寸。

操作方法：在“插入”选项卡的“表格”组中，单击“表格”按钮，在弹出的下拉菜单中选择“插入表格”，弹出“插入表格”对话框，如图 5.4.1 所示；在“列数”和“行数”文本框中分别输入数据，在“自动调整”操作组中选择合适的格式，单击“确定”按钮，即可插入表格。

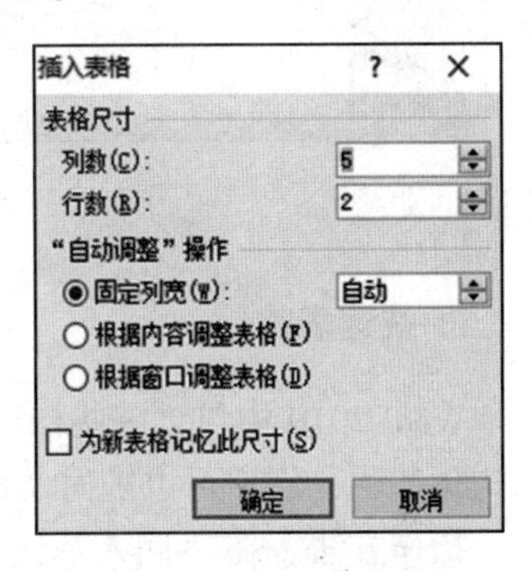

图 5.4.1 “插入表格”对话框

3. 使用绘制表格插入表格

当插入的表格为不规则的表格或需要给表格绘制斜线表头时，可以使用绘制表格的方法来插入表格。

操作方法：在“插入”选项卡的“表格”组中，单击“表格”按钮，在弹出的下拉菜单中选择“绘制表格”按钮，当光标变成铅笔的形状后，拖动光标绘制表格，出现的虚线为绘制的表格或单元格边框，松开鼠标后变为实线，如图 5.4.2 所示。

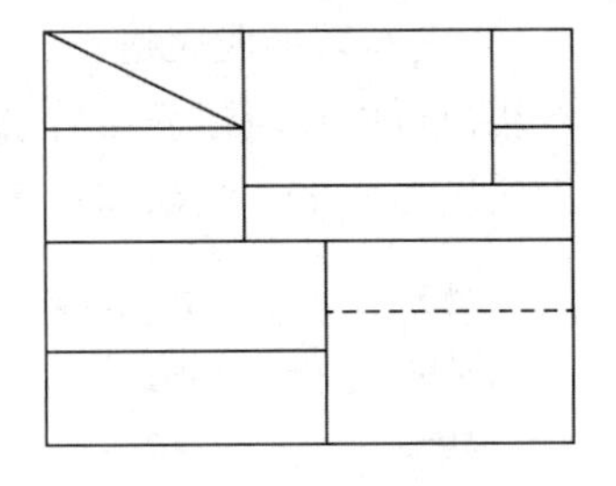

图 5.4.2 绘制表格

绘制完成后，再次单击“绘制表格”按钮，光标形状还原，绘制结束。

4. Excel 电子表格

在 Word 文档中可以插入 Excel 表格，插入的表格的基本功能与 Excel 电子表格功能类似，除了可以使用复杂的函数和公式外，还可以对数据进行条件格式、数据有效性等操作。

操作方法：在“插入”选项卡的“表格”组中，单击“表格”按钮，在弹出的下拉菜单中选择“Excel 电子表格”命令，即可插入 Excel 电子表格。

插入的表格外边框为虚线边框，插入表格后，选项卡和工具栏会发生变化，如图 5.4.3 所示。将光标移到表格外空白位置，单击，选项卡和工具栏将跳转回 Word 2010 界面。

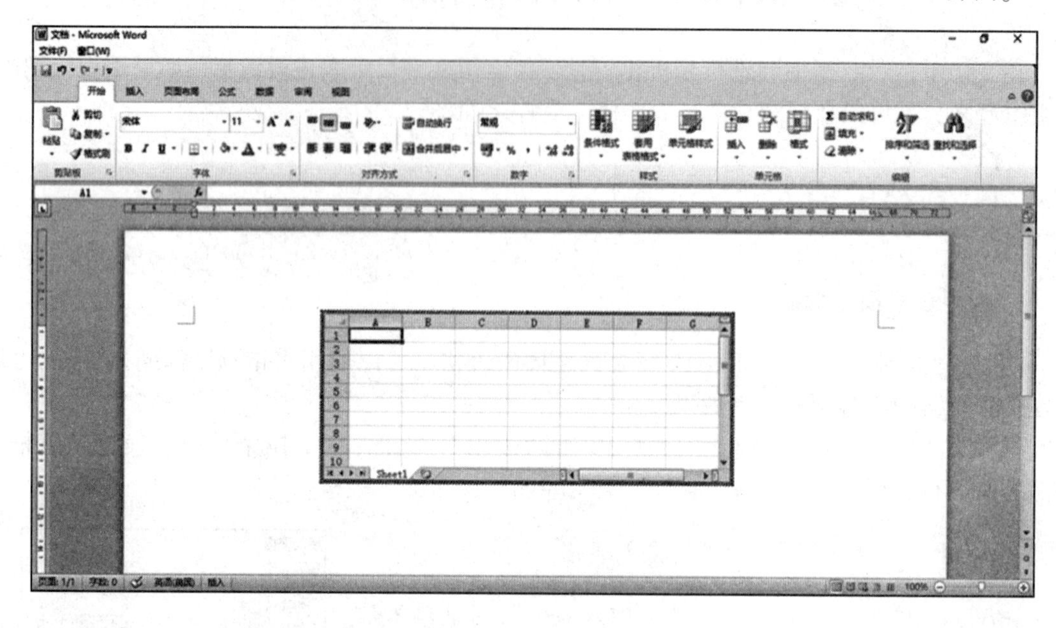

图 5.4.3　插入 Excel 电子表格

5. 快速表格

Word 2010 中包含一些构建基块，快速表格是一组预先设置好格式的表格，属于表格库的构建基块，用户可以随时访问、重用或者自定义构建。

操作方法：在“插入”选项卡的“表格”组中，单击“表格”按钮，在弹出的下拉菜单中单击“快速表格”命令，根据需求单击要插入的表格格式，即可插入表格。

6. 文本与表格的互换

1）文本转换成表格

用户可以在新建表格后录入表格内容，如果已输入的文本有统一的分隔符，也可以将其直接转换为表格，效果如图 5.4.4 所示。具体操作步骤如下：

姓名　　学号　　班级
韩康　　001　　一班
黄康健　　002　　四班
朱虹　　003　　二班
金含　　004　　三班
赵晶晶　　005　　三班

→

姓名	学号	班级
韩康	001	一班
黄康健	002	四班
朱虹	003	二班
金含	004	三班
赵晶晶	005	三班

图 5.4.4　文本转换为表格

第 1 步：选择要转换的文本，在“插入”选项卡的“表格”组中，单击“表格”按钮，在下拉菜单选择“文本转换为表格”命令，弹出“将文本转换成表格”对话框，如

图 5.4.5 所示。

第 2 步：确认要转换的行数、列数和文本之间的分隔符等信息，单击“确定”按钮，即可将文本转换为表格。

2）表格转换成文本

表格和文本之间是可以相互转换的，如果希望以文本的形式呈现已输入内容的表格，则可通过功能按钮转换，不需要重新输入。具体操作：

操作方法：选中要转换的整个表格，在“表格工具—布局”选项卡的“数据”组中，单击“转换为文本”按钮，弹出“表格转换成文本”对话框，如图 5.4.6 所示。选择所需的文字间隔符，单击“确定”按钮，表格完成文本转换。

图 5.4.5 “将文字转换成表格”对话框

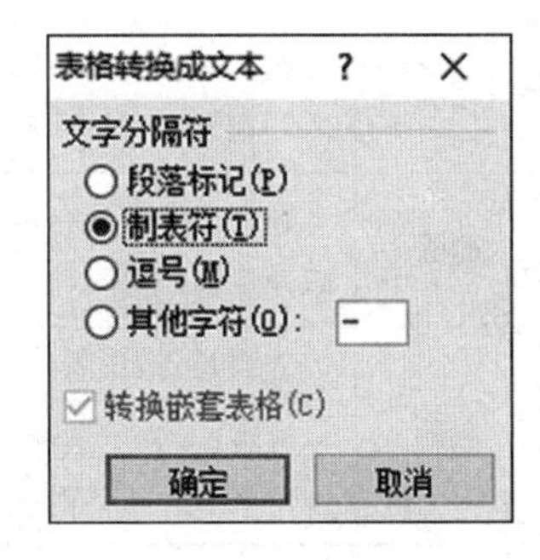

图 5.4.6 “表格转换成文本”对话框

5.4.2 表格的编辑

1. 选定表格对象

在对表格进行格式设置之前，应先选定设置对象，在 Word 2010 中，除了可以使用“选择”按钮进行相关操作外，还可以通过光标来选定对象，方法如表 5.4.1 所示。

表 5.4.1 选定表格对象

选定对象	操　作
单个单元格	将光标移到单元格的左侧，当其变成黑色右上箭头形状时，单击
连续多个单元格	先选定起始单元格，按下〈Shift〉键，再选定结束单元格
不连续多个单元格	先选定起始单元格，按下〈Ctrl〉键，再选定剩余单元格
整行	将光标置于某行左侧（选定栏），当其变成空心右上箭头形状时，单击
整列	将光标置于某列的顶部边框，当其变成黑色向下实心箭头形状时，单击
整个表格	单击表格左上角的“十”字标记

2. 添加或删除表格对象

表格建好后，可对表格对象进行添加或删除，操作如表 5.4.2 所示。

表 5.4.2 添加或删除表格对象

<table>
<tr><th>对象</th><th>添加/删除</th><th>操作步骤</th></tr>
<tr><td rowspan="2">单元格</td><td>添加</td><td>在“插入”选项卡中单击“表格”按钮，在下拉菜单中选择“绘制表格”按钮，直接绘制单元格</td></tr>
<tr><td>删除</td><td>在“表格工具—布局”选项卡的“行和列”命令组中，单击“删除”按钮，在下拉菜单中选择“删除单元格”命令</td></tr>
<tr><td rowspan="3">行</td><td rowspan="2">添加</td><td>方法1：在“表格工具—布局”选项卡的“行和列”组中，单击“在上方插入”（或“在下方插入”）按钮</td></tr>
<tr><td>方法2：将光标放在末行表格边框外，按〈Enter〉键，在表格末行后添加新行</td></tr>
<tr><td>删除</td><td>在“表格工具—布局”选项卡的“行和列”命令组中，单击“删除”按钮，下拉菜单中选择“删除行”命令</td></tr>
<tr><td rowspan="2">列</td><td>添加</td><td>在“表格工具—布局”选项卡的“行和列”命令组中，单击“在左侧插入”→“在右侧插入”按钮</td></tr>
<tr><td>删除</td><td>在“表格工具—布局”选项卡的“行和列”命令组中，单击“删除”按钮，在下拉菜单中选择“删除列”命令</td></tr>
<tr><td rowspan="2">整个表格</td><td rowspan="2">删除</td><td>方法1：选中表格，按〈Backspace〉键</td></tr>
<tr><td>方法2：在“表格工具—布局”选项卡的“行和列”命令组中，单击“删除”按钮，在下拉菜单中选择“删除表格”命令</td></tr>
</table>

3. 清除表格内容

输入表格内容（或者复制了某个表格）之后，如果想要删除或修改表格中的所有内容，无须逐个删除单元格内容，只需要选中表格，按〈Delete〉键，即可清除表格中所有内容，且表格格式不变。

4. 移动表格内容

使用〈Shift + Alt + 方向键〉组合键，可将表格中整行内容移动到其他行上。当表格内容已经移动到表格最首/末行时，若使用该组合键，则执行表格水平拆分操作。

5. 合并或拆分单元格

1）合并单元格

合并单元格指将两个或多个单元格合并成为一个单元格。选定要合并的单元格，在“表格工具—布局”选项卡的“合并”组中，单击“合并单元格”按钮，即可完成单元格合并。

2）拆分单元格

拆分单元格指将一个单元格拆分为两个或多个单元格。选定要拆分的单元格，在“表格工具—布局”选项卡的“合并”命令组中，单击“拆分单元格”按钮，弹出“拆分单元格”对话框，在行数、列数文本框中输入数据，单击“确定”按钮，即可完成单元格拆分。

6. 拆分表格

表格插入之后，若想将表格拆分为两个或多个表格，则可以使用拆分表格来完成操作，具体操作如表 5.4.3 所示。

表 5.4.3　拆分表格

拆分对象	操　作
水平拆分	方法 1：将光标移到要水平拆分为第二个表格的首行处，在“表格工具—布局”选项卡的“合并”组中，单击“拆分表格”按钮
	方法 2：选定要水平拆分为第二个表格的所有单元格，按〈Ctrl + Shift + Enter〉组合键
	方法 3：选定要水平拆分为第二个表格的所有单元格，按〈Ctrl + Enter〉组合键，将表格拆分到不同页上
垂直拆分	选定要垂直拆分为第二个表格的所有单元格，按下左键，将其拖曳到要拆分的位置后，松开左键

5.4.3　表格格式化

为了表格更加美观，通常会对表格进行格式化设置，如调整单元格大小、表格内容的对齐方式等。

1. 调整单元格大小

1）精确调整

方法 1：选定表格之后，在“表格工具—布局”选项卡的“单元格大小”组中，通过“高度”“宽度”等文本框对单元格的大小进行精确调整。

方法 2：在“表格工具—布局”选项卡的“表”组中，单击“属性”按钮，弹出“表格属性”对话框，对单元格的大小进行精确调整。

2）自动调整

选定表格之后，在“表格工具—布局”选项卡的“单元格大小”命令组中，单击“自动调整”按钮，在下拉菜单中根据窗口或内容来调整单元格大小。

3）手动调整

将光标放置在单元格的边框上，待光标变成双向箭头后，单击，待标尺上出现虚线后，拖动光标可以调整单元格大小。

注意：当表格中内容的字体大小大于行高时，调整单元格大小不会得到想要的效果。

2. 调整表格大小

利用鼠标可快速调整表格的大小，从而简化逐行或逐列调整单元格，以达到整体修改的操作步骤。

操作方法：将光标置于表格的任意位置，待表格的右下角出现“口”字形控点（图 5.4.7）时，单击该控点并拖动鼠标，即可对整个表格的大小进行调整。

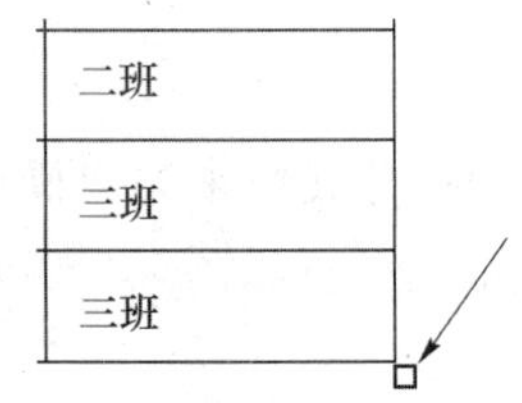

图 5.4.7 “口”字形控点

3. 套用表格样式

使用 Word 2010 提供的表格样式库，可以快速完成表格的美化。

操作方法：选定整个表格，在“表格工具—设计”选项卡的“表格样式”命令组，在“快速表格样式库”中选择合适的表格样式单击即可。将光标置于选中的样式上，即可预览表格样式，还可看到表格样式名称。

表格套用样式时，用户除了可以使用样式库中的已有样式，还能够自定义表格样式。

4. 设置边框和底纹

除了可以通过套用表格样式来给表格设置边框颜色、填充、底纹等，还可以通过设置边框和底纹来完成此设置。

方法 1：在“表格工具—设计”选项卡的“表格样式”命令组中，单击“底纹”或“边框”按钮，即可进行设置。

方法 2：在“表格工具—设计”选项卡的“绘图边框”命令组中，也可进行边框设置。

5. 设置内容对齐方式

在 Word 2010 中，单元格的内容有 9 种对齐方式，以“左对齐”为默认的对齐方式。可在“表格工具—布局”选项卡的“对齐方式”命令组中，对表格进行设置，如图 5.4.8 所示。

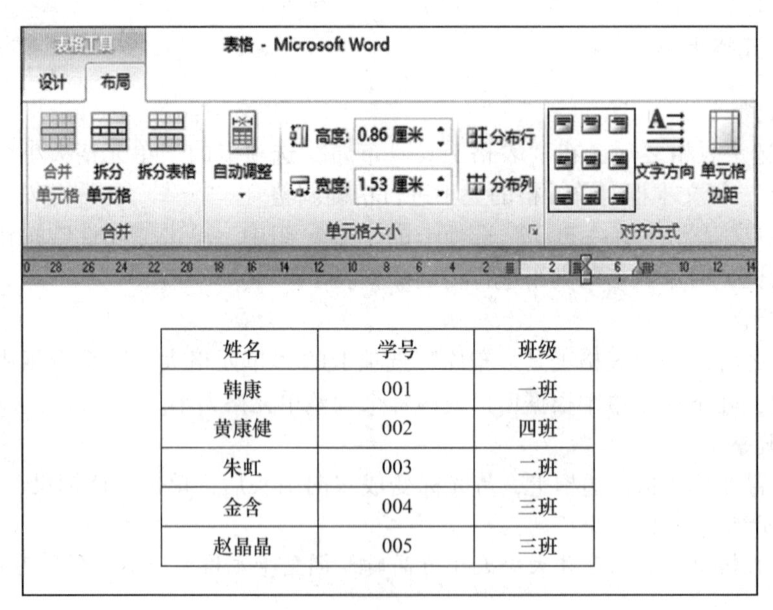

图 5.4.8 设置内容对齐方式

6. 跨页处理

1）重复标题行

重复标题行指当表格跨页时，使标题行出现在后续页面表格上而进行的设置。

操作方法：选定要重复显示的标题行，在“表格工具—布局”选项卡的“数据”组中，单击“重复标题行”按钮。

2）断行处理

如果表格最后一行的内容为双行，在本页不能完全显示，那么表格会在后续页自动生成一行；若用户希望这行内容显示在本页，则要进行断行处理设置。

操作方法：在“表格工具—布局”选项卡的“表”组中，单击“属性”按钮，弹出“表格属性”对话框，如图5.4.9所示；选择“行”选项卡，取消对“允许跨页断行”复选框中的勾选，单击“确定”按钮即可。

图5.4.9 “表格属性”对话框

5.4.4 表格的排序与运算

表格中的数据有时需要进行数据处理，如算术运算、排序等。

1. 表格的排序

在对数据进行处理时，有些情况需要进行排序，具体操作步骤如下：

第1步：在“表格工具—布局”选项卡的“数据”组中，单击“排序”按钮，弹出“排序”对话框，如图5.4.10所示。

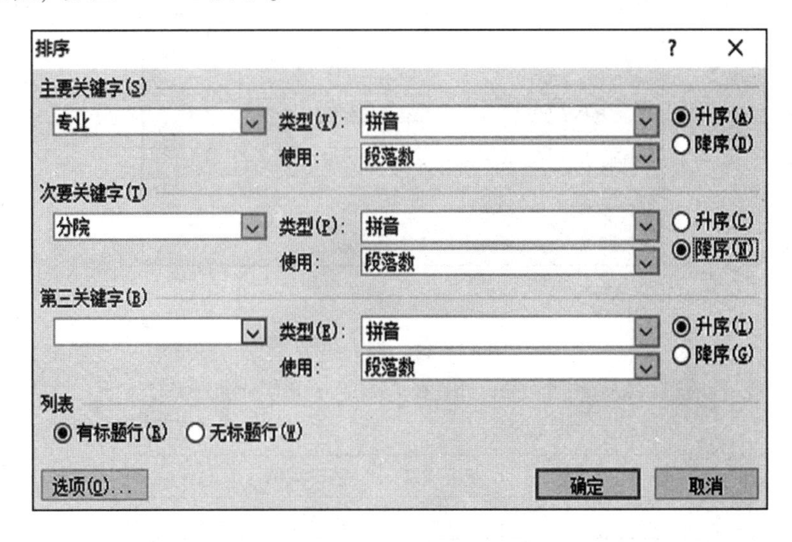

图5.4.10 “序排”对话框

第2步：在“排序”对话框中，先在“列表”组中选择表格有无标题，再按照排序要求选择排序关键字、升序或者降序排序，单击“确定”按钮。

在Word 2010中，数据的排序最多为三重排序：主要关键字排序、次要关键字排序、第三关键字排序。排序类型有日期、笔画、拼音、数字四种，升序或降序排序由用户按照实际需求进行选择。

2. 表格的计算

在 Word 2010 中，可以利用函数或者公式对表格中的数据进行简单计算。

	A	B	C	D
1	A1	B1	C1	D1
2	A2	B2	C2	D2
3	A3	B3	C3	D3

图 5.4.11　单元格命名规则

表格的单元格都有自己的名称，称为单元格地址。Word 单元格地址的命名方式与 Excel 电子表格的单元格地址命名方式一致，列以字母命名，行以数字命名，单元格地址为行号 + 列号。如图 5.4.11 所示，第一行左起第一个单元格地址为 A1，第二行左起第一个单元格地址为 A2。

操作方法：选中需要输入计算结果的单元格，在“表格工具—布局”选项卡的“数据”命令组中，单击“公式”按钮，弹出“公式”对话框，在对话框中输入计算公式或函数（图 5.4.12）后，单击“确定”按钮，在表格即可显示计算结果，如图 5.4.13 所示。

学号	姓名	英语成绩	语文成绩	总评成绩
01	韩康	89	87	
03	黄康健	78	80	
05	朱虹	100	96	
04	金含	65	78	
02	赵晶晶	60	68	

(a)

公式　?　×

公式(F):

=SUM(C2,D2)

编号格式(N):

粘贴函数(U):　粘贴书签(B):

确定　取消

(b)

图 5.4.12　插入函数

（a）选中单元格；（b）在“公式”对话框中输入函数

学号	姓名	英语成绩	语文成绩	总评成绩
01	韩康	89	87	176
03	黄康健	78	80	
05	朱虹	100	96	
04	金含	65	78	
02	赵晶晶	60	68	

图 5.4.13　函数计算结果

在 Word 中，常用的函数可以在“粘贴函数”下拉框中进行选择，如 SUM 函数（用于求和）、AVERAGE 函数（用于求平均值）等。参数和参数之间用西文“,”隔开；如果参数为连续区域，则可用“起始单元格地址：结束单元格地址”来表示。

5.5 文档美化

Word 提供了艺术字、剪贴画、图片、超链接等对象的插入功能，可用于美化文档。

5.5.1 插入封面

在设置专业文档时，通常需要加入封面，Word 2010 在内置封面库中提供了许多设置完整的封面，用户可在封面上的文本框中直接输入标题、作者、日期等信息。

操作方法：在“插入”选项卡 的“页”组中，单击“封面”按钮，在弹出的下拉菜单中，可以根据文档风格选择合适的内置封面。在选定封面后，单击该封面，即可在文档的首页形成一个新的页面并插入该封面。

在 Word 2010 中，有 19 个内置封面。除了使用内置封面，用户若有其他使用需求，则既可从 Office. com 中获取更多封面，也可以自定义设置。

5.5.2 图文处理

在文档排版工作中，图片排版非常重要，它可以更好地阐述文档中的内容，使文档更灵动，从而提高文档的可读性。

1. 插入图片

在“插入”选项卡的“插图”组中，单击相应的按钮，可以插入想要的图片，并对其进行编辑。

1）剪贴画

剪贴画是一些矢量图，存放在剪辑管理器中。在剪辑管理器中，除了剪贴画外，还存储着音频、视频等其他媒体文件。

操作方法：单击“剪贴画”按钮，弹出“剪贴画”任务窗格，如图 5. 5. 1 所示；在弹出的下拉框中选择“结果类型”命令，单击“搜索”按钮，在列表框中将出现存放的所有剪贴画。此外，还可以从Office. com 中获取。

图 5. 5. 1 “剪贴画”任务窗格

2）屏幕截图

单击“屏幕截图”按钮，在弹出的下拉列表框中单击选定截图，Word 文档会将截取的图片自动插入光标所在位置。

屏幕截图分为可用视窗和屏幕剪辑。可用视窗是将打开的所有任务窗口显示在列表上，用户直接选择要截取的任务窗口，截取的结果是整个窗口界面；屏幕剪辑是指对文档界面下打开的最后一个任务窗口进行截取，用户可选择截取窗口界面的某一部分。

3）文件图片

单击“图片”按钮，弹出“插入图片”对话框，通过选择路径及图片类型寻找需要的文件图片，单击“插入”按钮，即可插入文件图片。

2. 图片处理

图片插入完成后，单击图片，选项卡上会出现“图片工具—格式”选项卡，可在这个选项卡中完成对图片的处理工作。

1）调整图片的位置和自动换行

在文字和图片结合的情况下，往往会布局冲突，要解决这个问题，则需要调整图片的位置，并设置自动换行。

（1）位置。

图片位置是指插入的图片在页面上的排版位置，默认方式为“嵌入文本行中”，用户也可根据文档的实际使用情况设置为“文字环绕”。将光标置于相应的位置模式上，即可预览图片设置的效果。

操作方法：在“图片工具—格式”选项卡的“排列”组中，单击“位置”按钮，在下拉菜单中进行选择，如图 5. 5. 2 所示。

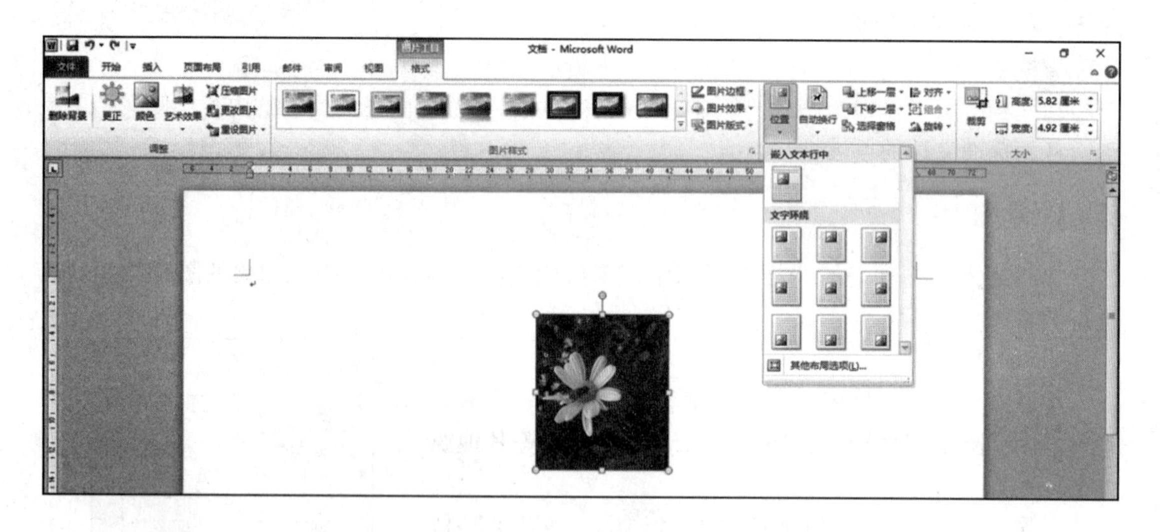

图 5. 5. 2　设置图片位置

（2）自动换行。

自动换行是指图片与文字的环绕方式，环绕类型有嵌入型、四周型环绕、紧密型环绕、上下型环绕、衬于文字下方、衬于文字上方、穿越型环绕等。

操作方法：在“图片工具—格式”选项卡的“排列”组中，单击“自动换行”按钮，在弹出的下拉菜单中进行选择。

2）设置图片组合

当插入多个图片或对象时，可以将他们组合成为一个整体。组合后，多个图片对象变为一个对象，当对整体对象进行调整时，对象的位置、大小、边框等效果都会统一发生变化，既节省用户的操作步骤，又维护了格式的一致性。

操作方法：按下〈Ctrl〉键，分别选中需要组合的图片，在“图片工具—格式”选项卡的“排列”组中，单击“组合”按钮，在下拉列表中选择“组合”选项。

组合完成后，会在组合的整体外出现虚线外框，单击虚线外框后，虚线变为实线，即完成组合设置。图片组合后，除了可以对整体进行效果设置外，还可以对单独的对象进行处理。

3）调整图片大小

插入图片后，在图片边框上会出现8个控点。其中，4个圆形控点出现在图片的四角，4个正方形控点出现在图片的四条边。将光标置于控点位置，当光标变为双向箭头时，即可调整图片的大小。

除了通过光标调整，还可以在工具栏上对图片大小进行调整，这样的调整称为精确调整。在“图片工具——格式”选项卡的“大小”组，在“高度”“宽度”文本框中输入需要的图片尺寸，输入完成后按〈Enter〉键即可。

4）图片裁剪

当只需要使用图片的某一部分时，可以对图片进行裁剪操作。

操作方法：在“图片工具—格式”选项卡的“大小”组中，单击“裁剪”下拉按钮，选择“裁剪”选项，图片四周会出现8个控点。其中，4个黑色直角控点出现在图片的四角；4个黑色直线控点出现在图片的四边，如图5.5.3所示。将光标置于控点位置，当光标变为黑色直角或黑色“T”形时，即可裁剪图片。

图5.5.3 剪裁图片

“裁剪”选项裁剪出来的图片为四边形，若需要将图片裁剪为其他形状，则可在“裁剪”下拉按钮中选择“裁剪为形状”选项，然后选择合适的形状进行裁剪。

裁剪完成后，既可单击文档空白处退出裁剪模式，也可通过按〈Esc〉键或者按〈Enter〉键退出裁剪模式。

需要注意的是：图片裁剪完成后，裁剪出多余的那部分图片并没有被删除而是依然会保留在文档中。若想要彻底将这部分图片删除，则需要进行以下操作：

在“图片工具—格式”选项卡的“调整”组中，单击“压缩图片”按钮，弹出“压缩图片”对话框，如图5.5.4所示。在“压缩选项”组中选中“删除图片的剪裁区域”复选框，单击“确定”按钮。

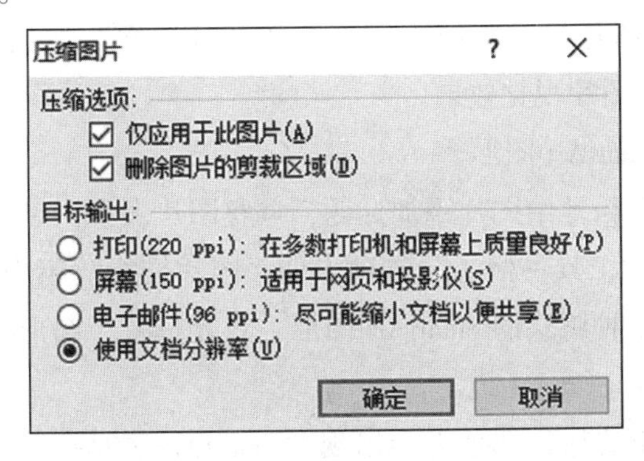

图5.5.4 “压缩图片”对话框

5）删除图片背景

当插入的图片不能满足要求，要保留主体做进一步处理时，可采用删除背景功能。

操作方法：选中要处理的图片，在“图片工具—格式”选项卡的“调整”组中，单击“删除背景”按钮。

删除背景时，图片保留部分不变，需要删除部分以紫色填充凸显（图 5.5.5），而且工具栏上方会出现“背景消除”选项卡（图 5.5.6）。在该选项卡中，用户可以通过“标记要保留的区域”或“标记要删除的区域”来微调图片。微调时，光标变为铅笔形状，标记符“+”表示“标记要保留的区域”，标记符“-”表示“标记要删除的区域”。

图 5.5.5 删除图片背景

图 5.5.6 “背景消除”选项卡

6）设置图片样式

前面提到，文本样式可以为操作对象提供格式设置，图片样式同样可以对插入的图片对象进行快速格式设置。

操作方法：选中要处理的图片，在“图片工具—格式”选项卡的“图片样式”组中有“图片样式库”，将光标置于样式上，即可预览效果，单击后，样式被使用。

7）图片边框和效果

如果“图片样式库”中提供的样式不能满足排版需求，那么用户可以自己设计图片的边框颜色、边框粗细以及图片视觉效果，如“阴影”“发光”“三维旋转”。在“图片工具—格式”选项卡的“图片样式”组中，单击“图片边框”按钮来设置图片边框或单击“图片效果”按钮来设置图片视觉效果。

8）将图片转换为 SmartArt 图形

使用该功能，可以轻松地给图片添加标题，调整图片大小，对图片添加注释。

操作方法：在“图片工具—格式”选项卡的“图片样式”组中，单击“图片版式”按钮，下拉选项框里出现各种版式的 SmartArt 图形，将光标置于图形上，可查看到该 SmartArt 图形的名称以及效果预览。

转换为 SmartArt 图形之后，选项卡会出现“SmartArt 工具—设计”选项卡和“SmartArt 工具—格式”选项卡，对 SmartArt 图形的所有操作都在这两个选项卡里进行。

5.5.3 插入其他对象

1. 插入形状

Word 中可以插入一些线条、矩形、流程图等形状，插入的形状有很强的组合能力。

操作方法：在“插入”选项卡的“插图”组中，单击“形状”按钮，可在打开的“形状库”中选择合适的图形进行插入，如图 5.5.7 所示。插入时，光标变为黑色“十”字形状，在文档中的合适位置拖动鼠标，即可插入形状。插入的形状的颜色、样式与 Word 文档的主题有关，用户也可以在“绘图工具—格式”选项卡中自行定义。在插入对称形状（如正方形、圆形、等边三角形等）时，需要按下〈Shift〉键。

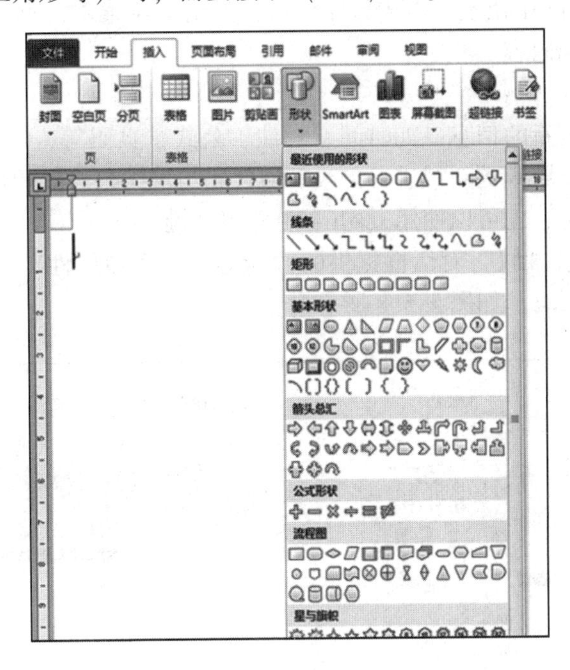

图 5.5.7 插入形状

插入形状之后，会出现“绘图工具”选项卡，对插入形状的所有操作都在这里进行。

2. 文本框

文本框是一种可移动、可调大小的文字或图形的容器。

操作方法：在“插入”选项卡的“文本”组中，单击“文本框”按钮，在打开的“文本框库”中选择合适的文本框进行插入。用户还可以根据实际需求进行文本框绘制，绘制的文本框有横向和竖排。绘制时，光标变为黑色“十”字形状，在文档中的合适位置拖动鼠标，即可绘制。

文本框绘制好后，会出现“绘图工具—格式”选项卡，在该选项卡中可对文本框进行格式设置，设置方式与形状的格式设置方式类似。

3. 文档部件

“文档部件”命令是将需要进行创建、存储和重复使用的文档内容封装成一个独立整体的操作。Word 的该功能为文档反复使用已有的格式设计或文本内容提供了非常便利的操作。

操作方法：在“插入”选项卡的“文本”组中，单击“文档部件”按钮，在弹出的下拉菜单中会出现“自动图文集”“文档属性”“域”“构建基块管理器”“将所选内容保存到文档部件库”等命令。

1）自动图文集

自动图文集是指可存储和反复插入使用的内容。

2）文档属性

文档属性只在 Word 中出现，单击该命令后，弹出下拉菜单，菜单项为文档的属性，选择合适属性后输入文档内容。

3）域

域可以提供自动更新的信息，如时间、题注、公式、页码等，当文档内容需要更新时，可以使用域代码、编辑域或更新域进行更改。域代码与域结果之间的切换可以在单击右键后弹出的快捷菜单中进行，也可以使用〈Alt + F9〉组合键。

在插入域时，根据“域”对话框提供的“域名称”“域属性”“域选项”来进行。例如，插入文档的当前页码，如图 5.5.8 所示。

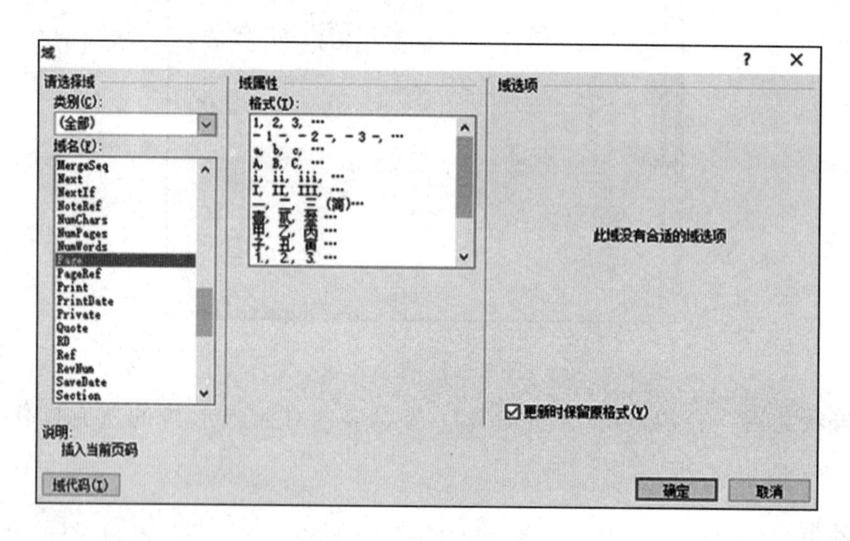

图 5.5.8　插入文档当前页码

在页眉或页脚处插入日期域后，日期会随系统日期而改变。

4）构建基块管理器

单击该命令后，在弹出的“构建基块管理器”对话框中，可以选择并预览 Word 中能使用的所有构建基块，在弹出的对话框中可以编辑属性，删除和插入构建基块。

5）将所选内容保存到文档部件库

在文档中选择要保存为文档部件的内容，在“插入”选项卡的“文本”组中，单击“文档部件”按钮，然后选择“将所选内容保存到文档部件库”选项。

在“新建构建基块”对话框中输入相关信息，如图5.5.9所示。单击“确定”按钮后，即可保存文档部件。在将所选内容保存到文档部件库后，单击“文档部件”按钮，然后从库中选择相应内容来重复使用。

新建构建基块
名称(N): 简历
库(G): 表格
类别(C): 常规
说明(D):
保存位置(S): Building Blocks
选项(O): 仅插入内容
确定 取消

图 5.5.9 “新建构建基块”对话框

4. 超链接

超链接又被称为超级链接，它以特殊编码的文本或图形的形式来实现链接跳转，链接对象可以是文本、图形、图像、网址、电子邮件等。

操作方法：在文档中选中链接对象（如文本、图片、形状等），在“插入”选项卡的“链接”组中，单击“超链接”按钮，弹出“插入超链接”对话框，如图5.5.10所示；用户根据链接情况选择插入链接目标对象，单击“确定”按钮，即可插入超链接。超链接添加成功后，标志对象会发生变化，如文本对象默认变化为：有下划线且字体颜色变为其他颜色，光标放置到标志对象上有链接路径显示，按下〈Ctrl〉键，待光标变为手指形状，单击文本即可以跳转到超链接的目标对象。

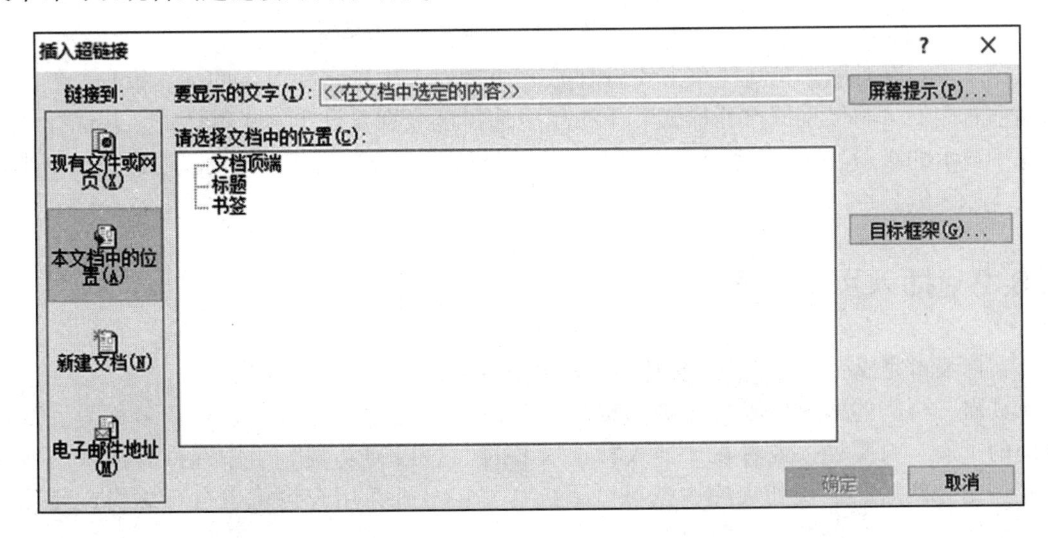

图 5.5.10 “插入超链接”对话框

5.6 文档排版

5.6.1 设置多级列表

在较长的文档中，总是会涉及标题样式为多个级别的情况，当希望使用相同样式并且文档会根据样式进行同级别自动编号的操作时，则需要利用“多级列表”按钮对长文档进行设置。

方法1：在“开始”选项卡的“段落”组中，单击“多级列表”按钮，弹出“多级列表库”。若在列表库中有适合的多级列表，则可以直接单击使用。

方法2：在使用多级列表时，用户也可以自定义多级列表。具体操作步骤如下：

第1步：在“开始”选项卡的“段落”命令组中，单击“多级列表”按钮，在下拉菜单中选择“定义新的多级列表”，弹出“定义新多级列表”对话框，如图5.6.1所示。单击“更多”按钮，在对话框右侧会弹出更多选项。

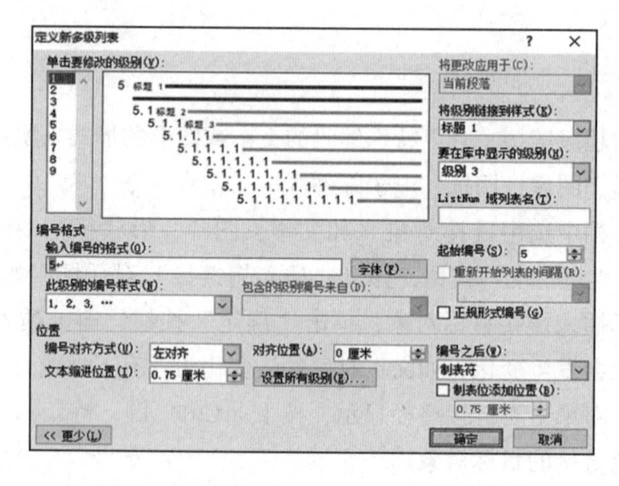

图5.6.1 “定义新的多级列表”对话框

第2步：在对话框左侧“单击要修改的级别”列表中选定要设定的标题级别，然后在对话框右侧的“将级别链接到样式”下拉单中选择该级别要设定的文本样式，并选择“要在库中显示的级别”，设置完成后，单击“确定”按钮，长文档会根据设置的样式级别来显示文本标题编号。

5.6.2 插入页眉和页脚

文档编辑完成后，为了使其整体更规范，可为页面插入页眉和页脚。

页眉、页脚的样式可以是多种多样的，如图片、艺术字、页码、章节名称等。双击页面的页眉、页脚处，或者在“插入”选项卡的“页眉和页脚”组中选择要插入内容的相应按钮，然后在下拉列表库中选择合适的样式；另外，用户也可以自行编辑或删除页眉页脚。

在对插入的页眉、页脚进行编辑时，选项卡上会出现“页眉和页脚工具—设计”选项卡，如图5.6.2所示。通过该选项卡，可对页眉、页脚进行设置。

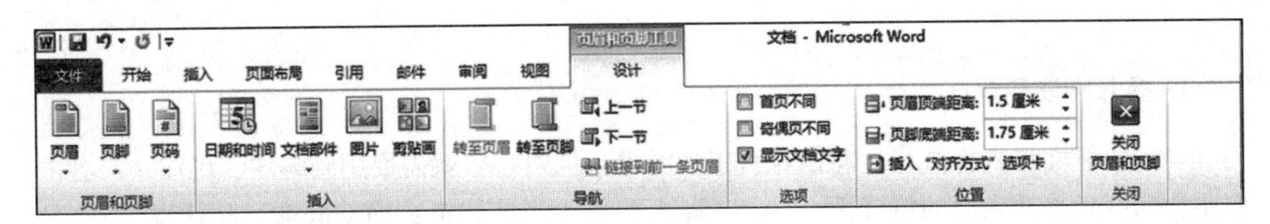

图5.6.2 “页眉和页脚工具—设计”选项卡

1. 插入页码

在页眉、页脚设置中，最常插入的对象是页码，普通的页码插入只需将光标定位在第1页的页眉、页脚位置，在“页眉和页脚工具—设计”选项卡的“页眉页脚”按钮组中，单击“页码”按钮，在弹出的下拉菜单中选择“页面顶端”“页面底端”“页边距”“当前位置”等命令来进行页码插入。

在插入页码的操作中，有些情况需要设置，如希望页码奇数页和偶数页的位置不一致、目录没有页码、页码从正文第一页开始等。设置这些特殊情况时，需要用到“页眉和页脚工具—设计”选项卡下“选项”组中的“首页不同”“奇偶页不同”等复选框。

2. 插入章节名称

在正规文档中，很多情况会将页眉、页脚设置为文档内容的相应章节名称。

操作方法：在页眉、页脚状态下，将光标定位于需要插入章节名称的位置，在“插入”选项卡的“文本”命令组中，单击“文档部件”按钮，在弹出的下拉菜单中选择“域”，弹出“域”对话框，如图5.6.3所示。在域名库中选择“StyleRef”，然后在“样式名”栏中选择章节所要设置的样式，单击“确定”按钮即可。

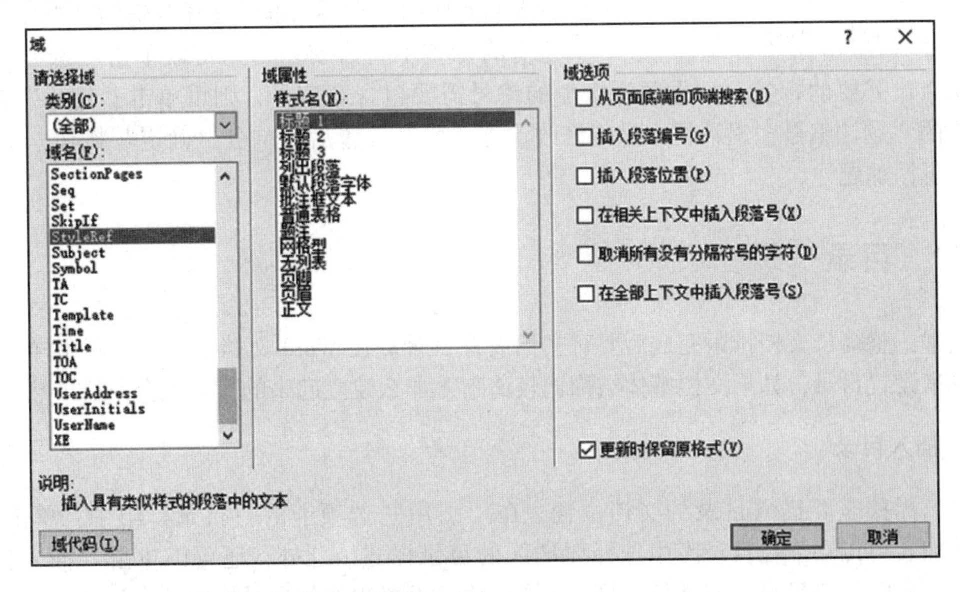

图5.6.3 设置章节名称为页眉页脚

5.6.3 插入脚注、尾注和题注

1. 插入脚注和尾注

当需要对文档内容进行注释或对引用来源进行说明时，就需要用到脚注、尾注，二者的作用相同，只是插入后的位置不一样。“脚注”位于当前编辑页面的底端，默认以“1、2、3、…”为标注序号（用户可修改），用一条短横线与正文隔开；“尾注”位于整篇长文档的尾部，默认以“i、ii、iii、…”为标注序号，用一条短横线与正文隔开。

操作方法：选中需要进行解释的文档内容，在“引用”选项卡的“脚注”组中，单击“脚注”按钮（或“尾注”按钮），即可插入脚注（或尾注），用户只需在其位置输入注释内容。

脚注或尾注插入成功后，若想查看内容，不需要滚动到页面底端或文档尾部，只需要将光标置于插入的标注上，注释内容就会显示。

2. 插入题注

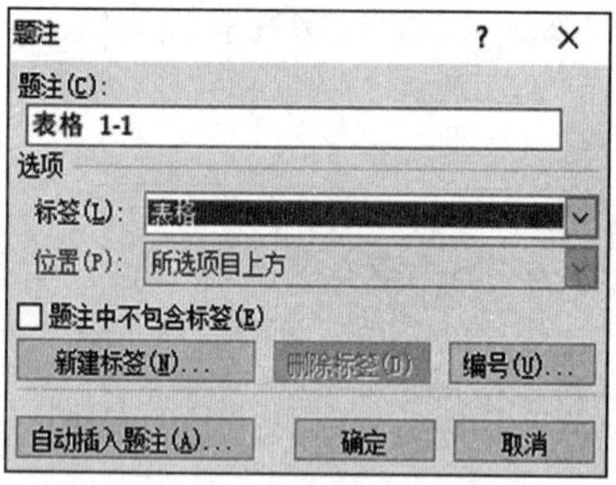

长文档中经常会用图片、表格、公式、图形等对内容进行阐述，当使用的对象越来越多时，就需要对这些对象进行自动编号管理，这种功能称为题注。使用题注编号后，对当前对象进行编辑、插入、删除时，编号会自动进行修改，这将大大提高用户的编辑效率，也保证了编号的正确性。

操作方法：在“引用”选项卡的“题注”组中，单击“插入题注”按钮，弹出“题注”对话框，如图 5.6.4 所示。在对话框中选择合适的“标签”，若已有的标签不符合要求，则可以单击“新建标签”按钮来新建需要的标签；如果题注添加的编号需要包含章节号，则可单击“编号”按钮，在弹出的“题注编号”对话框中进行修改。完成所有设置后，单击“确定”按钮，即可在相应位置添加题注。

图 5.6.4 “题注”对话框

5.6.4 目录

通常，整篇长文档排版完成后要对文档设置目录。在 Word 文档中，通常利用样式或大纲级别来设置目录，如果文档整体结构比较清晰，那么建立起来的目录也会一目了然。

1. 插入目录

将光标移至要插入目录的文档位置，在“引用”选项卡的“目录”组中，单击“目录”按钮，可以在下拉目录库中选择要插入的目录样式。此外，还可以单击“插入目录”按钮，在弹出的“目录”对话框（图 5.6.5）中，设置想要的目录样式。

除了可以设置目录的样式，“目录”对话框中还可以对目录的基本显示进行设置。在“目

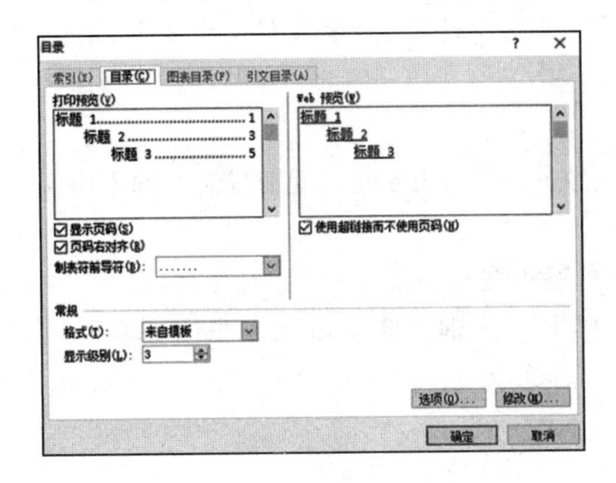

图 5.6.5 “目录”对话框

录”对话框中，单击“选项”按钮，弹出“目录选项”对话框，如图 5.6.6 所示。对应“有效样式”与“目录级别”之间的关系后单击“确定”按钮，目录会在光标位置自动插入。

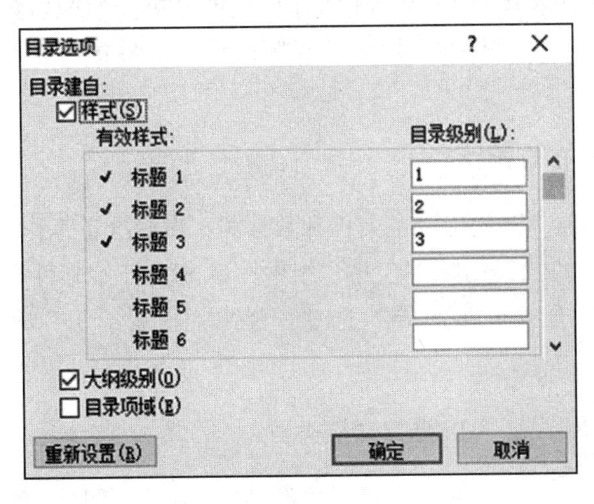

图 5.6.6 “目录选项”对话框

2. 修改目录

在 Word 中，如果在插入目录后又对文档进行编辑或修改，就有可能导致文档的结构或页码发生变化。此时，用户无须重新编辑插入目录，只需要完成“更新目录”操作。

操作方法：在“引用”选项卡的“目录”组中，单击“目录”按钮，在弹出的“更新目录”对话框中选择更新标准即可。

5.7 文档的高级应用

5.7.1 邮件合并

在日常工作中，常常需要大批量处理某些文档，这些文档内容基本一致，只是其中的某些具体信息或对象有所变化，Word 提供了邮件合并功能，以减少重复操作步骤。

邮件合并操作需要有数据源文件与主文档文件两个主体文件，并在合并过程中将二者通过一系列操作结合，输出一个最终文档。因此，在邮件合并操作过程中，有以下几个概念：

1）主文档

主文档指的是内容一致的邮件合并部分，是邮件合并的主体部分。

2）数据源

数据源指的是与主文档相结合、需要产生变化的信息所在的文档。数据源的实质是数据列表，通常存储了姓名、性别、联系电话、职位等字段信息。数据源的格式可以为 Office 地址列表、Access 数据库、Excel 文件、网页、Word 文档、文本文件等格式类型。

3）最终文档

最终文档就是邮件合并完成后输出的包含了所有输出结果的新文档。

在 Word 2010 中，利用邮件合并可以创建的文档类型有信封、信函、电子邮件、标签、目录等。邮件合并的操作方法有使用“邮件合并分布向导”和使用按钮两种方法，下面以制作“录取通知书”为例，具体介绍使用“邮件合并分布向导”进行邮件合并的具体操作步骤。

1. 打开邮件合并分布向导

在进行邮件合并之前，要先确定主文档和数据源，做好准备工作。

在“邮件”选项卡的“开始邮件合并”组中，单击“开始邮件合并”按钮，在弹出的下拉菜单中选择“邮件合并分步向导”选项，弹出“邮件合并”任务窗口，如图 5.7.1 所示。

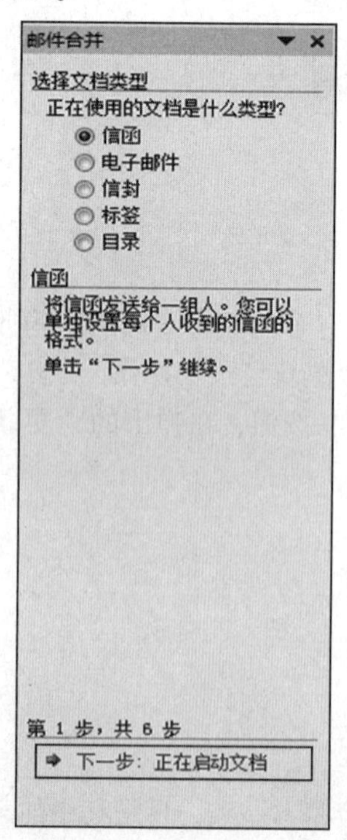

图 5.7.1 选择文件类型

2. 选择文档类型

在“选择文档类型”选项区选择一种希望创建的文档类型（在此以“信函”为例进行介绍），单击“下一步：正在启动文档”按钮。

3. 选择开始文档

这一步骤进行的操作是选择邮件合并的主文档。主文档既可以是目前打开并在操作的当前文档，也可以是模板或者重新打开一个现有文档，如需使用模板或另外的现有文档，则选择文档路径，然后单击“下一步：选取收件人”按钮。

4. 选择收件人

这一步进行的操作是选取该信函收件人的数据源文档。如果需要新建数据源，则选择“键入新列表”；如果数据源是已有文档，则选取“使用现有列表”，单击“浏览”按钮，根据文档的存储路径来进行选择。

当数据源插入成功后（该例插入 Excel 文件），确认数据所在工作表，如图 5.7.2 所示。单击“确定”按钮，弹出如图 5.7.3 所示的“邮件合并收件人”对话框，对收件人信息进行编辑。收件人信息编辑完成后，单击“确定”按钮。然后，单击“下一步：撰写信函”按钮。

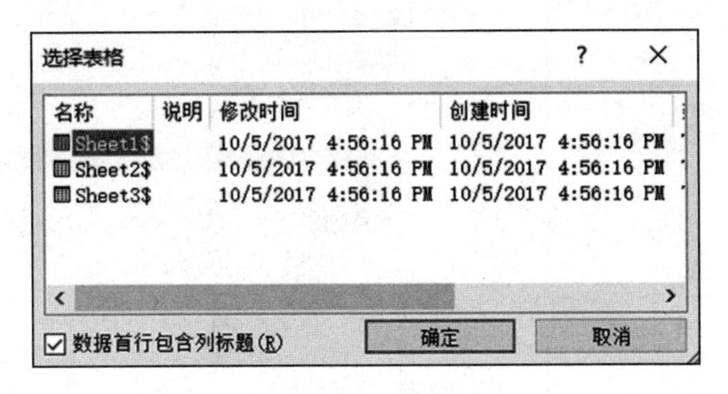

图 5.7.2　选择数据源

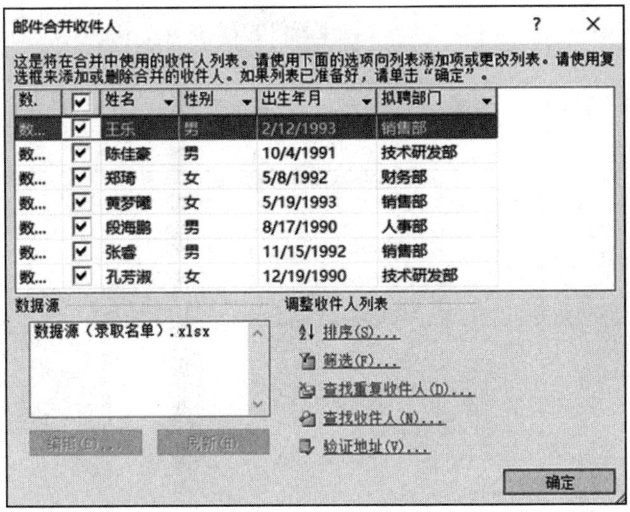

邮件合并收件人

这是将在合并中使用的收件人列表。请使用下面的选项向列表添加项或更改列表。请使用复选框来添加或删除合并的收件人。如果列表已准备好，请单击“确定”。

数.	☑	姓名	性别	出生年月	拟聘部门
数...	☑	王乐	男	2/12/1993	销售部
数...	☑	陈佳豪	男	10/4/1991	技术研发部
数...	☑	郑琦	女	5/8/1992	财务部
数...	☑	黄梦曦	女	5/19/1993	销售部
数...	☑	段海鹏	男	8/17/1990	人事部
数...	☑	张睿	男	11/15/1992	销售部
数...	☑	孔芳淑	女	12/19/1990	技术研发部

数据源

数据源（录取名单）.xlsx

编辑(E)...　刷新(H)

调整收件人列表

排序(S)...

筛选(F)...

查找重复收件人(D)...

查找收件人(N)...

验证地址(V)...

确定

图 5.7.3　“邮件合并收件人”对话框

5. 撰写信函

这一步进行的是对收件人信息插入内容的选取，可以选取的项目有“地址块”“问候语”“电子邮政”“其他项目”，如图 5.7.4 所示。由于在该例中选择插入“姓名”域，因此单击“其他项目”选项。

操作方法：将光标移至主文档中需要插入域的位置，单击“其他项目”选项，弹出“插入合并域”对话框，在“域”选项框中，选择“姓名”，如图 5.7.5 所示。然后，单击“插入”按钮。

当“姓名”域插入成功后，在主文档中的光标位置会出现“«姓名»”字样，表示插入成功，如图 5.7.6 所示。

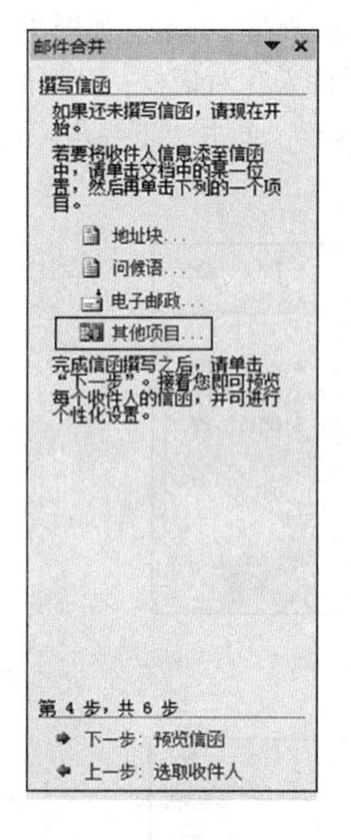

图 5.7.4　撰写信函

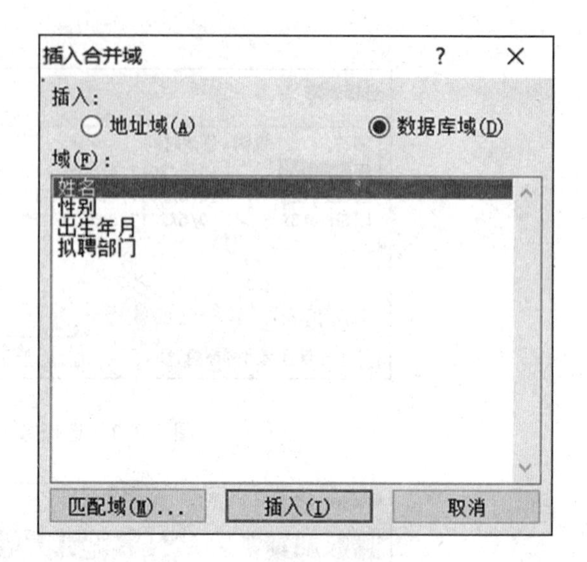

图 5.7.5　“插入合并域”对话框

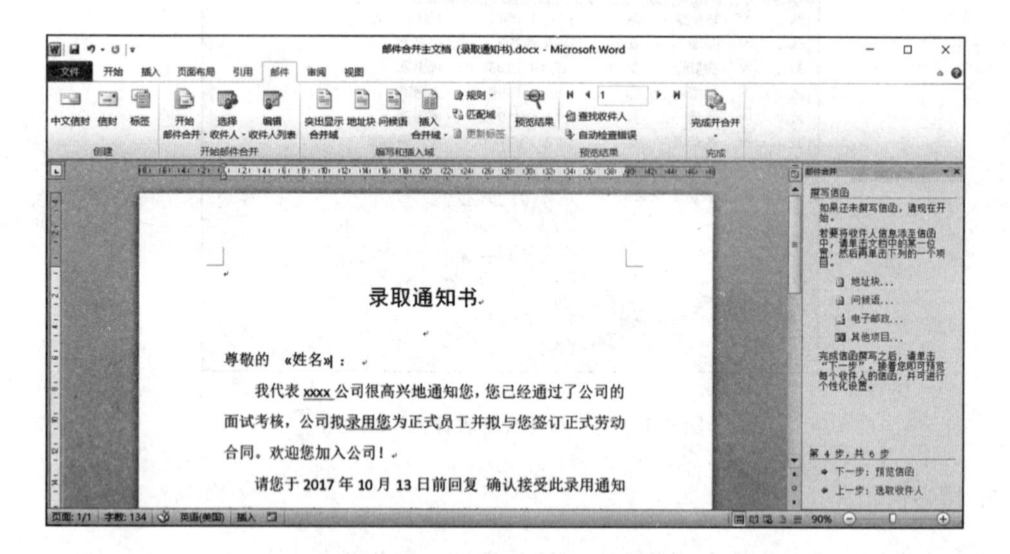

图 5.7.6　成功插入“姓名”域

6. 设置合并规则

在进行邮件合并的过程中，有些特殊情况需要对插入的域进行判断或处理。例如，在邮件合并时，需要对“性别”域进行判断，根据收件人的“性别”域，在最终文档上显现“先生”或“女士”字样。

操作方法：在“邮件”选项卡的“编写和插入域”组中，单击“规则”按钮，在下拉命令菜单中选择“如果…那么…否则”，弹出“插入 Word 域：IF”对话框，如图 5.7.7 所示。输入判断规则，单击“确定”按钮，按照用户输入的规则，在主文档光标所处位置，

Word 会将内容自动输入，如图 5.7.8 所示。当各个域均插入后，就可以单击“下一步：预览信函”按钮。

插入 Word 域: IF
如果
域名(F): 性别
比较条件(C): 等于
比较对象(T): 男
则插入此文字(I): 先生
否则插入此文字(O): 女士
确定 取消

图 5.7.7 “插入 Word 域：IF”对话框

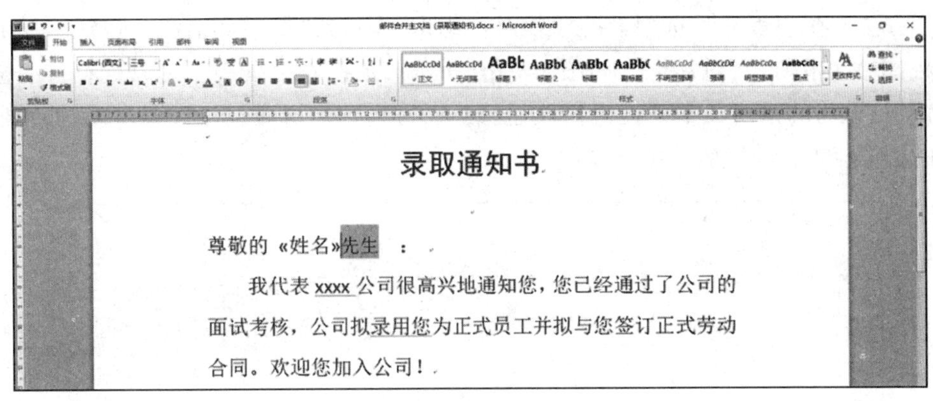

图 5.7.8 性别域插入结果

7. 预览信函

在主文档中，通过预览信函，可以看到所有插入域的具体数据值（如收件人的具体姓名），还可以通过左、右方向键预览所有信函。预览信函确认无误之后，单击“下一步：完成合并”按钮。

8. 完成合并

在“合并”选项区域中，用户既可选择打印目前的合并文档，也可编辑单个信函。下面以编辑单个信函为例，进行说明。

操作方法：选择“编辑单个信函”后，弹出图 5.7.9 所示的“合并到新文档”对话框，在“合并记录”选项区域选中“全部”单选框，然后单击“确定”按钮。

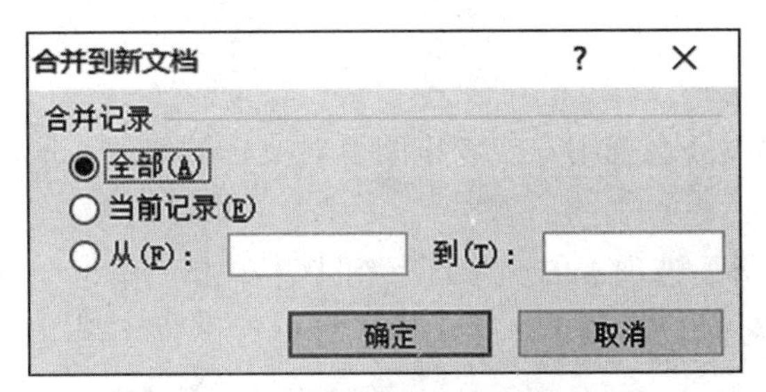

图 5.7.9 “合并到新文档”对话框

完成以上步骤后，Word 会将数据源中的所有收件人信息逐个添加到“录取通知书”中，并生成最终文档。

5.7.2 文档审阅与修订

在文档处理过程中，会出现需要多人共同编辑的情况。Word 2010 提供了修订、更改、比较等命令组，通过这些命令组，可以查看其他用户对文档做出了哪些修改，以及通过查看批注可以了解做出这些修改的原因。

1. 拼写和语法

拼写和语法是在文档编辑完成后为了减少文本中的错误而进行的系统校对。

操作方法：在“审阅”选项卡的“校对”组中，单击“拼写和语法”按钮，弹出“拼写和语法:中文(中国)”对话框，如图 5.7.10 所示。在该对话框中，可以查看自动检测到的 Word 软件认为的错误文本并提出修改建议，在检查到错误时，光标会自动跳转到 Word 文档中的相应位置，并以蓝色填充显示。

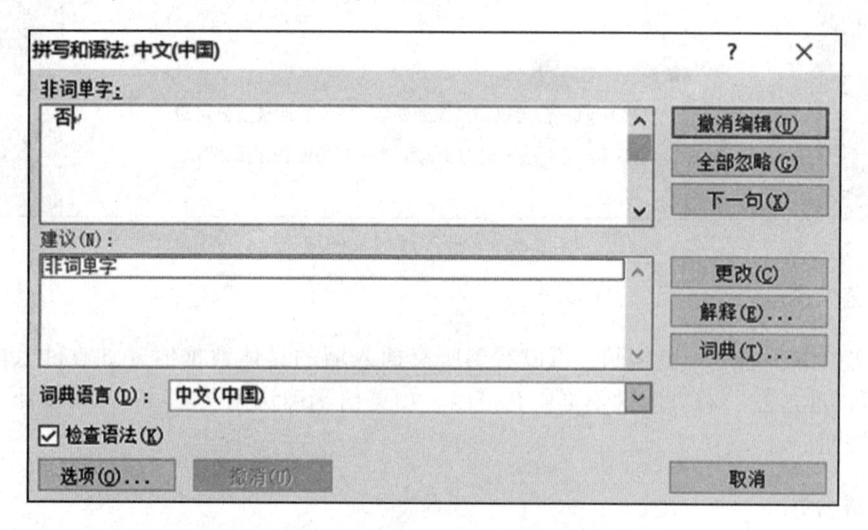

图 5.7.10 “拼写和语法:中文(中国)”对话框

在更正时，用户可以选择“更改”或者“忽略一次”“全部忽略”“下一句”等按钮，Word 会对文档中的错误逐一修改；当所有文档检查完毕后，弹出“拼写和语法检查已完成”提示框。

2. 修订

启动修订功能时，Word 会把用户或者审阅者对文档的修改、删除、插入等编辑及其位置进行标记。

操作方法：在“审阅”选项卡的“修订”组中，单击“修订”按钮，可以直接对文档进行修订标记。如果要对标记的颜色、标记样式等进行设置，则可以单击“修订选项”按钮进行设置。

在“审阅”选项卡的“修订”组中，单击“审阅窗格”按钮，可在 Word 文本的左侧出现“审阅窗格”任务窗格，在该窗格中可以查看所有修订标记。

3. 批注

当多人共同编辑时，若需要对做出的修改进行解释或做出一些标记，就可以在文档中插入“批注”。在进行标记时，“批注”并不像修订那样会在原文档上做出修改，而是在文档的空白处添加一些方框，可在方框中输入注释，该注释可以是文本、音频或视频。

操作方法：选择需要插入“批注”的文本，在“审阅”选项卡的“修订”组中，单击“新建批注”按钮，在 Word 文本的右侧出现“批注”框，输入或插入相关注释即可。

如果需要删除某条批注，则可以右键单击该批注，在弹出的快捷菜单中选择“删除批注”命令，或在“审阅”选项卡的“修订”组中，单击“删除”按钮。

5.7.3 文档保护

Word 2010 为文档提供了多种保护方法，如将文档标记为最终状态、用密码进行加密、限制编辑等。

1. 将文档标记为最终状态

“只读”状态是指用户只可以对文档进行浏览，不能对其进行插入、删除等操作。

当需要共享文档时，可以利用“将文档标记为最终状态”命令，将文档设置为最终状态。该命令的作用：让其他用户了解到该文档为最终版本，且该文档被设置为“只读”状态。

操作方法：单击“文件”按钮，在出现的选项组中选择“信息”选项，单击“保护文档”按钮，选择“将文档标记为最终状态”选项，即可完成设置。

2. 用密码进行加密

单击“文件”按钮，在出现的选项组中选择“信息”选项，单击“保护文档”按钮，选择“用密码进行加密”选项，弹出“加密文档”对话框，如图 5.7.11 所示。在该对话框中输入设置的密码，单击“确定”按钮，即可用密码对文档进行加密。

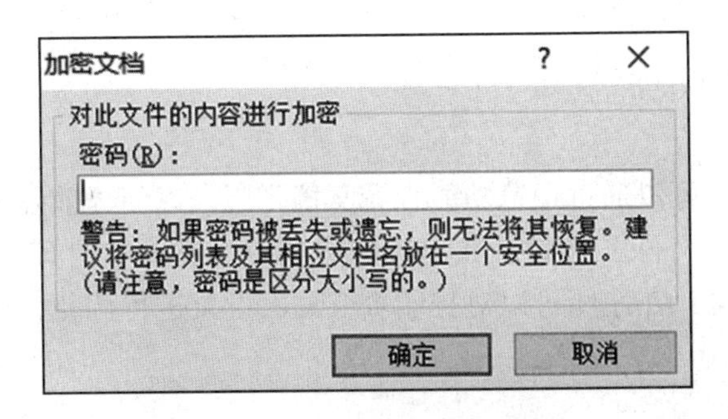

图 5.7.11 “加密文档”对话框

设置完密码后，Word 会弹出“确认密码”对话框，在对话框中再次输入设置的密码，单击“确定”按钮。通过设置密码，可以保护要打开编辑的文档，然而，密码一旦丢失或遗忘，将无法找回，因此一定要记住设置的文档密码。

如果需要取消密码，则操作步骤与设置密码的步骤相同，只需将对话框中的密码删除即可。

3. 限制文档编辑

在 Word 文档中，为了限制其他用户对文档可编辑的类型，可以使用“限制文档编辑”功能。

操作方法：单击“文件”按钮，在出现的选项组中选择“信息”选项，单击“保护文档”按钮，选择“限制编辑”选项；或在“审阅”选项卡的“保护”组中，单击“限制编辑”按钮。

在 Word 文档的右侧弹出“限制格式和编辑”任务窗格，如图 5.7.12 所示。用户可以根据实际需求限制格式设置和限制编辑；设置完成后，单击“是，启动强制保护”按钮。

在弹出的“启动强制保护”对话框中输入并确认密码后，开启限制，如图 5.7.13 所示。

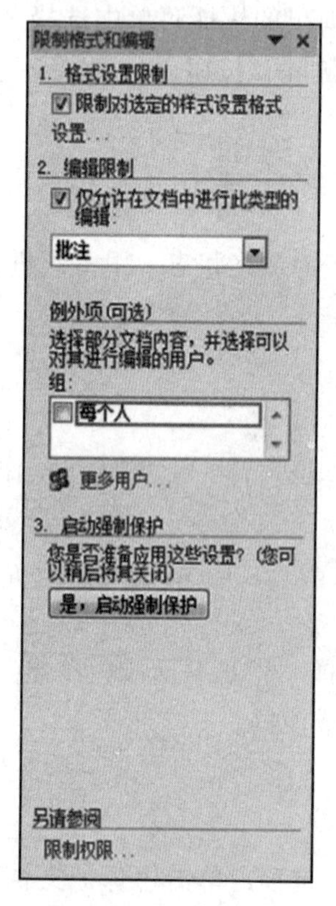

图 5.7.12 “限制格式和编辑”任务窗格

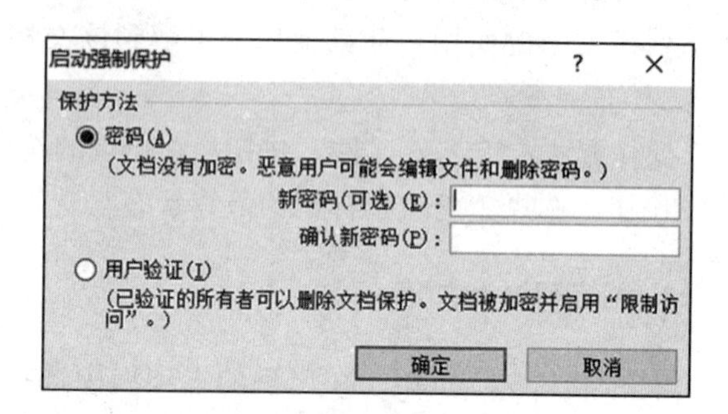

图 5.7.13 “启动强制保护”对话框

5.7.4 打印文档

在打印文档之前，可以通过预览功能查看文档排版，以便提前发现错误。

操作方法：单击“文件”按钮，在出现的选项组中选择“打印”选项，即可在后台视图的右侧查看打印预览，在左侧可以对打印机或页面设置进行调整，如图 5.7.14 所示。

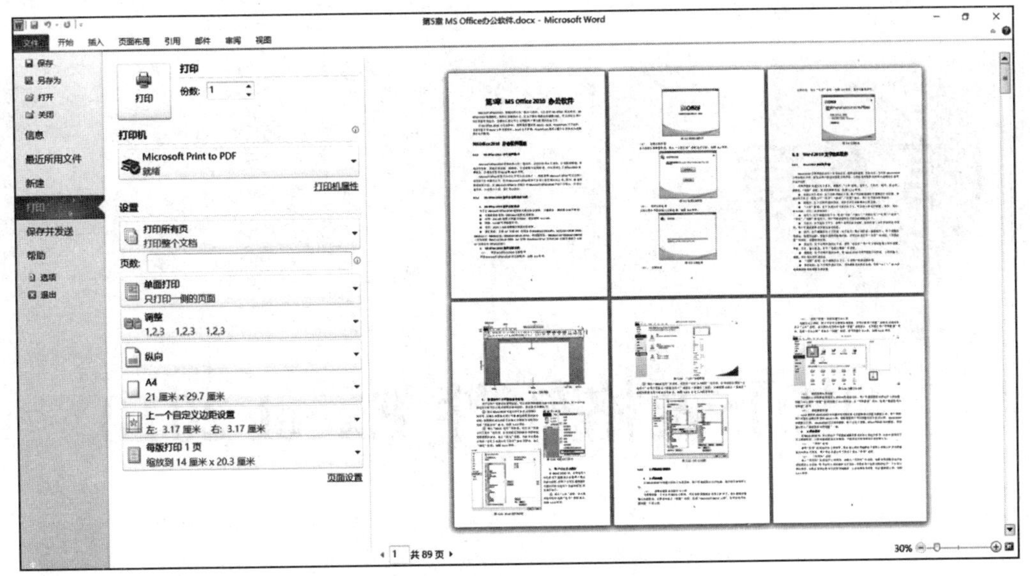

图 5.7.14 “打印”后台视图

思考题

1. 在 Word 应用界面中，标尺的作用是什么？
2. 如何在快速访问工具栏添加按钮？
3. 在 Word 2010 中，内容的输入有哪几种状态？
4. 在 Word 2010 中，剪贴板可存放多少个对象？
5. 如何在 Word 文档中添加水印并进行修改？
6. 如何在 Word 文档中插入图片？插入的图片来源有哪些？怎样对图片进行背景移除操作？如何编辑图片？
7. 如何在 Word 文档中将所选内容保存到文档部件库？

第 6 章

电子表格软件 Excel 2010

Microsoft Excel 是一款电子表格软件，可以对数据进行输入、计算、统计、分析等多项操作，并生成精美的图表、透视图等，让数据分析一目了然。本章将通过 Excel 2010，介绍电子表格的创建、编辑、公式、函数、数据分析和处理等操作。

6.1 Excel 2010 的基本操作

6.1.1 Excel 2010 基本术语

Excel 和 Word 同属于 Microsoft Office 软件系统，它们在窗口组成、格式设定、编辑操作等方面有很多相似之处。但是，由于使用领域的不同，Excel 的界面还是与其他软件有一些区别，因此，必须要了解 Excel 特有的基本术语。

Excel 2010 操作界面由单元格组成工作表，工作表又构成了工作簿。Excel 2010 操作界面如图 6.1.1 所示。

1）行号

表格每行左侧的阿拉伯数字为该行的行号，称为第 1 行、第 2 行……

2）列号

表格每列上方的英文字母为该列的列号，称为第 A 列、第 B 列……

3）单元格

Excel 最小的单位为单元格，是由行和列交叉组成的格子。每个单元格都有自己的名称（也称“单元格地址”），即列号 + 行号，如第 1 行与第 3 列的交叉形成的单元格名称为 A3。当需要使用的表格为连续区域时，可以用相应区域的“起始单元格名称：结束单元格名称”

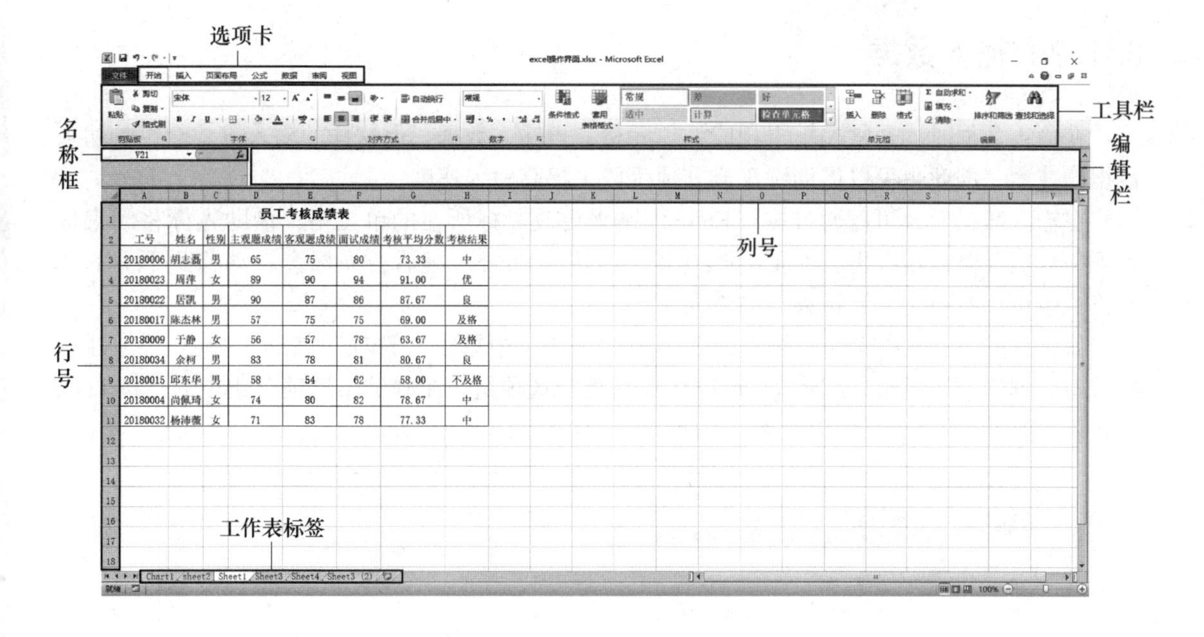

图 6.1.1 Excel 2010 操作界面

来进行表示，单元格地址之间的分隔符为冒号（:）。例如，A2 到 H3 之间的连续区域用“A2:H3”表示。

4）活动单元格

当某个单元格处于可操作状态时，该单元格外边框为黑色加粗边框，并且单元格名称会显示在名称框中，这样的单元格称为活动单元格。

5）工作簿

每一个 Excel 文件就是一个工作簿，工作簿可以单独进行存储、打开、处理数据等操作，Excel 2010 工作簿的文件后缀名为 . xlsx。每一个工作簿可以拥有许多不同的工作表，工作簿中最多可建立的工作表数量为 255 个。

6）工作表

若干行和列组成一张完整的电子表格，称为工作表。默认新建的工作簿中包含 3 个工作表，分别用“Sheet1”“Sheet2”“Sheet3”表示，“Sheet1”“Sheet2”“Sheet3”称为工作表标签。根据实际情况，可对工作表标签进行编辑操作。

操作方法：选中要进行操作的工作表标签，单击右键，通过弹出的快捷菜单可对工作表进行新建、复制、删除、移动、重命名、修改工作表标签颜色、隐藏工作表等操作。在操作过程中，如果需要对工作表进行选择，方式有单选、挑选（使用〈Ctrl〉键）、连续多选（使用〈Shift〉键）、全选（使用〈Ctrl + A〉组合键）等。

7）名称框

名称框位于 Excel 操作界面的左上方，显示活动单元格或已经命名的单元格区域名称。

8）编辑栏

通过编辑栏，可对单元格内容进行输入或修改，其常用于对公式或函数的编辑。

6.1.2 输入数据

在输入数据时，通常先单击相应的单元格，再输入数据，但这样的输入方式会影响输入数据的速度，因此也可以借助键盘或其他手段来提高输入速度。

在输入数据后，可以通过按〈Enter〉键来更改光标所在的单元格，借助光标移动来输入下一数据。默认情况下，在 Excel 2010 中，按〈Enter〉键后，光标会自动移到下方的单元格，也可以自行定义光标移动的方向。

操作方法：单击“文件”按钮，在出现的选项组中单击“选项”按钮，弹出“Excel 选项”对话框中，如图 6.1.2 所示；定位在“高级”选项组，在“编辑选项”组中的“按 Enter 键后移动所选内容”中，可以选择“方向”——向下、向上、向左、向右，单击“确定”按钮。

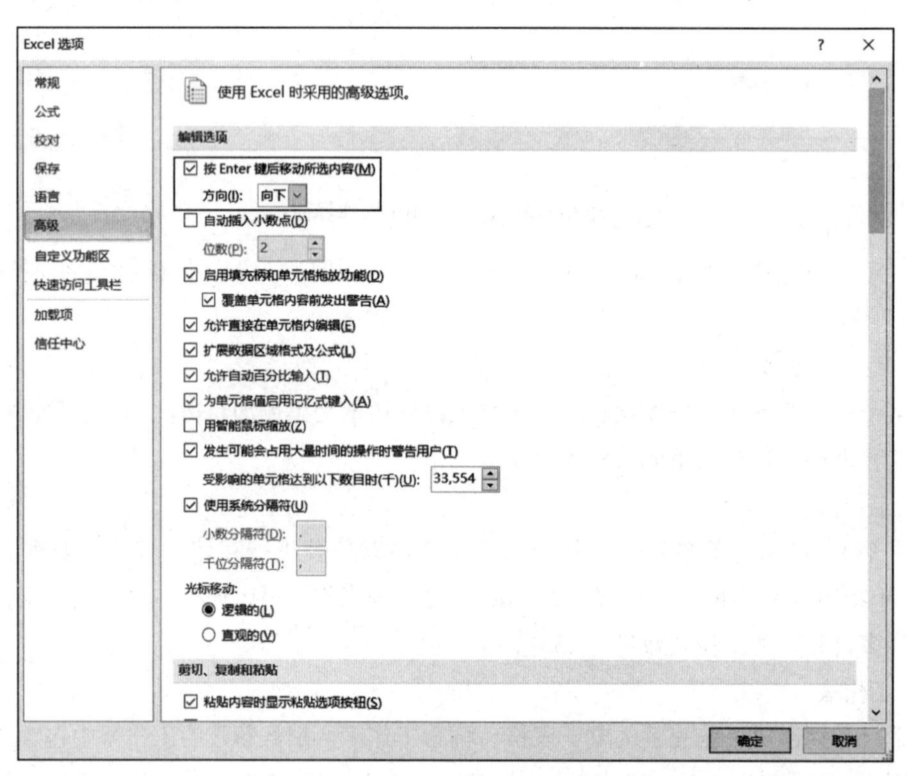

图 6.1.2 “Excel 选项”对话框

Excel 的数据类型多样，如数字、货币、会计专用、日期、时间、分数、文本等，用户可以通过“开始”选项卡的“数字”组或“设置单元格格式”对话框（图 6.1.3）进行设置，设置完成后，直接输入数据即可。不同类型的数据在输入时采用的方法是不同的，接下来将介绍文本、数字、日期和时间等类型数据的输入方法。

1. 文本类型

在 Excel 2010 中，如果数据的首位为“0”或者数据的长度超过 11 位，那么在单元格中将不能被正常显示（数据首位的“0”会被删除，超过 11 位的数据会显示为科学记数）。

为了能够正确地将用户要显示的数据在单元格中输入，就需要在此类数据的前面输入一

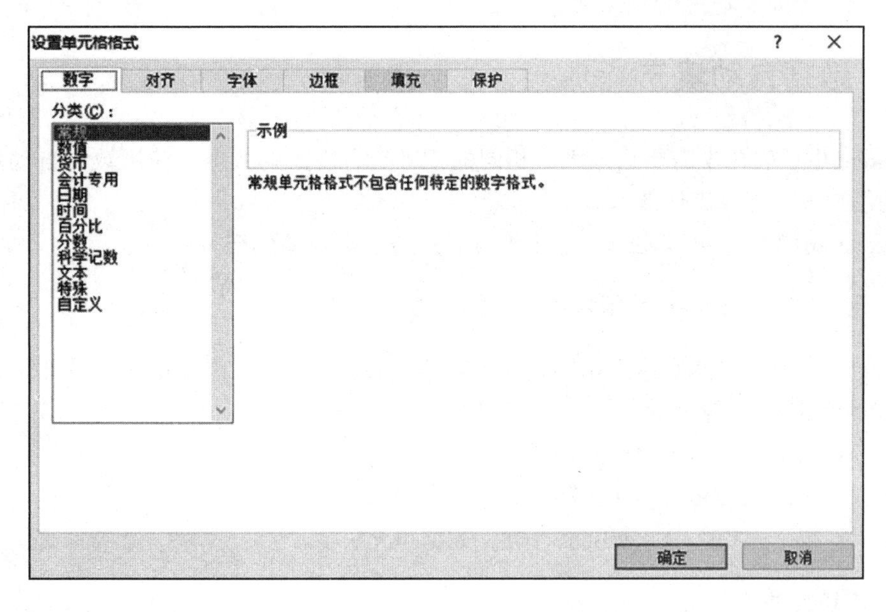

图 6.1.3 “设置单元格格式”对话框

个西文单引号“’”，将其指定为文本型数据。设置完成后，在单元格的左上角会出现一个小三角（图 6.1.4），标志该单元格为文本格式。

2. 数字类型

序号
01
02
03
04
05
06
07

图 6.1.4 文本型数字

1）正/负数

对于正数，可以直接输入；对于负数，在输入时可以在数字前输入负号（-），或者将该数字放置在括号“( )”中。

2）分数

通常，在输入分数时可以将其按照文本类型数据的方法输入，这样的分数虽然显示为分数，却不能参与实际计算。

想要数据以分数形式显示，且能参与实际计算，则应按真分数和假分数分别输入：

(1）在输入真分数时，按“0 + 空格 + 分数”输入，如“0 3/8”，输出结果为 3/8。

(2）在输入假分数时，按“整数位 + 空格 + 分数”输入，如“8 1/3”，输出结果为 8 1/3。

当输入数字类型数据时，如果单元格中出现“#”，则表示该数据的长度超过了列宽。调整列宽后，就可以完全显示该数据。

在 Excel 2010 中，数字类型数据可以表示和存储的最大精确位数为 15 位有效位数，对于超过 15 位的整数，Excel 2010 会自动将 15 位以后的数字变为“0”；对于超过 15 位的小数，Excel 2010 会将超过 15 位以后的数字截去。因此，超过 15 位的数字类型数据在计算时无法精确处理。

3. 日期和时间类型

日期分为长日期型与短日期型，用户可在“设置单元格格式”对话框进行设置。若使用键盘输入当前日期，可以使用〈Ctrl + ;〉组合键；若使用键盘输入当前时间，可以使用〈Ctrl + Shift + ;〉组合键。

6.1.3 数据自动填充

在 Excel 电子表格中需要输入大量相同的或者是有规律的数据，使用数据自动填充功能可以帮助用户大大提高工作效率。

在 Excel 2010 中，可以通过以下 5 种方式进行数据自动填充。

1. 使用〈Ctrl + Enter〉组合键填充相同数据

如果需要在连续单元格输入相同数据，使用〈Ctrl + Enter〉组合键是一种非常方便的方式。具体操作步骤如下：

第 1 步：选中需要填充的单元格区域。

第 2 步：在区域的起始单元格输入第一个数据。

第 3 步：按下〈Ctrl + Enter〉组合键，数据填充完成。

2. 使用填充柄

当光标定位在活动单元格右下角时，会出现黑色“十”字标记，其被称为“填充柄”。具体操作步骤如下：

第 1 步：在填充区域起始单元格先输入第一个数据；

第 2 步：启用填充柄。

第 3 步：根据需要填充的方向拖动填充柄。

第 4 步：松开鼠标，结束填充。

第 5 步：此时，填充区域右下角出现“自动填充”选项，可在下拉菜单中选择需要的数据填充方式。数据填充完成。

3. 使用“填充”命令

使用“填充”命令进行数据填充的具体操作步骤如下：

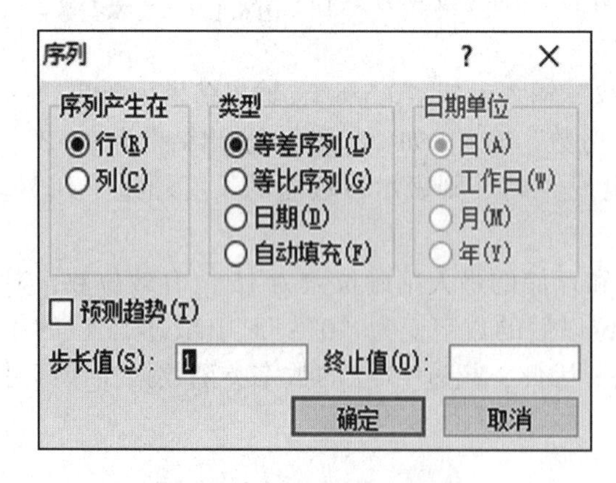

图 6.1.5 “序列”对话框

第 1 步：选中需要填充单元格区域的首单元格。

第 2 步：在单元格中输入第一个数据。

第 3 步：根据需要填充的方向，选择与首单元格相邻的空白单元格区域。

第 4 步：在“开始”选项卡的“编辑”命令组中，单击“填充”按钮，在下拉菜单中选择“系列”命令，在弹出的“序列”对话框（图 6.1.5）中，选择符合需求的填充方式。

第 5 步：设置完成后，单击“确定”按钮。

4. 自定义序列

在使用填充功能时，常常要用到系统没有预设的序列，此时就需要自定义序列。

方法1：

第1步：在连续单元格中输入需要填充序列的每一个项目，并选中单元格。

第2步：单击“文件”按钮，在出现的选项组中单击“选项”按钮。

第3步：在“Excel选项卡”对话框中，选择“高级”选项。

第4步：在对话框右侧界面选择“常规”选项组。

第5步：单击“编辑自定义列表”按钮，弹出“自定义序列”对话框，如图6.1.6所示。

第6步：查看输入序列的应用单元格地址在“从单元格中导入序列”框中是否正确。

第7步：单击“导入”按钮。

第8步：设置完成后，单击“确定”按钮。

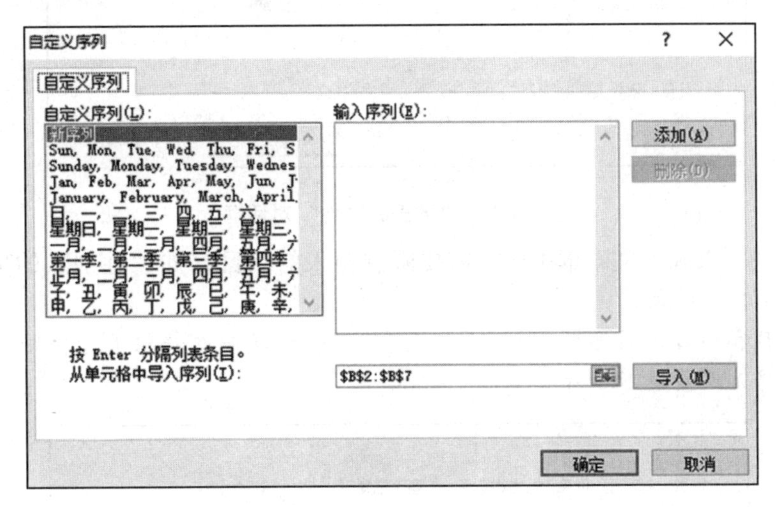

图6.1.6 “自定义序列”对话框

方法2：

第1步：单击“文件”按钮，在出现的选项组中单击“选项”按钮。

第2步：在“Excel选项卡”对话框中，选择“高级”选项。

第3步：在对话框右侧界面选择“常规”组中，单击“编辑自定义列表”按钮，弹出“自定义序列”对话框。

第4步：在对话框右侧的“输入序列”列表中，输入需要填充序列的每一个项目，在项目输入之间使用〈Enter〉键。

第5步：输入完成后，单击“添加”按钮。

第6步：设置完成后，单击“确定”按钮。

5. 设置数据有效性

在输入数据时，为了避免输入的数据有误，可以对数据的类型、格式、长度、范围等有效性进行设置，从而对数据进行控制。在此，以输入“性别”为例，介绍进行数据有效性设置的方法。

第1步：选中需要进行数据有效性控制的单元格区域。

第2步：在“数据”选项卡的“数据工具”组中，单击“数据有效性”按钮，弹出“数据有效性”对话框。

第3步：在该对话框的“有效性条件”组中，在“允许”下拉列表中选择“序列”，如图6.1.7所示。

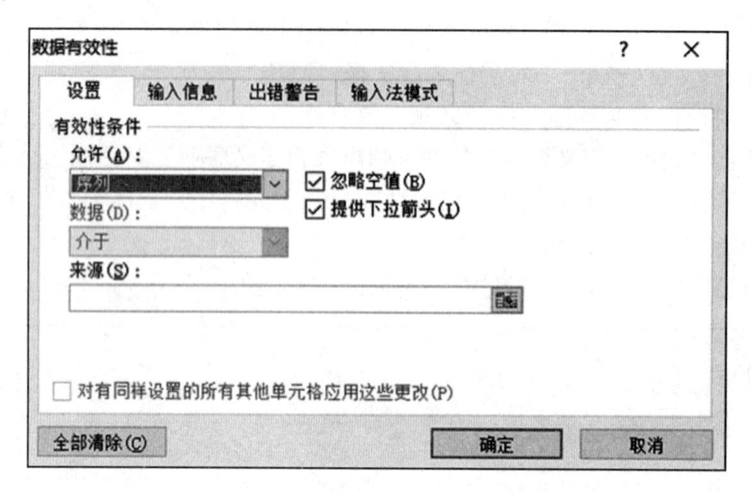

图6.1.7　“数据有效性”对话框

第4步：在“来源”文本框中输入需要限制输入的项目（如“性别”的项目为“男”“女”），如图6.1.8所示。

注意：项目和项目之间要用西文逗号（,）隔开；应选中“提供下拉箭头”复选框，否则在单元格中将无法显现下拉箭头。

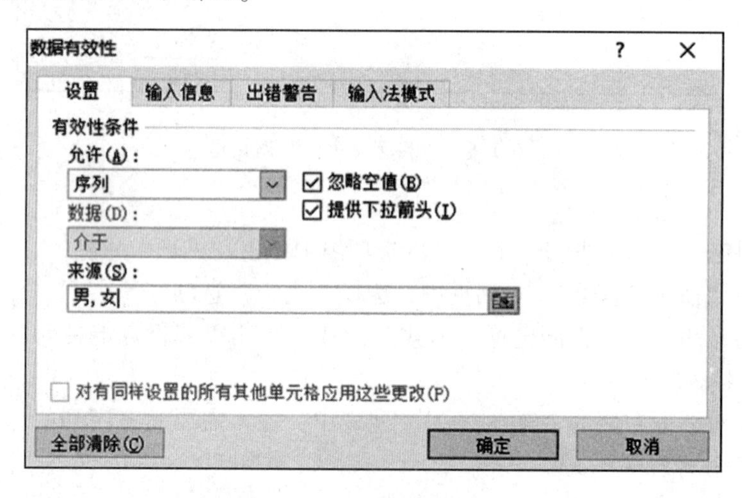

图6.1.8　数据有效性设置

	A	B	C	D
1	工号	姓名	性别	主观题成绩
2	20180006	胡志磊		65
3	20180023	周萍	男 女	89
4	20180022	居凯		90
5	20180017	陈杰林		57

图6.1.9　数据有效性插入

第5步：选择“出错警告”选项卡，在该选项卡中可以选择的警告样式有3种：停止；警告；信息。除此之外，还可以填写“标题”“错误信息”文本框，按照实际需求完成提示。

第6步：设置完成后，单击“确定”按钮。

此时，在进行数据有效性控制的单元格中，单击单元格后会出现下拉箭头，单击该下拉箭头，出现项目信息“男”或“女”，选择所需的项目即可，如图6.1.9所示。

6.2 电子表格的格式化

6.2.1 选取操作对象

在对单元格进行格式化设置前，要选取相应的操作对象，选取方法如表6.2.1所示。

表6.2.1 选取操作对象

选定内容	操作方法
单个单元格	单击所需单元格
不连续区域单元格	按下〈Ctrl〉键，单击单元格
连续区域单元格	方法1：选择起始单元格，按下〈Shift〉键，选择结束单元格
	方法2：按〈Shift + 方向键〉，可以扩展选定区域
整行	单击行号
整列	单击列号
整个工作表	方法1：单击行号和列号相交处的全选按钮
	方法2：在空白区域，按〈Ctrl + A〉组合键
有数据的区域	方法1：按〈Ctrl + 方向〉组合键，可将光标移动到当前数据区域的边缘
	方法2：按〈Ctrl + Shift + *〉组合键，选择当前连续区域
	方法3：按〈Ctrl + Shift + 方向〉组合键，可将选择范围扩大到活动单元格所在列（或行）的最后一个非空单元格

6.2.2 单元格的格式化

1. 对单元格进行编辑

对单元格的编辑包括对单元格或单元格中数据进行修改、清除、删除、插入、复制、粘贴、选择性粘贴等操作。

1）对单元格数据进行修改

单击单元格，即可进行修改，还可以使用编辑栏对单元格内容进行修改。

2）对单元格数据进行清除

当需要删除单元格内的数据但要保留格式时，可采用对数据进行清除操作。

操作方法：选定需要清除数据的单元格区域，单击右键，在弹出的快捷菜单中选择“清除数据”命令。“清除”操作的对象是数据本身，对单元格的格式等没有影响。

3）删除单元格

操作方法：选定要删除的单元格或单元格区域，单击右键，在弹出的快捷菜单中选择“删除”命令。也可在“开始”选项卡的“单元格”组中，单击“删除”下拉按钮，在弹出的下拉菜单中，选择“删除单元格”命令，弹出“删除”对话框，如图 6.2.1 所示。选中相应复选框后，即可删除单元格。

与“清除”操作不同的是，执行“删除”操作后，单元格和数据都将从工作表中消失。

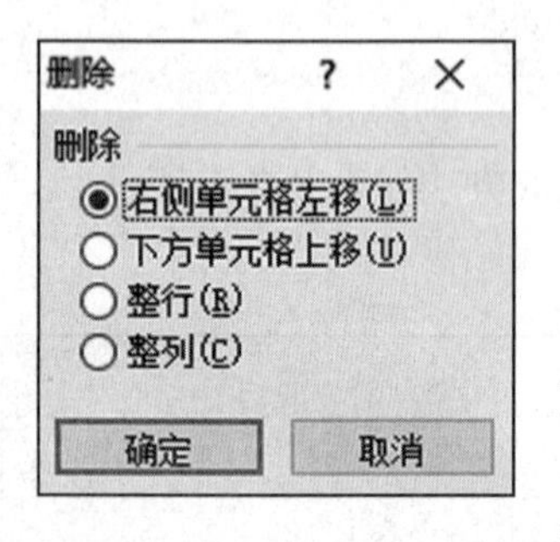

图 6.2.1 “删除”对话框

2. 对行、列进行编辑

1）调整行高或列宽

方法 1：通过光标进行调整。将光标置于行号的下边框线（或列号的右边框线），拖动鼠标进行调整，也可将光标置于单元格行号（或列号）的边框，通过双击进行自动调整。

方法 2：在“开始”选项卡的“单元格”组中，单击“格式”按钮，在下拉菜单中选择“行高”（或“列宽”）命令，在对话框中输入合适的值。

方法 3：在“页面布局”选项卡的“调整为合适大小”组中，在“行高”（或“列宽”）文本框中输入合适的值。

2）插入行（或列）

方法 1：选中要插入行的行号（或列的列号），单击右键，在弹出的快捷菜单中选择“插入”命令，进行插入。插入后，选中的行会向下移动，在该行上方插入新行；选中的列向右移动，在该列左侧插入新列。

方法 2：在“开始”选项卡的“单元格”组中，单击“插入”按钮，在下拉列表中，选择要插入的类型（如“插入工作表行”）进行插入。

3）隐藏行（或列）

方法 1：选中要隐藏的行号（或列号），单击右键，在弹出的快捷菜单中选择“隐藏”命令，进行隐藏。

方法 2：选中要隐藏行的行号（或列的列号），在“开始”选项卡的“单元格”组中，单击“格式”按钮，在下拉菜单中选择“隐藏和取消隐藏”→“隐藏行”（或“隐藏列”）命令，进行隐藏。

注意：取消隐藏行（或列）时，需要先选中被隐藏行的前后行（或被隐藏列的左右列），才能实现取消隐藏操作。

4）删除行或列

方法 1：选择要删除行的行号（或列的列号），单击右键，在弹出的快捷菜单中选择“删除”命令，即可进行删除操作。

方法 2：在用“开始”选项卡的“单元格”组中，单击“删除”按钮，选择要删除的类型（如“删除工作表行”），即可进行删除。

6.2.3 工作表的格式化

在电子表格中输入数据后，通过对单元格格式进行设置，可以快速美化表格，以便数据更加清晰明了。

1. 使用工具栏

选定需要进行格式设置的对象，在“开始”选项卡的“字体”组或“对齐方式”组中，通过对应按钮进行格式化设置。

2. 使用“设置单元格格式”对话框

选定需要进行格式设置的对象，在“开始”选项卡的“字体”组或“对齐方式”组中，单击右下角的对话框启动器，在弹出的“设置单元格格式”对话框中进行格式化设置，如图6.2.2所示。

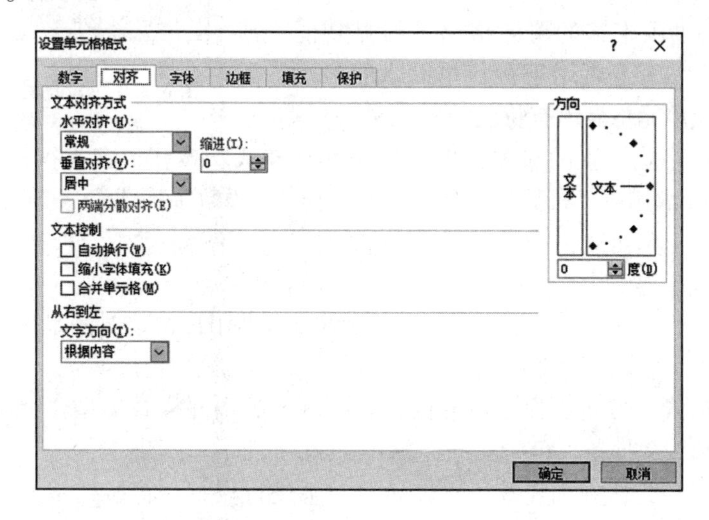

图6.2.2 “设置单元格格式”对话框

在“设置单元格格式”对话框中，有以下6个选项卡：

1）“数字”选项卡

“数字”选项卡用于设置单元格数据格式。

2）“对齐”选项卡

“对齐”选项卡用于设置文本的对齐方式（在Excel 2010中，文本的对齐方式分为水平对齐和垂直对齐两类）、文本在单元格中的自动换行、文字方向等。

3）“字体”选项卡

“字体”选项卡用于设置文字的字体、字号、字形、特殊效果等。

4）“边框”选项卡

“边框”选项卡用于设置单元格的边框样式、边框颜色等。

5）“填充”选项卡

“填充”选项卡用于设置单元格背景色填充或图案样式。

6）“保护”选项卡

“保护”选项卡可用于对单元格进行锁定或隐藏公式设置，但是必须在设置“保护工作表”后才有效。

3. 使用“样式”组格式化

在“开始”选项卡的“样式”组中有3个按钮，可用于针对不同的对象进行设置。

1）“套用表格格式”按钮

选定需要进行格式设置的对象，单击“套用表格格式”按钮，在下拉样式库中，选择合适的样式，弹出“套用表格格式”对话框，根据表格实际情况选择“表数据的来源”和“表包含标题”的复选框，单击“确定”按钮，如图 6.2.3 所示。

套用表格格式后，选中数据成为表格，选项卡上将出现“表格工具—设计”选项卡，在该选项卡中可以查看表格的名称等属性，还可以利用各按钮对该表格进行其他设置。

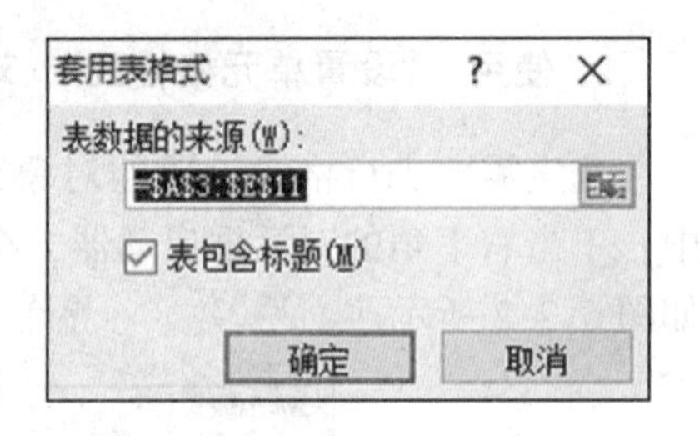

图 6.2.3　“套用表格式”对话框

2）单元格样式

Excel 2010 提供了丰富的单元格格式编排功能，其中，“单元格样式”命令可用于将各单元格的格式特征进行预设，快速让单元格显示有特色的样式。

选定需要进行格式设置的对象，单击“单元格样式”按钮，在下拉样式库中有“好、差和适中”“数据和模型”“标题”“主题单元格样式”“数字格式”等类可供选择。此外，还可以新建样式用于单元格。

3）“条件格式”按钮

当数据满足某些条件时，“条件格式”按钮可以帮助用户快速对满足设定条件的单元格进行特殊格式设置。

单击“条件格式”按钮，弹出的下拉列表中有 5 类条件格式类型：突出显示单元格规则、项目选取规则、数据条、色阶、图标集。

（1）突出显示单元格规则：基于比较运算结果进行设置，将所选单元格中符合条件的部分以特殊格式进行显示。

（2）项目选取规则：基于数据大小进行设置。在所选的单元格中选取某一项或几项数据，并以特殊格式进行显示。

（3）数据条：基于数据大小进行设置。在所选的单元格中，以数据条的长度来显示单元格值的大小，单元格值越大，数据条就越长。

（4）色阶：基于数据大小进行设置。在所选的单元格中，以颜色的深浅来显示单元格值的大小，单元格值越大，颜色就越深。

（5）图标集：使用不同的图标对单元格中的数据进行标识，并根据条件将数据进行分类。

4. 使用“主题”组格式化

与 Word 2010 一样，Excel 2010 在“页面布局”选项卡的“主题”命令组中提供了针对工作簿总体设计而定义的一套格式选项，包括主题颜色、主题字体和主题效果。用户既可以使用 Excel 2010 预设主题，也可以自行定义主题。

6.2.4　工作表的其他设置

1. 页码设置

Excel 2010 中的页码显示分为系统页码和手动添加页码。针对页码的类型不同，页码的

插入方法也有所不同。

1）插入系统页码

Excel 2010 的默认使用情况一般处于“普通”视图，若将“普通”视图通过切换设为“分页预览”视图，即可查看系统页码。

在“视图”选项卡的“工作簿视图”组中，单击“分页预览”按钮，即可切换视图。切换后，可以通过单击分页符并拖动分页符边框来设置分页符的位置。

注意：该方式可以显示页码，但仅能便于阅读，在打印中并不会显示工作簿页码。

2）插入自定义页码

在“页面布局”选项卡的“页面设置”命令组中，单击“页面设置对话框”启动器。在弹出的对话框中，选中“页眉/页脚”选项卡。

根据格式需求，单击“自定义页眉”按钮或“自定义页脚”按钮，如图 6.2.4 所示。

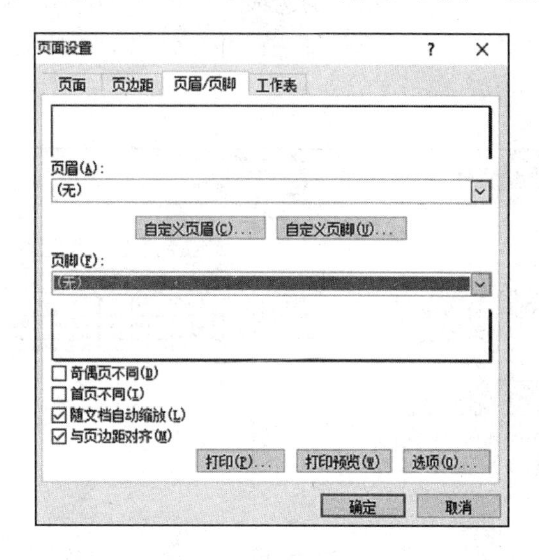

图 6.2.4 “页面设置”对话框

在弹出的对话框中，单击“页码”按钮进行设置，如图 6.2.5 所示。

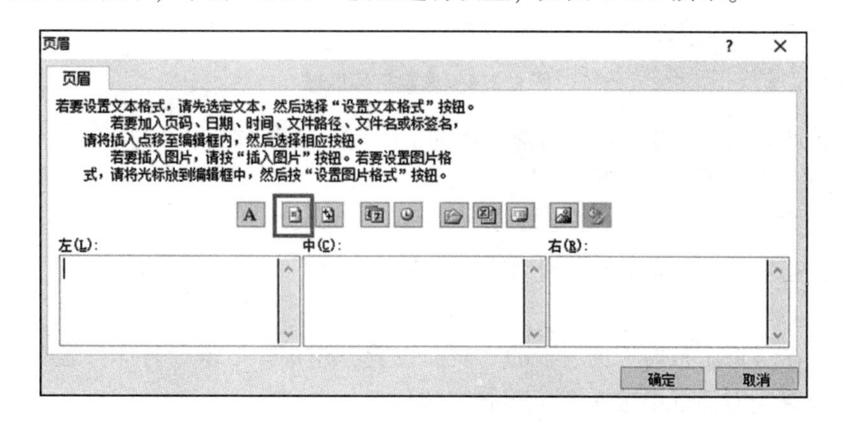

图 6.2.5 “页眉”对话框

注意：该方式插入的页码在阅读 Excel 数据时不显示，只在打印预览中的页眉或页脚位置显示。

2. 打印设置

对 Excel 表格进行打印输出前，可以对其页边距、纸张大小、纸张方向、打印区域、分隔符、背景等进行设置。

1）打印区域设置

在打印表格前，用户可以自定义需要输出的区域，而不用将所有数据区域打印。具体操作步骤如下：

第 1 步：选中需要打印的数据区域，在“页面布局”选项卡的“页面设置”组中，单击“打印区域”按钮，根据下拉菜单可进行打印区域的设置。设置完成后，选中的数据区域会出现虚线外边框。

第 2 步：单击“文件”按钮，在出现的选项组中单击“打印”按钮。在界面左侧“设置”组中，单击“打印活动工作表”下拉箭头，并在弹出的下拉菜单中选择“打印选定区域”，如图 6.2.6 所示。

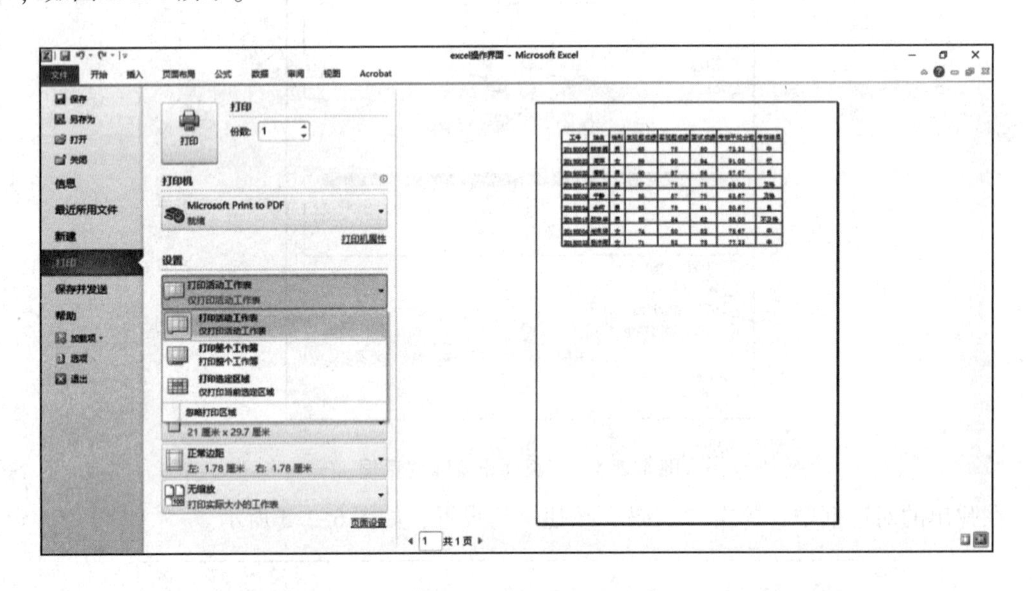

图 6.2.6　选定打印区域

此外，还可以根据需要来打印当前活动的工作表，或对本工作簿的所有工作表进行打印设置。

2）打印标题设置

当工作表有多页时，为了提高阅读性，可在打印时将表格标题显示在每一页。具体操作步骤如下：

第 1 步：在“页面布局”选项卡的“页面设置”组中，单击“打印标题”按钮，在弹出的“页面设置”对话框中选择“工作表”选项卡。

第 2 步：在“打印标题”组中，根据打印要求，在“顶端标题行”框（或“左端标题行”框）中选择需要重复的标题区域，如图 6.2.7 所示。

另外，在该对话框中，还可以对打印区域进行设置。

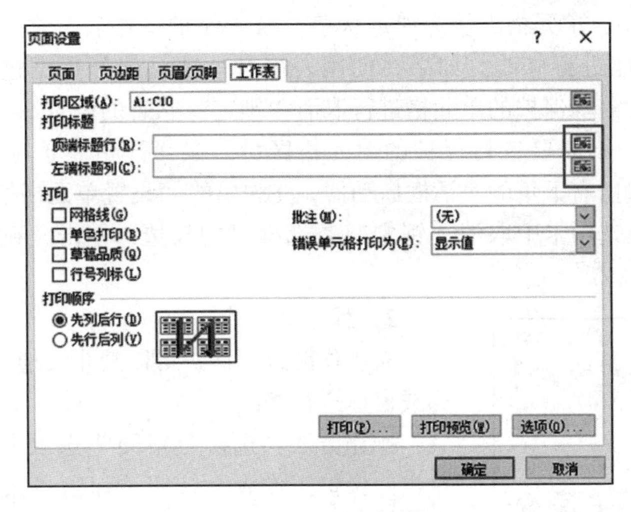

图 6.2.7　打印标题

3. 工作表或工作簿的保护

1）保护工作表

当表格中的数据输入完成或计算完成后，如果希望工作表中数据不被更改，则可以对工作表进行保护设置。

操作方法：在“审阅”选项卡的“更改”组中，单击“保护工作表”按钮，在弹出的“保护工作表”对话框中，选择保护类型，并输入保护密码，如图 6.2.8 所示。

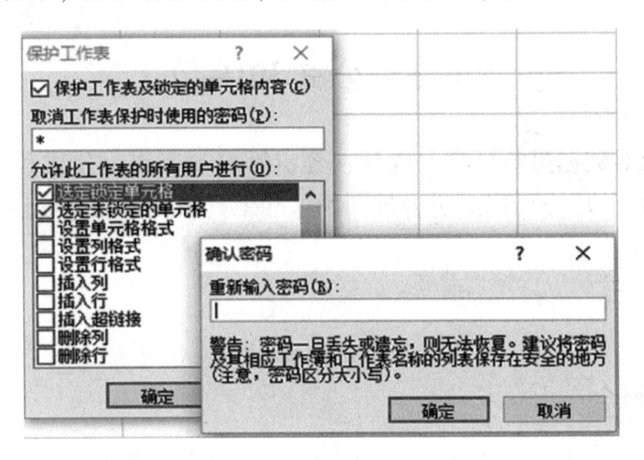

图 6.2.8　“保护工作表”对话框

开启保护设置后，如果对工作表进行格式编辑或数据修改，就会弹出单元格受保护的提示框，如图 6.2.9 所示。而且，“更改”组中的“保护工作表”按钮会变为“撤销保护工作表”按钮。

图 6.2.9　工作表受保护提示框

在 Excel 2010 中，单元格默认为锁定状态，当“保护工作表”命令被设置后，全部单元格将被锁定，不能进行修改。如果在使用表格时只针对部分数据进行保护，则在开启“保护”前，要对不需要保护的单元格进行取消“锁定”状态的设置。

操作方式：选中不需要进行保护的单元格区域，在“开始”选项卡的“字体”组或“对齐方式”组，单击右下角的对话框启动器，在弹出的“设置单元格格式”对话框中选择“保护”选项卡。在选项卡中取消“锁定”复选框里的勾选，单击“确定”按钮，即可完成设置。

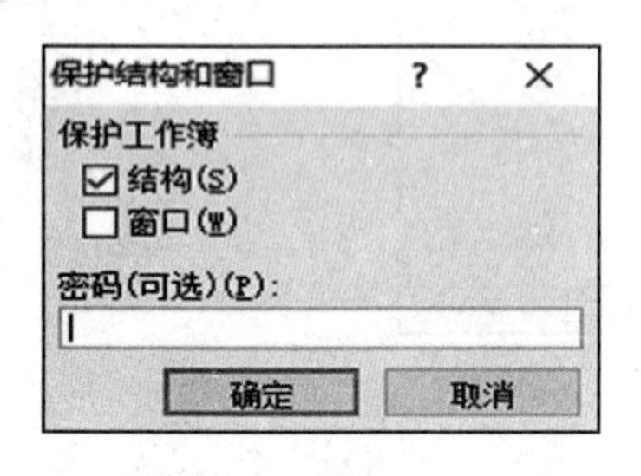

图 6.2.10　“保护结构和窗口”对话框

2）保护工作簿

对工作簿进行保护可以禁止其他使用者对工作簿的结构或窗口进行修改。

操作方法：选择“审阅”选项卡，在“更改”组中单击“保护工作表”按钮，弹出“保护结构和窗口”对话框，选择保护类型，并输入保护密码，如图 6.2.10 所示。

（1）“结构”保护：启动后，用户不可以对工作簿进行新建、移动、复制、隐藏、删除、重命名等操作。

（2）“窗口”保护：启动后，用户不可以对工作簿的窗口进行新建、冻结、更改大小等操作。

注意：工作簿的保护并不影响用户在工作簿中对数据进行操作。如果需要对数据进行保护，则需要启动“保护工作表”功能。

6.3　公式和函数

Excel 表格可以对数据进行计算、统计、分析等多项工作，公式和函数可以用于对各种类型的数据进行计算，用户可以通过合理利用这些工具来完成数据处理工作。

6.3.1　使用公式

1. 公式的基本概念

在 Excel 中，公式就是一个等式，是由一组操作数和运算符组成的序列。使用公式时，必须以等号“=”开头，后面紧接操作数和运算符。公式中的操作数可以为：单元格引用、单元格名称、常量、函数等。

例如，在公式“=75+(现金收入-支出)/SUM(B1:B6)”中，“75”为常量，“现金收入”“支出”为单元格名称，“SUM(B1:B6)”为函数。

公式中常用的运算符可分为：算术运算符、字符运算符、关系运算符、逻辑运算符、引用运算符。

1）算术运算符

算术运算符主要用于数学计算，用法如表 6.3.1 所示。优先级依次为：百分号和乘幂、乘除、加减。

表 6.3.1 算术运算符

运算符	名称	含义	示例
+	加号	相加	4+7
-	减号（负号）	相减或负数	7-2 或 -3
/	除号	相除	16/2
*	乘号	相乘	5*2
%	百分号	百分比	75%
^	幂符号	幂运算	2^6

2）字符连接符

字符连接符只有一个字符串连接符“&”，用于将两个或者多个字符串连接起来，用法如表 6.3.2 所示。

表 6.3.2 字符连接符

运算符	名称	含义	示例
&	连字符	将两个字符串连接起来产生文本	"大学"&"计算机"&"基础"的结果为"大学计算机基础"

3）关系运算符

关系运算符主要用于数值比较，用法如表 6.3.3 所示。优先级为：从左到右计算。

表 6.3.3 关系运算符

运算	符名称	含义	示例
=	等号	等于	A1 = B2
>	大于号	大于	A1 > B2
<	小于号	小于	A1 < B2
>=	大于等于号	大于等于	A1 >= B2
<=	小于等于号	小于等于	A1 <= B2
<>	不等号	不等于	A1 <> B2

4）逻辑运算符

逻辑运算符表示条件与结论之间的关系，结果为“真”或“假”、“成立”或“不成立”，用法如表 6.3.4 所示。优先级依次为：逻辑非，逻辑与，逻辑或。

表 6.3.4 逻辑运算符

运算符	名称	含义	示例
NOT、!	逻辑非	逻辑否定，求原来值的相反值	!1 的结果为 0
AND、∧	逻辑与	必须两个操作数都为真，结果才为真	1∧0 的结果为 0
OR、∨	逻辑或	只要有一个操作数为真，结果就为真	1∨0 的结果为 1

5）引用运算符

引用运算符可用于对单元格进行引用、合并计算，用法如表 6.3.5 所示。

表 6.3.5 引用运算符

运算符	名称	含义	示例
:	冒号	区域运算符，对两个引用（包含该两个引用）的所有单元格区域进行引用	SUM(B2:C10)
,	逗号	联合运算符，将多个引用合并为 1 个引用	SUM(B2,C3,D4)
	空格	交叉运算符，对单元格区域之间重叠的部分引用	SUM(B2:B4 B3:B6) 的结果为 SUM(B3:B4)

2. 公式或函数的填充

用户在进行数据计算时，如果需要对数据区域使用相同的运算公式或函数，则可对公式或函数进行单元格填充。

方法 1：在已填充公式（或函数）的单元格右下角拖动填充柄，Excel 会根据拖动的方向自动进行公式或函数的填充。

方法 2：在“开始”选项卡的“编辑”命令组中，单击“填充”按钮。

注意：这样的填充实质上进行的是公式或函数的复制操作，针对公式或函数中使用到的单元格采取的是相对引用。

3. 单元格引用

在公式或函数的使用过程中，会大量使用单元格地址、单元区域、跨工作表的单元格或者跨工作簿的单元格，这被称为单元格引用。

1）相对引用

相对引用的格式如“=A1+B1”，该引用在公式或函数进行复制时，单元格会自动调整。例如，在 C1 单元格中输入公式“=A1+B1”，将 C1 单元格复制粘贴至 D2，则 D2 单元格的公式为“=B2+C2”。

2）绝对引用

绝对引用的格式如“=$A$1+$B$1”，在引用的单元格行号和列号之前加“$”符号，该引用在公式或函数进行复制时，单元格不会调整。例如，在 C1 单元格中输入公式“=$A$1+$B$1”，将 C1 单元格进行复制粘贴至 D2，则 D2 单元格的公式是“=$A$1+$B$1”。

3）混合引用

混合引用的格式如“=A$1+$B1”，在引用的单元格行号或者列号之前加“$”符，该引用在公式或函数进行复制时，加上“$”符的行号或列号不会调整，没加“$”符的行号或列号则自动发生变化。例如，在 C1 单元格中输入公式“=A$1+$B1”，将该 C1 单元格进行复制粘贴至 D2，则 D2 单元格的公式为“=B$1+$B2”。

说明：选中公式或函数中需要转换的单元格地址，按〈F4〉键，即可进行以上 3 种类型的单元格引用的相互转换。

6.3.2　定义名称与名称引用

为了方便对公式或函数中操作数的理解，也为了方便对操作数进行绝对引用，用户可以定义单元格或区域的名称，并在计算时引用已定义的名称。

1. 定义名称

定义单元格名称可采用3种方法：使用名称框；使用对话框；根据所选内容。

1）使用名称框定义名称

选中要定义名称的单元格或区域，在名称框输入名称，输入完成后，按〈Enter〉键即可，如图6.3.1所示。

考核成绩　　fx　工号

	A	B	C	D	E	F	G	H
1	工号	姓名	性别	主观题成绩	客观题成绩	面试成绩	考核平均分数	考核结果
2	20180006	胡志磊	男	65	75	80	73.33	中
3	20180023	周萍	女	89	90	94	91.00	优
4	20180022	居凯	男	90	87	86	87.67	良
5	20180017	陈杰林	男	57	75	75	69.00	及格

图6.3.1　使用名称框定义名称

2）使用对话框定义名称

在“公式”选项卡的“定义的名称”组中，单击“定义名称”按钮，在下拉菜单中选择“定义名称”命令，弹出“新建名称”对话框，如图6.3.2所示。在该对话框中，选择需要引用的位置，输入新建名称，单击“确定”按钮。

3）根据所选内容定义名称

根据所选内容定义名称，可以同时创建多个名称，该方法是利用所选内容的首行、首列、末行、最右列来自动创建名称。

操作方法：在“公式”选项卡的“定义的名称”组中，单击“根据所选内容创建”按钮，在弹出的“以选定区域创建名称”对话框中选择适合情况的复选框，单击“确定”按钮，如图6.3.3所示。

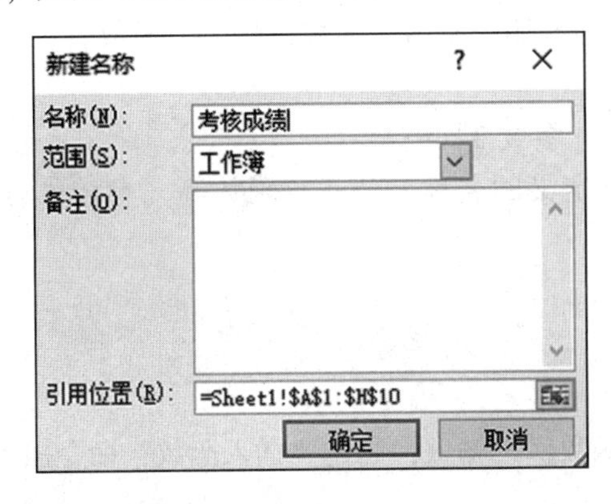

图6.3.2　“新建名称”对话框

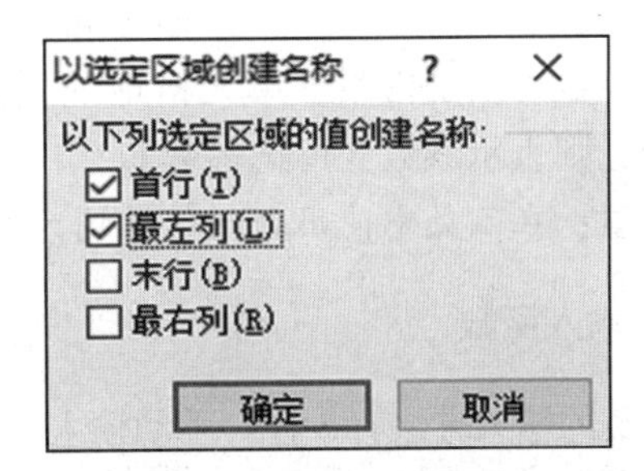

图6.3.3　“以选定区域创建名称”对话框

2. 更改或删除名称

1）更改名称

在“公式”选项卡的“定义的名称”组中，单击“名称管理器”按钮，从名称列表中选择要更改的名称，单击“编辑”按钮，在弹出的“编辑名称”对话框中修改名称属性，选择“确定”按钮。

2）删除名称

在“公式”选项卡的“定义的名称”组中，单击“名称管理器”按钮，从名称列表中选择要更改的名称，单击“删除”按钮，在弹出的对话框中选择“确定”按钮。

注意：如果更改了某个已定义的名称，则工作簿中所有已引用该名称的位置均会自动随之更新。

3. 引用名称

已经定义的名称可直接用于快速选定已命名的区域。更重要的是，可以在公式中引用名称，以实现绝对引用。

1）使用名称框引用

单击编辑栏中名称框右侧的黑色箭头，在弹出的下拉列表中选择某一名称，即可完成引用。

2）在公式中引用

在“公式”选项卡的“定义的名称”组中，单击“用于公式”按钮，在下拉菜单中选择名称，即可完成引用。

6.3.3 使用函数

1. 函数的基本概念

Excel 的函数与公式既有区别又互相联系。公式是用户自定义的计算和处理数据的等式，函数是 Excel 预先定义好的，用于计算、数据分析和处理的特殊公式。

Excel 函数可以分为内置函数和扩展函数两类，内置函数可以在 Excel 中直接使用，扩展函数则需要进行加载宏命令，然后才能像内置函数那样使用。函数包括 =、函数名、参数 3 个部分，格式一般为

=函数名([参数1],[参数2],…)

其中，参数可以是常量、单元格地址、数组、已定义的名称、公式、函数等（参数外若有中括号，则表示参数为可选参数）。

注意：在函数中使用到的符号均为西文符号。

2. 输入函数

函数的输入方法有 3 种：手动输入；调用“函数库”输入；通过“插入函数”命令插入。

1）手动输入

选中需要输入函数的单元格，直接输入函数。

2）调用“函数库”输入

选中需要输入函数的单元格，在“公式”选项卡的“函数库”组中选择合适的函数类别，在出现的函数列表中单击需要的函数名，弹出“函数参数”对话框，如图 6.3.4 所示。在对话框中输入参数，单击“确定”按钮。

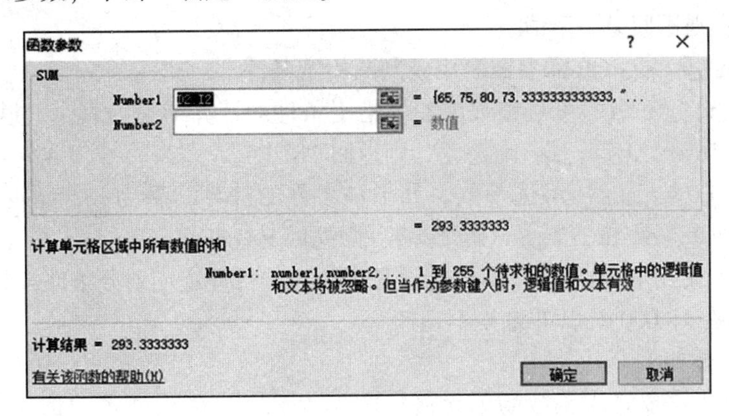

图 6.3.4 “函数参数”对话框

3）通过“插入函数”命令插入

选中需要输入函数的单元格，在“公式”选项卡的“函数库”组中，单击“插入函数”按钮，打开“插入函数”对话框，如图 6.3.5 所示。在“选择函数”列表中单击需要的函数名，单击“确定”按钮，弹出“函数参数”对话框，在对话框中输入参数，单击“确定”按钮。

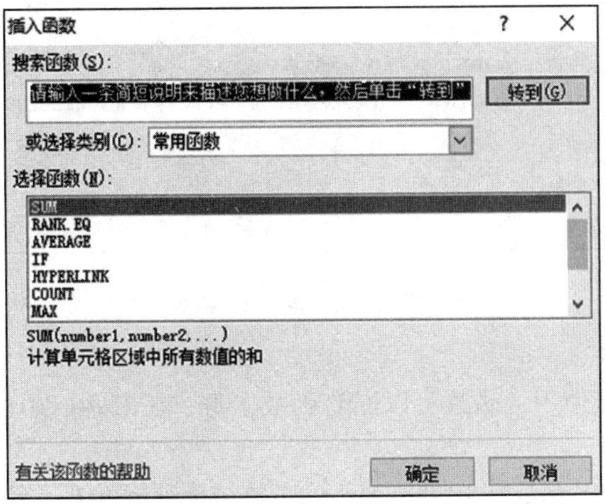

图 6.3.5 “插入函数”对话框

3. 常用函数

Excel 2010 函数可分为 13 大类，其中内置函数共有 12 类——文本函数、统计函数、数学和三角函数、查找和引用函数、逻辑函数、信息函数、财务函数、工程函数、日期和时间函数、数据库函数、多维数据集函数、兼容性函数。接下来将简要介绍几种常用的内置函数。

1）逻辑函数

（1）逻辑判断函数 IF。

语法格式：IF(logical_test,[value_if_true],[value_if_false])

功能：如果指定条件的计算结果为 TRUE，则 IF 函数将返回某个值；如果该条件的计算结果为 FALSE，则返回另一个值。

- logical_test　必需参数。用于判断指定条件。
- value_if_true　可选参数。如果指定条件的计算结果为真，则返回 value_if_true 的值（如果 value_if_true 忽略，则返回 TRUE）。
- value_if_false　可选参数。如果该条件的计算结果为假，则返回 value_if_false 的值；如果 value_if_false 忽略，则返回 FALSE。

【例 6.1】　使用 IF 函数对产品销售量是否超额进行评定。划分条件：数额在 18 000 以上为“超额”，在 18 000 及以下为“不超额”。

具体操作步骤如下：

第 1 步：选中需要输入函数的单元格（本例为 E2），在“公式”选项卡的“函数库”组中，单击“插入函数”按钮。

第 2 步：打开“插入函数”对话框，在“选择函数”列表中单击 IF 函数，弹出图 6.3.6 所示的“函数参数”对话框，在对话框中输入参数，单击“确定”按钮。

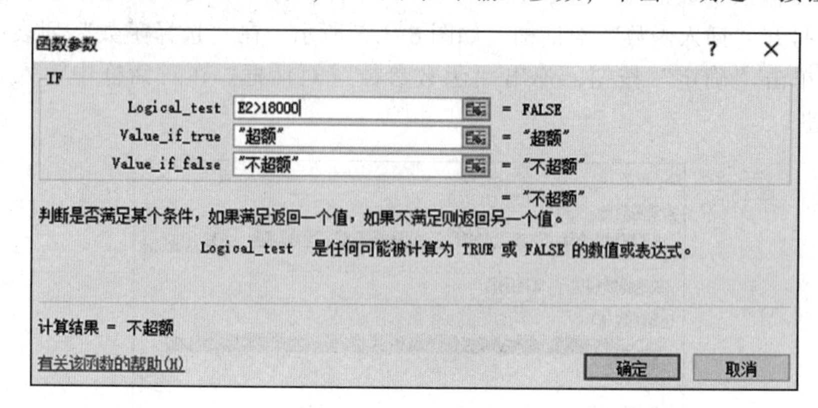

图 6.3.6　插入 IF 函数

（2）函数嵌套。

函数之间可以嵌套使用，函数可以嵌套函数本身。在 Excel 2010 中，最多可以使用 64 个 IF 函数进行嵌套。

【例 6.2】　使用 IF 函数在 H 列对员工的考核结果进行等级评定。划分条件：考核平均分数在 90 分及以上为“优”，80 ~ 89 分为“良”，70 ~ 79 分为“中”，60 ~ 69 分为“及格”，60 分以下为“不及格”。

计算函数：

```
=IF(G2>=90,"优",IF(G2>=80,"良",IF(G2>=70,"中",IF(G2>=60,"及格","不及格"))))
```

计算结果如图 6.3.7 所示。

2）数学和三角函数

（1）求和函数 SUM。

语法格式：SUM(number1,[number2],…)

H2 =IF(G2>=90,"优",IF(G2>=80,"良",IF(G2>=70,"中",IF(G2>=60,"及格","不及格"))))

	A	B	C	D	E	F	G	H	I	J	K
1	工号	姓名	性别	主观题成绩	客观题成绩	面试成绩	考核平均分数	考核结果			
2	20180006	胡志磊	男	65	75	80	73.33	中			
3	20180023	周萍	女	89	90	94	91.00	优			
4	20180022	居凯	男	90	87	86	87.67	良			
5	20180017	陈杰林	男	57	75	75	69.00	及格			
6	20180009	于静	女	56	57	78	63.67	及格			
7	20180034	余柯	男	83	78	81	80.67	良			
8	20180015	邱东华	男	58	54	62	58.00	不及格			
9	20180004	尚佩琦	女	74	80	82	78.67	中			
10	20180032	杨沛薇	女	71	83	78	77.33	中			

图 6.3.7 IF 函数的嵌套

功能：将所有参数相加求和。参数最少有 1 个，最多为 255 个。如果参数是一个数组或引用，则只计算其中的数字。数组或引用中的空白单元格、逻辑值或文本将被忽略。

【例 6.3】 请计算图 6.3.7 所示的数据表中所有员工面试成绩的总分。

计算函数：=SUM(F2:F10)

返回结果：716

(2) 条件求和函数 SUMIF。

语法格式：SUMIF(range, criteria, [sum_range])

功能：对指定单元格区域中符合指定条件的值求和。

- range 必需参数。用于条件计算的单元格区域。
- criteria 必需参数。用于确定求和的条件，其形式可以为数字、表达式、单元格引用、文本或函数。
- sum_range 可选参数。参与求和的实际单元格。如果省略 sum_range 参数，则为对在 range 参数中指定的单元格求和。

【例 6.4】 请计算在图 6.3.7 的数据表中男员工面试成绩的总分。

计算函数：=SUMIF(C2:C10,"男",F2:F10)

返回结果：384

注意：任何文本条件或任何含有逻辑或数学符号的条件都必须使用西文双引号（"）括起来。如果条件为数字，则无须使用双引号。

(3) 多条件求和函数 SUMIFS。

语法格式：SUMIFS(sum_range,criteria_range1,criteria1,[criteria_range2,criteria2],…)

功能：对指定单元格区域中满足多个条件的单元格求和。

- sum_range 必需参数。对一个或多个单元格求和，包括数字或包含数字的名称、区域或单元格引用。忽略空白和文本值。
- criteria_range1 必需参数。在其中计算关联条件的第一个区域。
- criteria1 必需参数。条件的形式为数字、表达式、单元格引用或文本，可用于定义将对 criteria_range1 参数中的那些单元格求和。
- criteria_range2,criteria2,… 可选参数。附加的区域及其关联条件。最多为 127 个区域或条件。

【例 6.5】　请计算在图 6.3.7 所示的数据表中性别为“男”且面试成绩为“良”的所有员工的面试总成绩。

计算函数：=SUMIFS(F2:F10,C2:C10,"男",H2:H10,"良")

计算结果：167

(4) 向下取整函数 INT。

语法格式：INT(number)

功能：将数字向下舍入最接近的整数。

【例 6.6】　请将 -5.4 进行向下取整。

计算函数：=INT(-5.4)

计算结果：-6

(5) 四舍五入函数 ROUND。

语法格式：ROUND(number,num_digits)

功能：将指定数值按指定的位数进行四舍五入。

- number　必需参数。要四舍五入的数字。
- num_ digits　必需参数。位数，按此位数对 number 参数进行四舍五入。

【例 6.7】　请将 -5.4 进行四舍五入，不保留小数位数。

计算函数：=ROUND(-5.4,0)

计算结果：-5

3) 统计函数

(1) 求平均值函数 AVERAGE。

语法格式：AVERAGE(number1,[number2],…)

功能：返回参数的平均值。逻辑值和直接输入参数列表中代表数字的文本都被计算在内。如果区域或单元格引用参数包含文本、逻辑值或空单元格，则这些值将被忽略，但包含零值的单元格将被计算在内。

【例 6.8】　请计算在图 6.3.7 所示的数据表中所有员工面试成绩的平均分。

计算函数：=AVERAGE(F2:F10)

返回结果：79.56

(2) 条件求平均值函数 AVERAGEIF。

语法格式：AVERAGEIF(range,criteria,[average_range])

功能：对指定单元格区域中符合指定条件的值求平均值。

- range　必需参数。用于条件计算的单元格区域。
- criteria　必需参数。用于确定求平均值的条件，其形式可以为数字、表达式、单元格引用、文本或函数。
- average_range　可选参数。参与求平均值的实际单元格。如果 average_range 参数被省略，则对在 range 参数中指定的单元格求平均值。

【例 6.9】　请计算在图 6.3.7 的数据表中男员工面试成绩的平均分。

计算函数为：=AVERAGEIF(C2:C10,"男",F2:F10)

返回结果为：76.80

(3) 多条件求平均值函数 AVERAGEIFS。

语法格式：AVERAGEIFS(average_range,criteria_range1,criteria1,[criteria_range2,criteria2],…)

功能：对指定单元格区域中满足多个条件的单元格求平均值。

• average_range 必需参数。对一个或多个单元格求平均，包括数字或包含数字的名称、区域或单元格引用。忽略空白和文本值。

• criteria_range1 必需参数。在其中计算关联条件的第一个区域。

• criteria1 必需参数。条件的形式为数字、表达式、单元格引用或文本，可用来定义将对 criteria_range1 参数中的哪些单元格求平均值。

• criteria_range2，criteria2，… 可选参数。附加的单元格区域及其关联条件。最多为 127 个单元格区域或条件。

【例 6.10】 请计算在图 6.3.7 所示的数据表中性别为“男”且面试成绩为“良”的所有员工的面试平均成绩。

计算函数：=AVERAGEIFS(F2:F10,C2:C10,"男",H2:H10,"良")

计算结果：83.50

(4) 最大值函数 MAX。

语法格式：MAX(number1,[number2],…)

功能：返回一组值中的最大值。参数最少为 1 个，最多为 255 个，且参数必须为数值。

【例 6.11】 请在图 6.3.7 所示的数据表中查找所有员工中面试成绩最高的分数并返回值。

计算函数：=MAX(F2:F10)

计算结果：94

(5) 最小值函数 MIN。

语法格式：MIN(number1,[number2],…)

功能：返回一组值中的最小值。参数最少为 1 个，最多为 255 个，且参数必须为数值。

【例 6.12】 请在图 6.3.7 所示的数据表中查找所有员工中面试成绩最低的分数并返回值。

计算函数：=MIN(F2:F10)

返回结果：62

(6) 计数函数 COUNT。

语法格式：COUNT(value1,[value2], …)

功能：计算包含数字的单元格以及参数列表中数字的个数。参数最少为 1 个，最多为 255 个。

【例 6.13】 请在图 6.3.7 所示的数据表中统计参加考核的员工人数（工号为数值型）。

计算函数：=COUNT(A2:A10)

返回结果：9

(7) 条件计算函数 COUNTIF。

语法格式：COUNTIF(range,criteria)

功能：对区域中满足单个指定条件的单元格进行计数。

• range 必需参数。要对其进行计数的一个或多个单元格，其中包括数字、名称、数组或包含数字的引用。空值和文本值将被忽略。

• criteria 必需参数。用于定义将对 range 指定的单元格进行计数的数字、表达式、单元格引用或文本字符串。

【例 6.14】 请在图 6.3.7 所示的数据表中的统计参加考核的员工中的女员工人数。

计算函数：=COUNTIF(C2:C10,"女")

返回结果：4

4）时间和日期函数

（1）返回特定日期函数 DATE。

语法格式：DATE(year,month,day)

功能：返回表示特定日期的连续序列号，通常用于通过公式或单元格引用来提供年月日。如果在输入该函数之前，单元格的格式为“常规”，则结果将使用日期格式，而非数字格式。若要显示序列号或更改日期格式，则可在“开始”选项卡的“数字”组中，选择其他数字格式。

- year　必需参数。year 参数的值可以包含 1 ~4 位数字。
- month　必需参数。一个正整数或负整数，表示一年中从 1 月至 12 月（一月到十二月）的各个月。
- day　必需参数。一个正整数或负整数，表示一个月中的各天。

【例 6.15】 请将图 6.3.8 所示的数据表中 A2:C2 单元格中的数据以日期格式返回。

计算函数：=DATE(A2,B2,C2)

返回结果：2018/12/24

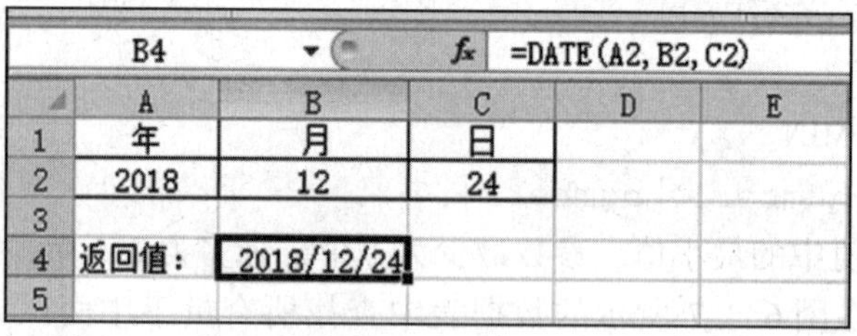

B4　=DATE(A2,B2,C2)

	A	B	C	D	E
1	年	月	日		
2	2018	12	24		
3					
4	返回值：	2018/12/24			
5					

图 6.3.8　DATE 函数的使用

（2）当前日期和时间函数 NOW。

语法格式：NOW()

功能：返回当前日期和时间的序列号。该函数没有参数，返回值是当前计算机系统的日期和时间。

（3）返回年份函数 YEAR。

语法格式：YEAR(serial_number)

功能：返回当前日期的序列号。

- serial_number　必需参数。一个日期值，包含要返回的年份。

（4）当前日期函数 TODAY。

语法格式：TODAY()

功能：返回计算机系统的当前日期。该函数没有参数。

5）查找和引用函数

（1）垂直查找函数 VLOOKUP。

语法格式：VLOOKUP(lookup_value,table_array,col_index_num,[range_lookup])

功能：搜索某个单元格区域的第 1 列，然后返回该区域相同行上任何单元格中的值。

• lookup_value　必需参数。需在表格或区域的第一列中搜索的值。lookup_value 参数可以是值，也可以是引用。如果为 lookup_value 参数提供的值小于 table_array 参数第 1 列中的最小值，则 VLOOKUP 将返回错误值 #N/A。

• table_array　必需参数。包含数据的单元格区域。table_array 第 1 列中的值是由 lookup_value 搜索的值。这些值可以是文本、数字或逻辑值。文本不区分大小写。

• col_index_num　必需参数。table_array 参数中必须返回的匹配值的列号。

• range_lookup　可选参数。一个逻辑值，用于指定希望 VLOOKUP 函数查找精确匹配值还是近似匹配值。

【例 6.16】　请在图 6.3.9 所示的数据表中，使用 VLOOKUP 函数，利用“产品名称”，将 D2:E8 单元格区域内的“北京销量”输入 A2:B8 单元格区域。

计算函数：=VLOOKUP(A2,D1:E8,2,FALSE)

B2　=VLOOKUP(A2,D1:E8,2,FALSE)

	A	B	C	D	E	F
1	产品名称	北京销量		产品名称	北京销量	
2	电视机	5126		抽油烟机	7621	
3	显示器			显示器	8648	
4	笔记本计算机			笔记本计算机	4872	
5	空调			电冰箱	5326	
6	电冰箱			跑步机	3552	
7	抽油烟机			空调	6812	
8	跑步机			电视机	5126	
9						

图 6.3.9　VLOOKUP 函数

6）文本函数

（1）字符个数函数 LEN。

语法格式：LEN(text)

功能：返回文本字符串中的字符数。

• text　必需参数。要查找其长度的文本。对于空格，将作为字符进行计数。

【例 6.17】　请返回字符串“20180006胡志磊”字符个数。

计算函数：=LEN("20180006胡志磊")

返回结果：11

（2）截取字符串函数 MID。

语法格式：MID(text,start_num,num_chars)

功能：返回文本字符串中从指定位置开始的特定数目的字符，该数目由用户指定。

• text　必需参数。包含要提取字符的文本字符串。

• start_num　必需参数。文本中要提取的第 1 个字符的位置。

• num_chars　必需参数。用于指定希望 MID 函数从文本中返回字符的个数。

【例 6.18】　字符串“20180006 胡志磊”中的前 8 位为员工工号，请将工号的最后两位进行返回。

计算函数：=MID("20180006 胡志磊",7,2)

返回结果：06

（3）左侧截取字符串函数 LEFT。

语法格式：LEFT(text,[num_chars])

功能：返回文本字符串中的第 1 个字符或前几个字符。

- text　必需参数。包含要提取的字符的文本字符串。
- num_chars　可选参数。指定提取的字符的数量。num_chars 必须大于或等于零。如果 num_chars 大于文本长度，则 LEFT 返回全部文本；如果省略 num_chars，则默认其值为 1。

【例 6.19】　字符串“20180006 胡志磊”中的前 8 位为员工工号，请将工号进行返回。

计算函数：=LEFT("20180006 胡志磊",8)

返回结果：20180006

（4）右侧截取字符串函数 RIGHT。

语法格式：RIGHT(text,[num_chars])

功能：根据所指定的字符数，返回文本字符串的最后一个或多个字符。

- text　必需参数。包含要提取字符的文本字符串。
- num_chars　可选参数。指定要提取的字符的数量。

【例 6.20】　字符串“20180006 胡志磊”中的后 3 位为员工姓名，请将姓名进行返回。

计算函数：=RIGHT("20180006 胡志磊",3)

返回结果：胡志磊

4. 函数的嵌套

将一个函数的函数值作为另一个函数的参数来使用，这种方式称为函数的嵌套。例如，在函数“=IF(MID(A2,3,2)="01","1 班","2 班")”中，IF 函数将 MID 函数的值作为参数，因此也称为 IF 函数嵌套 MID 函数。

6.4 图表应用

为了使阅读者易于理解、印象深刻，且更容易发现隐藏在数据背后的趋势和规律，Excel 提供了强大的图表分析功能。图表可以表示各种数据数量的多少、数量增减变化的情况以及部分数量与总数之间的关系等，让数据之间的关系一目了然。

图表中包含的元素很多，在使用图表时，可以根据需求对元素进行添加或删除、调整图表的大小、移动等操作，如图 6.4.1 所示。

6.4.1 创建图表

1. 图表类型

图表作为数据趋势和规律的表达方式，类型非常丰富，Excel 2010 共提供了 11 类图表，每类图表又包含了若干子类型。

1）柱形图

柱形图把每个数据显示为一个垂直柱体，高度与数值相对应。创建柱形图时，可以设定多

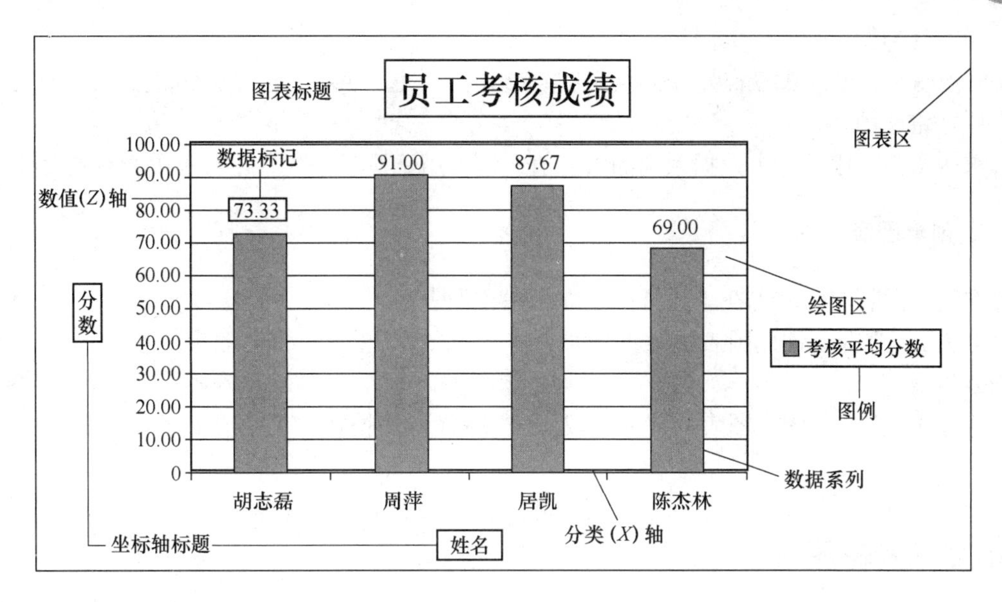

图 6.4.1 图表元素

个数据系列，将每个数据系列以不同的颜色表示。柱形图通常用于对多个系列进行比较。

2）折线图

折线图通常用来描绘连续的数据，对于分析数据趋势很有用。例如，用于比较相同时间间隔内数据的变化趋势，类别以水平轴均匀分布。

3）饼图

饼图是指把一个圆面划分为若干个扇形面，每个扇形面代表一项数据值，通常显示各项占总值的百分比。

4）条形图

条形图类似于柱形图，实际上是顺时针旋转 90°的柱形图，主要强调各个数据项之间的差别情况。

5）面积图

面积图是指将一系列数据用线段连接，并将每条线以下的区域用不同的颜色填充，其一般用于显示随时间变化的量。

6）XY 散点图

XY 散点图用于比较几个数据系列中的数值，或者将两组数值显示为 *XY* 坐标系中的系列，其通常用于科学数据、统计数据和工程数据。

7）股价图

股价图用于描绘股票的价格走势，可以表示股价的盘高价、盘低价、成交量，也可以用于科学数据。这类图表一般需要 3 ~5 个数据系列。

8）曲面图

曲面图中的颜色和图案用于指示在同一取值范围内的区域，其通常用于查找两组数据的最佳组合。

9）圆环图

圆环图的作用类似于饼图，用于显示部分与整体的关系，但圆环图可以显示多个数据系列，并且每个圆环代表一个数据系列。

10）气泡图

气泡图是一种特殊的散点图，用于比较成组的三个值，第三个值表示气泡数据点的大小。

11）雷达图

雷达图用于比较几个数据系列的聚合值，通常用于显示各数据相对于中心点的变化。

2. 创建图表

在创建图表前，应先在工作簿中建立相关数据表。

方法1：选择要创建图表的数据区域，在“插入”选项卡的“图表”组中，单击相应的图表类型。

方法2：选择要创建图表的数据区域，按〈F11〉快捷键，即可在新建的工作表中创建图表。

6.4.2 编辑图表

若对已创建的图表不满意，可根据实际需要对图表进行编辑。

1. 更改图表类型

选中要更改类型的图表，在“图表工具—设计”选项卡的“类型”组中，单击“更改图表类型”按钮，弹出“更改图表类型”对话框，如图6.4.2所示。在该对话框中选择合适的图表类型，单击“确定”按钮。

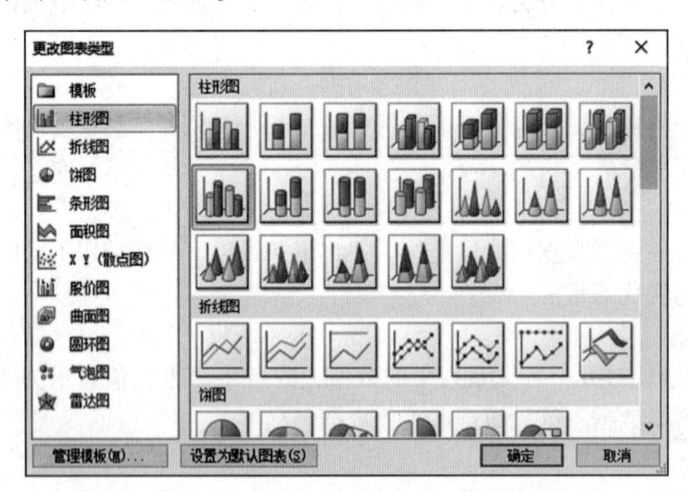

图6.4.2 “更改图表类型”对话框

说明：在Excel 2010，可以单独更改图表中一个数据系列的图表类型，用户既可以通过“更改图表类型”按钮更改，也可以右键单击需要更改类型的数据系列，在弹出的快捷菜单中选择“更改系列图表类型”命令，从而进行更改。

2. 修改图表数据源

选中要修改数据源的图表，在“图表工具—设计”选项卡的“数据”组中，单击“选

择数据”按钮，弹出“选择数据源”对话框，如图6.4.3所示，在该对话框中，既可以重新选择图表数据，也可以对已选择的数据进行添加、编辑、删除等操作。

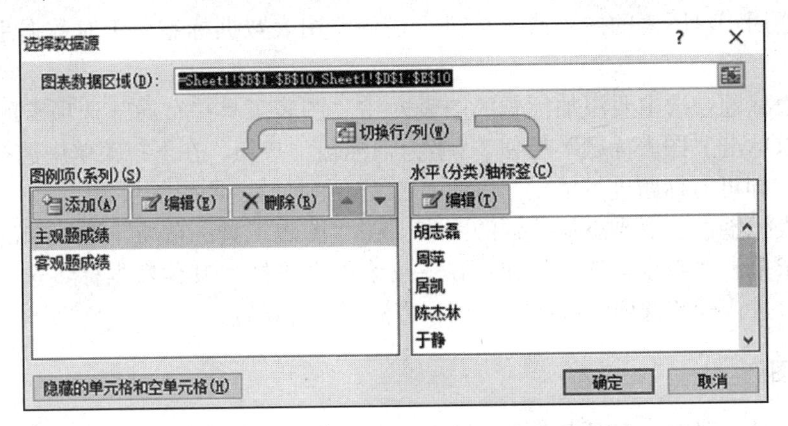

图6.4.3 “选择数据源”对话框

3. 移动图表

默认情况下，插入的图表会嵌入数据源所在的工作表。用户也可以将插入的图表单独放置在图表工作表中，该工作表的名称默认为“Chart”，可对工作表进行重命名操作。

操作方法：选中需要移动的图表，在“图表工具—设计”选项卡的“位置”组中，单击“移动图表”按钮，弹出“移动图表”对话框，在该对话框中确定图表的位置即可。

4. 保存为模板

对于已设置好的图表，如果需要反复使用，则可以将其保存为模板，以便下次创建图表时直接套用。

操作方法：选中要保存为模板的图表，在“图表工具—设计”选项卡的“类型”组中，单击“另存为模板”按钮，弹出“保存为模板”对话框，从“保存位置”下拉列表中选择系统默认的保存图表模板的文件夹“Charts”，输入保存的模板文件名，在“保存类型”下拉列表中选择“图表模板文件（*.crtx）”，单击“保存”按钮。

6.4.3 图表格式化

适当对图表元素进行格式化，可以使图表更加美观和易于理解。

1. 更改图表布局和样式

在Excel 2010中，预定义了多种图表布局和样式，直接选用即可改变图表中各元素的位置、颜色等。

更改图表布局：选中要更改布局的图表，在“图表工具—设计”选项卡的“图表布局”组中，可查看“图表布局库”，根据使用情况单击合适的布局，图表布局就会相应变化。

更改图表样式：选中要更改布局的图表，在“图表工具—设计”选项卡的“图表样式”组中，可查看“图表样式库”，将光标置于样式上，可查看样式名称，根据使用情况单击合适的样式，图表样式就会相应变化。

2. 添加图表标题和标签

图表标题用于对图表的主题或坐标进行说明，图表数据标签用于对数据系列进行快速标识。

添加图表标题：选中要添加标题的图表，在“图表工具—布局”选项卡的“标签”组中，根据需求单击“图表标题”按钮、“坐标轴标题”按钮，在下拉菜单中选择“其他标题选项”命令，即可对标题进行填充、边框颜色、边框样式、阴影等设置。

添加图表标签：选中要添加标题的图表，在“图表工具—布局”选项卡的“标签”组中，根据需求单击“数据标签”按钮，在下拉菜单中选择“其他数据标签选项”命令，即可对数据标签进行标签选项、数字、填充、边框颜色等设置。

3. 设置图例

创建图表时，图例会在图表中自动显示。通过设置，可以隐藏图例或者更改图例位置。

操作方法：在“图表工具—布局”选项卡的“标签”组中，单击“图例”按钮，在下拉菜单中可选择图例的放置位置，单击“其他图例选项”命令，可设置图例的填充、边框颜色等。

4. 设置图表坐标轴

在 Excel 2010 中，大多数图表都含有坐标轴，坐标轴分为横坐标轴和纵坐标轴。

创建图表时，坐标轴会在图表中自动显示。对坐标轴，可根据需要进行设置，如隐藏、显示、线条颜色、最大值、最小值、主要刻度、次要刻度等。

方法 1：在“图表工具—布局”选项卡的“坐标轴”组中，单击“坐标轴”按钮，然后在下拉菜单中对坐标轴进行设置。

方法 2：在“图表工具—布局”选项卡的“当前所选内容”组中，在图表元素下拉菜单中，选择“水平（类别）轴”或“垂直（值）轴”，单击“设置所选内容格式”按钮，弹出“设置坐标轴格式”对话框，在对话框中对坐标轴进行设置，如图 6.4.4 所示。

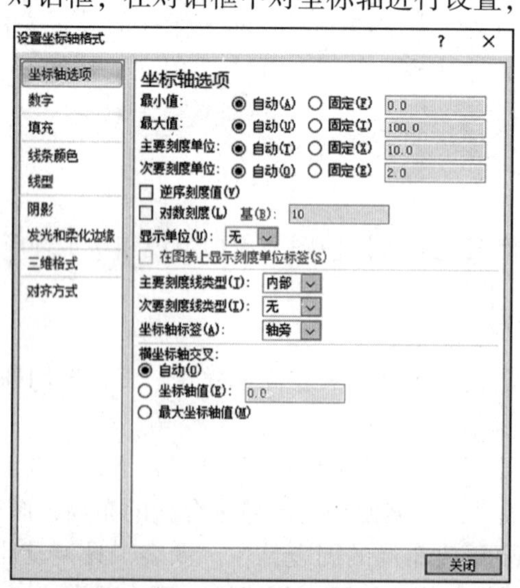

图 6.4.4　“设置坐标轴选项”对话框

6.4.4 迷你图

迷你图与工作表中的图表不同，迷你图不是对象，而是一个嵌入在单元格中的微型图表，因此可以用作单元格的背景。迷你图分为3类：折线图、柱形图、盈亏。

1. 创建迷你图

选中一行或一列数据，在“插入”选项卡的“迷你图”组中选择相应迷你图类型，弹出“创建迷你图”对话框，如图6.4.5所示。

在“数据范围”文本框中指定迷你图基于的数据单元格区域（如果在创建时已选定，则在文本框中默认显示），在“位置范围”文本框中指定迷你图放置的位置，单击“确定”按钮。

除了为一列或一行创建一个迷你图外，还可以通过选择多个单元格来同时创建多个迷你图。对于相邻数据区域的迷你图，还可通过使用填充柄来进行填充创建。

2. 编辑迷你图

迷你图在创建后，选项卡中会增加“迷你图工具—设计”选项卡，在该选项卡中，可编辑迷你图的数据、类型、样式、突显数据点等。

3. 隐藏和清空单元格

如果迷你图引用的数据列、行中含有空单元格，则迷你图会出现空白数据点；如果迷你图引用的数据列、行中含有隐藏单元格，则迷你图中将不显示该单元格数据。

在“迷你图工具—设计”选项卡的“迷你图”组中，单击“编辑数据”按钮，在弹出的下拉菜单中选择“隐藏和清空单元格”命令，弹出“隐藏和空单元格设置”对话框，如图6.4.6所示。在对话框中选中相应单选框或复选框，可以控制迷你图的显示。

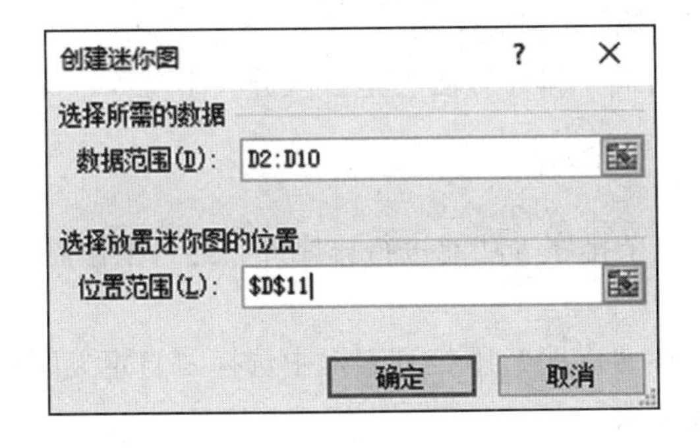

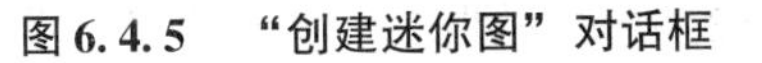
图6.4.5 “创建迷你图”对话框

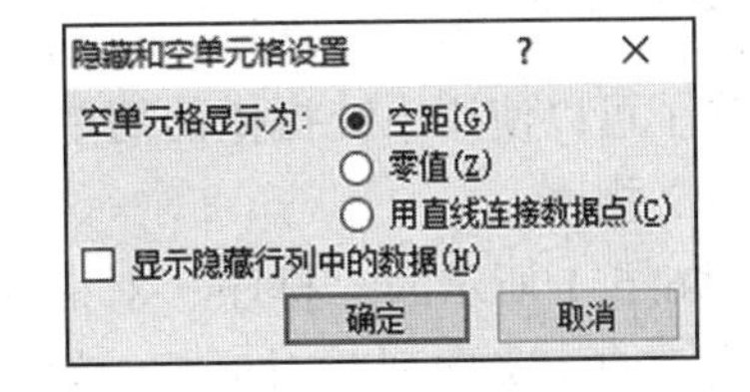

图6.4.6 “隐藏和空单元格设置”对话框

6.5 数据分析和处理

6.5.1 数据排序

通常，数据表中的数据都是无序的，通过数据排序操作，可以将表中数据之间的关系更加直观地呈现，使之便于查找。数据排序可以对表中一列（行）或多列（行）数据同时排序，在排序时，可依据数据的数值、单元格颜色、字体颜色、单元格图标等按升序或降序排序。

1. 简单排序

针对某一条件进行的整理排列称为简单排序。选中需要排序的该条件中的任意一个单元格，在“数据”选项卡的“排序和筛选”组中，单击“升序”按钮（AZ↓）或“降序”按钮（ZA↓），即可完成排序。

2. 复杂排序

排序涉及多个列或条件时，可采用复杂排序。

选中需要排序的数据区域中的任意一个单元格，在“数据”选项卡的“排序和筛选”组中，单击“排序”按钮，弹出“排序”对话框，如图 6. 5. 1 所示。

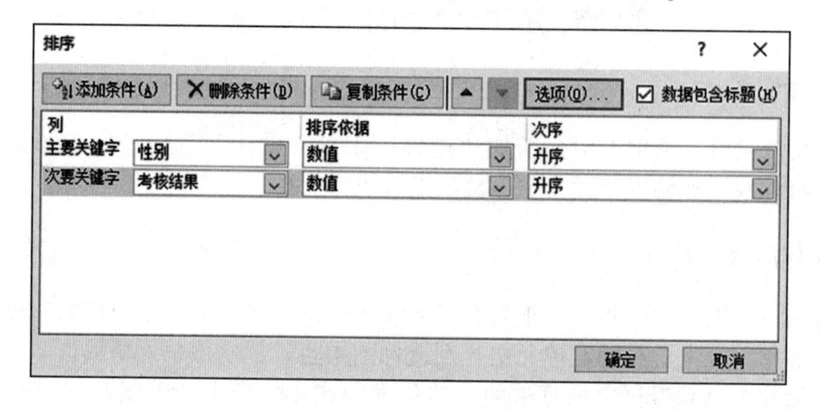

图 6. 5. 1　“排序”对话框

根据数据表情况来决定是否选中“数据包含标题”复选框，并按照排序主次选择排序关键字。关键字分为主要关键字、次要关键字、第三关键字……

排序时，可通过“选项”按钮来设置排序方向、排序方法、是否区分大小写等。

3. 自定义排序

用户除了可以使用系统提供的简单排序、复杂排序等功能进行排序外，还可根据需求进行用户自定义排序。

在如图 6. 5. 1 所示的“排序”对话框中，在“次序”下拉列表框中选择“自定义序列”选项，弹出“自定义序列”对话框，如图 6. 5. 2 所示。

在该对话框右侧的“输入序列”列表中输入需要填充序列的每一个项目，项目之间使用〈Enter〉键，输入完成后，单击“添加”按钮。设置完成后，单击“确定”按钮。

6. 5. 2　数据筛选

数据筛选是指根据特定条件筛选出符合要求的数据，是查找数据的一种快捷方式。对数据区域中的数据进行筛选后，不满足条件的数据会被隐藏，筛选结果可以被直接复制、查找、编辑、打印等。

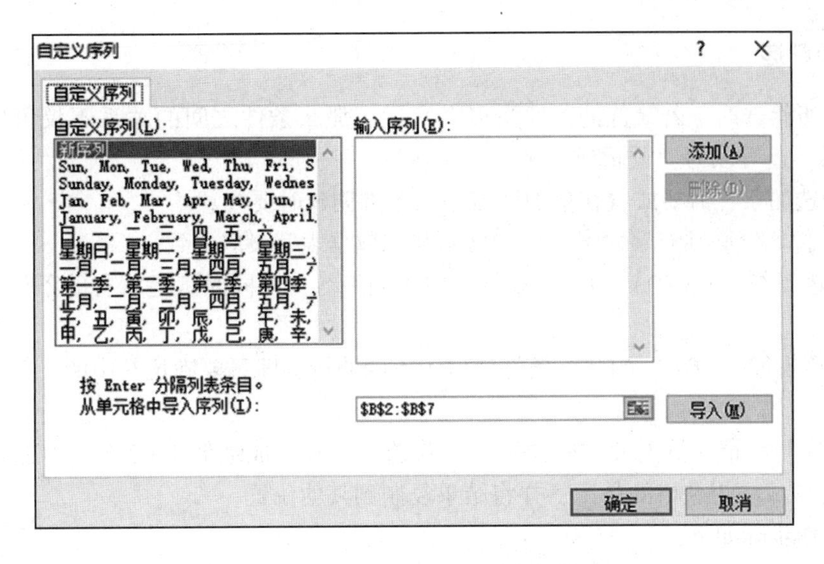

图 6.5.2 “自定义序列”对话框

1. 自动筛选

利用简单条件进行的筛选称为自动筛选，通过自动筛选数据工作表，可以自动显示给定满足筛选条件的数据，当筛选的条件为多个字段时，条件之间的关系为“逻辑与”的关系。

【例 6.21】 请在员工考核成绩表中，筛选出考核结果为“中”的女员工。

具体操作步骤如下：

第 1 步：选中员工考核成绩表中的任意一个单元格，在“数据”选项卡的“排序和筛选”组中，单击“筛选”按钮，便在数据表中每个列的首单元格的右侧添加了一个筛选按钮。

第 2 步：单击“考核结果”字段的筛选按钮，打开筛选器选择列表，在“文本筛选”命令列表中选择“自定义筛选”，弹出“自定义自动筛选方式”对话框。

第 3 步：在“自定义自动筛选方式”对话框中设置筛选条件，如图 6.5.3 所示。

第 4 步：在“性别”字段的下拉列表中选择“女”，即可。

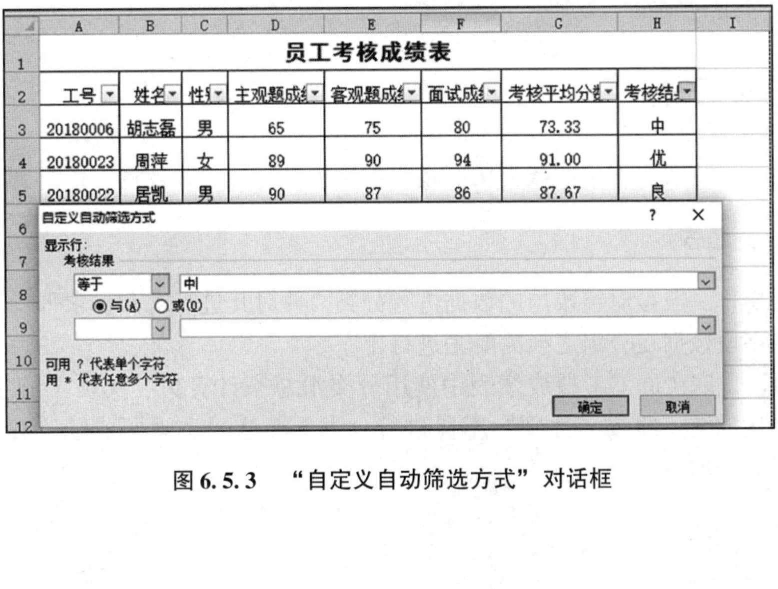

员工考核成绩表

工号	姓名	性别	主观题成绩	客观题成绩	面试成绩	考核平均分	考核结果
20180006	胡志磊	男	65	75	80	73.33	中
20180023	周萍	女	89	90	94	91.00	优
20180022	居凯	男	90	87	86	87.67	良

自定义自动筛选方式
显示行：
考核结果
等于 中
◉与(A) ○或(O)
可用 ? 代表单个字符
用 * 代表任意多个字符
确定 取消

图 6.5.3 “自定义自动筛选方式”对话框

2. 高级筛选

进行高级筛选时，若筛选的条件为多个字段，那么条件之间的关系不仅可以为“逻辑与”的关系，还可以为“逻辑或”的关系。

高级筛选的条件需要放置在单独区域中，条件创建时要注意：

（1）条件区域必须有字段名，标题必须与源数据表字段名一致。

（2）“逻辑与”（AND）的多个条件应位于同一行，即同时满足所有的条件才会被筛选出来。

（3）“逻辑或”（OR）的多个条件应位于不同的行，即只要满足其中的一个条件就会被筛选出来。

【例 6.22】 请在员工考核成绩表中，筛选出主观题成绩低于 60 分、客观题成绩高于 60 分并且考核成绩为及格的员工，并将结果复制到其他位置。

具体操作步骤如下：

第 1 步：在工作表中创建条件区域，如图 6.5.4 所示。

第 2 步：在“数据”选项卡的“排序和筛选”组中，单击“高级”按钮，弹出“高级筛选”对话框。

第 3 步：在“高级筛选”对话框中，选中“将筛选结果复制到其他位置”单选框，并将数据区域地址输入“列表区域”文本框，将条件区域地址输入“条件区域”文本框，将结果要放置位置的首地址输入“复制到”文本框，如图 6.5.5 所示。

主观题成绩	客观题成绩	考核结果
<60	>60	及格

图 6.5.4 条件区域

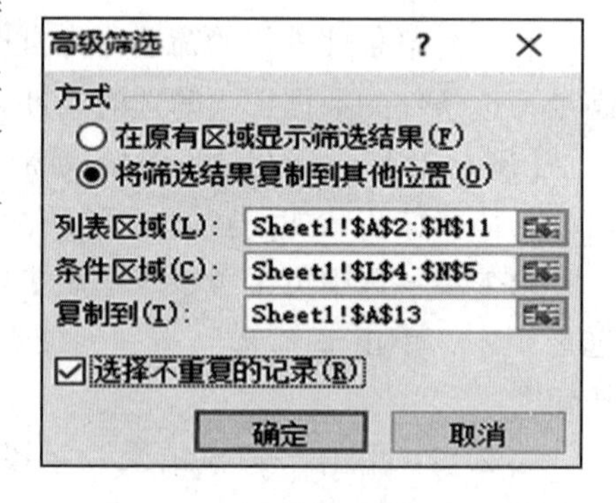

图 6.5.5 “高级筛选”对话框

第 4 步：如果要删除重复数据，则选中“选择不重复的记录”复选框。

第 5 步：单击“确定”按钮。

6.5.3 分类汇总

分类汇总是指将数据表中的数据按照指定的标准进行分组并计算，以得到相应结果。

1. 创建分类汇总

分类汇总操作一般是对字段内的数据进行分类，并对其进行求和、求平均、计数等统计分析。分类的字段数据在分组之前需要先进行排序。

【例 6.23】 请在员工考核成绩表中使用分类汇总来计算男、女员工的主观题平均成绩、客观题平均成绩。即按“性别”字段进行分类，汇总“主观题成绩”“客观题成绩”字段汇总方式为平均值。

具体操作步骤如下：

第1步：在员工考核成绩表中，对“性别”字段进行排序。

第2步：在“数据”选项卡的“分级显示”组中，单击“分类汇总”按钮，弹出“分类汇总”对话框，对各项进行设置，如图6.5.6所示。

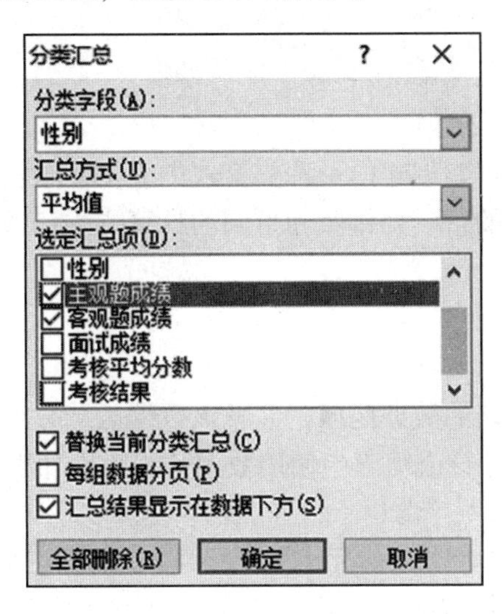

图6.5.6 “分类汇总”对话框

第3步：单击“确定”按钮，分类汇总结果如图6.5.7所示。

	A	B	C	D	E	F	G	H
1	员工考核成绩表							
2	工号	姓名	性别	主观题成绩	客观题成绩	面试成绩	考核平均分数	考核结果
3	20180006	胡志磊	男	65	75	80	73.33	中
4	20180022	居凯	男	90	87	86	87.67	良
5	20180017	陈杰林	男	57	75	75	69.00	及格
6	20180034	余柯	男	83	78	81	80.67	良
7	20180015	邱东华	男	58	54	62	58.00	不及格
8			男 平均值	70.6	73.8			
9	20180023	周萍	女	89	90	94	91.00	优
10	20180009	于静	女	56	57	78	63.67	及格
11	20180004	尚佩琦	女	74	80	82	78.67	中
12	20180032	杨沛薇	女	71	83	78	77.33	中
13			女 平均值	72.5	77.5			
14			总计平均值	71.44444444	75.44444444			
15								

图6.5.7 分类汇总结果

2. 分级显示

如图6.5.7所示，分类汇总后，在数据表的左边会显示分类级别。分类级别最多可以显示8个级别。为了让分析结果一目了然，用户可以将分级数据进行隐藏或取消分级显示。

隐藏分级：选中进行过分类汇总的数据表，在“数据”选项卡的“分级显示”组中，单击“隐藏明细数据”按钮，分级明细数据即被隐藏。在数据表的分类级别中，单击“－”

号，使其变为“+”号，也可隐藏分类明细数据。

取消分级：选中进行过分类汇总的数据表，在“数据”选项卡的“分级显示”组中，单击“取消组合”按钮，从弹出的下拉菜单列表中选择“消除分级显示”命令，即可将数据表左侧的分级显示取消。

6.5.4 数据透视表

数据透视表是根据源数据表创建的一种交互式的表格，结合了排序、筛选、分类汇总等数据分析的优点，通过不同的行、列排版和不同的计算方式，透视表可以即时按照用户的布局来显示计算结果。

1. 创建数据透视表

选中需要创建数据透视表的数据区域，并且该数据区域必须包含字段名称。

【例 6.24】 请在员工考核成绩表中使用数据透视表来计算男、女员工的主观题平均成绩、客观题平均成绩。

具体操作步骤如下：

第 1 步：在“插入”选项卡的“表格”组中，单击“数据透视表”按钮，弹出“创建数据透视表”对话框，如图 6.5.8 所示。

第 2 步：在该对话框中，确认需要创建数据透视的数据区域，单击“确定”按钮。

第 3 步：此时，在 Excel 窗口中添加了一个空的数据透视表，并在窗口右侧出现“数据透视表字段列表”窗格。

第 4 步：如图 6.5.9 所示，按需求在“数据透视表字段列表”窗格中，将字段添加到窗格下方的四个区域中，即可显示数据透视结果。

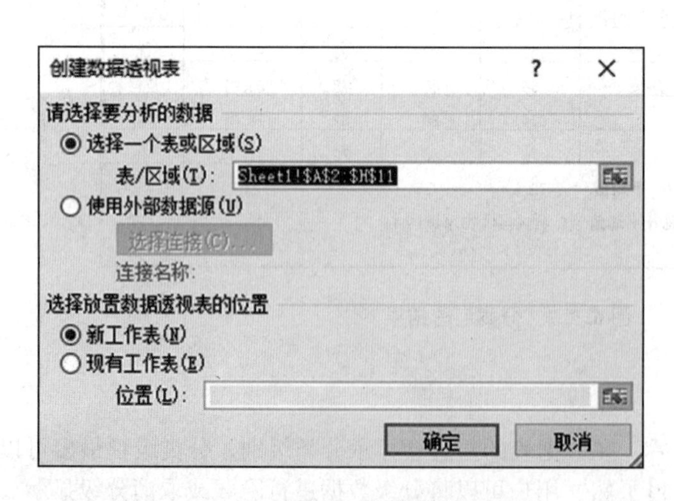

图 6.5.8 “创建数据透视表”对话框

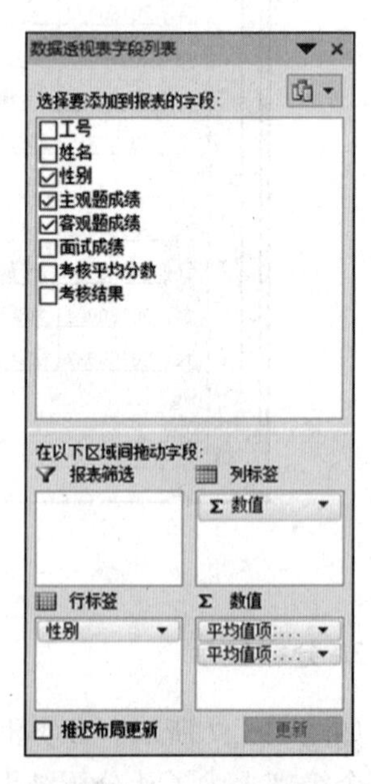

图 6.5.9 “数据透视表字段列表”窗格

2. 编辑数据透视表

1）值字段设置

创建数据透视表后，还需要对表中的数据进行编辑，如重命名、更改汇总方式等。

在“∑ 数值”区域单击任意字段名称，在弹出的下拉列表中选择“值字段设置”命令，弹出“值字段设置”对话框，如图 6. 5. 10 所示。

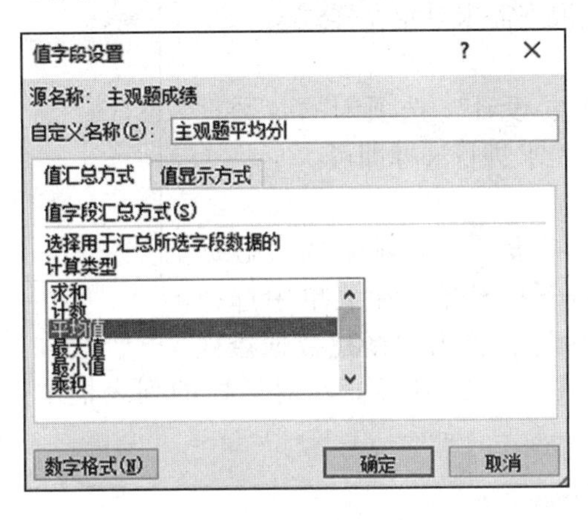

图 6. 5. 10 “值字段设置”对话框

在“自定义名称”文本框中，可以对透视表字段名称进行重命名；在“值汇总方式”列表框中，可以对计算类型进行更改；在“值显示方式”列表框中，可以对值的显示方式进行更改。

2）更改数据源

数据透视表建好后，如果需要再次更改数据透视表的数据源，那么用户不需要重新创建数据透视表，只需在“数据透视表工具—选项”选项卡的“数据”组中，单击“更改数据源”按钮，在下拉列表中选择“更改数据源”命令，弹出“更改数据透视表数据源”对话框，在“表/区域”文本框中输入新的数据区域即可，如图 6. 5. 11 所示。

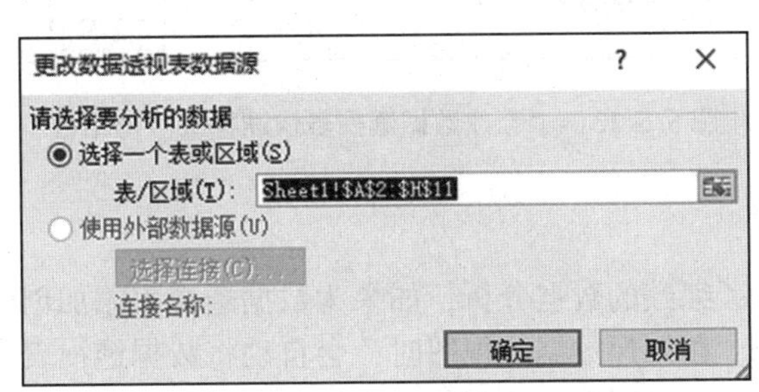

图 6. 5. 11 “更改数据透视数据源”对话框

3）刷新数据

在 Excel 2010 中，当数据源的数据被更改后，数据透视表默认不会自动更新，用户需要通过设置来更新数据透视表。

手动刷新：在“数据透视表工具—选项”选项卡的“数据”组中，单击“刷新”按钮。

打开文件时刷新：在“数据透视表工具—选项”选项卡的“数据透视表”组中，单击

"选项"按钮，弹出"数据透视表选项"对话框，如图6.5.12所示。在该对话框中，选择"数据"选项卡，选中"打开文件时刷新数据"复选框。

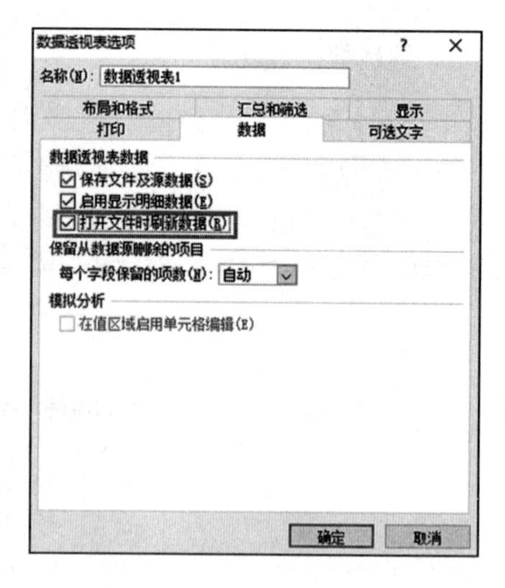

图6.5.12 "数据透视表选项"对话框

3. 更改数据透视表样式

Excel 2010提供了数据透视表样式库，用户可以直接套用已定义的样式或根据需求自定义样式。

1）使用已定义样式

在"数据透视表工具—设计"选项卡的"数据透视表样式"组中，根据需求进行选择即可。

2）自定义新样式

在"数据透视表工具—设计"选项卡的"数据透视表样式"组中，单击下拉菜单，在菜单中选择"新建数据透视表样式"命令，弹出"新建数据透视表快速样式"对话框，如图6.5.13所示。在对话框的列表框中选择合适选项，单击"确定"按钮，即可完成设定。

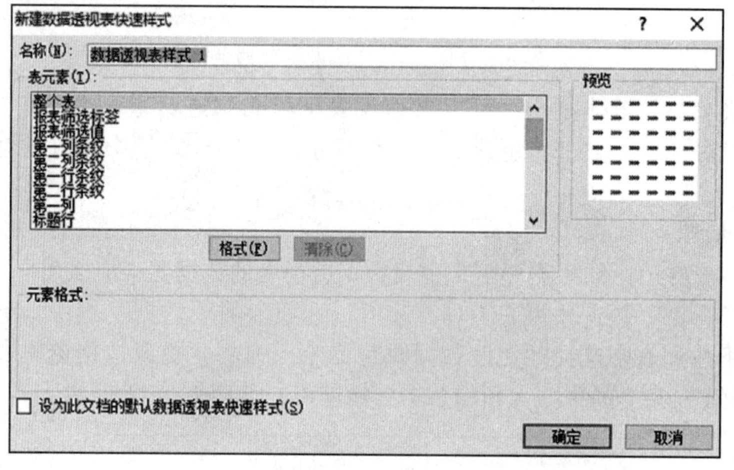

图6.5.13 "新建数据透视表快速样式"对话框

4. 创建数据透视图

数据透视表组体现了细致的数据分析，如果为数据透视表添加创建数据透视图，就可以对数据表达得更加直观。在创建数据透视图时，会自动将数据透视表作为数据源，二者之间产生关联，数据透视表中的数据发生的变化会立即反映在数据透视图中。

选中需要添加数据透视图的数据透视表，在"数据透视表工具—选项"选项卡的"工具"组中，单击"数据透视表"按钮，弹出"插入图表"对话框。在该对话框中，选择合适的图表类型，单击"确定"按钮。

5. 切片器

在数据透视表中，可以通过切片器来查看某一字段的所有数据信息。如果插入多个切片器，则字段之间还可以产生关联。

1）插入切片器

选中需要添加切片器的数据透视表，在“数据透视表工具—选项”选项卡的“排序和筛选”组中，单击“插入切片器”按钮，在下拉菜单中选择“插入切片器”命令，在弹出的“插入切片器”对话框（图6.5.14）中选择相应的字段复选框，单击“确定”按钮。

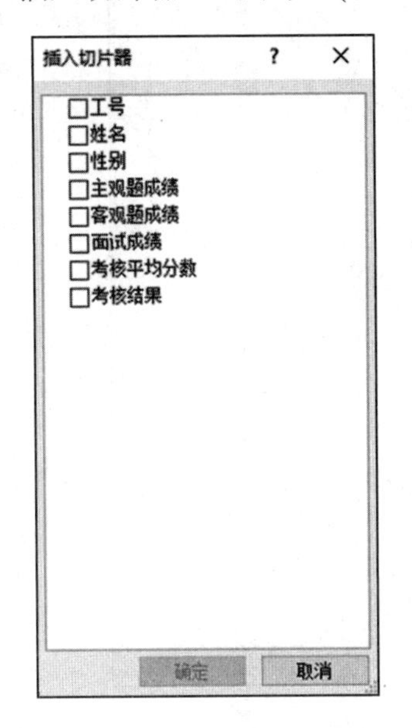

图6.5.14 “插入切片器”对话框

2）设置切片器样式

选中需要设置样式的切片器，生成“切片器工具—选项”选项卡，在“切片器样式”组中可以查看预定义样式库，单击样式，即可直接套用。

3）删除切片器

选中要删除的切片器，右键单击，在弹出的快捷菜单中选择“删除‘×××’（×××为切片器字段名称）”命令，即可删除相应切片器。

6. 删除数据透视表

单击要删除的数据透视表任意位置，在“数据透视表工具—选项”选项卡的“操作”组中，单击“选择”按钮，单击下拉菜单箭头，选择“整个数据透视表”命令，使用〈Delete〉键删除数据透视表。

注意：如果删除数据透视表，则与其相关联的数据透视图会变为普通图表。

6.6 电子表格的高级应用

6.6.1 共享工作簿

当工作簿中数据较大，且多名用户共同查看或编辑时，可以将工作簿设置共享，具体操作步骤如下。

第1步：打开需要实现共享的工作簿，在“审阅”选项卡的“更改”组中，单击“共享工作簿”按钮，弹出“共享工作簿”对话框。如果在打开过程中弹出如图6.6.1所示的“无法共享此工作簿”提示框，则按提示删除个人信息，如图6.6.2所示。

图6.6.1 “无法共享此工作簿”提示框

第2步：在“共享工作簿”对话框的“编辑”选项卡下，选中“允许多用户同时编辑，同时允许工作簿合并”复选框，如图6.6.3所示。在“共享工作簿”对话框的“高级”选项卡下，选中用于更新变化的选项，单击“确定”按钮，如图6.6.4所示。

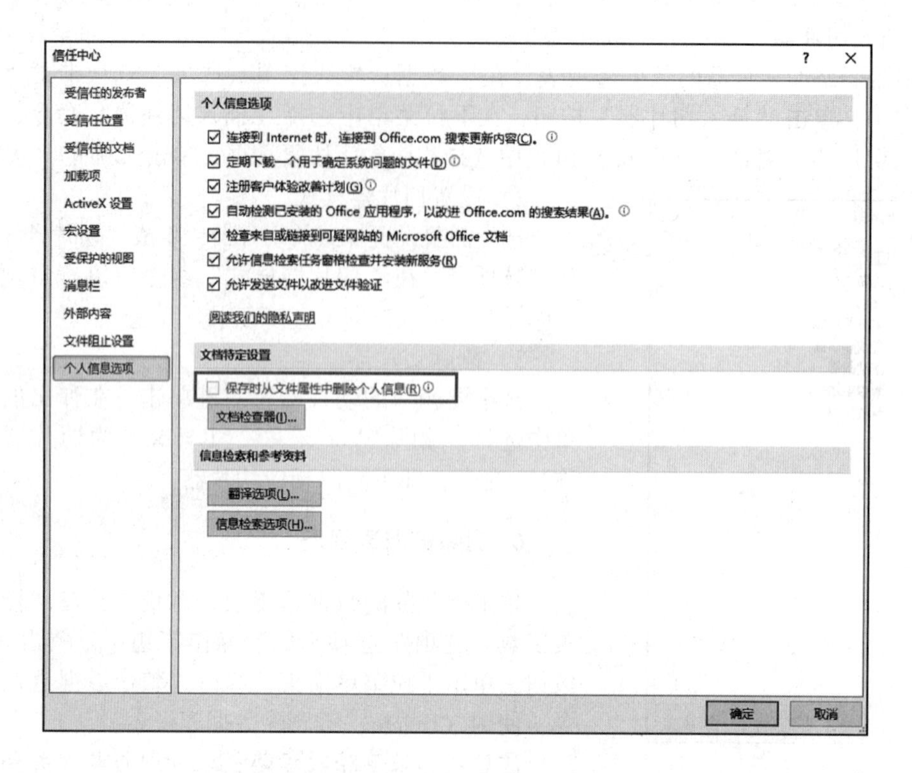

图 6.6.2 “信任中心”对话框

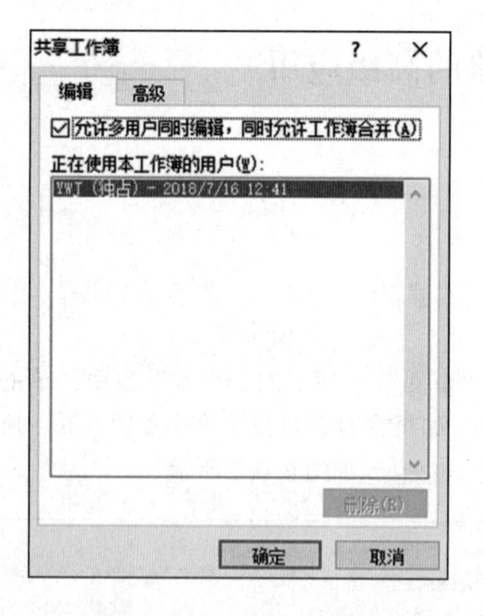

图 6.6.3 “编辑”选项卡

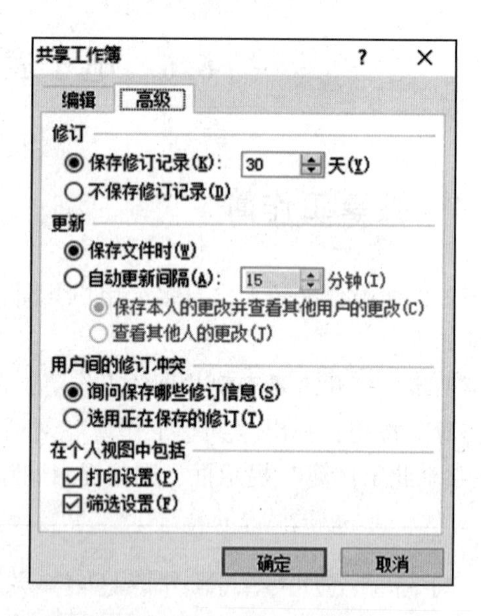

图 6.6.4 “高级”选项卡

6.6.2 获取外部数据

为了减少大量的数据录入操作，可利用 Excel 的获取外部数据的功能。

1. 自文本

可以通过导入文本文件，将数据快速导入 Excel 工作表中。

【例 6.25】 请将文本文件“员工信息表.txt”中的数据导入 Excel 工作表中。

具体步骤：

第1步：打开需要导入数据的工作簿，在“数据”选项卡的“获取外部数据”组中，单击“自文本”按钮，弹出“导入文本文件”对话框。在该对话框中，选择“员工信息表.txt”文件。

第2步：弹出“文本导入向导—第1步，共3步”对话框，在该对话框中选择合适的文件原始格式，单击“下一步”按钮，如图6.6.5所示。

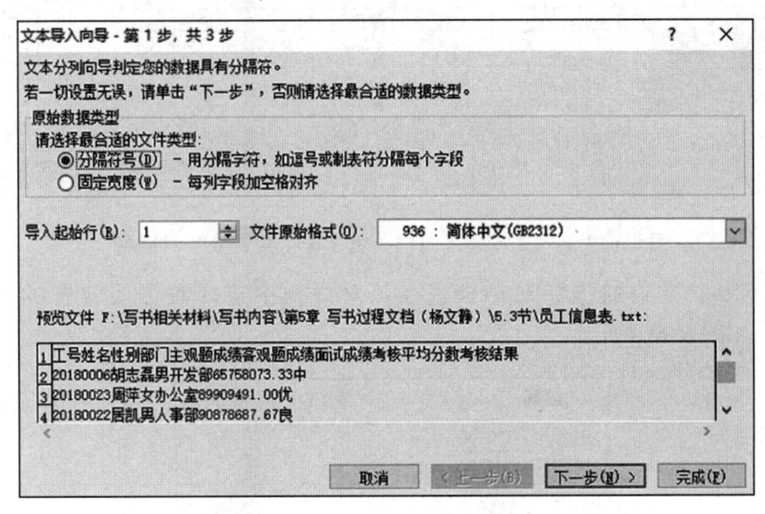

图 6.6.5　“文本导入向导—第 1 步，共 3 步”对话框

第3步：在“文本导入向导—第2步，共3步”对话框中，选择分列数据分隔符，并查看数据预览，单击“下一步”按钮，如图6.6.6所示。

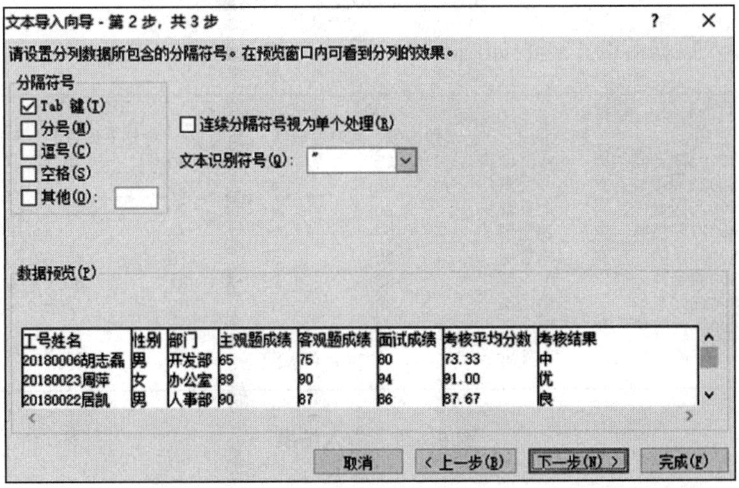

图 6.6.6　“文本导入向导—第 2 步，共 3 步”对话框

第4步：在“文本导入向导—第3步，共3步”对话框中，选择各列数据格式，并查看数据预览，单击“完成”按钮，如图6.6.7所示。

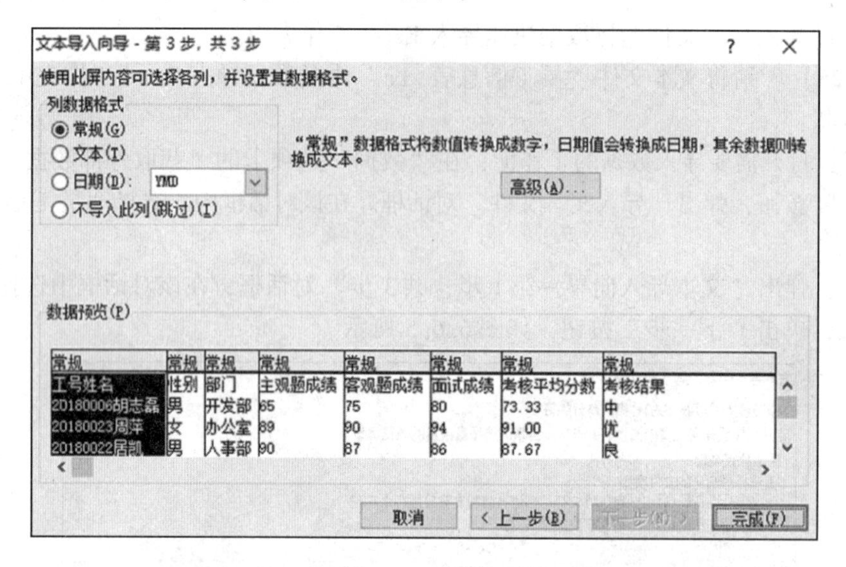

图6.6.7 “文本导入向导—第3步，共3步”对话框

第5步：弹出“导入数据”对话框，在该对话框中选择数据要放置的工作表，单击“确定”按钮，如图6.6.8所示。

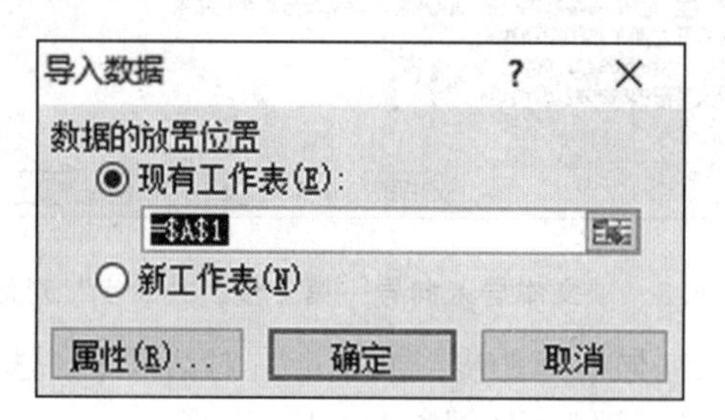

图6.6.8 “导入数据”对话框

第6步：导入数据后的工作表如图6.6.9所示。

	A	B	C	D	E	F	G	H
1	工号姓名	性别	部门	主观题成绩	客观题成绩	面试成绩	考核平均分数	考核结果
2	20180006胡志磊	男	开发部	65	75	80	73.33	中
3	20180023周萍	女	办公室	89	90	94	91	优
4	20180022居凯	男	人事部	90	87	86	87.67	良
5	20180017陈杰林	男	销售部	57	75	75	69	及格
6	20180009于静	女	销售部	56	57	78	63.67	及格
7	20180034余柯	男	市场部	83	78	81	80.67	良
8	20180015邱东华	男	市场部	58	54	62	58	不及格
9	20180004尚佩琦	女	市场部	74	80	82	78.67	中
10	20180032杨沛薇	女	人事部	71	83	78	77.33	中
11								

图6.6.9 导入结果

2. 自网络

网络数据丰富全面，当表格中需要使用网络中的表格数据时，可按以下步骤进行导入。

第1步：将计算机连网，打开需要导入数据的工作簿，在“数据”选项卡的“获取外部数据”组，单击“自网络”按钮，弹出“新建Web查询”对话框。

第2步：如图6.6.10所示，在“地址”文本栏中输入导入数据所在的网址，单击“转到”按钮，然后单击要选择的表格旁边的黄色⊞，使之变为绿色“√”，单击“导入”按钮，弹出“导入数据”对话框。

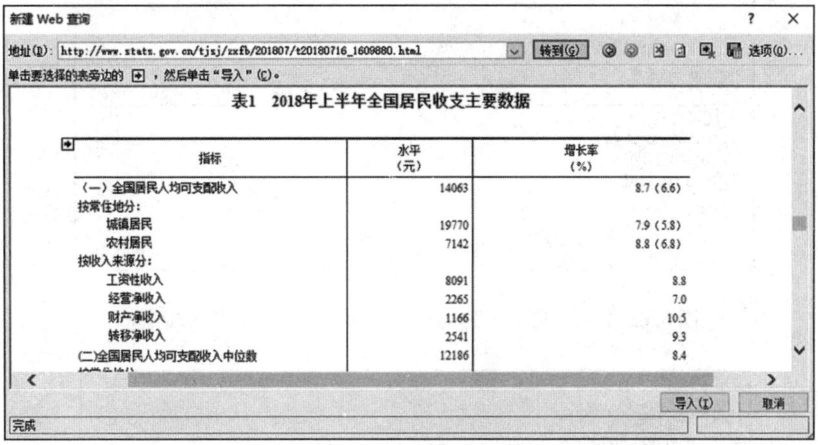

图6.6.10 “新建Web查询”对话框

第3步：在“导入数据”对话框中，确定放置数据的位置，然后单击“确定”按钮。

第4步：当工作表中出现“正在获取数据…”字样，则表示数据正在导入工作表。

3. 自其他来源

除了文本文件、网络资源外，Excel 2010还可以从其他来源导入数据，如SQL Server。打开需要导入数据的工作簿，在“数据”选项卡的“获取外部数据”组中，单击“自其他来源”按钮，在弹出的下拉菜单中选择数据源即可。

4. 分列

在数据表中，有时需要对字段进行拆分。例如，将图6.6.9所示的“工号姓名”字段拆分为“工号”字段和“姓名”字段。对此，除了可以通过函数来实现，还可以通过分列来实现。

【例6.26】 请将图6.6.9所示的A列“工号姓名”数据拆分为“工号”列和“姓名”列。

具体操作步骤如下：

第1步：在A、B列之间插入一列新列。

第2步：选择需要分列的A列数据，在“数据”选项卡的“数据工具”组中，单击“分列”按钮，弹出“文本分列向导—第1步，共3步”对话框。

第3步：在该对话框中，选中“固定宽度”复选框，单击“下一步”按钮，如图6.6.11所示。

第4步：在“文本分列向导—第2步，共3步”对话框的“数据预览”框中，在分列位置拖动鼠标，出现黑色向上箭头，如图6.6.12所示。单击“下一步”按钮。

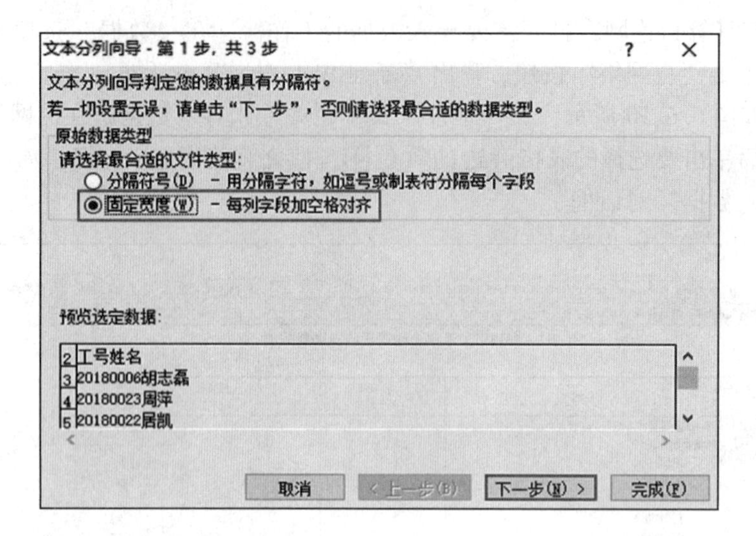

图 6.6.11　“文本分列向导—第 1 步，共 3 步”对话框

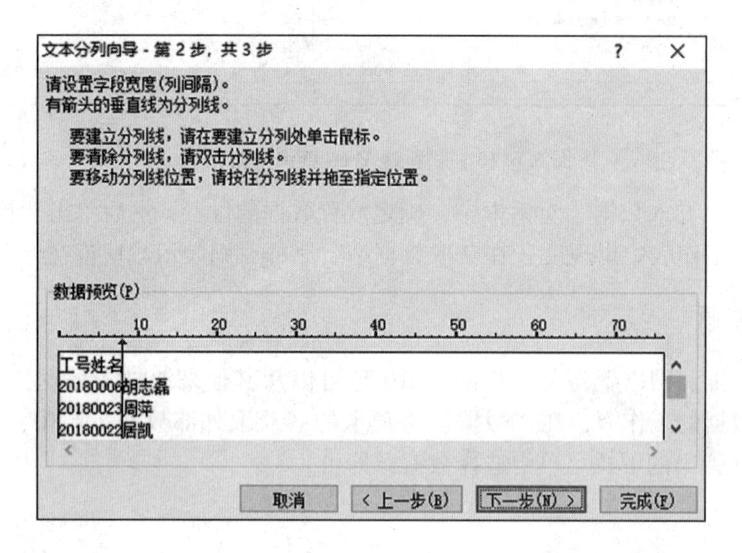

图 6.6.12　“文本分列向导—第 2 步，共 3 步”对话框

第 5 步：在弹出的“文本导入向导—第 3 步，共 3 步”对话框中，选择各列数据格式，并查看数据预览，单击“完成”按钮，替换目标单元格后，即可完成分列操作。

思考题

1. 在 Excel 中，如何设置数据有效性？

2. 条件格式中有哪些格式类型？

3. Excel 对单元格的引用默认采用的是相对引用还是绝对引用？两者的区别是什么？在行、列的表示方法上，两者有什么区别？

4. 在 Excel 中，算术运算符有哪些？优先级为最高的是什么符号？

5. 如果在计算时引用已定义的名称，那么对计算进行的是何种引用？

6. 自动筛选和高级筛选有什么不同？

第7章 演示文稿软件 PowerPoint 2010

PowerPoint 是一款演示文稿软件，可以将文字、图片、图表、视频、音频、动画等集为一体进行演示。本章将通过 PowerPoint 2010，介绍演示文稿的创建、编辑、动画、放映等操作。

7.1 PowerPoint 2010 的基本操作

7.1.1 新建 PowerPoint 演示文稿

当启动 PowerPoint 2010 后，PowerPoint 2010 的默认工作界面将启动，如图 7.1.1 所示。

新建 PowerPoint 2010 演示文稿的方法有以下两种：

方法 1：启动 PowerPoint 2010 后，系统将默认新建一个演示文稿，该演示文稿名为“演示文稿 1”，单击编辑区后，可以新生成一张“标题幻灯片”版式幻灯片。

如果演示文稿使用默认版式，则在“开始”选项卡的“幻灯片”组中，单击“新建幻灯片”按钮即可。

方法 2：启动 PowerPoint 2010 后，单击“文件”按钮，在出现的选项组中单击“新建”按钮，在界面左侧“可用的模板和主题”组中，根据需求单击相应按钮，然后单击“创建”按钮即可。

7.1.2 幻灯片版式应用

幻灯片版式是指幻灯片内容的布局，PowerPoint 2010 提供了 11 种不同的版式，用户可根据实际使用情况对版式做出选择或修改。

新建幻灯片：在“开始”选项卡的“幻灯片”组中，单击“新建幻灯片”按钮的下拉菜单，在弹出的版式库中进行选择。

对已有幻灯片进行版式更改：在“开始”选项卡的“幻灯片”组中，单击“版式”按钮下拉菜单，在弹出的版式库中进行更改。

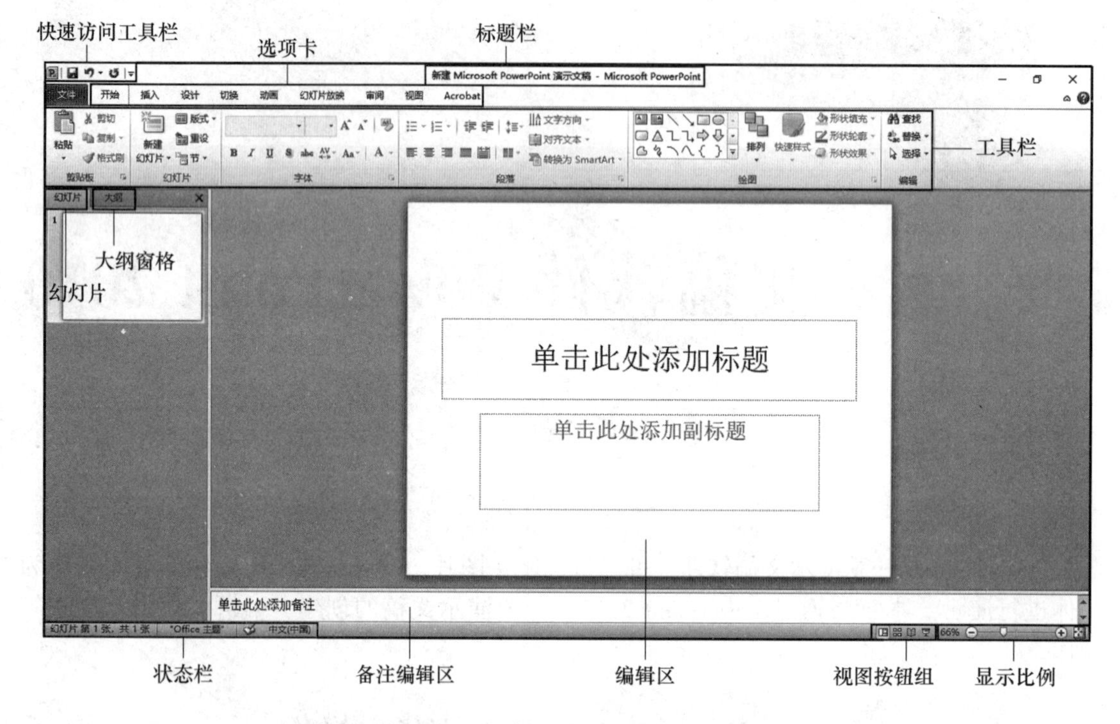

图 7.1.1　启动 PowerPoint 2010 界面

7.1.3　编辑幻灯片

演示文稿由幻灯片组成，可对幻灯片进行复制、移动、重用、隐藏、删除等操作，以便更好地表达想要展示的内容。

1. 复制幻灯片

1）“复制”命令

在“幻灯片”窗格中，选中需要复制的幻灯片缩略图，单击右键，在弹出的快捷菜单中选择“复制”命令，将光标移动至幻灯片需要放置的位置，单击右键，在弹出的快捷菜单中选择“粘贴”命令。

2）“复制所选幻灯片”命令

在“幻灯片”窗格中，选中需要复制的幻灯片缩略图，单击右键，在弹出的快捷菜单中选择“复制所选幻灯片”命令，即可在当前幻灯片之后插入一张相同幻灯片。

2. 移动幻灯片

在“幻灯片”窗格中，选中需要复制的幻灯片缩略图，按下左键，将其拖曳至要放置的位置，当该位置出现一条细线时松开左键，即可完成移动。

3. 重用幻灯片

即使幻灯片处于不同的演示文稿之中，幻灯片也可以被多次使用，该功能称为“幻灯片的重用”。具体操作步骤如下：

第1步：将光标定位于要插入重用幻灯片的位置，在“开始”选项卡的“幻灯片”组中，单击“新建幻灯片”下拉按钮，在弹出的下拉菜单中选择“重用幻灯片”命令。

第2步：弹出“重用幻灯片”窗格，在窗格的“浏览”文本框中，选择需要重用的幻灯片所在演示文稿的位置。

第3步：所选择演示文稿的所有幻灯片在窗格中出现，如图7.1.2所示，单击需要重用的幻灯片，即可将幻灯片插入。

4. 隐藏幻灯片

在“幻灯片”窗格中，选中需要隐藏的幻灯片缩略图，单击右键，在弹出的快捷菜单中选择“隐藏幻灯片”命令，即可将幻灯片进行隐藏，隐藏后的幻灯片在放映时将不再出现。

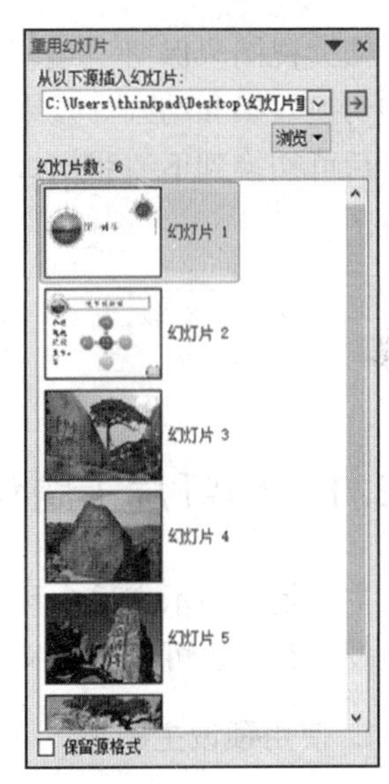

图7.1.2 “重用幻灯片”窗格

5. 删除幻灯片

在“幻灯片”窗格中，选中需要删除的幻灯片缩略图，单击右键，在弹出的快捷菜单中选择“删除幻灯片”命令即可。

6. 新增节

当演示文稿中的幻灯片过多时，查看起来会显得杂乱。对此，可以通过新增节来实现幻灯片管理。节的功能类似于将幻灯片分门别类到不同文件夹下。

操作方法：选定要添加节的幻灯片，在“开始”选项卡的“幻灯片”组中，单击“节”下拉按钮，在弹出的下拉菜单中选择“新增节”命令。

说明：对已建好的节，可以进行重命名、删除等操作。选中要进行编辑的节，单击右键，在弹出的快捷菜单中选择相应命令即可。

7.1.4 PowerPoint 2010的视图模式

PowerPoint提供了普通视图、浏览幻灯片、备注页、阅读视图等四种视图，在“视图”选项卡的“演示文稿视图”组中，可以在这四种视图之间切换。

1. 普通视图

PowerPoint 2010默认的视图模式为普通视图，由“幻灯片/大纲”窗格、“编辑区”、“备注编辑区”组成。

在“编辑区”内，一次显示一张幻灯片，用户可直接对幻灯片进行格式化。在“幻灯片/大纲”窗格内，可以通过缩略图对幻灯片进行编辑。

2. 浏览幻灯片

在浏览幻灯片视图下，可以在窗格中全局查看所有幻灯片以及设置好的节，幻灯片右下角有相应编号，方便对幻灯进行移动、插入、复制等编辑操作。

3. 备注页

在备注页视图下，显示幻灯片缩略图，同时在其下方的占位符内可编辑备注内容。

幻灯片放映时，如果有多个监视器并选中了“使用演示者视图”复选框，那么编辑的备注内容可以被讲演者阅读。在此视图模式下，用户不可以更改幻灯片内容。

4. 阅读视图

阅读视图只保留“编辑区”，用于幻灯片制作完成后的浏览。在该视图下，可查看幻灯片的切换效果和动画等效果，但不能对幻灯片进行修改、编辑。从第一张幻灯片开始播放，单击后可切换到下一张幻灯片，或通过向左、向右方向键来切换幻灯片，按〈ESC〉键可退出视图。

7.2 对幻灯片外观的设计

7.2.1 幻灯片主题设置

主题是指演示文稿中预定的包含颜色、字体、效果的组合设置方案。PowerPoint 2010 中有预设主题，也可以自定义主题。

1. 使用预设主题

PowerPoint 2010 提供了大量的预设主题，用户在制作演示文稿时可以直接调用。

在“设计”选项卡下“主题”组的主题库中，将光标置于主题上，会自动显示主题名称，并在幻灯片编辑框中可以看到主题的预览效果。

2. 使用外部主题

虽然 PowerPoint 2010 中已预设了很多主题，但有时这些主题还是不能满足用户的需求，此时用户可以使用外部主题。

操作方法：在“设计”选项卡的“主题”组中，选择主题库列表的“浏览主题”命令，弹出“选择主题或主题文件”对话框。在该对话框中选择需要使用的主题或想套用其主题的演示文稿文件，单击“确定”按钮，即可使用套用的外部主题。

3. 使用自定义主题

除了可以自动套用预设、外部主题之外，还可进行自定义组合。

1）颜色

在“设计”选项卡的“主题”组中，单击“颜色”按钮，可以在列表中使用内置颜色组合，每种内置颜色都有相应名称，将光标置于内置颜色上，可在幻灯片编辑区中查看预览效果。

在列表下方，单击“新建主题颜色”命令，弹出图7.2.1所示的“新建主题颜色”对话框，在对话框中可对颜色自行设置。

2）字体

在“设计”选项卡的“主题”组中，单击“字体”按钮，可以在列表中选择。每种内置字体都有相应名称，将光标置于内置字体上，即可在幻灯片编辑区中查看预览效果。

在列表下方，单击“新建字体”命令，可在弹出的“新建主题字体”对话框中对字体进行设置。

3）效果

在“设计”选项卡的“主题”组中，单击“效果”按钮，可以在列表中选择。每种内置效果都有相应名称，将光标置于内置效果上，可在幻灯片编辑区中查看预览效果，效果变化主要针对的是插入的形状等对象。

7.2.2 幻灯片背景设置

幻灯片的背景颜色可以重设。重设时，可以针对所有幻灯片做出修改，也可以只针对当前幻灯片做出修改。在“设计”选项卡的“背景”组中，单击“背景样式”按钮，在“背景颜色”列表中选择相应颜色即可。

对于背景，除了更改颜色外，还可以对填充、纹理、图案、图片等进行重设。单击“背景样式”按钮，在下拉列表中选择“设置背景格式”命令，弹出如图7.2.2所示的对话框，即可进行相关设置。

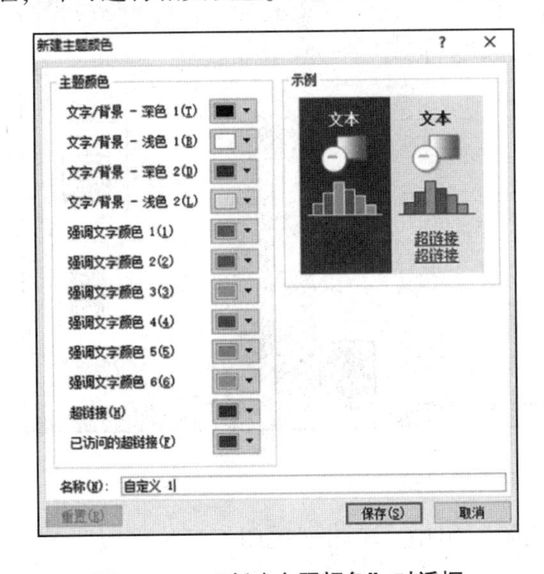

图7.2.1 “新建主题颜色”对话框

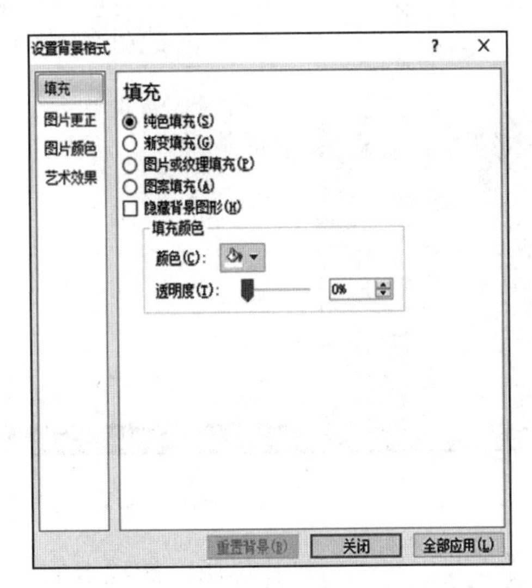

图7.2.2 “设置背景格式”对话框

7.2.3 幻灯片母版设置

母版定义了不同版式的幻灯片中各元素显示的位置，使用相同母版的幻灯片所显示的风格一致。PowerPoint提供的母版有讲义母版、备注母版、幻灯片母版3类。

1）讲义母版

讲义母版将幻灯片以讲义形式显示，使用讲义母版时，可以更改讲义的打印设计和版式。

2）备注母版

备注母版用于设置幻灯片的备注格式，可作为演讲者在演示时的提示和参考。

3）幻灯片母版

幻灯片母版存储关于模板信息的设计模板，用于设置幻灯片的样式。

【例 7.1】 请新建“演示文稿 1. pptx”，在每页幻灯片右下角统一放置一幅剪贴画。

具体操作步骤如下：

第 1 步：新建“演示文稿 1. pptx”文件，在“视图”选项卡的“母版视图”组中，单击“幻灯片母版”按钮。

第 2 步：进入幻灯片母版视图，在窗口左侧窗格中可看到幻灯片母版，该母版下方有代表 11 个版式的母版缩略图（若需针对某个版式进行修改，则可以直接选中该母版缩略图进行修改）。

第 3 步：选中窗格中最上方的幻灯片母版，在“插入”选项卡的“图像”组中，单击“剪贴画”按钮。

第 4 步：在窗口右侧弹出“剪贴画”窗格，单击“搜索”按钮，在剪贴画列表中选择合适的剪贴画，放置于母版右下角的合适位置，即可在母版窗格中预览效果，如图 7.2.3 所示。

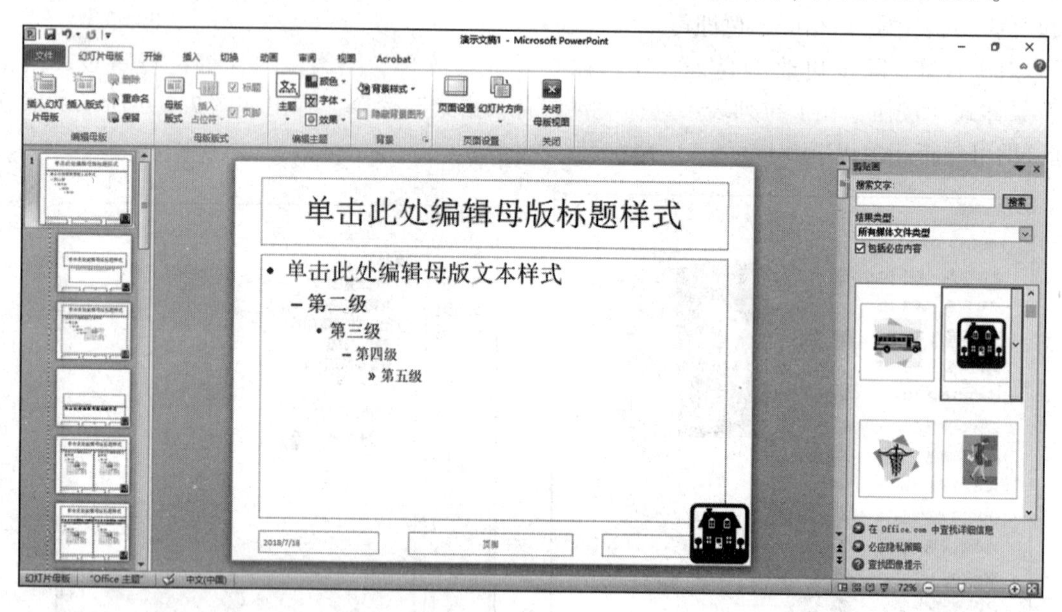

图 7.2.3 幻灯片母版视图

第 5 步：在“幻灯片母版”选项卡的“关闭”组中，单击“关闭幻灯片母版”按钮，完成设置。

7.3 幻灯片中对象的插入及编辑

1. 插入占位符

在幻灯片中，占位符为一个虚线框，其作用为占一个固定的位置，在版式中能起到规划

幻灯片结构的作用。具体操作步骤如下：

第1步：在“视图”选项卡的“母版视图”组中，单击“幻灯片母版”按钮，出现“幻灯片母版”选项卡。

第2步：在“幻灯片母版”选项卡的“母版版式”组中，单击“插入占位符”按钮，在下拉菜单中选择需要插入的占位符类型。

第3步：当光标变为“十”字形时，在母版上拖曳光标，完成占位符的插入。

2. 插入文本框

PowerPoint 软件中文本框的作用与 Word 软件中文本框的作用及插入方法是一致的，都是一种可移动、可调大小的文字或图形容器。

在幻灯片中，文本框与占位符的外观相似，但使用方式有所区别。占位符的作用是占一个位置，用户可以暂时不往占位符中输入内容；文本框则在插入之后必须输入内容，如果不输入内容，系统将自动删除该文本框。

3. 插入图片和形状

通过“插入”选项卡的“图像”组，可以插入图片文件和剪贴画；通过“插图”组，可以插入形状。在“图片工具—格式”或“绘图工具—格式”选项卡中，可对插入的对象编辑，编辑方式与 Word 软件一致。在 PowerPoint 中，除了可以插入单个图片文件外，还可以批量插入图片，创建相册。具体操作步骤如下：

第1步：在“插入”选项卡的“图像”组中，单击“相册”按钮，在弹出的下拉菜单中选择“新建相册”命令。

第2步：在弹出的“相册”对话框中，单击“文件/磁盘”按钮，选择需要插入的图片文件，在“相册中的图片”列表框中对图片进行排序。

第3步：在“图片版式”列表框中选择图片的排列方式，单击“创建”按钮，即可插入一个相册，如图 7. 3. 1 所示。

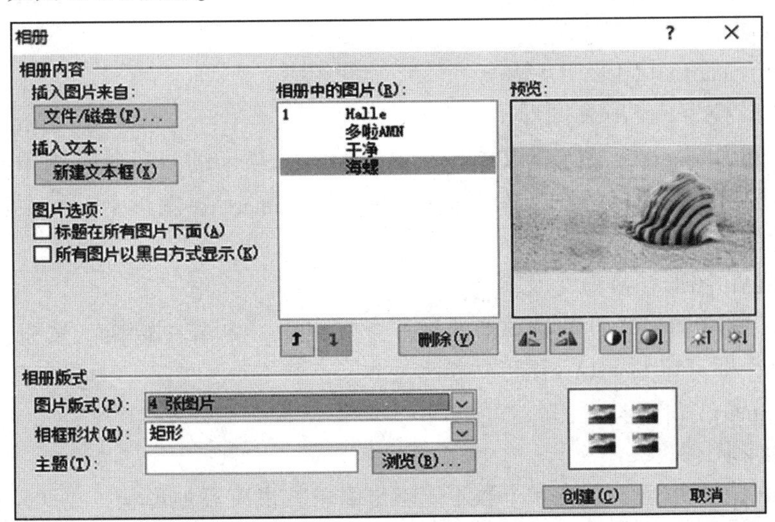

图 7. 3. 1　“相册”对话框

4. 插入 SmartArt 图形

SmartArt 图形是一种具有功能性的特殊图形，可以完美地把图片和文字结合为一体，便于阅读者对内容进行更好的解读。SmartArt 图形共有 8 类，分别为列表、流程、循环、层次结构、关系、矩阵、棱锥图、图片。除了这 8 类外，用户还可以利用“Office. com”，从外部获取 SmartArt 图形。

1）插入 SmartArt 图形

方法 1：在幻灯片占位符中，单击“插入 SmartArt 图形”按钮，弹出“选择 SmartArt 图形”对话框，在该对话框中选择适合的图形，单击“确定”按钮，如图 7. 3. 2 所示。

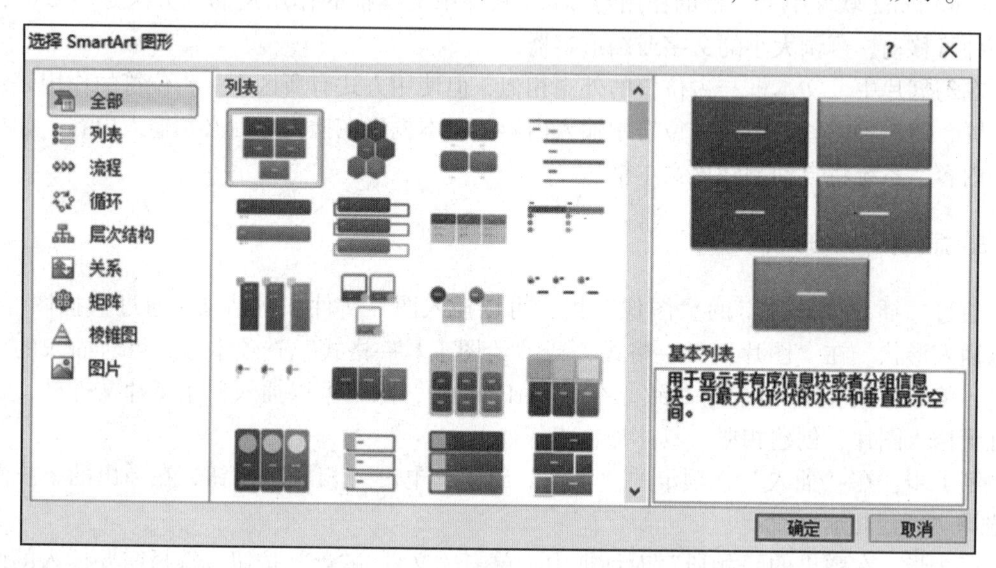

图 7. 3. 2 “选择 SmartArt 图形”对话框

方法 2：选择要插入 SmartArt 图形的幻灯片，在“插入”选项卡的“插图”组中，单击“SmartArt 图形”按钮，“选择 SmartArt 图形”对话框，在该对话框中选择适合的图形，单击“确定”按钮。

2）文本与 SmartArt 图形相互转换

（1）文本转换为 SmartArt 图形。

选中需要转为 SmartArt 图形的文本，在“开始”选项卡的“段落”组中，单击“转换为 SmartArt”按钮，在弹出的图形库中，将光标置于 SmartArt 图形上，可预览转换后的效果，单击合适的图形即可。

（2）SmartArt 图形转换为文本。

在“SmartArt 工具—设计”选项卡的“重置”组中，单击“转换”按钮，选择“转换为文本”命令，即可将 SmartArt 图形转换为文本。

3）编辑 SmartArt 图形

（1）添加形状。

插入 SmartArt 图形后，若形状个数不能满足需求，也可添加形状。在“SmartArt 工具—设计”选项卡 的“创建图形”组中，单击“添加形状”按钮即可添加形状，通过下拉菜单还可选择形状的位置。

(2) 文本窗格。

SmartArt 图形往往需要使用图片和文本进行说明，因此需要对图片和文本进行编辑。

方法1：单击 SmartArt 图形左侧的三角，弹出文本窗格，如图 7.3.3 所示，可添加图片或对文本进行编辑。

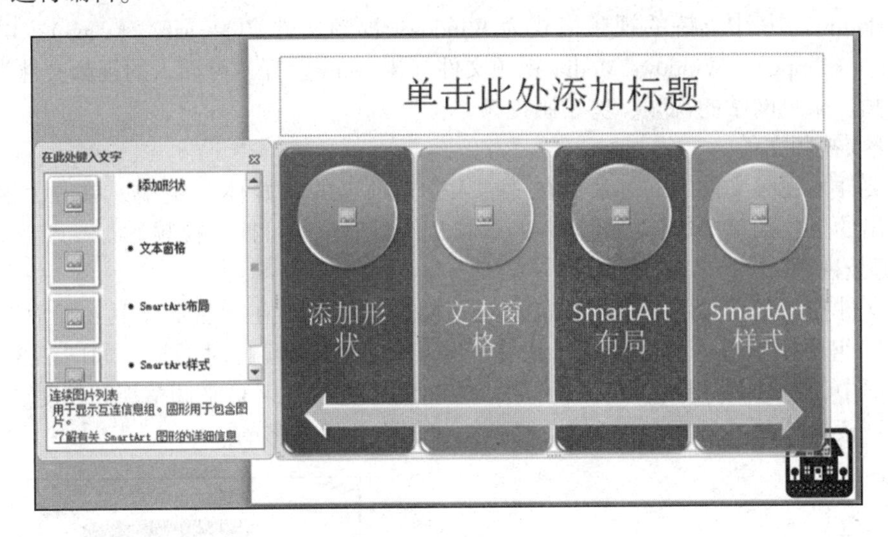

图 7.3.3 “文本窗格”效果

方法2：在“SmartArt 工具—设计”选项卡的“创建图形”组中，单击“文本窗格”按钮，弹出文本窗格，可添加图片或对文本进行编辑。

(3) SmartArt 布局。

在“SmartArt 工具—设计”选项卡下“布局”组的布局库中，可更改 SmartArt 图形的布局。将光标置于图形布局上，可查看布局名称，并可以预览布局效果。

(4) SmartArt 样式。

在“SmartArt 工具—设计”选项卡下“SmartArt 样式”组的样式库中，可更改 SmartArt 图形样式，将光标置于图形样式上，可查看样式名称，并可以预览样式效果。

在“SmartArt 样式”组中，单击“更改颜色”按钮，可以更改 SmartArt 图形的颜色，使其更加美观。

5. 插入音频

幻灯片在播放演示时往往需要添加旁白、背景音乐，用户可通过在幻灯片中插入音频来实现这些功能。PowerPoint 2010 支持的音频格式为 *. mp3、*. wav、*. wma 等，可插入的音频文件类型为文件中的音频、插入剪贴画音频、插入录音音频。

1) 插入音频文件

选择要插入音频文件的幻灯片，在“插入”选项卡的“媒体”组中，单击“音频”按钮，在下拉菜单中选择需要插入的音频文件类型。音频文件插入后，在幻灯片上会出现喇叭图形标记，如图 7.3.4 所示。选中该图形标记后，可调整其放置位置及大小。

2) 跨幻灯片播放

音频文件在幻灯片播放时，默认情况下只在插入位置的幻灯片进行播放，当幻灯片切换后将自动停止。但在商品展示等特定场合时，需要将商品介绍音频在幻灯片演示时全程播放，因此需要对音频文件做出设置。

操作方法：选中已插入的音频文件，在“音频工具—播放”选项卡下“音频选项”组的“开始”命令列表框中，选择“跨幻灯片播放”命令，即可完成设置。

6. 插入视频

PowerPoint 2010 中支持的视频格式为 Windows 视频文件（ *. asf、 *. avi）、电影文件（ *. mpeg、 *. mpg）、Windows Media 视频文件（ *. wmv）等，可插入的视频文件类型有文件中的视频、来自网站的视频、剪贴画视频。

1）插入视频文件

选择要插入视频文件的幻灯片，在“插入”选项卡的“媒体”组中，单击“视频”按钮，在弹出的下拉菜单中选择需要插入的视频文件类型，即可插入视频。

2）剪裁视频

视频文件插入之后，用户可根据需求对文件进行剪裁。在“视频工具—播放”选项卡的“编辑”组中，单击“剪裁视频”按钮，弹出“剪裁视频”对话框，如图 7.3.5 所示，在该对话框中，通过调整绿色滑块（开始）或红色滑块（结束）来调整视频长度。

注意：该操作并不是真正的剪裁，实际上对源文件并无影响。

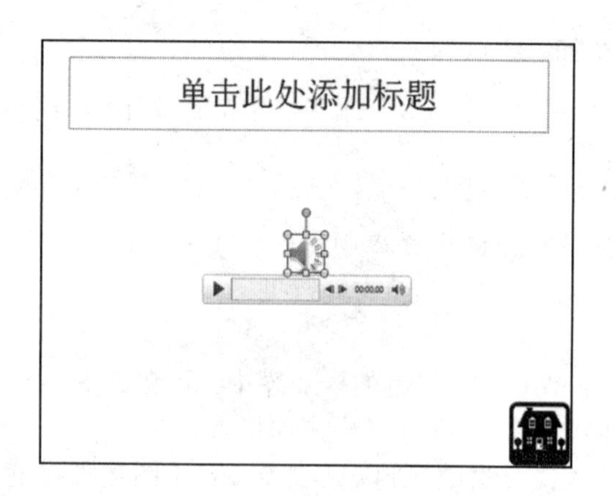

图 7.3.4　插入音频文件

图 7.3.5　“剪裁视频”对话框

7.4　创建幻灯片的动态效果

为演示文稿增加动态效果，可以让演示更为生动，更能吸引观众的注意力。PowerPoint 2010 中的动态效果分类两类：一类为幻灯片的切换动态效果；另一类为幻灯片中对象的动态效果。

7.4.1　切换效果

幻灯片的切换动态效果是指在播放模式下幻灯片进入和退出时的效果，演示文稿的切换效果有 3 类：细微型、华丽型、动态效果。

操作步骤：选中需要设置切换效果的幻灯片，在“切换”选项卡的“切换到此幻灯片”

组中，单击“切换效果”列表框，用户可选择相应的切换效果。在列表框的右侧，有“切换效果”按钮，可以通过该按钮设置切换时的方向。

7.4.2 动画效果

对幻灯片中对象设置动画效果是指让对象按照一定的顺序、路径、时间进行显示。PowerPoint 2010 中的动画效果分为：进入、强调、退出、动作路径。通过设置，可以让对象产生进入、退出、颜色变化等效果，更利于信息的传达。

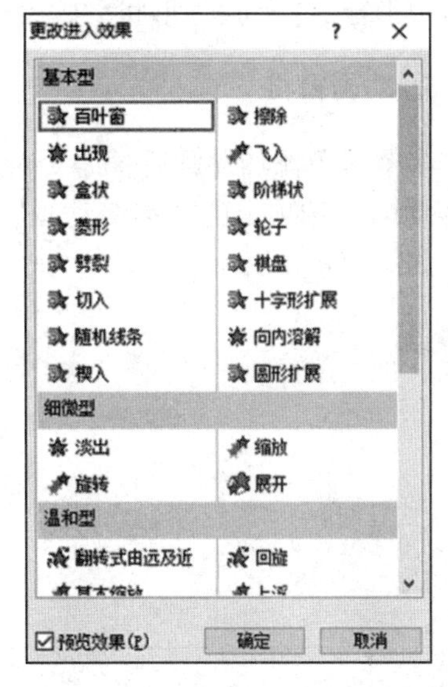

图 7.4.1 “更改进入效果”对话框

1. 为对象添加动画

选中要插入动画的对象，在“动画”选项卡的“动画”组中，选择相应的动画。如果在列表中没有合适的动画，也可在列表下面选择“更多××效果”（××为动作类型）命令，弹出相应对话框，如图 7.4.1 所示，可在对话框中进行设置。

注意：为对象在动画列表框中设置动画效果，只能为该对象设置一个动画效果。如果要添加多个效果，则需在“动画”选项卡的“高级动画”组中，单击“添加动画”按钮，在下拉列表框中进行添加。

2. 设置动画效果

添加动画后，可对动画的进入方向、顺序、时间长度等进行设置。

【例 7.2】 请为图 7.3.3 中的 SmartArt 图形设置逐个自底部进入的动画。

对 SmartArt 图形设置一个进入动画，在“动画”选项卡的“动画”组中，单击“效果选项”按钮，在下拉菜单中，选择“自底部”“逐个”命令，如图 7.4.2 所示。

图 7.4.2 效果选项

3. 动画刷

“动画刷”功能与“格式刷”功能类似，可将动画效果进行复制。

操作方法：选中复制对象，在“动画”选项卡的“高级动画”组中，单击“动画刷”按钮，待光标变为刷子形状后，单击要应用动画的对象即可。复制时，双击“动画刷”按钮，可将同一动画重复复制给多个对象。

4. 触发

触发是指单击幻灯片中某一对象可启动另一对象的动画效果。

【例 7.3】 如图 7.4.3 所示，请在幻灯片中设置单击“触发按钮”矩形框即可触发“笑脸”形状的“放大/缩小”效果。

具体操作步骤如下：

第 1 步：单击“笑脸”形状，设置“放大/缩小”动画效果。

第 2 步：在“动画”选项卡的“高级动画”组中，单击“触发”按钮，在弹出的下拉菜单中单击“矩形”命令。

第 3 步：放映幻灯片，将光标放置于“触发按钮”矩形框上，当光标变为手指形状后单击矩形框，“笑脸”形状动画会被触发。

5. 动画窗格

多个对象添加动画后，需要对动画进行更细致设置时，可使用“动画”窗格进行操作。在“动画”选项卡的“高级动画”组中，单击“动画窗格”按钮，弹出“动画窗格”对话框，如图 7.4.4 所示。

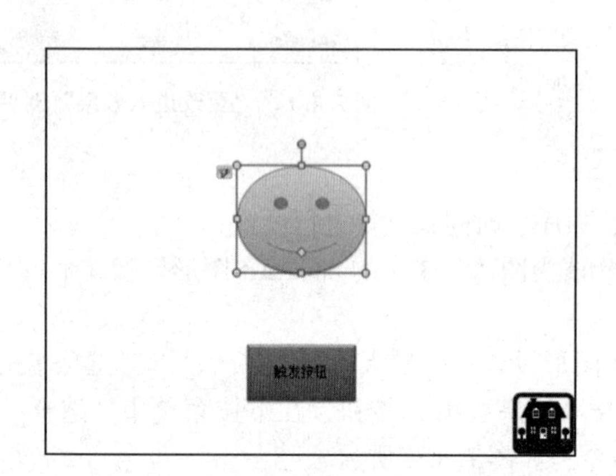

图 7.4.3　触发效果

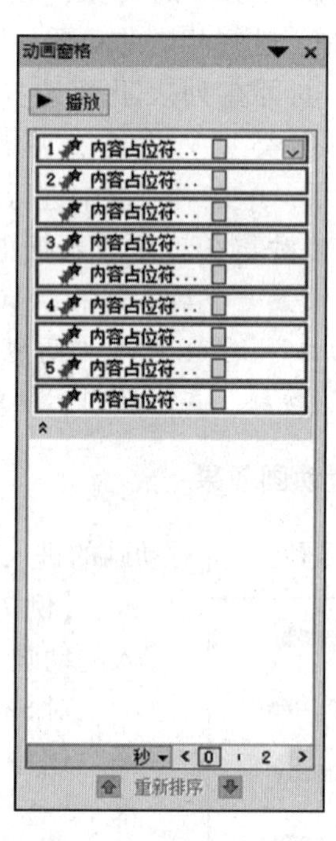

图 7.4.4　“动画窗格”对话框

在该窗格中选中对象，单击右键，在弹出的快捷菜单中可设置动画的方向、计时、声音等效果。在窗格下方的“重新排序”命令处，选择“↑”或“↓”箭头，可调整动画顺序。

7.5　幻灯片的放映和保存

7.5.1　幻灯片的放映

1. 幻灯片的放映

演示文稿主要用于展示使用者要表达的观点，因此一般在使用时都处于放映状态。放映

幻灯片的方法有以下三种。

方法1：在 PowerPoint 2010 窗口右下角的“视图”按钮组中，单击“幻灯片放映”按钮。

方法2：在“幻灯片放映”选项卡的“开始放映幻灯片”组中，选择放映方式。

方法3：按〈F5〉快捷键放映幻灯片。

2. 排练计时

在幻灯片放映时，用户可以通过排练计时功能对需要讲演的每张幻灯片设置不同的播放时间，并将其保存。当对观众演示时，幻灯片可根据保存的时间自动播放，使展示效果更加理想。

操作方法：在“幻灯片放映”对话框的“设置”组中，单击“排练计时”按钮，幻灯片开始放映，并在窗口弹出“录制”工具栏，如图 7.5.1 所示，工具栏中显示了当前幻灯片所录制时间、累计放映时间等。排练结束后，按〈Esc〉键退出，弹出保存提示框，如图 7.5.2 所示。单击“是”按钮，完成排练。

图 7.5.1 “录制”工具栏

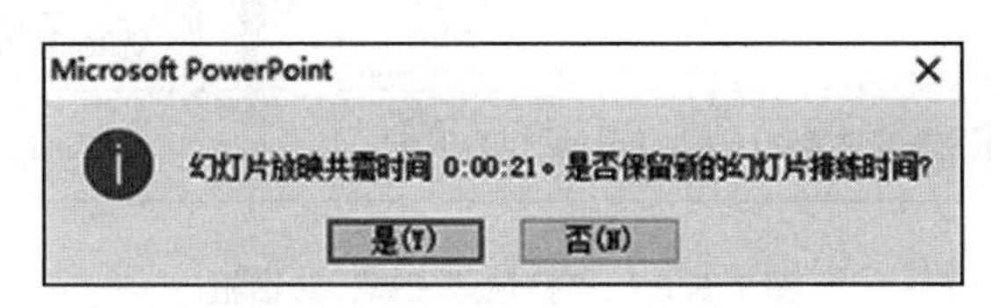

图 7.5.2 “保存”提示框

3. 录制幻灯片

录制幻灯片可用于将用户放映幻灯片时的讲演语音进行录制并保存。

操作方法：在“幻灯片放映”对话框的“设置”组中，单击“录制幻灯片”按钮，其录制方式与“排练计时”类似。

4. 幻灯片放映方式

在“幻灯片放映”对话框的“设置”组中，单击“设置幻灯片放映”按钮，弹出“设置放映方式”对话框，在该对话框中可查看以下 3 种放映类型：

1）演讲者放映（全屏幕）

这是演示文稿的默认放映模式，放映时以全屏放映，放映过程由演讲者控制。

2）观众自行浏览（窗口）

该放映模式与“阅读视图”类似，观众可通过单击或使用键盘来控制放映过程。

3）在展台浏览（全屏幕）

该放映模式可用于之前提到的商品展示等特定场合，根据事前录制好的演示时间自动进行播放。

7.5.2 保存演示文稿

演示文稿 PowerPoint 2010 默认的保存文件名为 *. pptx，用户也可以通过“另存为”方

式将文件存储为 . ppt 或 . pot 等格式。

演示文稿中常需要连接很多与之相关的文件（如音频、视频、图片等），可以通过其提供的“打包成 CD”功能，创建一个包，以便演示文稿可以在大多数计算机上放映。

操作方法：单击“文件”按钮，在出现的选项组中选择“保存并发送”按钮，在界面左侧“文件类型”组中，单击“将演示文稿打包成 CD”按钮，弹出如图 7. 5. 3 所示的“打包成 CD”对话框，进行相应设置即可。

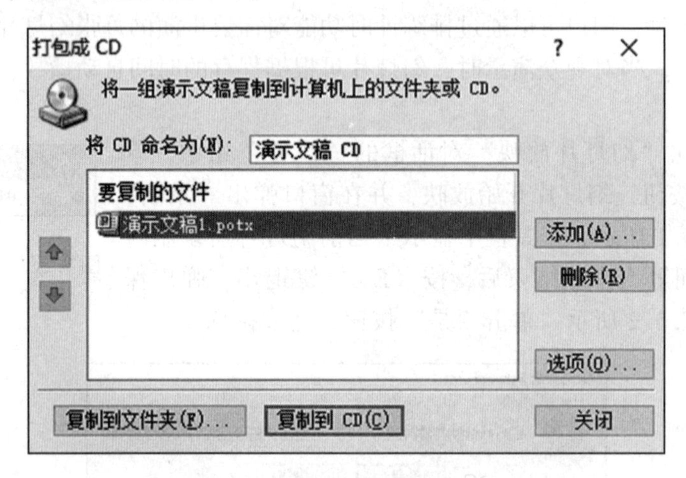

图 7. 5. 3　“打包成 CD”对话框

思 考 题

1. 演示文稿的视图方式有哪些？特点分别是什么？
2. 幻灯片母版的作用是什么？
3. 在演示文稿中，“打包成 CD”功能是指什么？

第三篇

公共基础知识篇

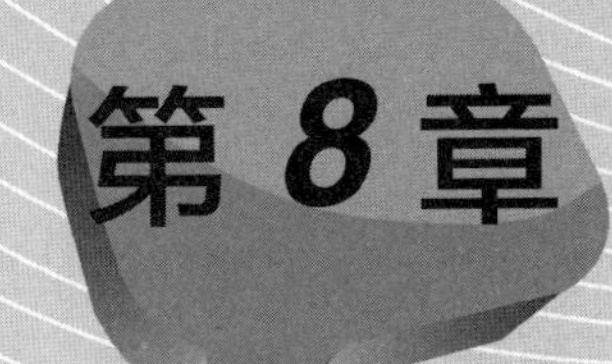

第8章 数据结构基础

1968年，美国的高德纳（Donald Ervin Knuth）教授开创了数据结构的最初体系，他在*The Art of Computer Programming*（《计算机程序设计的艺术》）第一卷《基本算法》中，较系统地阐述了数据的逻辑结构和存储结构及其操作，开创了数据结构的课程体系。同年，数据结构作为一门独立的课程，在计算机科学的学位课程中开始出现。

在计算机科学中，数据结构是一门研究非数值计算的程序设计问题中计算机的操作对象（数据元素），以及它们之间的关系和运算等的学科，而且确保经过这些运算后所得到的新结构仍然是原来的结构类型。在20世纪70年代初，随着大型计算机软件程序开始相对独立，结构程序设计成为程序设计方法学的主要内容，人们越来越重视数据结构。

8.1 数据结构的概述

8.1.1 什么是数据结构

数据结构是指同一数据对象中各个数据元素间存在的一种或多种关系。数据结构有两个要素：一个是数据元素的集合，另一个是建立在数据元素集合之上的关系集合。可以用离散数学中的集合论方法来定义数据结构，将其表示为一个二元组，即

$$DS=(D,R)$$

其中，D是数据元素的有限集合，R是定义在D上的关系的有限集合。

这种定义方式可以用来描述广泛的数据结构问题，是计算机进行数据处理的基础。通常情况下，精心选择的数据结构可以带来更高的运行或者存储效率。同时，数据结构往往与高效的检索算法和索引技术有关。

在计算机应用中，数据结构是计算机存储、组织数据的方式，分为数据的逻辑结构和存储结构（物理结构）两种。通常，人们所讨论的数据结构为数据的逻辑结构。

本章讨论的数据结构主要是数据逻辑存储结构和数据在该逻辑结构下的插入、删除、更改、查找等运算。

8.1.2 数据结构的研究内容

“数据结构”在1968年才开始被作为一门独立的课程在国外设立，主要研究的是在使用计算机处理解决现实问题的过程中，各数据元素之间的逻辑结构和存储结构。通常，计算机解决一个具体问题，首先需要抽象出具体问题的数学模型；然后设计出解决该问题的数学模型的方案；最后根据一定的数据逻辑关系结构及存储结构编写出对应的程序，进行测试、调试，直到最终解决该问题。在整个解决问题的过程中，从建立数学模型开始，一直到问题的最终解决，都使用数据结构的思想和方法。

8.1.3 数据结构的抽象表示

数据结构的抽象表示是指把现实世界的内容通过建立适当的数学模型转变为计算机能够识别的逻辑结构数据和存储结构数据的过程。

例如，在把一年中的春、夏、秋、冬四季存储到计算机前，可以先把这四个季节的关系用图表示出来（图8.1.1）；再用离散数学中所学习的关系这一知识，建立起一个有关四季的二元关系 R ｛（春，夏），（夏，秋），（秋，冬），（冬，春)｝；最后，将该二元关系转换为关系矩阵（$\boldsymbol{M}_R$），如图8.1.2所示。通过一系列过程，就实现了对一年中的春、夏、秋、冬四季的数据结构的抽象表示。

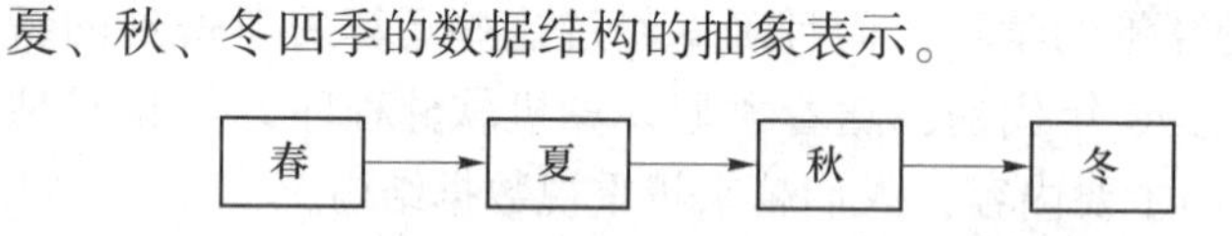

图8.1.1 一年四季数据结构

$$\boldsymbol{M}_R=\begin{array}{c} \\ 春 \\ 夏 \\ 秋 \\ 冬 \end{array}\begin{array}{c} \begin{array}{cccc} 春 & 夏 & 秋 & 冬 \end{array} \\ \begin{bmatrix} 0 & 1 & 0 & 0 \\ 0 & 0 & 1 & 0 \\ 0 & 0 & 0 & 1 \\ 1 & 0 & 0 & 0 \end{bmatrix} \end{array}$$

图8.1.2 一年四季关系矩阵

8.1.4 数据的结构

数据结构包括数据的逻辑结构和数据的存储结构（物理结构）。数据的逻辑结构是从具体问题抽象出来的数学模型，数据的存储结构是数据逻辑结构在计算机中的表示方式。

1. 数据的逻辑结构

根据数据结构中各元素之间的前后关联关系的不同，数据的逻辑结构可分为线性结构和非线性结构两大类。如果在一个数据结构中有零个数据元素，则称该数据结构为空数据结构，线性结构和非线性结构都可以是空数据结构。

1）线性结构

如果在一个非空的数据结构中，元素之间为一对一的线性关系，第一个元素无直接前驱，最后一个元素无直接后继，其余元素都有且仅有一个直接前驱和一个直接后继，则将这种数据的逻辑结构称为线性结构。

常见的线性结构主要有：线性表、栈、队列和字符串。

2）非线性结构

如果一个数据结构不是线性结构，则称之为非线性结构。也就是说，元素之间存在一对多或多对多的非线性关系，每个元素可以有多个直接前驱或多个直接后继。

常见的非线性结构主要有：树、二叉树和图。

2. 数据的存储结构

数据的存储结构是指数据逻辑结构在计算机中的存储表示方式。在计算机中，根据数据存储区域划分方式的不同，数据的存储结构可分为顺序存储和链式存储两种。顺序存储结构主要借助元素在存储器中的相对位置来表示数据元素之间的逻辑关系；链式存储结构主要借助指针来表示数据元素之间的逻辑关系。

1）顺序存储结构

顺序存储结构是指，在存储数据元素时，所有元素存放在一段连续的存储空间，逻辑上相邻的元素存放到计算机存储器中仍然相邻。顺序存储结构是一种最基本的存储表示方法，通常借助程序设计语言中的数组来实现。其优点在于查找方便，缺点在于会浪费存储空间。图 8.1.3 所示为 10 个存储空间的顺序存储结构示意。

起始地址 000 001 002 003 004 005 006 007 008 009

a b c d e f g . . .

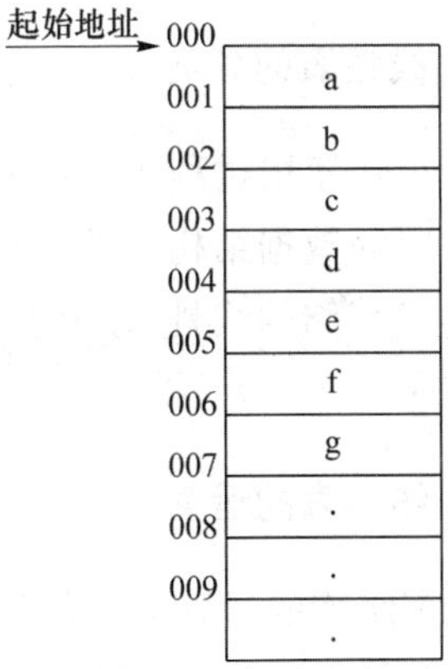

图 8.1.3　10 个存储空间的顺序存储结构示意

2）链式存储结构

链式存储结构是指，在存储数据元素时，对每一个数据元素用一块小的连续区域存放，称为一个节点（node），数据元素之间用指针连接，逻辑上相邻的数据元素存储区域可以连续，也可以不连续。链式存储结构通常借助于程序设计语言中的指针类型来实现。其优点在于可充分利用存储空间，缺点在于查找时需要从头开始逐一比较。图 8.1.4 所示为 6 个存储空间的链式存储结构示意。

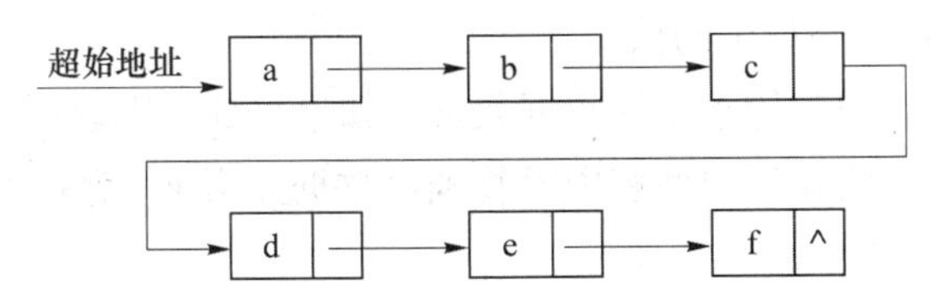

图 8.1.4　6 个存储空间的链式存储结构示意

8.2　线　性　表

8.2.1　线性表的定义

线性表是最常用且最简单的一种数据结构。一个线性表由 $n(n\geqslant 0)$ 个具有相同特性的数据元素的有限序列组成，其数据元素之间呈现的是一种线性关系。每一个数据元素是一个抽象的符号，其具体含义在不同的情况下也不相同，它可以是一个数字，或是一个符号，也可以是某个整体，甚至其他更复杂的信息。在线性表中，将数据元素个数 n 定义为线性表的长度。$n=0$ 的线性表称为空线性表。在一个非空线性表中，每个数据元素都有一个确定的位置，如果用 L_i（$0<i\leqslant n$）表示线性表中的一个数据元素，则将 i 称为该数据元素 L_i 在线性表中的位序。例如，L_i 为 26 个大写英文字母构成的字母线性表，则

$$L_i=(A,B,C,D,E,F,G,H,I,J,K,L,M,N,O,P,Q,R,S,T,U,V,W,X,Y,Z)$$

其中，$L_4=D$，$L_{26}=Z$，5 和 26 分别为字母 D 和 Z 的位序。

8.2.2 线性表的分类及运算

1. 线性表的分类

在实际使用过程中，线性表逻辑结构简单，便于实现和操作，是一种在实际应用中广泛采用的数据结构。从存储数据元素的方式来分，可以把线性表分为顺序存储的线性表和链式存储的线性表两种。链式存储的线性表又可以划分为单向链表、双向链表、循环链表 3 类。

2. 线性表的运算

数据结构的运算定义在逻辑结构上，而运算的具体实现是建立在存储结构上，因此本节介绍的线性表运算只在逻辑结构层次基础上，具体的操作实现只有在确定了线性表的存储结构后才能完成。线性表的基本常见运算操作可包括以下几方面：

1）线性表的初始化

线性表的初始化是指构造一个空的线性表。

2）求线性表的长度

按某种计算方法，计算并返回线性表中所含数据元素的个数。

3）在线性表中查找某一指定的值 k

在给定线性表中，查找到等于 k 的数据元素。如果找到，则返回 k 值在该线性表中的位序或存储地址；否则，说明在该线性表中没找到该数据元素 k，就返回一个特殊值，表示查找失败。

4）在线性表中某一指定位置 i 处插入某个值 k

在线性表中的位置 i 插入一个数据元素 k 值时，首先需要把原序号为 i，$i+1$，$i+2$，…，n 的数据元素位置都向后挪一位，且把数据元素序号改为 $i+1$，$i+2$，$i+3$，…，$n+1$；然后，在位置 i 插入数据元素 k；最后，更改线性表长度，即原长度 $+1$。

5）删除线性表中某一指定位置 i 处的值

在线性表中删除位置 i 的数据元素时，只需要把序号为 $i+1$，$i+2$，…，n 的数据元素位置都向前挪一位，且把数据元素序号改为 i，$i+1$，$i+2$，…，$n-1$ 即可。最后，更改线性表长度，即原长度 -1。

8.2.3 线性表的顺序存储和运算

1. 什么是线性表的顺序存储

线性表的顺序存储就是用一组地址连续的存储单元依次存储线性表中的数据元素，从而使逻辑关系相邻的两个元素在物理位置上也相邻。采用这种存储方式，能够有效地节省存储空间，因为分配给数据的存储单元全部用于存放节点的数据，存储逻辑关系无须占用额外的存储空间。其优点是可以随机存取表中的元素，缺点是插入和删除操作需要移动大量的元素。

假设线性表的每个元素需要占用 k 个存储单元，并以所占的第一个单元的存储地址作为数据元素的存储位置，则线性表中第 $i+1$ 个数据元素的存储位置 $L(i+1)$ 和第 i 个数据元素的存储位置 $L(i)$ 之间满足以下关系：

$$L(i+1) = L(i) + k$$

因此，可以根据线性表第一个单元的存储地址计算出第 i 个数据元素的地址，即

$$L(i) = L(1) + k(i-1)$$

因此，顺序存储的线性表可以根据数据元素的序号进行随机存取，只要确定了线性表存储的起始位置，就可以进行表中任意一个数据元素的存取，这种顺序存储的线性表结构也称为一种随机存取的存储结构。

2. 顺序存储线性表的插入、删除运算

在使用计算机对顺序存储的线性表进行处理时，我们通常会在程序设计语言中定义一个一维数组来表示顺序存储的线性表，以便对该存储结构进行各种运算。对顺序存储线性表，在此主要介绍插入、删除运算操作。

1）顺序存储线性表的插入运算算法实现

顺序存储线性表的插入运算是指在长度为 $n(n \geqslant 0)$ 的线性表 L 第 $i(1 \leqslant i \leqslant n)$ 个位置上插入一个值为 k 的新元素，插入成功后，该线性表的长度变为 $n+1$。插入运算可以通过以下步骤进行：

第 1 步：从第 n 个数据元素开始，直到第 i 个数据元素为止，依次向后移动一个位置，为新元素让出第 i 个位置。

第 2 步：将需要插入的数据元素 k 置入空出来的第 i 个位置。

第 3 步：修改线性表 L 的长度为 $n+1$。

例如，一个长度 $n=8$ 的顺序存储线性表 $L=(29,18,56,63,35,24,31,47)$，占用了 10 个单位的存储空间，现需要在第 $i(i=2)$ 个数据元素前插入一个新元素 87，则插入过程如图 8.2.1 所示。

2）顺序存储线性表的删除运算算法实现

顺序存储线性表的删除运算是指在长度为 $n(n \geqslant 0)$ 的线性表 L 中，将第 $i(1 \leqslant i \leqslant n)$ 个位置上的数据元素从线性表中删除，删除成功后，该线性表的长度变为 $n-1$。删除运算可以通过以下步骤进行：

第 1 步：从第 $i+1$ 个数据元素开始，直到第 n 个数据元素为止，依次向前移动一个位

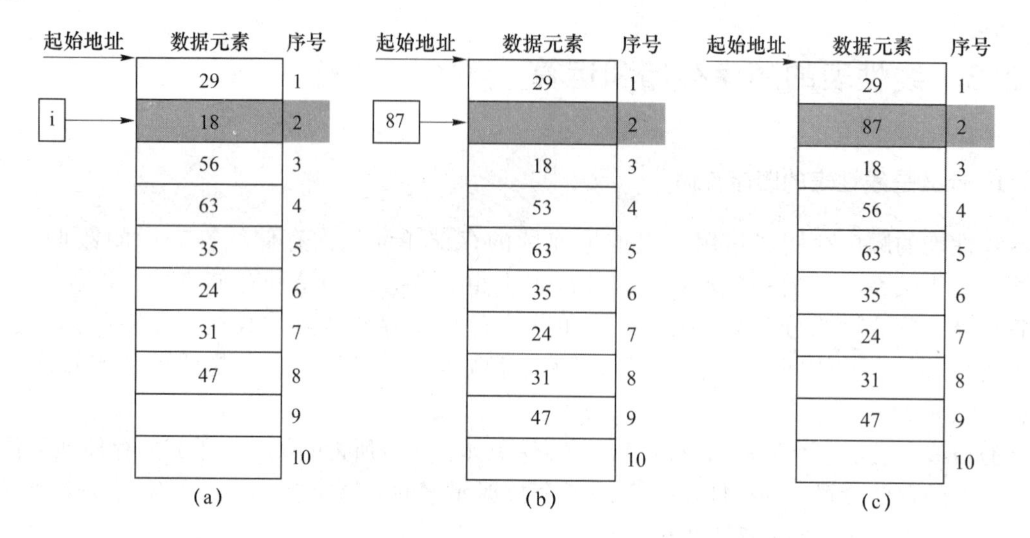

图 8.2.1　10 个存储空间的顺序存储线性表插入运算示意

（a）第 1 步，找到插入位置；（b）第 2 步，移动元素让出位置；（c）第 3 步，插入新元素

置，以填补删除元素空出的第 i 个位置。

第 2 步：修改线性表 L 的长度为 $n-1$。

例如，一个长度 $n=8$ 的顺序存储线性表 $L=(29,18,56,63,35,24,31,47)$，占用了 10 个单位的存储空间，现需要删除第 $i(i=5)$ 个数据元素，则删除过程如图 8.2.2 所示。

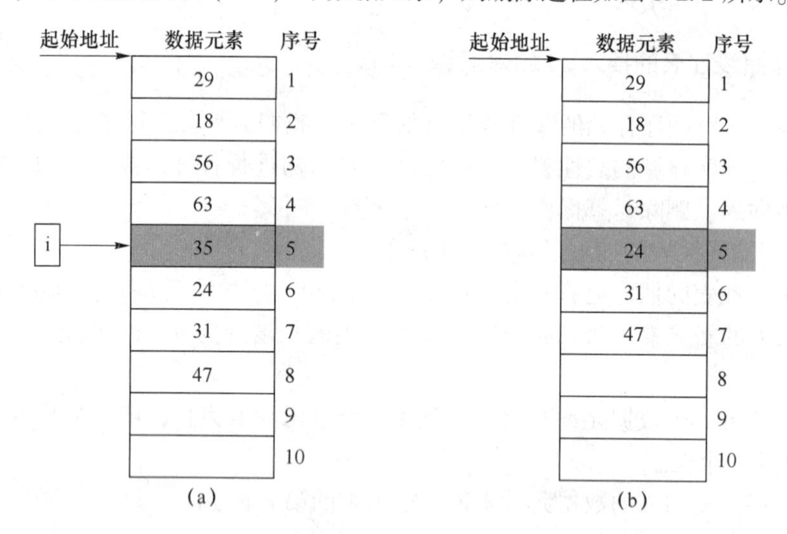

图 8.2.2　10 个存储空间的顺序存储线性表删除运算示意

（a）第 1 步，找到删除位置；（b）第 2 步，移动元素填补空位

8.2.4　线性表的链式存储和运算

1. 什么是线性表的链式存储

线性表的链式存储是指用节点来存储数据元素，节点的空间可以是连续的，也可以是不连续的，因此存储数据元素的同时必须存储数据元素之间的逻辑关系，节点的空间只有在需

要时才申请，无须事先分配。基本的节点结构如图 8.2.3 所示。

其中，数据域用于存储数据元素的值，指针域则用来存储当前元素的直接前驱或直接后继信息，指针域中的信息称为指针（或链）。

数据域	指针域

图 8.2.3　节点的结构示意

线性表采用链式存储结构时，其缺点为不能进行数据元素的随机访问，优点是插入、删除数据不需要移动元素。它不要求逻辑上相邻的数据元素在物理上也相邻，因此使用该种存储结构时，可以很方便地实行新数据元素的插入和删除操作。

2. 链式存储线性表的插入、删除运算

在使用计算机对链式存储的线性表进行处理时，由于链表是一种动态存储结构，表中每个节点所占用的存储空间都是在程序运行过程中根据需求动态产生的。因此，链表的建立需要从空表开始，每增加一个数据元素则动态申请一个节点，并将其插入链表的合适位置。对链式存储线性表，在此主要介绍插入、删除运算操作。

1）链式存储线性表的插入运算算法实现

链式存储线性表的插入运算是指在长度为 $n(n\geq 0)$ 的线性表 L 的第 t 个节点位置的前面或后面插入一个新节点 k 的过程，插入成功后，该线性表的长度变为 $n+1$。该插入运算可以分为以下两种情况：

第 1 种情况（前插）：假设指针 p 为指向链表 L 中的 t 节点的指针，指针 q 为指向 t 节点前一个节点的指针，指针 p -> next 为指向 t 节点的后一个节点的指针，指针 s 为指向待插入的新节点 k 的指针，现需要将新节点 k 插入 t 节点之前，则首先需要把指针定位到 q，然后把 s -> next 指向 p（p = q -> next），最后把 q -> next 指向 s，这样就完成了在链表第 t 个节点之前插入新节点 k 的操作，如图 8.2.4 所示。

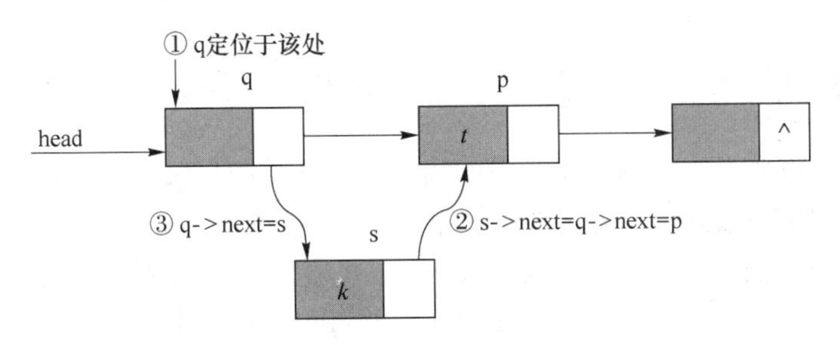

图 8.2.4　链式存储线性表前插运算示意

第 2 种情况（后插）：假设指针 p 为指向链表 L 中的 t 节点的指针，指针 p -> next 为指向 t 节点的后一个节点的指针，指针 s 为指向待插入的新节点 k 的指针，现需要将新节点 k 插入 t 节点之后，则首先需要把指针定位到 p，然后把 s -> next 指向 p -> next，最后把 p -> next 指向 s，这样就完成了在链表第 t 个节点之后插入新节点 k 的操作，如图 8.2.5 所示。

2）链式存储线性表的删除运算算法实现

链式存储线性表的删除运算是指在长度为 n（$n\geq 0$）的线性表 L 中将第 t 个节点从线性表中去掉，删除成功后，该线性表的长度变为 $n-1$。假设指针 p 为指向链表 L 中 t 节点的指针，指针 q 为指向 t 节点前一个节点的指针，指针 p -> next 为指向 t 节点的后一个节点的指针，现需要将节点 t 从线性表 L 中删除掉，则首先需要把指针定位到 q 上，然后把q -> next

指向 p -> next，最后 t 节点释放，这样就完成了在链表 L 中删除 t 节点的操作，如图 8.2.6 所示。

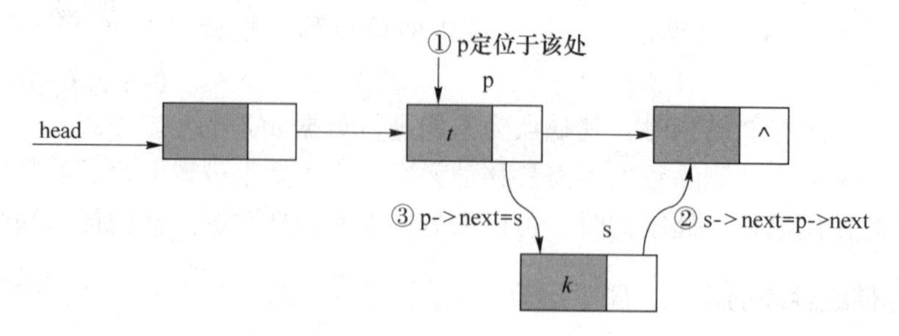

图 8.2.5　链式存储线性表后插运算示意

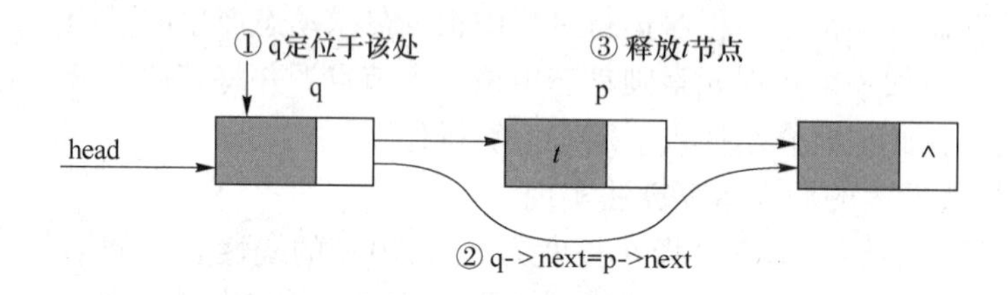

图 8.2.6　链式存储线性表的删除运算示意

8.3　栈和队列

8.3.1　栈的定义及其基本运算

1. 什么是栈

栈又名堆栈，本质上为一种运算受限的线性表，其限制是仅允许在表的一端进行插入和删除运算。将一端称为栈顶（top）；相对地，将另一端称为栈底（bottom）。向一个栈中插入新元素的操作的过程，称为进栈、入栈或压栈，它把新元素放到栈顶元素的上面，使之成为新的栈顶元素；从一个栈中删除当前栈顶元素的过程，称为出栈或退栈，它把栈顶元素删除，使与其相邻的栈中元素成为新的栈顶元素。栈的最显著特点就是“先进后出”（First In Last Out，FILO），在使用栈这种数据结构组织数据时，都必须遵循该原则。

栈从存储形式上来区分，可以分为顺序存储结构的栈和链式存储结构的栈。

栈的顺序存储是指用一组连续的存储单元依次存储自栈顶到栈底的数据元素，同时设置指针 top 指示栈顶元素的位置。采用顺序存储结构的栈也称为顺序栈，在顺序存储方式下，栈需要预先申请或定义存储空间。也就是说，顺序栈的存储空间是有限的。通常使用一维数组作为顺序栈的存储空间。

栈的链式存储是指使用链式存储结构实现栈中元素的存储，其主要是为了克服顺序栈中存储空间有限的问题。用链式作为存储结构的栈称为链栈，在链式存储方式下，只需要预先申请一个存储单元，以该存储单元的头指针作为链栈的栈顶指针，当有新的数据需要入栈时，为该数据动态申请存储单元即可，入栈、出栈操作也只需要修改指针就能完成。

顺序栈和链栈的存储结构如图 8. 3. 1 所示。

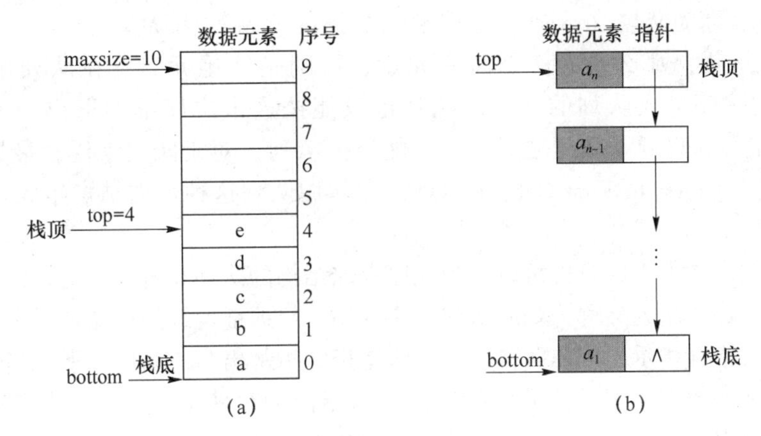

图 8. 3. 1 顺序栈和链栈的存储结构示意

(a) 顺序栈结构示意;(b) 链栈结构示意

2. 栈的基本运算

在计算机系统中,栈是一种“先进后出”的存储结构,不论是顺序栈,还是链栈,它们的栈底(bottom)指针都是固定的,只有栈顶(top)指针在浮动变化。程序将数据压入栈中,为入栈操作(push);程序将数据从栈顶弹出,为出栈操作(pop)。若栈中元素个数为零(即 top = bottom),则称为空栈。

栈作为一种应用非常广泛的数据结构,在实际应用中还有许多操作,以下将以顺序栈为例,介绍最基本的 3 种栈运算:入栈、出栈、读栈顶元素。

1) 入栈

入栈运算是指在栈顶位置插入一个新元素的过程。这个运算包括两个基本步骤:首先,将栈顶指针加 1,指向栈顶元素上面的存储单元;然后,将新元素插入加 1 后的新栈顶指针指向的存储单元。

注意: 顺序栈的入栈操作只能在栈空间未满时进行,如果栈空间已满,则不能进行入栈操作。通过查看栈顶指针是否指向存储空间的最后一个位置,可以判断栈是否已满。

2) 出栈

出栈运算是指取出栈顶元素并赋值给一个指定变量的过程。这个运算包括两个基本步骤:首先,将栈顶指针指向的栈顶元素赋值给一个指定的变量;然后,将栈顶指针减 1(即删除当前出栈元素),这时栈顶指针则指向该次出栈之后新栈顶。

3) 读栈顶元素

读栈顶元素是指将当前栈中的栈顶元素赋值给一个指定的变量的过程。读栈顶元素运算不删除栈顶元素,且在这个运算中,栈顶指针也不会发生变化。

8. 3. 2 队列的定义及其基本运算

1. 什么是队列

队列(Queue)是一种允许在一端进行数据插入,在另一端进行数据删除的线性表。这

与人们在日常生活中的排队是一致的，最早进入队列的元素最早离开。在队列中，允许插入数据的一端称为队尾（rear），允许删除数据的一端称为队头（front）。假设队列为 $q=(a_1,a_2,\cdots,a_n)$，那么，a_1就是队头元素，a_n则是队尾元素。在队列中，元素是按 $a_1,a_2,\cdots,a_n$的顺序进入队列的，退出队列也只能按这个次序依次退出，也就是说，只有 $a_1,a_2,\cdots,a_{n-1}$都离开了队列之后，a_n才能退出队列。对于队列来说，最显著的特点就是“先进先出”（First In First Out，FIFO），在使用队列这种数据结构组织数据时，都必须遵循该原则。

队列从存储形式上来区分，可以分为顺序存储结构的队列和链式存储结构的队列两种。

顺序存储结构的队列又称为顺序队列，它利用一组地址连续的存储单元来存放队列中的元素，设置队头指针指示出当前队首元素，队尾指针指示出当前队尾元素。当有数据元素入队时，只需要把该数据元素写入队尾指针加 1 后指向的存储单元即可；当有数据元素出队时，需要删除该出队元素，则只需要把队头指针减 1 即可。由于顺序队列的存储空间是提前设定的，所以队尾指针就有上限值，当队尾指针达到上限时，不能只通过修改队尾指针来实现新元素的入队操作，而是需要通过整除取余运算来将顺序队列假想成一个环状结构，从而进行入队操作。

链式存储结构的队列又称为链队列，它利用线性单链表来存储队列中的元素。为了操作方便，我们给链队列添加一个头节点，并让队头指针指向该头节点，当队头指针和队尾指针均指向头节点时，说明该队列为空队列。当需要出/入队操作时，只需要变化指针就可以实现链队列的出/入队操作。

顺序队列和链队列的存储结构如图 8.3.2 所示。

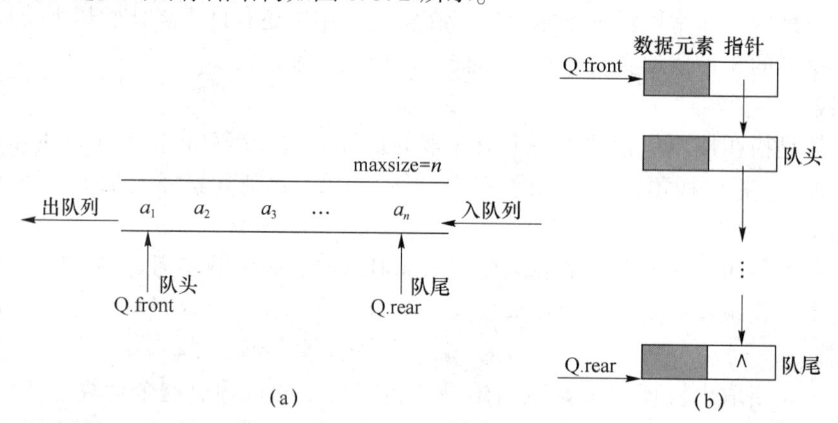

图 8.3.2　顺序队列和链队列结构示意

（a）顺序队列结构示意；（b）链队列结构示意

2. 队列的基本运算

队列在实际应用中，为了充分利用存储空间，通常在顺序存储时，把队列的队头与队尾链接，形成闭合环形结构，这种队列的闭合环形结构通常称为循环队列结构。由于队列有先进先出（FIFO）的特点，因此采用循环队列的形式来完成队列中数据的存储，可以解决顺序存储队列中的“假溢出”问题。在此，主要介绍循环队列的两种最基本的运算：入队运算、出队运算。

1）循环队列的入队运算

入队运算是指在循环队列中队尾处加入一个新数据元素的操作。这个运算包括两个基本步骤：首先，将队尾指针（rear）加1，同时判断加1后的新队尾指针（rear）是否等于maxsize+1（maxsize为该顺序队列的最大存储空间），如果等于，则置rear=1，进行队列循环；然后，将新数据元素赋值给当前队尾指针指向的存储空间单元。

在入队运算中，当出现队列非空且队尾指针等于队头指针的情况时，说明该循环队列已满，不能再进行入队操作，这种情况在队列中称为“上溢”。

2）循环队列的出队运算

出队运算是指把循环队列中队头位置的数据元素赋值给指定的变量，同时删除该队头元素的过程。这个运算也包括两个基本步骤：首先，将当前队头指针（front）指向的数据元素赋值给指定的变量；然后，将队头指针（front）加1，同时判断加1后的新队头指针（front）是否等于maxsize+1（maxsize为该顺序队列的最大存储空间），如果等于，则置rear=1，进行队列循环。

在出队运算中，如果循环队列为空，就不能进行出队操作，这种情况称为“下溢”。

8.4 字　符　串

字符串（string）简称“串”，是由零个或多个字符组成的有限序列。一般记为

$$s = \text{“}a_1a_2\cdots a_n\text{”}(n \geqslant 0)$$

串中的字符数目的个数n称为串的长度。串的构成其实就是一个字符集，串的每个元素都是字符。由0个字符构成的串称为空串，它与空格串有本质的区别。空格串是指只包含空格的字符串，有内容有长度；而空串则没内容，且长度为0。在字符串中，由任意个数的连续字符组成的子序列称为该字符串的子串，包含了子串的字符串称为主串，子串在主串中的位置是子串的第一个字符在主串中的序号。

字符串的存储结构有顺序存储结构和链式存储结构两种。顺序存储结构是指用一组地址连续的存储单元来存储串中的字符序列的结构，在存储过程中，用“\0”表示字符串存储结束；字符串的链式存储结构与线性表的链式存储相似，可以将一个节点对应一个字符来存储，也可以将一个节点对应一串字符来存储。对字符串的基本操作主要有赋值操作、连接操作、求串长操作、串比较操作和求子串操作。

8.5 树与二叉树

8.5.1 树的基本概念

树结构是一类重要的非线性数据结构。其中，以树和二叉树最常用，直观来看，树是以分支关系定义的层次结构。树结构在现实世界中广泛存在，如人类社会的族谱和各种社会组织机构都可以用树来表示；树在计算机学科领域中被广泛应用，如在编译程序中，可以用树来构建语法结构。

树是指由$n(n\geqslant 0)$个节点组成的有限集合T。当$n=0$时，所构成的树称为空树。当

$n>0$ 时，树必然满足以下两个条件：

(1) 该树有且仅有一个根节点（root），该根节点没有前驱节点，但可以有多个后继节点。

(2) 该树除根节点外的其余节点，可分为 $m(m\geqslant0)$ 个互不相交的有限集合 $T_1,T_2,\cdots,T_m$，其中每一个集合本身又是一棵树，被称为根节点的子树，构成这些子树的所有节点有且仅有一个前驱节点，但可以有多个后继节点。

使用以上递归思路，即一棵树由若干棵子树构成，而子树又由更小的子树构成，这样反复，就可以定义出树。

8.5.2 树的相关术语及分类

1. 树的相关术语

树是一种非线性数据结构，除根节点外的每个节点都有且仅有一个直接前件，可以有零个或多个直接后件，抽象表示就像一棵倒挂的树，如图 8.5.1 所示。因此，在学习树的过程中，应掌握以下关于树的相关术语。

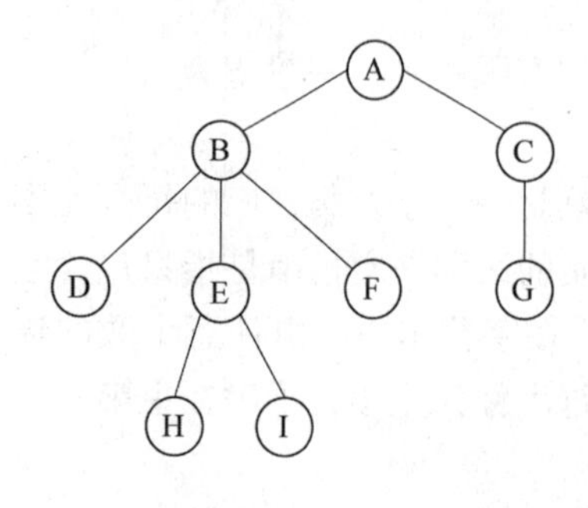

图 8.5.1　树结构示意

1）根节点

在树中，没有前件，只有后件的节点称为根节点。在图 8.5.1 所示的树结构中，节点 A 就是该树的根节点。

2）子树、左子树、右子树

在一棵树中，删除根节点后形成的每一棵树都称为根节点的子树。左子树、右子树是针对二叉树来说的。在一棵二叉树中，位于根节点左边的树称为该二叉树的左子树；位于根节点右边的树称为该二叉树的右子树。在图 8.5.1 所示的树结构中，[B,D,E,F,H,I]和[C,G]都是该树的子树。

3）节点的度、树的度

在树中，每一个节点所拥有的子树的数目称为该节点的度，树的度是指在该树中所有节点度的最大值。如图 8.5.1 所示的树结构中，节点 B 的度为 3，所有节点度的最大值为 3，即该树的度为 3。

4）父节点、子节点、兄弟节点

在树中，一个节点的子树的根节点称为这个节点的子节点，该节点反过来称为其子节点的父节点，同一个父节点的子节点互相称为兄弟节点。在图 8.5.1 所示的树结构中，节点 B 为节点 D、E、F 的父节点，节点 D、E、F 是节点 B 的子节点，节点 D、E、F 之间互称为兄弟节点。

5）叶子节点

在一棵树中，度为 0 的节点称为叶子节点。如图 8.5.1 所示的树结构中，节点 D、H、I、F、G 都为叶子节点。

6）节点的层数

在一棵树中，根节点的层数为 1，其余节点的层数等于它们父节点的层数加 1。例如，在图 8. 5. 1 所示的树结构中，节点 H 的层数为 4。

7）树的深度

在树中，树的深度指的是该树中节点的最大层数。在图 8. 5. 1 所示的树结构中，树的深度为 4。

8）森林

森林是指 $m(m\geqslant0)$ 棵树的集合。自然界中的树和森林的概念差别很大，但在数据结构中，树和森林的概念差别很小。从定义可知，一棵树由根节点和 m 棵子树构成，若把树的根节点删除，则树变成了包含 m 棵树的森林。当然，根据定义，一棵树也可以称为森林。

2. 树的分类

在计算机科学中，树是一种抽象数据类型，用来模拟具有树结构性质的数据集合。在数据结构中，常见的树有二叉树、满二叉树、完全二叉树、二叉排序树、平衡二叉树、B 树、红黑树、字典树、后缀树、霍夫曼树等，在此只介绍前三种。

1）二叉树

二叉树是 $n(n\geqslant0)$ 个数据元素的有限集合，该集合或为空，或由一个根节点和两个分别称为左子树和右子树的互不相交的二叉树组成。当集合为空时，称为空树。

二叉树的定义同样具有递归特性，它与树的概念之间虽然有许多联系，但它们是不同的概念。树和二叉树之间的主要区别在于：二叉树的节点构成的子树需要区分左右子树，即使在节点只有一棵子树的情况下，也要明确指出该子树是左子树还是右子树；另外，二叉树的每个节点最大的度为 2，而树不限制节点的度数。

根据以上对二叉树的概念、定义、特点的描述可知，二叉树只有 5 种基本形态，如图 8. 5. 2 所示。

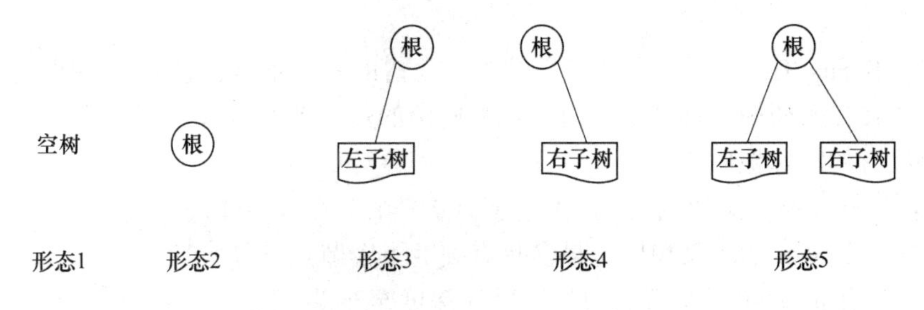

图 8. 5. 2　二叉树的五种基本形态

2）满二叉树

一棵深度为 h、有 2^h-1 个节点的二叉树，且节点编号按自上向下、自左到右顺序编号，这样的一棵树称为满二叉树。换句话说，在一棵二叉树中，如果除根节点和叶子节点外，其他节点的度都为 2，且节点编号按自上向下、自左到右顺序编号，那么就称这棵二叉树为满二叉树。图 8. 5. 3（a）所示的二叉树的深度为 3，是有 7（即 2^3-1）个节点的满二叉树；图 8. 5. 3（b）所示的二叉树为非满二叉树。

3）完全二叉树

一棵深度为 h，有 $n(n\leqslant2^h-1)$ 个节点的二叉树，仅当其每个节点的编号都与深度为 h 的满二叉树中从 1 到 n 的节点编号一一对应时，称该二叉树为完全二叉树。显然，根据完全

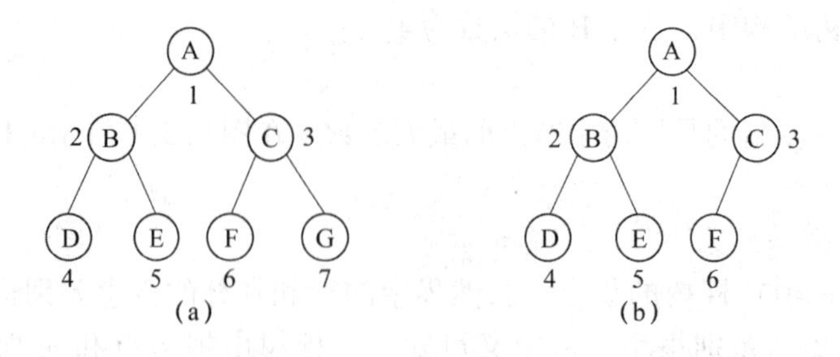

图 8.5.3　满二叉树和非满二叉树示意

（a）满二叉树；（b）非满二叉树

二叉树的定义可知，满二叉树必定是完全二叉树，而完全二叉树不一定是满二叉树。图 8.5.4（a）所示的二叉树的深度为 3，是有 $n=6$ 个节点的完全二叉树；图 8.5.4（b）所示的二叉树为非完全二叉树。

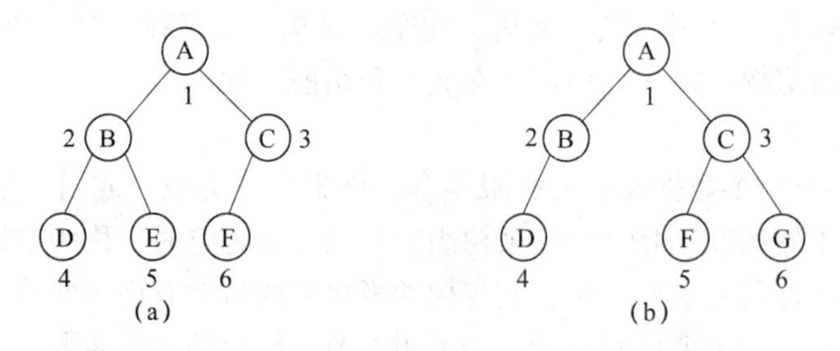

图 8.5.4　完全二叉树和非完全二叉树示意

（a）完全二叉树；（b）非完全二叉树

8.5.3　二叉树的基本性质

二叉树（Binary Tree）是一种非线性结构，是树的一个子集，它继承了树的属性，对于树的相关术语在二叉树中同样适用。由于二叉树中的每个节点的最大度数为 2，因此具备了一些普通树没有的特殊性质。

性质 1：一棵非空二叉树的第 i 层上最多有 2^{i-1} 个节点（$i\geqslant1$）。

性质 2：深度为 m 的二叉树中，最多具有 2^m-1 个节点（$m\geqslant1$）。

性质 3：具有 $n(n>0)$ 个节点的二叉树的深度至少为 $\lfloor \log_2 n \rfloor+1$。其中，$\lfloor \log_2 n \rfloor$ 表示对该计算结果向下取整。

性质 4：对于一棵非空二叉树，设 n_0、n_2 分别表示度为 0、2 的节点个数，则有：$n_0=n_2+1$。

性质 5：具有 $n(n>0)$ 个节点的完全二叉树（包括满二叉树）的深度为 $\lfloor \log_2 n \rfloor+1$。其中，$\lfloor \log_2 n \rfloor$ 表示对该计算结果向下取整。

性质 6：对于一棵有 n 个节点的完全二叉树，如果从根节点开始，按层序（每一层从左到右）用自然数 $1,2,\cdots,n$ 给节点进行编号，则对于编号为 $k(k=1,2,\cdots,n)$ 的节点有以下结论：

（1）若 $k=1$，则该节点为根节点，它没有父节点；若 $k>1$，则该节点的父节点的编号为 $\mathrm{INT}(k/2)$。

（2）若 $2k\leqslant n$，则编号为 k 的左子节点编号为 $2k$；否则该节点无左子节点（显然也没有右子节点)。

(3) 若 $2k+1 \leqslant n$，则编号为 k 的右子节点编号为 $2k+1$；否则该节点无右子节点。

8.5.4 二叉树的存储及遍历

1. 二叉树的存储

同线性数据结构类似，二叉树的存储也可以用顺序存储结构和链式存储结构来实现。一般情况下，依据二叉树的性质，完全二叉树和满二叉树比较适合使用顺序存储结构存储，其他普通二叉树则比较适合使用链式存储结构存储。

1) 二叉树的顺序存储

二叉树的顺序存储就是用一组连续的存储单元存放二叉树中的节点。因此，必须把二叉树的所有节点安排成为一个恰当的序列，并且让节点在这个序列中的相互位置能反映出节点之间的逻辑关系。因此，在二叉树的顺序存储时，使用编号的方法从树根节点起，自上层至下层，每层自左至右地给所有节点编号。这种编号方法的缺点是有可能对存储空间造成极大的浪费。在最坏的情况下，一个深度为 k 且只有 k 个节点的右单支树需要 $2k-1$ 个节点存储空间。

依据二叉树的性质，完全二叉树和满二叉树采用顺序存储比较合适，树中节点的序号可以唯一地反映出节点之间的逻辑关系，这样既能够最大可能地节省存储空间，又可以利用数组元素的下标值来确定节点在二叉树中的位置，以及节点之间的关系，如图 8.5.5 所示。

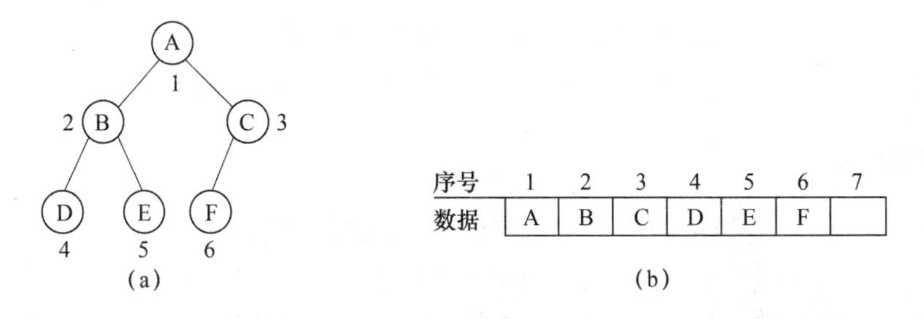

图 8.5.5 完全二叉树及其顺序存储结构示意

(a) 完全二叉树；(b) 完全二叉树的顺序存储结构

对于一般的二叉树来说，如果仍按从上至下和从左到右的顺序将树中的节点顺序存储在一维数组中，则数组元素下标之间的关系不能够反映二叉树中节点之间的逻辑关系，只有增添一些并不存在的空节点，使之成为一棵完全二叉树的形式，再用一维数组顺序存储，才能将一棵二叉树存储完成，如图 8.5.6 所示。这样会造成空间的大量浪费，因此不宜采用顺序存储结构。

2) 二叉树的链式存储

二叉树的链式存储结构是指用链表来表示一棵二叉树，即用链来指示元素的逻辑关系。通常的方法是链表中每个节点由 3 个域（即数据域（Data）、左指针域（Lchild）和右指针域（Rchild））组成，左、右指针分别用来指向该节点左子树和右子树所在的链节点的存储地址，其存储结构如图 8.5.7 所示。

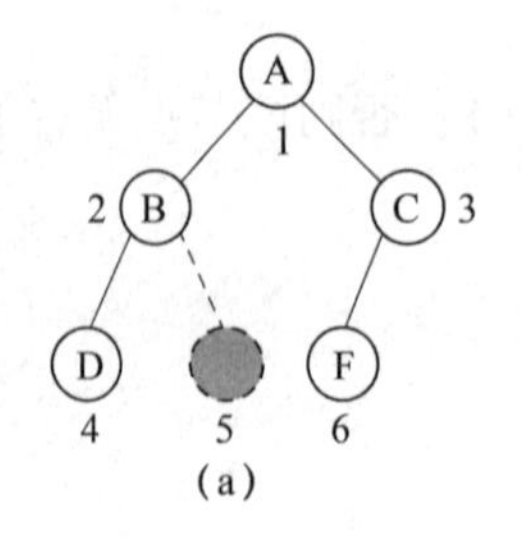

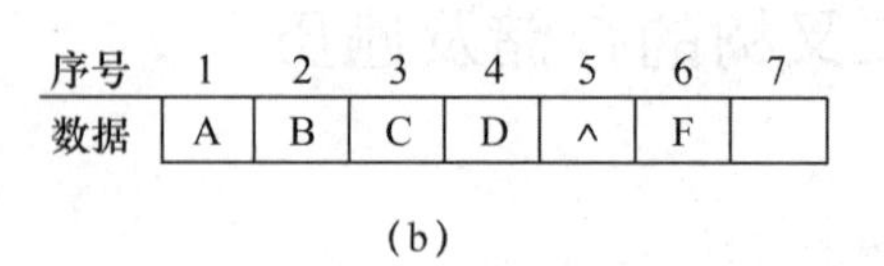

序号	1	2	3	4	5	6	7
数据	A	B	C	D	^	F	

(b)

图 8.5.6　普通二叉树及其顺序存储结构示意

（a）普通二叉树；（b）普通二叉树的顺序存储结构

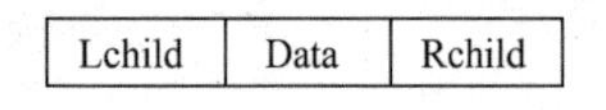

图 8.5.7　二叉树链式存储结构示意

这种二叉树的链式存储方式又称为二叉链表存储结构，它方便灵活，对于一般的二叉树，甚至比顺序存储结构还节省存储空间，是常用的二叉树存储方式。然而，这种存储结构有无法由节点直接找到自己的父节点的缺点。其存储结构如图 8.5.8 所示。

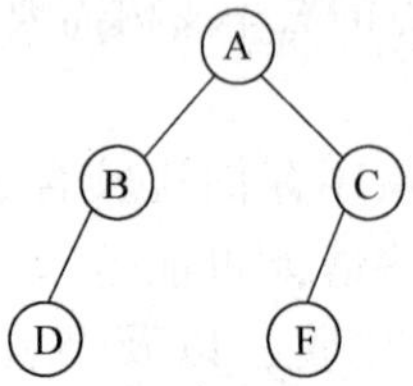

(a) 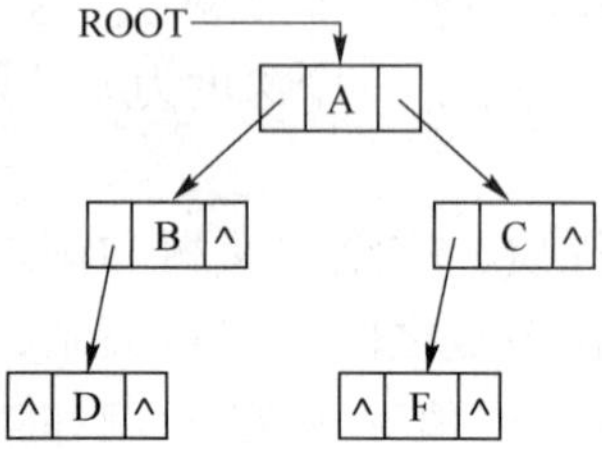　　(b)

图 8.5.8　二叉树及其链式存储结构示意

（a）二叉树；（b）二叉树的链式存储结构

2. 二叉树的遍历

遍历（Traversing）是指沿着某条搜索路线查找某数据结构中的全部节点，而且每个节点只被访问一次。对于线性数据结构，这种访问很容易实现；但对于非线性数据结构，遍历就很困难。由于二叉树的顺序存储结构是对非线性数据结构的线性化，所以在此只考虑二叉树的链式存储方式。

在实际对二叉树的操作中，常常需要按一定顺序对二叉树中的所有节点逐一进行访问，查找到满足条件的节点，并对其进行各种操作。由于任意一棵二叉树都是由根节点、根节点的左子树、根节点的右子树 3 部分组成，因此只要依次遍历这 3 部分，就可以遍历整棵二叉树。于是，在遍历二叉树时，常用的遍历过程是前序遍历、中序遍历、后序遍历和层次遍历。

1）前序遍历

前序遍历是指在访问根节点、遍历左子树、遍历右子树的过程中，首先访问根节点，然后遍历左子树，最后遍历右子树。而且，在遍历左右子树时，仍然先访问根节点，然后遍历左子树，最后遍历右子树。在图 8.5.9 所示的前序遍历过程中，遍历序列为：A→B→D→G→E→C→F。

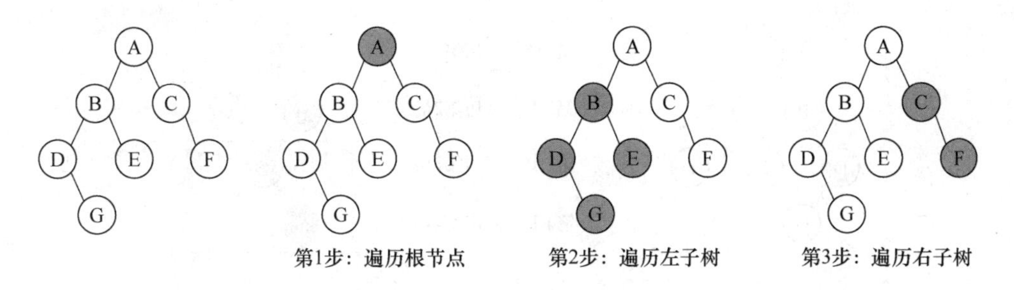

图 8.5.9 二叉树的前序遍历

2）中序遍历

中序遍历是指在访问根节点、遍历左子树、遍历右子树的过程中，首先遍历左子树，然后访问根节点，最后遍历右子树。而且，在遍历左右子树时，仍然先遍历左子树，然后访问根节点，最后遍历右子树。在图 8.5.10 所示的中序遍历过程中，遍历序列为：D→G→B→E→A→C→F。

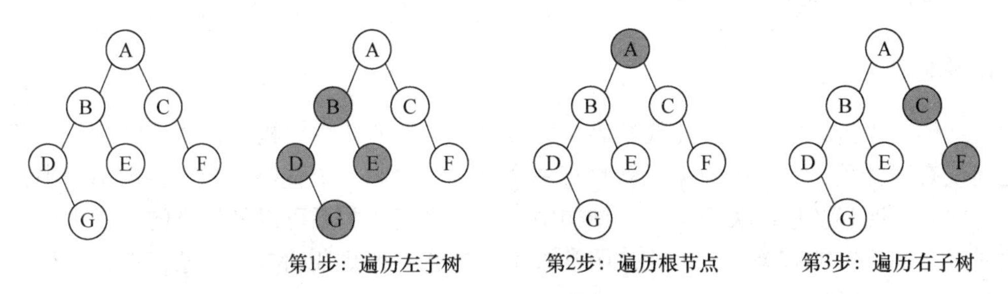

图 8.5.10 二叉树的中序遍历示意

3）后序遍历

后序遍历是指在访问根节点、遍历左子树、遍历右子树的过程中，首先遍历左子树，然后遍历右子树，最后访问根节点。而且，在遍历左、右子树时，仍然先遍历左子树，然后遍历右子树，最后访问根节点。在图 8.5.11 所示的后序遍历过程中，遍历序列为：G→D→E→B→F→C→A。

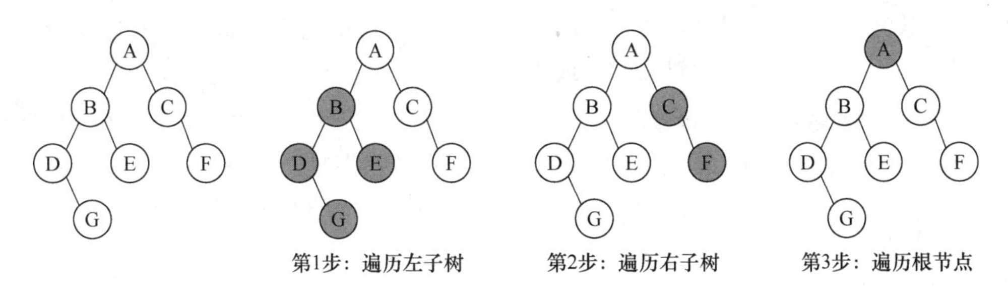

图 8.5.11 二叉树的后序遍历

4）层次遍历

二叉树的层次遍历一般需要借助队列来实现，是指从二叉树的第一层（根节点）开始，从上至下逐层遍历，在同一层上，则按从左到右的顺序对节点逐个访问。在图 8.5.12 所示的层次遍历过程中，遍历序列为：A→B→C→D→E→F→G。

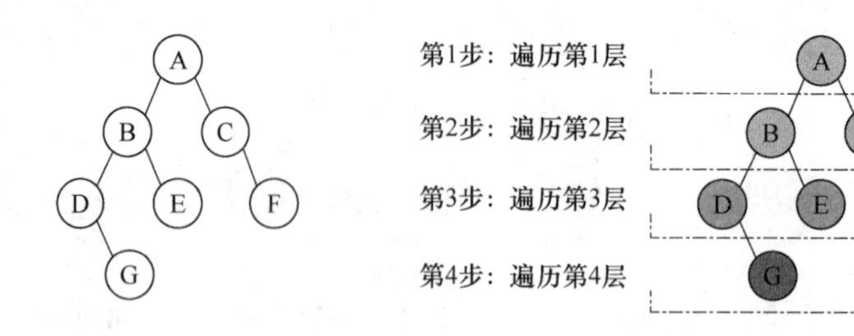

图 8.5.12　二叉树的层次遍历

8.6　图

8.6.1　图的基本概念

1. 图的概念

从结构上来讲，图是一种比线性表、树等更复杂的非线性结构。在线性结构中，数据元素之间仅有线性关系，每个数据元素只有一个直接前驱和一个直接后继；在树结构中，数据元素之间有着明显的层次关系；在图结构中，节点之间的关系可以是任意的，图中任意两个数据元素之间都可能有关系。因此，图常被用于描述各种复杂的数据对象，在自然科学、社会科学和人文科学等许多领域有着非常广泛的应用。

在数据结构中，使用一个图的顶点有穷非空集合和顶点之间边的集合构成的二元组来共同描述该图，通常表示为：$G(V,E)$。其中，G 表示一个图，V 是图 G 中顶点的集合，E 是图 G 中边的集合。图中的数据元素，称为顶点，表示为 $V=\{v_1,v_2,v_3,\cdots,v_n\}$，是一个有穷非空集合；图中任意两个顶点之间的逻辑关系用边来描述，表示为 $E=\{(v_i,v_j)\mid v_i,v_j\in V\}$，边集 E 可以为空，集合中的元素是一些有序对 $<v_i,v_j>$ 或无序对 (v_i,v_j)。

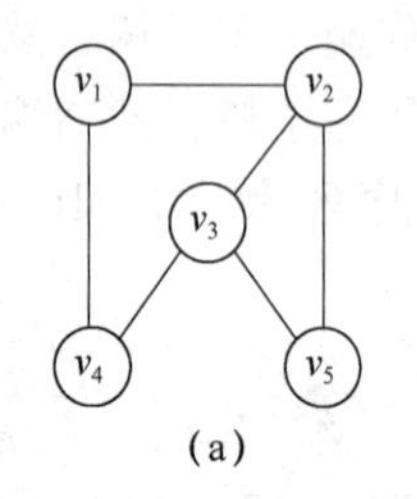

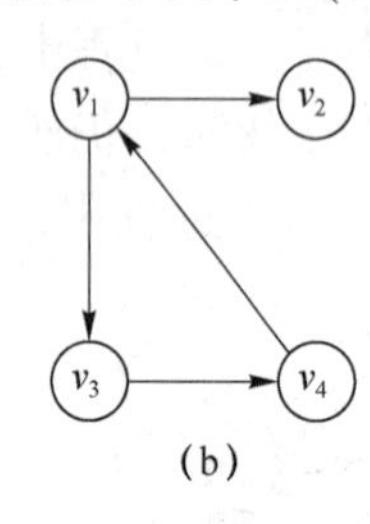

图 8.6.1　无向图 G_1 和有向图 G_2

(a) 无向图 G_1；(b) 有向图 G_2

例如，把图 8.6.1 所示的图 G_1 和 G_2，用图的数据结构表示方法可进行如下表示：

G_1 为无向图，图的数据结构表示为

$G_1=(V,E)$

$V=\{v_1,v_2,v_3,v_4,v_5\}$

$E=\{(v_1,v_2),(v_1,v_4),(v_2,v_3),(v_2,v_5),(v_3,v_4),(v_3,v_4)\}$

G_2 为有向图，图的数据结构表示为

$G_2=(V,E)$

$V=\{v_1,v_2,v_3,v_4\}$

$E=\{<v_1,v_2>,<v_1,v_3>,<v_3,v_4>,<v_4,v_1>\}$

2. 图的相关术语

1）无向图

在图 $G(E,V)$ 中，如果图 G 中任意两个顶点之间的边都是没有方向的，则称图 G 为无向图。

2）有向图

在图 $G(E,V)$ 中，如果图 G 中任意两个顶点之间的边都是有方向的，则称图 G 为有向图。

3）无向完全图

若一个无向图中的任意两个顶点之间都有一条边直接相连，则称该图为无向完全图。对于含有 n 个顶点的无向完全图，有 $n(n-1)/2$ 条边。

4）有向完全图

若一个有向图中的任意两个顶点之间都有方向相反的一对边直接相连，则称该图为有向完全图。对于含有 n 个顶点的有向完全图，有 $n(n-1)$ 条边。

5）路径

在图 $G(E,V)$ 中，路径指的是由图中任意一个顶点 v_i 出发，到达另一个顶点 v_j，所经过的边 (v_i,v_j) 或 $<v_i,v_j>$ 构成的集合描述的通路。

6）连通图

若一个图中任意两个顶点 v_i、$v_j(i \neq j)$ 都存在路径，则称该图为连通图。

7）邻接点

在一个图中，顶点 v_i、$v_j(i \neq j)$ 连通构成边 (v_i,v_j) 或 $<v_i,v_j>$，称 v_i 和 v_j 互为邻接点。

8）顶点的度、入度、出度

在无向图中，与某顶点直接相连的边的数目称为该顶点的度。在有向图中，以某个顶点为起点的边的数目称为该顶点的出度；以某个顶点为终点的边的数目称为该顶点的出度；一个顶点的入度和出度的和称为该顶点的度。

8.6.2 图的基本存储结构和遍历方法

图是由顶点和连接顶点的边构成的离散结构。在计算机科学中，图是最灵活的数据结构之一，很多问题都可以使用图模型进行建模求解。例如，生态环境中不同物种的相互竞争；人与人之间的社交与关系网络；化学上用图区分结构不同但分子式相同的同分异构体；分析计算机网络的拓扑结构以确定两台计算机是否可以通信；找到两个城市之间的最短路径；等等。因此，需要找到一些适当的方法，把从现实世界中抽象出来的图存储在计算机中，并且能够通过计算机来访问、识别、处理这些存储的图。

1. 图的基本存储结构

图的数据结构基本信息包括顶点和边两个基本部分，因此，对图的存储需能完整、准确地描述图的这两个基本信息。在数据结构中，常用的图的存储结构主要有邻接矩阵、邻接表和十字链表等，在此只介绍图的邻接矩阵存储结构和邻接表存储结构。

1）图的邻接矩阵存储结构

图的邻接矩阵存储结构是指用矩阵来表示图中各顶点之间的邻接关系的方法。对于有 n 个顶点的图 $G=(V,E)$，则可以用一个 $n\times n$ 的矩阵来表示 G 中各顶点的相邻关系。其中，当矩阵中的元素为1时，表示对应的两个节点在图 G 中有有向边或无向边；当矩阵中的元素为0时，表示对应的两个节点在图 G 中无有向边或无向边，如图8.6.2、图8.6.3所示。

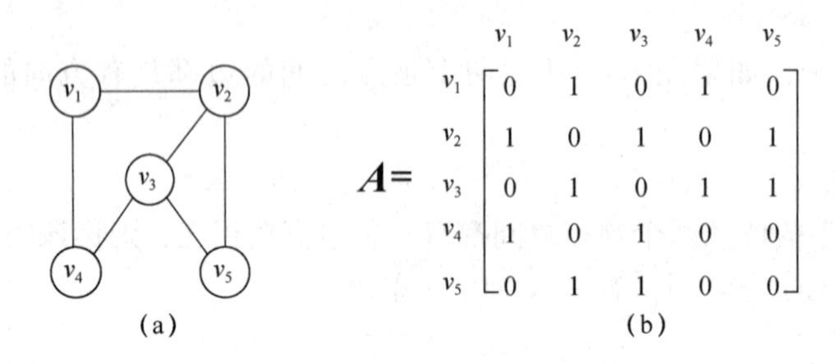

图8.6.2 无向图 G_1 及其邻接矩阵表示

（a）无向图 G_1；（b）无向图 G_1 的邻接矩阵

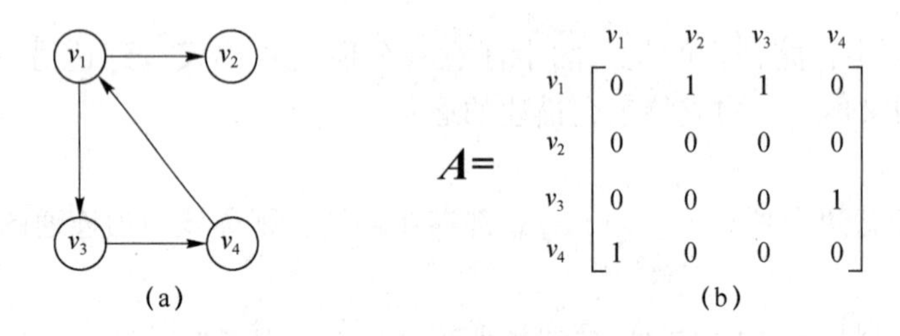

图8.6.3 有向图 G_2 及其邻接矩阵表示

（a）有向图 G_2；（b）有向图 G_2 的邻接矩阵

用邻接矩阵存储图时，在高级程序中，可以简单地使用一个二维数组把图存储在计算机中，并进行相应的处理。这种存储结构的优点是很容易得出任意两个顶点之间是否有边相连；缺点是在确定图中边的总条数时，必须按行、列进行检测，花费很大。

2）图的邻接表存储结构

图的邻接表存储结构是图的一种链式存储结构。在邻接表中，对图中的每一个顶点 v_i 都建立一个单链表，单链表中的第 i 个节点表示该顶点 v_i 到某个节点有边（对于有向图是指从该顶点 v_i 为起点到某个节点有边），如图8.6.4、图8.6.5所示。

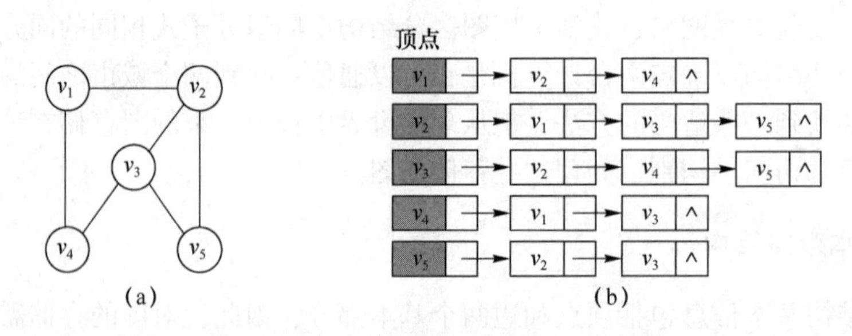

图8.6.4 无向图 G_1 及其邻接表表示

（a）无向图 G_1；（b）无向图 G_1 的邻接表表示

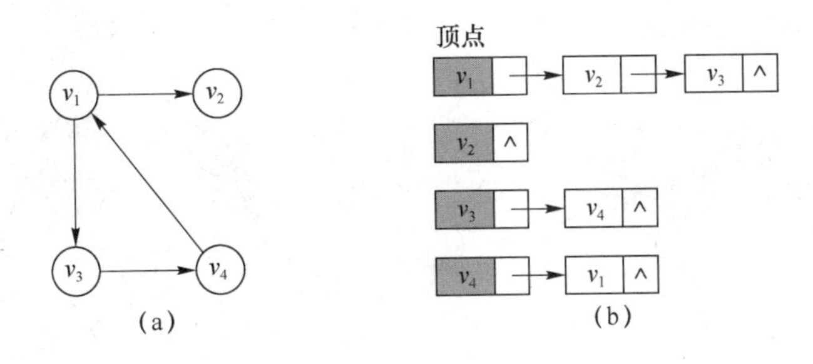

图 8.6.5 有向图 G_2 的邻接表表示

(a) 有向图 G_2；(b) 有向图 G_2 的邻接表表示

用邻接表存储图时，在高级程序中，可以简单地使用一个线性单链表结构把图存储在计算机中，并进行相应的处理。这种存储结构的优点是容易找到任意顶点的所有邻接点；缺点是需要确定任意两个顶点之间是否有边，需要对这两个顶点所建立的单链表进行搜索，因此不及邻接矩阵存储结构方便。

2. 图的常用遍历方法

图的遍历与树的遍历类似，在图的遍历中由于图的逻辑结构复杂，因此图的遍历比树的遍历更加复杂。通常，图的遍历是指从图中任意一个顶点出发，对图中其余顶点都访问一次且只访问一次的过程，图的常用遍历方法有深度优先和广度优先两种方式。

图的遍历是对图的一种基本操作，对于有向图和无向图来说，每个顶点都有可能与另外的顶点邻接，且存在回路，为了避免重复访问已经访问过的顶点，就需要在遍历过程中对已经访问过的顶点做标记。

1）图的深度优先遍历

图的深度优先遍历（Depth First Search，DFS）类似于树的先序遍历，是树的先序遍历的推广。基本思想是：从图中某个顶点 v_0 出发，先访问该顶点，然后依次从 v_0 为起点的尚未被访问的邻接点出发，深度优先遍历图，直到图中所有与 v_0 有路径相通的顶点都被访问到；若此时图中还有顶点未被访问，则另选图中一个尚未被访问到的顶点作为起始点，重复上述过程，直到图中所有的顶点都被访问到为止。显然，图的深度优先遍历是一个递归的过程。

如图 8.6.6 所示，无向图 G_3 以 v_1 为起始顶点，进行深度优先遍历的结果为：$v_1 \to v_2 \to v_4 \to v_8 \to v_5 \to v_3 \to v_6 \to v_7$；有向图 G_4 以 v_1 为起始顶点，进行深度优先遍历的结果为：$v_1 \to v_2 \to v_4 \to v_5 \to v_7 \to v_6 \to v_3$。

2）图的广度优先遍历

图的广度优先遍历（Breadth First Search，BFS）类似于树的按层次遍历的过程。基本思想是：从图中某个顶点 v_0 出发，先访问该顶点，然后依次访问 v_0 的各个未曾被访问过的邻接点，分别从这些邻接点出发依次访问它们的邻接点，并使先被访问的顶点的邻接点先于后被访问的顶点的邻接点被访问，直至图中所有已被访问的顶点的邻接点都被访问到；如果此时图中尚有顶点未被访问，则需要另选一个未曾被访问过的顶点作为新的起始点，重复上述过程，直至图中所有顶点都被访问到为止。

如图 8.6.6 所示，无向图 G_3 以 v_1 为起始顶点，进行广度优先遍历的结果为：$v_1 \to v_2 \to v_3 \to v_4 \to v_5 \to v_6 \to v_7 \to v_8$；有向图 G_4 以 v_1 为起始顶点，进行广度优先遍历的结果为：$v_1 \to v_2 \to v_3 \to v_4 \to v_5 \to v_6 \to v_7$。

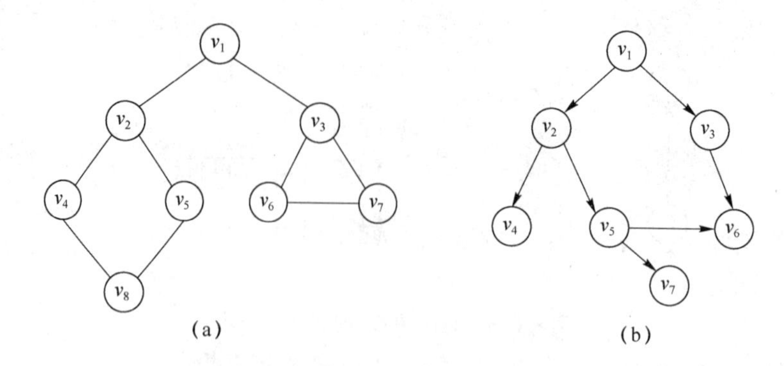

图 8.6.6　无向图 G_3 和有向图 G_4

(a) 无向图 G_3；(b) 有向图 G_4

思考题

1. 数据结构分为几种？试举例说明。
2. 什么是顺序存储和链式存储？两者有何不同？
3. 栈和队的特点是什么？
4. 什么是完全二叉树和满二叉树？它们有什么区别？
5. 图的常用遍历方法有哪两种？在高级程序设计中可以采用哪些算法遍历图？

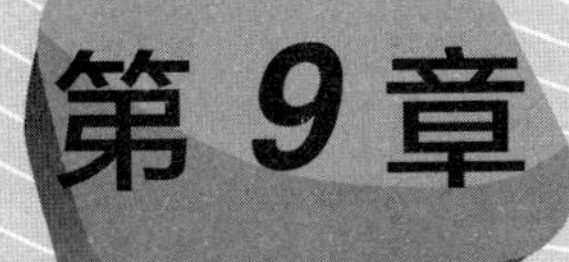

第9章 算法设计基础

“算法”也叫演算法，中文名称源于《周髀算经》，英文名称 Algorithm 则由 9 世纪波斯数学家 Al－Khwarizmi（阿尔·花剌子模）提出。欧几里得算法又称辗转相除法，是人们共认的世界上的第一个算法。本章主要介绍算法的概念及特征、常见的算法设计方法和插入排序算法等计算机中相关算法的基本知识。

9.1 算法的概述

9.1.1 什么是算法

算法（Algorithm）是指对某一问题解决方案的准确而完整的描述。在计算机中，算法可以用一系列解决问题的有序计算机指令代码的组合展现，这也是用系统描述问题解决过程的策略机制。但值得注意的是，算法并不等于计算机程序，计算机程序只不过是算法的一种描述方式。

我们可以把所有的算法想象为一本“菜谱”，在这本菜谱中的每一道菜的制作流程就称为制作这道菜的算法。当需要做一道“番茄炒鸡蛋”时，只要严格按照菜谱的要求来制作这道菜，就可以做出一道好吃的“番茄炒鸡蛋”，对此，菜谱上的“番茄炒鸡蛋”制作流程就是解决做出一道好吃的“番茄炒鸡蛋”这个问题的一个算法。

9.1.2 算法的基本特征及表示方法

1. 算法的基本特征

算法是一个有穷规则的集合，这些规则确定了解决某类问题的一个运算序列。对于该类问题的任何初始输入值，它都能机械地、一步一步地执行计算，经过有限步骤后终止计算，并产生输出结果。因此，一个完整的算法应具备以下基本特征：

1）有穷性

一个算法必须在执行有限个操作步骤后终止。也就是说，算法需要有明确的结束标记或控制条件，并且每一个步骤在可接受的时间内完成。

2）确定性

算法中每一步的含义必须是确切的，不可出现任何二义性。也就是说，在算法中不允许出现诸如“计算 5/0”或“将 6 或 7 与 x 相加”这类运算，因为前者的结果不清楚，后者则对运算的处理不明确。

3）有效性

算法中的每一步操作都应该能有效执行，并在执行有限的步骤后自动结束，而不会出现无限循环或一个不可执行的操作。例如，一个数被 0 除的操作就是无效的，应当避免这种操作。

4）有零个或多个输入

这里的输入是指在算法开始之前所需要的初始数据。这些输入的多少取决于特定的问题。

5）有一个或多个输出

输出是指与输入有某种特定关系的量，在一个完整的算法中至少有一个输出。

2. 算法的表示方法

算法的表示方法是指使用适当的工具把解决整个问题的过程描述出来的方法。常用的算法表示方法有自然语言描述法、流程图描述法和伪代码描述法。

1）自然语言描述法

自然语言描述法是指用日常生活中使用的语言来描述算法的步骤。自然语言通俗易懂，但是在描述上容易出现歧义。此外，用自然语言描述计算机程序中的分支和多重循环等算法，容易出现错误，描述不清。因此，自然语言描述法只在规模较小的算法中应用。

2）流程图描述法

流程图描述法是指采用规定的符号，辅之以简要的文字或数字，以业务流程线加以连接，将某项业务的处理程序和内部控制制度反映出来的方法。流程图主要有直式流程图和横式流程图两种基本方式。

3）伪代码描述法

伪代码描述法是指用介于自然语言和计算机语言之间的文字和符号组成的混合结构来描述算法的方法。它比自然语言更精确，描述出的算法也很简洁，且很容易转换成计算机程序。

9.1.3 算法的复杂度

程序设计是以算法为基础的，但是一个可以完成任务的算法并不一定是好算法。那么，我们应该使用什么方法来分析一个算法的优劣呢？通常，将执行算法时耗费时间的长短和占用内存空间的大小作为衡量算法优劣的标准。

1. 时间复杂度

算法的时间复杂度是指将一个算法转换成程序，并在计算机上运行所花费的时间。算法所用的时间主要包括程序编译时间和运行时间。由于算法编译成功后可以多次运行，因此忽略编译时间，只讨论算法的运行时间。

算法的运行时间依赖于加减乘除等基本运算以及参加运算的数据的大小、计算机硬件、操作环境等。要想准确地计算时间是不可行的，但可以分析影响算法时间最主要的因素——问题的规模，即输入量的多少。同等条件下，问题的规模越大，运行的时间也就越长。例如，求$1+2+3+\cdots+n$的算法，即n个整数的累加求和，这个问题的规模为n。因此，运行算法所需的时间T是问题规模n的函数，记作$T(n)$。

为了客观地反映一个算法的执行时间，通常用算法中基本语句的执行次数来度量算法的工作量。而这种度量时间复杂度的方法得出的不是时间量，而是一种增长趋势的度量，即当问题规模n增大时，$T(n)$也随之变大。换言之，当问题规模充分大时，算法中基本语句的执行次数为在渐进意义下的阶，称为算法的渐进时间复杂度，简称“时间复杂度”，通常用O表示，算法的渐进时间复杂度为$T(n)=O(f(n))$。

对于某些算法，即使问题规模相同，如果输入数据不同，运行时间也不同。因此，想要全面分析一个算法，则需要考虑算法在最好、最坏、平均情况下的时间消耗。由于最好情况出现的概率太小，因此不具代表性，但是当最好情况出现的概率大时，就应该分析最好情况；虽然最坏情况出现的概率也太小，不具代表性，但是分析最坏情况能够让人们知道算法的运行时间最坏能到什么程度，这一点在实时系统中很重要；分析平均情况是比较普遍的（特别是同一个算法要处理不同的输入时），通常假定输入的数据是等概率分布的。

2. 空间复杂度

算法的空间复杂度是指在算法的执行过程中需要的辅助空间数量。辅助空间数量指的不是程序指令、常数、指针等所需要的存储空间，也不是输入数据所占用的存储空间，而是算法临时开辟的存储空间（即内存空间）。然而，对于在实际中一个算法的空间复杂度的衡量，主要考虑的是算法在运行过程中所需要的存储空间的大小。

算法的空间复杂度分析方法与算法的时间复杂度相似，设$S(n)$是算法的空间复杂度，通常可以表示为$S(n)=O(f(n))$。其中，n为问题的规模，$f(n)$为算法中基本操作重复的次数。

9.2 算法设计的基本方法

9.2.1 穷举法

穷举法又称列举法、枚举法，是一种简单而直接地解决问题的方法。其基本思想是：根据题目的部分条件来确定答案的大致范围，并在此范围内对所有可能的情况逐一验证，直到全部情况验证完毕。若某个情况验证符合题目的全部条件，则为本问题的一个解；若全部情况验证后都不符合题目的全部条件，则本题无解。

穷举法的特点是算法设计比较简单，解的可能为有限种，能一一列举问题所涉及的所有情形。穷举法常用于解决“是否存在”或“有多少种可能”等问题。应用穷举法时应注意，对问题所涉及的有限种情形须一一列举，既不能重复，又不能遗漏。重复列举将会直接引发增解，影响解的准确性；而列举的遗漏可能导致问题解的遗漏。

使用穷举法解题的过程，就是按照某种方式列举问题答案的过程。针对问题的数据类型而言，常用的列举方法有以下 3 种：

1）顺序列举

顺序列举是指答案范围内的各种情况很容易与自然数对应（甚至就是自然数），可以按自然数的变化顺序去列举。

2）排列列举

有时，答案的数据形式是一组数的排列。列举出所有答案所在范围内的排列，为排列列举。

3）组合列举

当答案的数据形式为一些元素的组合时，往往需要用组合列举。

9.2.2 归纳法

归纳法是以若干特殊的情况为前提，经过分析，推断出一个一般原理的方法。简而言之，归纳法是把从个别的（或特殊的）事物所做的判断扩大为同类一般事物的判断的思维过程。它比列举法更能反映问题的本质，并能有效地解决列举量为无限的问题，整个归纳的过程就是一个从特殊到一般的过程。

归纳是一种抽象，即从特殊现象中找到一般关系。但由于在归纳的过程中不可能对所有的情况进行举例，因此，最后由归纳得到的结论还只是一种猜测，还需要对这种猜测加以必要的证明。一般情况下，归纳法在实际使用的过程中，主要需要经历对材料进行收集、整理、归纳 3 个阶段。

9.2.3 迭代法

迭代法也称辗转法，是一种不断用变量的旧值递推新值的过程。迭代法是用计算机解决问题的一种基本方法，分为精确迭代和近似迭代两种。

迭代法是用于求方程或方程组近似根的一种常用的算法设计方法。设方程为 $f(x)=0$，用某种数学方法导出等价的形式 $x=g(x)$，然后按以下步骤执行：

第 1 步：选一个方程的近似根，赋给变量 x_0。

第 2 步：将 x_0 的值保存于变量 x_1，然后计算 $g(x_1)$，并将结果存于变量 x_0。

第 3 步：当 x_0 与 x_1 的差的绝对值小于指定的精度要求时，重复第 2 步的计算。

若方程有根，且用上述方法计算出来的近似值序列收敛，则将因此求得的 x_0 就认为是方程的根。

使用迭代法求根时，应注意以下两种可能发生的情况：

(1) 如果方程无解，算法求出的近似根序列就不会收敛，迭代过程会变成死循环，因此在使用迭代算法前，应先分析方程是否有解，并在程序中对迭代的次数给予限制。

(2) 方程虽然有解，但迭代公式选择不当，或迭代的初始近似根选择不合理，也会导致迭代失败。

9.2.4 递归法

递归是设计和描述算法的一种有力的工具，它在复杂算法的描述中被经常采用，可以降低问题的复杂度。一般来说，若一个对象部分地由自己组成或用自己来定义，则可称之为递归。在递归的定义中，至少需要有一条是非递归的，以此作为递归的终止条件。

采用递归方法解决问题时，必须满足以下 3 个条件：

(1) 可把一个问题转化为一个新问题，而这个新问题的解决方法仍与原问题的解决方法相同。

(2) 问题可以通过转化递推过程得到解决。

(3) 在问题中必须有一个明确的结束递归的条件，否则递归会无止境地进行下去。

递归算法的执行过程分递推和回归两个阶段。在递推阶段，把较复杂的问题（规模为 n）的求解推导为比原问题较小（规模小于 n）的求解。在回归阶段，当获得最简单情况解后，逐级返回，依次得到稍微复杂问题的解。

例如，在斐波那契数列中，就可以通过递归计算其第 n 项的值。在该数列中已知 $f(0)=0$；$f(1)=1$，就是递归的截止条件，用 C 语言来描述求斐波那契数列中第 n 项的递归算法如下：

```
int Fib(int n)                                    //n 代表所求的第 n 项
  {
    if(n==0)return(0);
    if(n==1)return(1);
    if(n>1) return(Fib(n-1)+Fib(n-2));           //递归调用部分
  }
```

递归算法的执行效率相对较低，但是它的可读性较高，按调用方式可分为直接递归和间接递归两种。

9.2.5 分治法

分治法是把一个规模为 N 的问题分成两个或两个以上较小的与原问题类型相同的子问题，通过对子问题的求解，并把子问题的解合并起来从而构造出整个问题的解，即对问题各个击破、分而治之的策略。如果子问题的规模仍然相当大，仍不足以很容易地求解，这时可以对这些子问题重复地应用分治策略。

在使用分治法处理问题时，对子问题的处理过程与对原问题的处理过程是相同的，所以，分治法所能解决的问题一般都具备以下特征：

(1) 当问题的规模缩小到一定的程度就可以轻松容易地被解决。

(2) 原问题可以分解为若干个规模较小的相同问题。

(3) 利用原问题分解出的子问题的解，可以合并为原问题。

(4) 从原问题中分解出的各个子问题是相互独立的，即子问题之间不包含公共子问题。

9.2.6 回溯法

回溯法也称为试探法，该方法首先暂时放弃关于问题规模大小的限制，并将问题的候选解按某种顺序逐一枚举和检验，当发现当前候选解不可能是解时，就选择下一个候选解继续检验；若当前候选解除了还不满足问题规模要求外，满足所有其他要求，就扩大当前候选解的规模，并继续检验；若当前候选解满足包括问题规模在内的所有要求，则该候选解就是问题的一个解。在回溯法中，放弃当前候选解，寻找下一个候选解的过程称为回溯，扩大当前候选解的规模，以继续检验试探的过程叫向前试探，满足回溯条件的某个状态的点称为回溯点。

回溯法主要应用于那些只要求找到一组解，或要求找到一个满足某些条件的最优解的问题。它的基本思想是：从一条路往前走，能进则进，不能进则退回来，换一条路再试，直到探索出一条可行的路为止。

9.2.7 贪心法

贪心法是一种不追求最优解，只希望得到较为满意解的方法。贪心法一般可以快速得到满意的解，因为它省去了为找最优解要穷尽所有可能而必须耗费的大量时间。贪心法常以当前情况为基础作最优选择，而不考虑各种可能的整体情况，所以贪心法不需要回溯，只要求局部最优，整体不一定是最优。

贪心选择是贪心法在实施过程中用于在每一步选择局部最优解的选择方法。贪心选择采用从顶向下、以迭代的方法做出相继选择，每做一次贪心选择，就将所求问题简化为一个规模更小的子问题。对于一个具体问题，要确定它是否具有贪心选择的性质，就必须证明每一步所做的贪心选择最终能得到问题的最优解。

9.2.8 动态规划法

动态规划法是解决多阶段决策过程最优化问题的一种常用方法，难度比较大，技巧性也很强。动态规划法是指在构造整个最优解的过程中，采用自底向上的策略，在某一步选择时，通过从以前求出的若干个与本步骤相关的子问题最优解中选择最好的那个，并加上这一步的值来构造到这一步时整个问题的最优解。利用动态规划算法，就可以优雅而高效地解决很多贪心算法或分治算法不能解决的问题。

动态规划的基本思想是：将待求解的问题分解成若干个相互联系的可重复的子问题，先求解子问题，然后从这些子问题的解得到原问题的解。对于重复出现的子问题，只在第一次遇到的时候对它进行求解，并把答案保存起来，让以后再次遇到时直接引用答案，不必重新求解。

动态规划法将问题的解决方案视为一序列决策的结果。与贪心法不同，在贪心法中，每次只选择解决当前子问题的最优解来作为最终解的一部分；而在动态规划算法中，在每次选择当前子问题的最优解时，还要考察最终解与当前解是否具有构造最优解的结构性质。

9.3 查找算法

9.3.1 查找算法的概念

查找也称为检索，它是事件或数据处理中经常使用的一种重要运算。广义地说，查找算法指的是在一个固定的个体域内，寻找符合某种条件要求的个体的具体实施过程和方法。

在日常生活中，查找某人的地址、电话号码，查某个事件，查某个数据等，都属于查找。在计算机应用中，查找是常用的基本运算，通常用于在大量的信息中寻找一个特定的信息数据元素。查找运算在计算机中的使用频率很高，几乎涉及每一个计算机程序，因此，我们把在计算机中查找某个数据的具体实现方法称为查找算法。在计算机应用中，根据不同的数据结构，查找算法主要包括分为顺序查找算法、二分查找算法和分块查找算法。

9.3.2 顺序查找算法

顺序查找又称为线性查找，是一种最简单直观、最基本的查找算法。其基本查找思想为：从给定数据集合中的第一个元素开始，把数据集合中的元素按顺序逐个与给定的需要查找的关键值（Key）进行比较。若某个数据集合中的元素与给定的 Key 值相符，则查找成功，返回数据集合中该值的位置；反之，若比较完数据集合中所有的元素，也找不到与 Key 值相等的元素，则查找不成功。

顺序查找算法适用于数据结构中线性表的顺序存储结构，也适用于线性表的链式存储结构。它的优点在于算法简单明了，对表的结构无任何要求，对表内数据的顺序也无要求；缺点在于查找效率低（特别是当表中元素个数 n 很大时），不宜采用顺序查找。

从查找的性能来看，若待查找线性表中共有 n 个元素，则查找成功时，最少比较次数为 1 次，最多比较次数为 n 次；查找失败时，比较次数为 $n+1$ 次。虽然顺序查找算法的查找效率不高，但以下两种情况只能使用顺序查找：

（1）如果线性表中各数据元素排列是无序的，则不管数据元素是顺序存储还是链式存储结构，都只能使用顺序查找。

（2）如果线性表中各数据元素是链式的有序存储结构，则只能使用顺序查找。

例如，设有数组 $D[n]=\{5,10,18,22,27,32,41,51,68,73,99\}$，$n=11$，数组中共有 11 个元素，使用顺序查找算法查找 22 和 77 两个 Key 的过程如下：

D[1]	D[2]	D[3]	D[4]	D[5]	D[6]	D[7]	D[8]	D[9]	D[10]	D[11]	D[12]
5	10	18	22	27	32	41	51	68	73	99	

当输入查找的 Key = 22 时，将从数组 D[n] 的第 1 个元素 D[1] 开始比较，依次判断各元素的值是否与 Key 的值相等，当比较到 D[4] 时，D[4] 中对应的元素与 Key 中的值相等，则表示查找成功，返回 D[4] 元素在数组中的位置 4，共比较了 4 次。

当输入查找的 Key = 77 时，也将从数组 D[n] 的第 1 个元素 D[1] 开始比较，依次判断各元素的值是否与 Key 的值相等，当比较到 D[12] 时，D[12] 的值为空，判断数组 D 中所有的元素都已经比较完成，但没有找到与 Key 相等的元素，则表示查找不成功，共比较了 12 次，即 $n+1$ 次。

9.3.3 二分查找算法

二分查找又称折半查找，是一种效率较高的查找算法。其基本思想为：从给定数据集合中的中间元素开始，如果中间元素正好是要查找的关键元素 Key，则查找成功，返回该中间元素在数据集合中的位置，整个查找过程结束；如果关键元素 Key 大于或者小于中间元素，则在给定数据集合中的大于或小于中间元素的那一半中查找，而且跟开始一样从中间元素开始比较，如果折半到最后，所查找的区域无关键元素 Key，则查找不成功。这种查找算法每一次比较都使搜索范围缩小一半，比较次数也减少了一半，从而大大提高查找效率。

二分查找算法只适用于数据结构中顺序存储的线性表，且线性表为有序的（升序或降序都可以，同时允许相邻元素值相等）。它的优点在于，查找效率非常高，特别是当表中元素个数 n 很大时，能大大降低查找的时间复杂度。缺点在于，只有顺序存储的有序线性表才可以使用二分查找算法。

在使用二分查找算法时，需要设置一个上界指示器 high、一个下界指示器 low 和一个中间记录指示器 mid。假设在一个有序的顺序存储数组 D[n] 中，使用二分查找算法查找关键元素 Key，其过程如下：

（1）设置初值，low = 1；high = n；mid = $\lfloor (low + high)/2 \rfloor$[①]；

（2）若 low > high，则查找不成功。

（3）若 low < high，则中间记录 mid = $\lfloor (low + high)/2 \rfloor$。分以下 3 种情况：

① 若 Key < D[mid]，high = mid − 1；在前半区间继续查找。

② 若 Key > D[mid]，low = mid + 1；在后半区间继续查找。

③ 若 Key = D[mid]；则查找成功，返回该中间元素在数组 D 中的位置。

例如，设有数组 D[n] = {5,10,18,22,27,32,41,51,68,73,99}，n = 11，数组中共有 11 个元素，使用二分查找算法查找 22 和 77 两个 KEY 的过程如图 9.3.1 和图 9.3.2 所示。

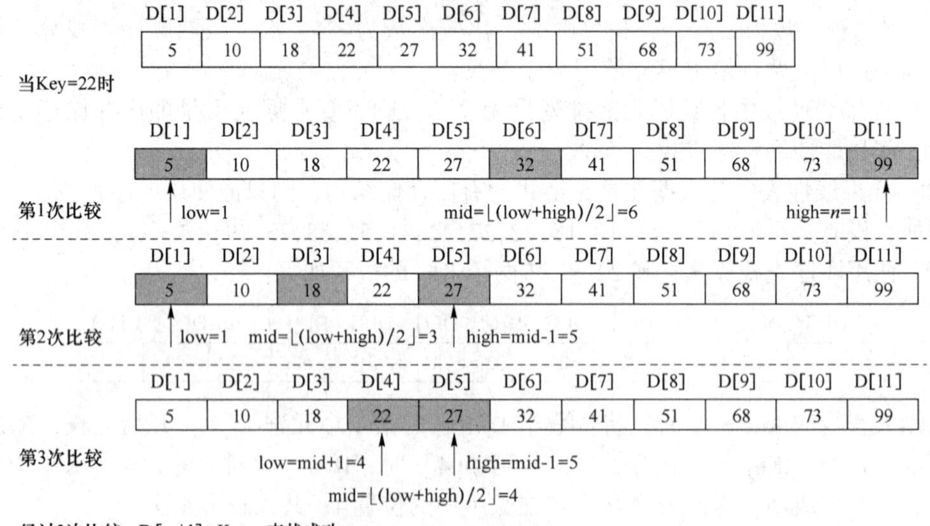

图 9.3.1 Key = 22 时二分查找算法示例

① $\lfloor (low + high)/2 \rfloor$表示对(low + high)/2 的值向下取整。

当Key=77时

D[1]	D[2]	D[3]	D[4]	D[5]	D[6]	D[7]	D[8]	D[9]	D[10]	D[11]
5	10	18	22	27	32	41	51	68	73	99

第1次比较　low=1　mid=⌊(low+high)/2⌋=6　high=*n*=11

D[1]	D[2]	D[3]	D[4]	D[5]	D[6]	D[7]	D[8]	D[9]	D[10]	D[11]
5	10	18	22	27	32	41	51	68	73	99

第2次比较　low=mid+1=7　mid=⌊(low+high)/2⌋=9　high=11

D[1]	D[2]	D[3]	D[4]	D[5]	D[6]	D[7]	D[8]	D[9]	D[10]	D[11]
5	10	18	22	27	32	41	51	68	73	99

第3次比较　mid=⌊(low+high)/2⌋=10　low=mid+1=10　high=11

D[1]	D[2]	D[3]	D[4]	D[5]	D[6]	D[7]	D[8]	D[9]	D[10]	D[11]
5	10	18	22	27	32	41	51	68	73	99

第4次比较　mid=⌊(low+high)/2⌋=11　low=mid+1=11　high=11

D[1]	D[2]	D[3]	D[4]	D[5]	D[6]	D[7]	D[8]	D[9]	D[10]	D[11]
5	10	18	22	27	32	41	51	68	73	99

第5次比较　low=11　high=mid-1=10

经过5次比较，low>high，查找不成功。

图 9.3.2　Key = 77 时二分查找算法示例

9.3.4　分块查找算法

分块查找是折半查找和顺序查找的一种改进算法，折半查找虽然具有很高的查找性能，但其前提条件是线性表顺序存储而且有序，这一前提条件在集合元素很多和集合内各元素动态变化时是难以满足查找需求的。而顺序查找可以解决表元素动态变化的要求，但查找效率很低。如果既要保持对线性表的查找具有较快的速度，又要能够满足表元素动态变化的要求，则可采用分块查找算法。

分块查找算法的速度虽然不如折半查找算法，但比顺序查找算法快得多，同时又不需要对全部节点进行排序。当节点很多且块数很大时，对索引表可以采用折半查找，这样能够进一步提高查找的速度。

由于分块查找算法只要求索引表是有序的，对块内节点没有排序要求，因此特别适合于节点动态变化的情况。当增加或减少节以及节点的关键码改变时，只需将该节点调整到所在的块即可。在空间复杂性上，分块查找的主要代价是增加了一个辅助数组。

分块查找算法的主要思想是：把一个大的线性表分解成若干块，每块中的元素可以任意存放，但块与块之间必须排序。此外，还要建立一个索引表，把每块中的最大关键码值作为索引表的关键码值，按块的顺序存放到一个辅助数组中，按关键码值非递减排序。查找时，首先在索引表中进行查找，确定要找的元素所在的块。由于索引表是有序的，因此，对索引表的查找可以采用顺序查找算法或二分查找算法；然后，在相应的块中采用顺序查找算法，即可找到对应的元素。

例如，设有数组 D[*n*] = {5,10,18,22,27,32,41,51,68,73,99}，*n* = 11，数组中共有 11 个元素，使用分块查找算法按关键码 22、51、99 分为 3 块建立的查找表和索引表如下图 9.3.3 所示。

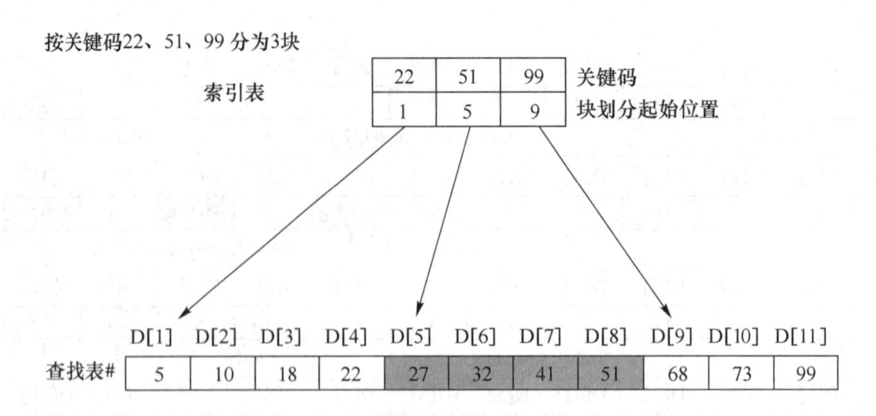

图 9.3.3　分块查找算法示例

9.4　排序算法

9.4.1　排序算法的概念

排序是计算机内经常进行的一种操作，其目的是将一组“无序”的记录序列调整为“有序”的记录序列。排序分为分内部排序和外部排序。若整个排序过程不需要访问外存便能完成，则称此类排序为内部排序；反之，若参加排序的记录数量很大，整个序列的排序过程不可能在内存中完成，则将此类排序称为外部排序。

在计算机中，排序算法是指把一个字符序列，以其中的某个或某些关键字为基础，递增（或递减）地排列起来，形成一个新的字符序列的操作过程和方法。简单来说，排序算法就是使记录按照要求进行排列的方法。常见的排序算法有选择排序算法、插入排序算法、交换排序算法、归并排序算法等。在此介绍的排序算法都是基于顺序存储的线性表来进行的，在程序设计中以一维数组来实现。

9.4.2　选择排序算法

选择排序（Selection Sort）是一种简单直观的排序算法。它的基本方法是每一次从待排序的数据元素中，按数据元素的递增（或递减）顺序选择出最小（或最大）的一个元素，顺序存放在序列的起始位置，直到全部待排序的数据元素排完，所有元素都放入了有序区为止。常见的选择排序算法有简单选择排序和堆排序两种。

1. 简单选择排序

简单选择排序也称为直接排序。其基本思想：首先将所有数据元素区当作无序区，扫描整个数据元素区域，并根据排序要求选出最小（最大）的那个元素，将之交换到数据元素区的最前面，形成有序区域；然后将剩余的数据元素当作无序区域，重复上述过程，直到所有的记录都排好序为止。在最坏情况下，简单选择排序需要比较 $n(n-1)/2$ 次。

例如，设有数组 D[n] = {49,38,65,97,49,13,27,76}，n = 8，数组中共有 8 个元素，以递增方式使用简单选择排序算法的排序过程如图 9.4.1 所示。

	D[1]	D[2]	D[3]	D[4]	D[5]	D[6]	D[7]	D[8]	
待排序序列	49	38	65	97	49	13	27	76	
第1趟选择	13	38	65	97	49	49	27	76	交换49和13
第2趟选择	13	27	65	97	49	49	38	76	交换38和27
第3趟选择	13	27	38	97	49	49	65	76	交换65和38
第4趟选择	13	27	38	49	97	49	65	76	交换97和49
第5趟选择	13	27	38	49	49	97	65	76	交换97和49
第6趟选择	13	27	38	49	49	65	97	76	交换97和65
第7趟选择	13	27	38	49	49	65	76	97	交换97和76
第8趟选择	13	27	38	49	49	65	76	97	排序完成

图 9.4.1 简单选择排序示例

2. 堆排序

堆排序作为选择排序的改进版，可以保存每一趟元素的比较结果，以便在选择最小（最大）元素时对已经比较过的元素做出相应的调整。堆排序算法是一种树形选择排序算法，在排序过程中可以把元素看成是一棵完全二叉树，这棵完全二叉树的每个根节点都小于（大于）它的两个子节点，这样就形成了堆的树结构。当堆中每一个根节点都大于等于它的两个子节点时，称该堆为大根堆；当每一个根节点都小于等于它的两个子节点时，称该堆为小根堆；如果需要进行递增的堆排序，则需要构建大根堆来实现；反之，如果需要进行递减的堆排序，则需要构建小根堆来实现。

堆排序算法的基本方法：首先，将待排序数据元素根据排序的递增（或递减）要求构建成相对应的大根堆（或小根堆）；然后，将堆顶元素与堆中最后一个元素交换；最后，将剩余的 $n-1$ 个元素调整成为对应的大根堆（或小根堆），重复上述过程，直到所有的记录都排好序为止。在最坏情况下，堆排序需要比较 $n\log_2 n$ 次。

例如，设有数组 D[n] = {49,38,65,97,49,13,27,76}，n 等于 8，数组中共有 8 个元素，以递增方式使用堆排序算法的排序过程如图 9.4.2、图 9.4.3、图 9.4.4 所示。

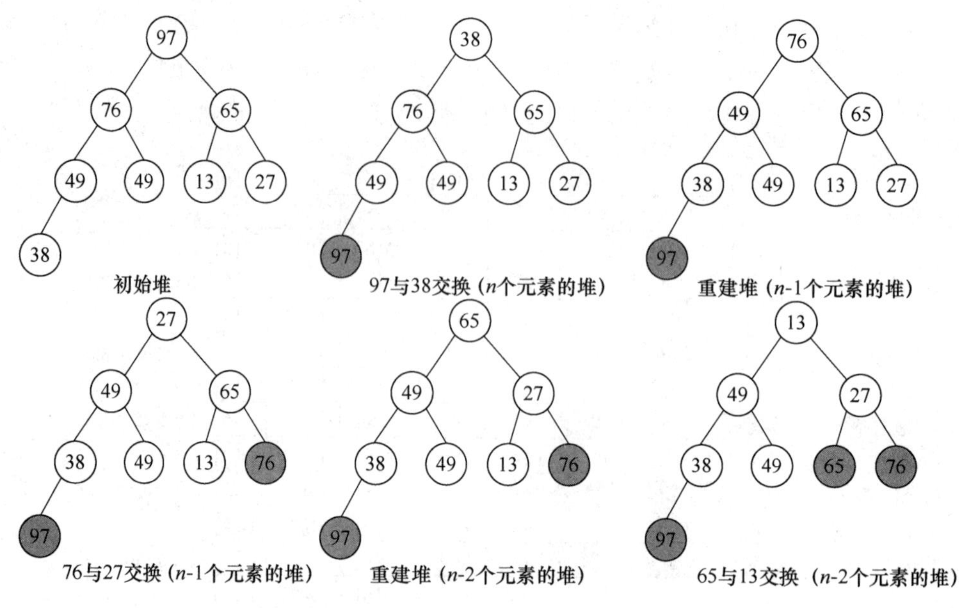

图 9.4.2　堆排序算法示例（1）

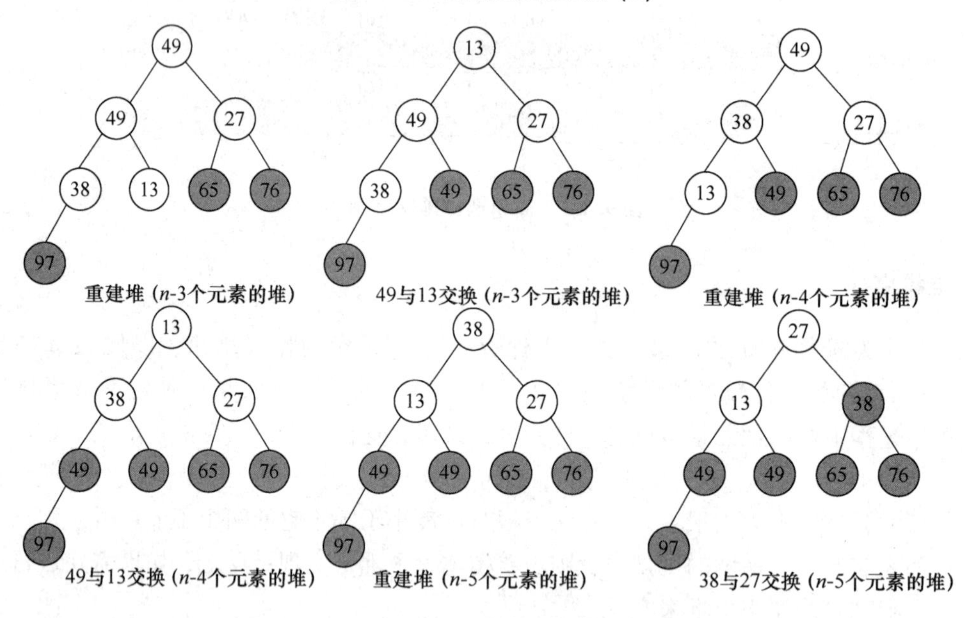

图 9.4.3　堆排序算法示例（2）

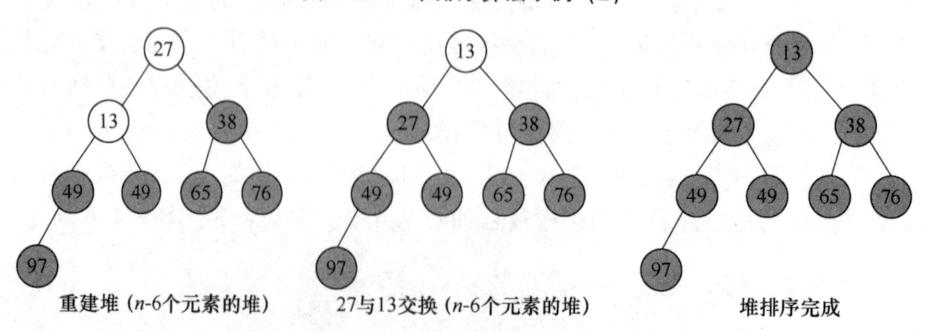

图 9.4.4　堆排序算法示例（3）

9.4.3 插入排序算法

插入排序（Insertion Sort）是一种经常使用的排序算法。它的基本方法是每一次将从待排序的数据元素中的一个元素，按数据元素的递增（或递减）要求插入前面已经排好序的数据序列中的适当位置，并继续保持数据序列有序，直到全部待排序的数据元素插完，所有元素都放入了有序区为止。常见的插入排序算法有简单插入排序和希尔排序两种。

1. 简单插入排序

简单插入排序也称为直接插入排序。基本思想：把 n 个待排序的数据元素划分为前后两个区间，前面一个区间为已经按排序要求递增（或递减）排好序的有序区间，后一个区间为待排序的数据区间。开始时，前一个有序区间中只包含一个元素，后一个无序区间中包含 $n-1$ 个元素，排序过程中，每次从无序区间取出第一个元素，把它依次与有序区间中元素进行比较，并将它插入有序区间中的适当位置，使之成为新的有序区间中的元素。重复上述过程，直到所有无序区间中的待排序元素插入有序区间中后为止。在最坏的情况下，简单插入排序需要比较 $n(n-1)/2$ 次。

例如，设有数组 D[n] = {49,38,65,97,49,13,27,76}，$n=8$，数组中共有 8 个元素，以递增方式使用简单插入排序算法的排序过程如下图 9.4.5 所示。

	D[1]	D[2]	D[3]	D[4]	D[5]	D[6]	D[7]	D[8]	
待排序序列	49	38	65	97	49	13	27	76	49为有序区间
第1趟插入	38	49	65	97	49	13	27	76	插入38
第2趟插入	38	49	65	97	49	13	27	76	插入65
第3趟插入	38	49	65	97	49	13	27	76	插入97
第4趟插入	38	49	49	65	97	13	27	76	插入49
第5趟插入	13	38	49	49	65	97	27	76	插入13
第6趟插入	13	27	38	49	49	65	97	76	插入27
第7趟插入	13	27	38	49	49	65	76	97	插入76，排序完成

图 9.4.5 简单插入排序示例

2. 希尔排序

希尔排序（Shell's Sort）是插入排序的一种，又称“缩小增量排序”（Diminishing Increment Sort），是直接插入排序算法的一种更高效的改进版本。希尔排序是非稳定排序算法。该方法因 D. L. Shell 于 1959 年提出而得名。

基本思想：首先把待排序的数据元素按下标的一定增量分组，然后对每一个分组使用简单插入排序算法排序。随着增量逐渐减少，每一组的数据元素间隔越来越短，当增量减至1时，整个数据元素序列恰好被两两分成一组，这时候再进行最后一次插入排序，整个排序完成。其中，分组增量由公式 $h_i = n/2^i(i = 1,2,\cdots,[\log_2 n])$ 确定，h_i为第 i 组分组增量，n 为待排序数据元素的个数，在最坏的情况下，希尔排序需要比较 $O(n^{1.5})$ 次。

例如，设有数组 D[n] = {49,38,65,97,49,13,27,76},n = 8，数组中共有8个元素，以递增方式使用希尔排序算法的排序过程如图9.4.6所示。

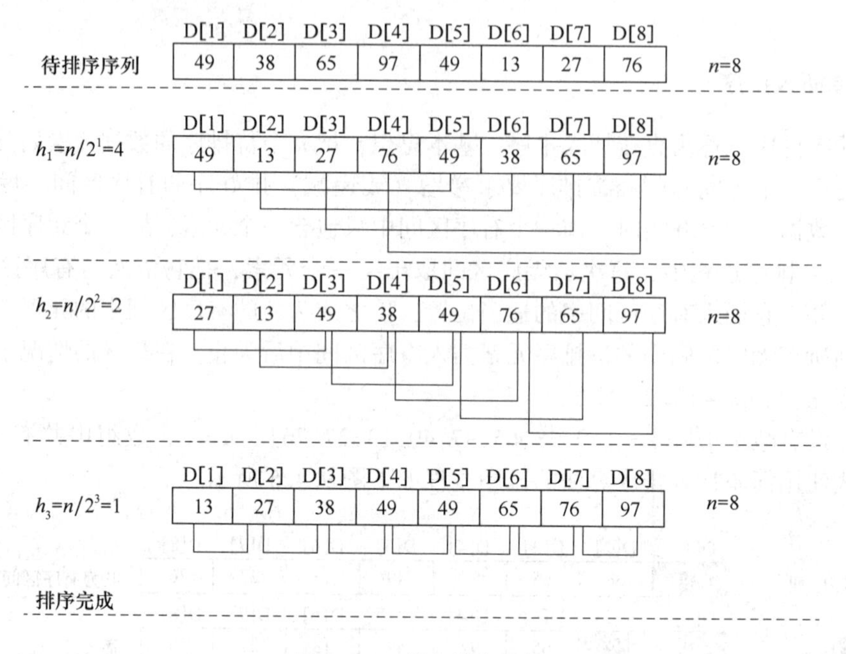

图9.4.6　希尔排序示例

9.4.4　交换排序算法

交换排序（Swap Sort）是一种借助数据元素之间的相互交换的方式进行排序的排序算法。它的基本方法是两两比较待排序数据序列的元素，按数据元素的递增（或递减）要求来交换不满足顺序的偶对，直到全部待排序的数据元素都满足数据要求为止。常见的交换排序算法有冒泡排序和快速排序两种。

1. 冒泡排序

冒泡排序（Bubble Sort）是一种计算机科学领域的比较简单的排序算法，包括从左往右冒泡和从右往左冒泡两种冒泡方式。

基本思想：在确定冒泡方式后，先将待排序数据序列中的第1个元素与第2个元素进行比较，若前者大于（或小于）后者，则两个元素交换位置，否则不交换；然后，对新的第2个元素与第3个元素作同样处理，依次类推，直到处理完第 $n-1$ 个元素和第 n 个元素，这样就完成了一次冒泡，并在 n 个待排序数据元素中找到了一个最大（或最小）值，放在整个序列的第 n 位置（或第1位置）。此后，再对剩余的 $n-1$ 个待排序数据元素进行同样处理，依此类推，最多完成 $n-1$ 次冒泡后，整个排序完成。最坏的情况下，冒泡排序需要比较 $n(n-1)/2$ 次。

例如，设有数组 D[n] = {49,38,65,97,49,13,27,76}，$n=8$，数组中共有 8 个元素，以递增方式使用冒泡排序算法采用从左到右冒泡方式的排序过程如图 9.4.7 所示：

	D[1]	D[2]	D[3]	D[4]	D[5]	D[6]	D[7]	D[8]	
待排序序列	49	38	65	97	49	13	27	76	n=8
第1趟冒泡	38	49	65	49	13	27	76	97	找到最大值97
第2趟冒泡	38	49	49	13	27	65	76	97	找到最大值76
第3趟冒泡	38	49	13	27	49	65	76	97	找到最大值65
第4趟冒泡	38	13	27	49	49	65	76	97	找到最大值49
第5趟冒泡	13	27	38	49	49	65	76	97	找到最大值49
第6趟冒泡	13	27	38	49	49	65	76	97	找到最大值38
第7趟冒泡	13	27	38	49	49	65	76	97	找到最大值27 完成排序

图 9.4.7　冒泡排序示例

2. 快速排序

快速排序（Quicksort）又称分区交换排序，也是一种交换类排序算法，它比冒泡排序速度快，是对冒泡排序的一种改进。

基本思想：在待排序数据序列中任取某个元素作为基准（一般取第一个元素），根据递增（或递减）的排序要求，把待排序数据序列中所有小于（或大于）该元素的数据元素移到其左边，所有大于（或小于）该元素的数据元素移到其右边，该基准元素恰好就在排序后序列的正确位置上，并把原数据序列分成了两个子序列，这样就完成了一趟快速排序。此后，对两个子序列分别重复上述过程，如此往复，直到所有数据元素都排好序为止。最坏的情况下，快速排序需要比较 $n(n-1)/2$ 次。

例如，设有数组 D[n] = {49,38,65,97,49,13,27,76}，$n=8$，数组中共有 8 个元素，以递增方式使用快速排序算法完成第 1 趟排序的过程如图 9.4.8 所示。

9.4.5　归并排序算法

归并排序（Merge - Sort）是建立在归并操作上的一种有效的排序算法，该算法是分治法的一个非常典型的应用。

基本思想：将待排序数据元素序列分成若干子序列，先将每一个子序列中的数据元素顺序排好，然后合并这些子序列，最终得到排好序的整个数据元素序列。它包括二路归并、三路归并和多路归并等归并算法，在此只讨论二路归并排序算法。

	D[1]	D[2]	D[3]	D[4]	D[5]	D[6]	D[7]	D[8]	
待排序序列	49	38	65	97	49	13	27	76	基准元素49
第1次交换	27	38	65	97	49	13	49	76	交换49与27
第2次交换	27	38	49	97	49	13	65	76	交换49与65
第3次交换	27	38	13	97	49	49	65	76	交换49与13
第4次交换	27	38	13	49	49	97	65	76	交换49与97
第1趟排序结果	27	38	13	49	49	97	65	76	第一趟排序完成

图 9.4.8　快速排序示例

基本思想：在包括 n 个待排序数据元素序列中，先将每两个元素归并为一个子序列，得到 $n/2$ 个排好序的子序列，每个子序列包括两个元素；再将得到的 $n/2$ 个子序列中两两归并为一个新的子序列；如此反复，直到最后归并为一个序列后，整个排序过程结束。最坏的情况下，归并排序需要比较 $n\log_2 n$ 次。

例如，设有数组 $D[n]=\{49,38,65,97,49,13,27,76\}$，$n=8$，数组中共有 8 个元素，以递增方式使用归并排序算法完成排序的过程如图 9.4.9 所示。

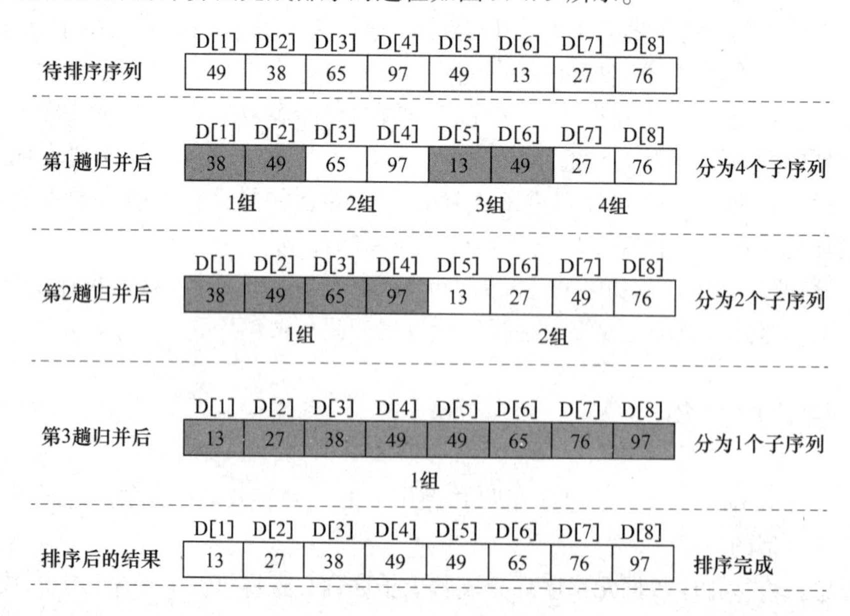

图 9.4.9　归并排序

思考题

1. 算法的基本概念及特征是什么?
2. 算法的表示方法有哪些?
3. 算法设计的基本方法有哪几种?
4. 查找算法有哪两种? 各有什么特点?
5. 排序算法有哪几种?

第 10 章 程序设计基础

程序是计算机与人类沟通的工具，程序设计则是人类对计算机表达诉求一种方法，因此，在现今智能化的社会大背景下，我们每一个人都需要对程序设计方法、过程有一个基础的了解。本章主要介绍程序设计的基本概念、思想及原则等计算机程序设计的基本知识。

10.1 程序设计的概念、方法及风格

1. 程序设计的概念

程序设计是指把现实世界的解决问题的方法转换成能够在计算机上实现的一系列程序代码符号的过程，它是整个软件工程活动中不可缺少的组成部分。程序设计的具体实现需要以某种程序设计语言为工具，编制出用这种语言解决具体问题的程序代码。

2. 程序设计的方法

在程序设计不断发展的过程中，人们从结构上把程序设计划分成结构化程序设计与非结构化程序设计两种。结构化程序设计是指面向过程的具有结构性的程序设计方法与过程。它具有由基本结构构成复杂结构的层次性，能够让整个程序设计的过程清楚明确；反之，非结构化程序设计是指现在流行的面向对象的程序设计方法和过程，它以对象为基础，使程序的设计过程更符合人类的思维过程。

3. 程序设计的风格

程序设计的风格是指人们编写程序时所表现出来的特点、习惯逻辑思路等。在程序设计中，想要让设计出的程序结构合理、清晰，就必须形成良好的编程习惯。对程序的要求不仅是能在计算机上执行，得出正确的结果，而且要便于程序的调试和维护。换句话说，就是要求编写出来的程序不仅程序员自己看得懂，而且其他程序员也能够看懂。因此，在程序设计

过程中应做到以下5个方面：

(1) 在对源程序文档化时，所用到的标识符应按意取名，并在程序中进行注释。注释分为置于每个模块前的序言性注释和嵌入在源程序内部的功能性注释两种，均使用自然语言或伪代码描述。

(2) 对程序中的数据进行定义说明时，应规范有序，对于复杂数据说明则应加注释。

(3) 程序语句应简单直接，不要一行多条语句。不同层次的语句宜采用缩进形式，使程序的逻辑结构和功能特征更加清晰。尽量避免使用复杂的判定条件及多重的循环嵌套。

(4) 在程序输入、输出时，输入和输出的方式和格式应尽可能方便用户使用，格式尽量简单。输入时，应有必要的合法性、有效性检测，有数据（或文件）结束标志控制和下拉选择、输入提示等人性化设计；输出时，要清楚明确，按标准格式或用户要求的格式输出。

(5) 选择良好的设计方法和数据结构算法来提高程序的效率。

10.2 程序设计语言的分类

语言的本质是一组添加了规则的标记符，根据规则由标记符组合成的标记符串代表了一定的意义，这就是语言。程序设计语言是用于书写计算机程序的语言。在程序设计语言中，那些标记符串（代码）就叫作程序。

程序设计语言由3部分构成，即语法、语义和语用。语法用于表示程序的结构或形式，即表示构成语言的各个标记符之间的组合规律，但不涉及这些标记符的特定含义，也不涉及使用者；语义用于表示程序的含义，即表示按照各种组合方式所表示的各个标记符串的特定含义，但不涉及使用者；语用用于表示程序的正确表达和书写，即表示能够使用正确的语法、语义来形成准确的程序设计语言。

随着计算机技术的发展，程序设计语言逐步得到完善。在这个发展过程中，程序设计语言经历了从机器语言、汇编语言到高级语言的发展。

1. 机器语言

机器语言是指由“0”“1”二进制代码按一定规则组成的、能被计算机直接理解、执行的指令集合。由于其复杂难懂，现已基本不使用。

例如，计算 A = 15 + 10 的机器语言程序如下：

```
10110000 00001111          //把15放入累加器A
00101100 00001010          //10与累加器A的值相加,结果仍放入A
11110100                   //结束,停机
```

优点：占用内存小，能被计算机直接识别，程序执行效率高。

缺点：编程工作量大，学习困难，可读性差，通用性差。

2. 汇编语言

汇编语言是指使用一些规定的助记符来代替机器语言中计算机指令后形成的符号语言。它是一种面向机器的程序设计语言，简化了初期机器语言，增强了程序设计语言的可读性。

使用汇编语言编写的程序，机器不能直接识别，需要用汇编程序将汇编语言翻译成机器语言后，机器才能识别。通常，将汇编语言翻译成机器语言的过程称为汇编。现在，汇编语言被广泛应用于嵌入式编程。

例如，计算 A=15+10 的汇编语言程序如下：

```
MOV A,15            //把15放入累加器A
ADD A,10            //10与累加器A相加,结果存入A
HLT                 //结束,停机
```

优点：占用内存小，具有了一定可读性，程序执行效率高。

缺点：开发效率低，学习困难，依赖机器，通用性差。

3. 高级语言

高级语言是指按照一定的语法规则，使用接近人类的自然语言和数学语言的程序设计语言，表达各种意义的运算对象和运算方法所组合成的一系列符号串。用高级语言编写的程序称为源程序，源程序不能被计算机直接识别，需要经过语言处理程序翻译后才能在计算机上执行。语言处理程序包括编译程序和解释程序两种。高级语言是现在被广泛使用的程序设计语言。

例如，计算 A=15+10 的 BASIC 语言程序如下：

```
A=15+10             //15与10相加的结果放入A
PRINT A             //输出A
END                 //程序结束
```

优点：编程相对简单，程序直观，容易理解，通用性强。

缺点：需要翻译后才能被计算机识别，执行效率低，代码冗余。

10.3 面向过程的结构化程序设计方法

结构化程序设计概念最早是由被西方学术界称为“结构程序设计之父”的埃德斯加·狄克斯特拉（Edsger Wybe Dijkstra）在 1965 年提出的，是软件发展的一个重要里程碑。它的主要观点是：在采用自顶向下、逐步求精及模块化的程序设计方法的前提下，使用顺序、分支、重复 3 种基本控制结构来构造出简单易读、结构良好的程序。

10.3.1 结构化程序设计的基本思想

结构化程序设计的基本思想是：采用“自顶向下、逐步求精”的程序设计方法，“单入口、单出口”的模块控制结构。自顶向下、逐步求精的程序设计方法从问题本身开始，经过逐步细化，将解决问题的步骤分解为由基本程序结构模块组成的结构化程序框图；单入口、单出口的思想认为，一个复杂的程序，如果它仅由顺序、选择和循环 3 种基本程序结构通过组合、嵌套构成，那么这个新构造的程序一定是一个单入口、单出口的程序。

10.3.2 结构化程序设计的基本原则

1. 结构化程序设计的基本结构

1966 年，Bohm 和 Jacopini 证明了只用 3 种基本控制结构就能实现任何单入口单出口的程序，这 3 种结构就是现在结构化程序设计的基本结构：顺序结构、分支结构、重复结构。

1）顺序结构

顺序结构是一种最简单的程序设计结构，也是最基本、最常用的程序结构。在顺序结构程序中，各操作是按照它们出现的先后顺序执行的，也就是按照程序语句行的自然顺序，一条语句接着下一条语句地执行。顺序结构的宏观结构示意见图 10.3.1。

2）分支结构

分支结构又称选择结构，表示程序的处理步骤中出现了分支，它需要根据设定的条件，判断应该选择其中的哪一个分支来执行相应的语句序列。分支结构包含单分支、双分支和多分支 3 种形式。分支结构的双分支选择结构示意见图 10.3.2。

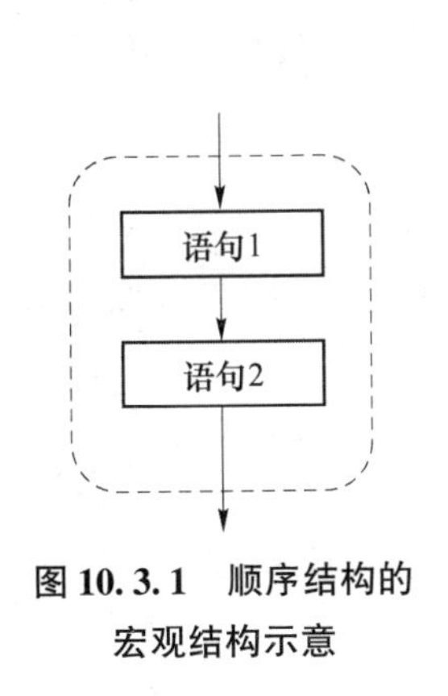

图 10.3.1 顺序结构的宏观结构示意

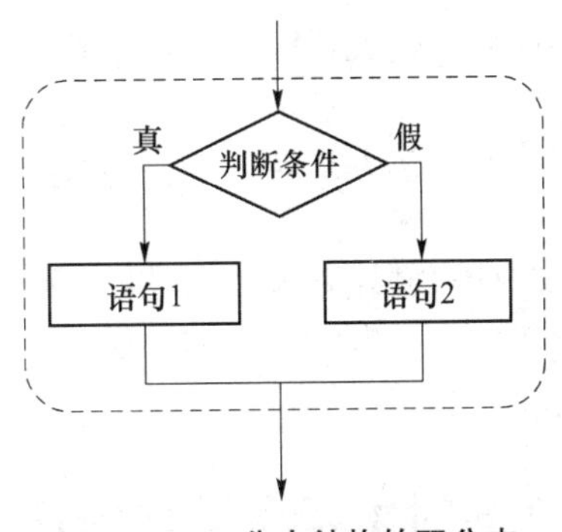

图 10.3.2 分支结构的双分支选择结构示意

3）重复结构

重复结构又称循环结构，表示程序反复执行某条（或某些）程序语句，直到某条件为假（或为真）时才终止循环，利用这种结构可大大简化程序语句。在程序设计语言中，重复结构对应两种循环方式。其中，将先判断循环条件后执行循环体的方式称为当型循环结构，如图 10.3.3 所示；将先执行循环体后判断循环条件的方式称为直到型循环结构，如图 10.3.4 所示。

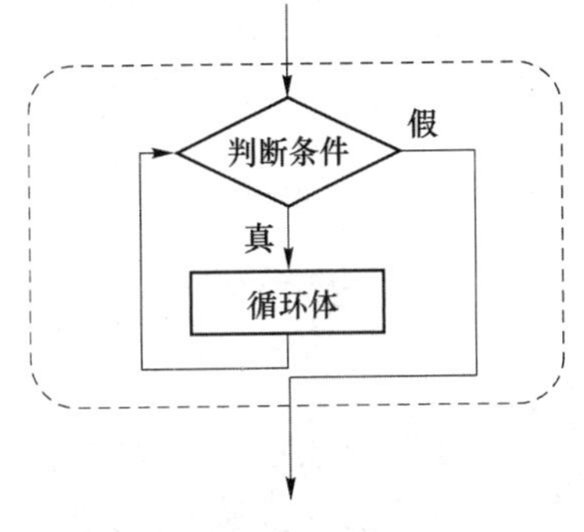

图 10.3.3 当型循环结构示意

2. 结构化程序设计的原则

结构化程序设计的思想被提出后，不仅使程序设计的效率得到了很大的提高，而且使程序的结构更加清晰，便于阅读。为此，在使用结构化程序设计方法时，应遵循以下原则：

1）自顶向下原则

设计程序时，应先考虑总体，后考虑细节；先考虑全

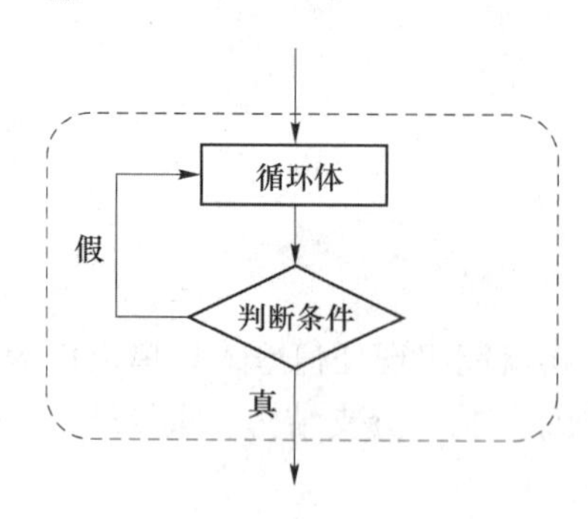

图 10.3.4 直到型循环结构示意

局目标，后考虑局部目标。不要一开始就追求众多的细节，而是应先从最上层总目标开始设计，逐步使问题具体化。

2）逐步求精原则

对复杂问题，应设计一些子目标作为过渡，逐步细化。

3）模块化原则

一个复杂问题，肯定是由若干稍简单的问题构成的。模块化是把程序要解决的总目标分解为子目标，再进一步分解为具体的小目标。其中，将每一个小目标称为一个模块。

4）限制使用 GOTO 语句原则

结构化程序设计方法来自对 GOTO 语句的认识和争论。肯定的结论：在块和进程的非正常出口处，往往需要使用 GOTO 语句，这时 GOTO 语句会使程序执行效率较高；在合成程序目标时，GOTO 语句往往是有用的，如返回语句用 GOTO。否定的结论：GOTO 语句是有害的，是造成程序混乱的祸根，程序的质量与 GOTO 语句的数量成反比，应该在所有高级程序设计语言中取消 GOTO 语句，取消 GOTO 语句后，程序易于理解、易于排错、容易维护，容易进行正确性证明。建议程序设计初学者在设计程序时尽量限制对 GOTO 语句的使用。

10.4 面向对象的程序设计方法

面向对象的程序设计方法在 20 世纪 60 年代后期被首次提出，它主张从客观世界固有的事物出发来构造系统，提倡用人类在现实生活中常用的思维方法来认识、理解和描述客观事物，强调最终建立能够映射问题域的系统。

10.4.1 面向对象程序设计的基本思想

面向对象的程序设计基本思想，主要强调按照人类思维方法中的抽象、分类、继承、组合、封装等原则去处理和解决现实世界的问题。其主要表现在以下 3 个方面：

（1）面向对象方法从现实世界中客观存在的事物（即对象）出发，尽可能运用人类的思维方式去构造软件系统，也就是直接以客观事物为中心思考问题、认识问题、分析问题和解决问题。

（2）面向对象方法将事物的本质特征经抽象后表示为软件系统的对象，以此作为系统构造的基本单位。

（3）面向对象方法让软件系统能直接映射问题，并保持问题中事物及其相互关系的本来面貌。

10.4.2 面向对象程序设计的基本原则

1. 面向对象程序设计的基本特征

面向对象程序设计方法的出现，解决了结构化程序设计在程序达到一定规模后不可控制的问题，是一种降低程序复杂度的有效方法，具备封装、继承、多态 3 个主要特征。

1）封装

封装是指把客观事物打包成抽象的类，并且类可以限制自己的数据和方法只让可信的类或者对象操作，对不可信的进行信息隐藏。简而言之，一个类就是一个封装了数据以及操作这些数据代码的逻辑实体。在一个对象内部，某些代码或某些数据可以是私有的，不能被外界访问。通过这种方式，对象对内部数据提供了不同级别的保护，以防止程序中无关的部分意外的改变或错误地使用了对象的私有部分。

2）继承

继承是指可以让某个类的对象获得另一个类的对象的属性的一种方法。简而言之，继承是指一个类可以使用自身类的所有功能，并在无须重新编写自身类的情况下对自身的功能进行扩展的方法。通过继承而创建的新类称为“子类”或“派生类”，被继承的类称为“基类”“父类”或“超类”。继承的实现方式有实现继承与接口继承两种。实现继承是指直接使用基类的属性和方法而无须额外编码的能力；接口继承是指仅使用属性和方法的名称、但是子类必须提供实现的能力。

3）多态

多态是指一个类实例化后的相同方法在不同情形有不同表现形式。多态机制使具有不同内部结构的对象可以共享相同的外部接口。也就是说，虽然针对不同对象的具体操作不同，但只要通过一个公共的类，那些操作就可以通过相同的方式予以调用。

2. 面向对象程序设计的原则

面向对象程序设计的原则包括单一职责原则、开放封闭原则、替换原则、依赖原则、接口分离原则5个方面，是程序设计中的金科玉律，遵守这些原则可以使程序代码更加鲜活，易于复用、易于拓展、灵活优雅。

1）单一职责原则

在面向对象方法中，一个类的功能要单一，不能包罗万象。

2）开放封闭原则

在面向对象方法中，一个模块在扩展性方面应该是开放的，而在更改性方面应该是封闭的。例如，一个网络模块，原来只有服务端功能，而现在需要加入客户端功能，那么应当在不用修改服务端功能代码的前提下，就能够增加客户端功能的实现代码，这种要求在设计之初就应当将服务端和客户端分开，并将公共部分抽象出来。

3）替换原则

在面向对象方法中，子类应当可以替换父类并出现在父类能够出现的任何地方。例如，公司搞年度晚会，所有员工可以参加抽奖，那么不管是老员工还是新员工，也不管是总部员工还是外派员工，应当都可以参加抽奖。

4）依赖原则

在面向对象方法中，需要做到具体依赖抽象、上层依赖下层。例如，假设A为高层模块，B为低层模块，但B需要使用到A的功能，这时候，B不应当直接使用A中的具体类，而应当由B定义一个抽象接口，并由A来具体实现这个抽象接口，B只使用这个抽象接口。这样，B解除了对A的依赖，反而是A依赖于B定义的抽象接口。

5）接口分离原则

在面向对象方法中，模块间应通过抽象接口隔离开，而不是通过具体的类进行强耦合。

思考题

1. 简述程序设计的方法。
2. 在程序设计过程中，需要遵循哪些程序设计风格？
3. 程序设计的基本结构是什么？
4. 结构化程序设计的基本原则有哪些？
5. 简述面向对象程序设计的特征和原则。

第 11 章 软件工程基础

软件工程是研究和应用如何以工程化的、系统化的、规范化的、可定量的过程化方法来实现对整个计算机应用软件开发、维护和管理的一门学科。它涉及程序设计语言、数据库、软件开发工具、计算方法、数学、标准、设计模式、项目管理等方面的知识，借鉴传统工程项目的管理原则和方法，最终开发出高质量、低成本的计算机应用软件。其中，计算机科学、数学用于构建模型与算法；工程科学用于制定规范、设计范型、评估成本及确定权衡；管理科学用于对计划、资源、质量、成本等的管理。

11.1 软件工程概述

在现代社会中，计算机软件应用于很多方面。典型的计算机软件应用有物联网、电子商务、电子邮件、嵌入式系统、人机界面、办公套件、操作系统、编译器、数据库、游戏等。同时，各个行业几乎都有计算机软件的应用，如工业、农业、银行、航空、政府部门等。这些计算机软件的应用不但促进了经济和社会的发展，也大大提高了人们的工作效率和生活效率。

自从 1968 年首次提出“软件工程”这个概念以来，软件工程已经成为计算机软件的一个重要分支和研究方向，涉及软件的开发、维护、管理等多方面。

11.1.1 软件危机

软件危机几乎从计算机诞生的那一天起就已经出现，只不过是在 1968 年召开的计算机科学会议上才被人们认识到。总体上，软件危机是指在计算机软件的开发和维护过程中，落后的软件生产方式无法满足迅速增长的计算机软件需求时产生的一系列严重问题，集中表现在软件成本无法控制、质量不可保证、生产效率提不高、软件可维护性低等方面。

随着计算机技术的发展和应用领域的不断扩大，计算机的性能也在不断提高，软件的规模也越来越大，复杂程序不断增加，虽然程序可以用个人的智力和体力来解决部分软件在开发中遇到的困难，但是随着软件规模的不断扩大，仅凭程序个人和临时组织的开发团队已经无法正常地完成软件项目的开法。例如，美国阿波罗登月计划的软件的程序语句长达 1 000 万行，航天飞机软件的程序语句长达 4 000 万行，Windows 操作系统的程序语句超过 5 000 万行。人们在这些大型软件的开发面前更加显得力不从心，在耗费大量人力财力的同时，还很难达到预期目标，有的甚至不得不宣布整个项目失败，如 IBM OS/360/T 系统和世界范围的军事命令和控制系统（WWMCCS）。在这种形式下，人们逐渐失去了对计算机软件的信任和期望，软件危机由此爆发。

从当时软件危机的种种表现来看，可以发现软件危机产生的原因如下：

（1）没有合适的方法和工具来帮助用户对软件的需求进行准确的、无有二义性的描述。

（2）开发人员对用户需求的理解与用户本来的愿望有偏差。

（3）大型软件项目开发中没有科学合理的人员组织管理方法。

（4）缺乏科学的管理方法和工具来对整个软件的开发过程进行管理。

因此，为了减小和缓解软件危机造成的被动局面，人们探索出了以工程化的思想、管理方法和手段来进行软件项目开发的管理，从而有效地提高软件产品的质量和开发效率，减少维护困难。

11.1.2 软件工程的概念

1968 年，北大西洋公约组织（NATO）在德国召开的计算机科学会议上，弗里茨·鲍尔（Fritz Bauer）首先提出了“软件工程”的概念，引入了现代软件开发的工程化思想，试图建立并使用正确的工程方法来开发出成本低、可靠性高的计算机软件，从而解决或缓解软件危机。

软件工程是指用工程、科学与数学的原则和方法来研制、维护计算机软件的有关技术及管理方法。它包括方法、工具和过程三个要素。方法是完成软件工程项目的技术手段；工具支持软件的开发、管理和文档生成；过程支持软件开发各个环节的控制、管理。

软件工程研究的主要内容包括软件开发技术和软件工程管理两个方面，其核心思想是把计算机软件产品看作一个工程项目来实施和管理，把工程化的思想引入整个软件开发项目，最终目的是形成成本、质量、过程都可控的软件项目开发过程，从而得到成本低、稳定可靠的计算机软件产品。

11.1.3 软件工程的目标和原则

1. 软件工程的目标

软件工程是一门研究用工程化方法构建和维护有效的、实用的和高质量的软件的学科。它涉及程序设计语言、数据库、软件开发工具、系统平台、标准、设计模式等方面。其目标为在给定成本、进度的前提下，开发出具有适用性、有效性、可修改性、可靠性、可理解性、可维护性、可重用性、可移植性、可追踪性、可互操作性和满足用户需求的软件产品。追求这些软件工程的目标，有助于提高软件产品的质量和开发效率，减少维护困难，并能够在软件项目的实际开发过程中，付出相对较低的成本，从而完成符合用户要求且易维护、易移植的软件产品。

2. 软件工程的原则

在软件项目的开发过程中，为了达到软件开发的目标，我们必须遵循软件工程开发的原则：抽象、信息隐藏、模块化、局部化、一致化、完整性和可验证性。其中，抽象、信息隐藏、模块化和局部化的原则支持软件工程的可理解性、可修改性和可靠性，有助于提高软件产品的质量和开发效率。

1）抽象

抽象是指抽取事物最基本的特性和行为，忽略非基本的细节。采用分层次抽象的办法来控制软件开发过程的复杂性，有利于软件的可理解性和开发过程的管理。

2）信息隐藏

信息隐藏是采用封装技术，将程序模块的实现细节隐藏起来，使模块接口尽量简单。

3）模块化

模块化是对程序功能进行合理划分的一种思想，每个模块都是程序中逻辑上相对独立的成分，它应该是一个独立的编程单位，应有良好的接口定义。在程序模块划分过程中，模块的大小要适中。模块过大，会导致模块内部复杂性的增加，既不利于模块的调试和重用，也不利于对模块的理解和修改；模块太小，会导致整个系统的表示过于复杂，不利于控制解的复杂性。模块之间的关联程度用耦合度度量，模块内部诸成分的相互关联及紧密程度用内聚度度量。

4）局部化

局部化要求在一个物理模块内集中逻辑上相互关联的计算资源，从物理和逻辑两个方面保证系统中模块之间具有松散的耦合关系，使模块内部有较强的内聚性。

5）一致化

一致化是指整个软件系统（包括文档和程序）的各个模块均应使用一致的概念、符号和术语；程序内部接口应保持一致；软件与硬件接口应保持一致；系统规格说明与系统行为应保持一致；用于形式化规格说明的公理系统应保持一致等。一致性原则支持系统正确性和可靠性。

6）完整性

完整性是指软件系统不丢失任何重要成分，完全实现系统所需功能。

7）可验证性

可验证性是指开发大型软件系统需要对系统自上向下，逐步分解。系统分解应该遵循容易检查、测试、评审的原则，以便保证系统的正确性。

11.1.4 软件工程的基本原理和方法学

1. 软件工程的基本原理

自从1968年在德国召开的计算机科学会议上正式提出并使用了“软件工程”这个术语以来，研究软件工程的专家学者们陆续提出了100多条关于软件工程的准则或“信条”。著名的软件工程专家 B. W. Bohm 综合这些学者们的意见并总结了 TRW 公司多年开发软件的经验，于 1983 年在一篇论文中提出了软件工程的 7 条基本原理。他认为，这 7 条原理是确保软件产品质量和开发效率的原理的最小集合。这 7 条原理是互相独立的，其中任意 6 条原理的组合都不能代替另一条原理，因此，它们是缺一不可的最小集合。然而，这 7 条原理又是相当完备的，人们虽然不能用数学方法严格证明它们是一个完备的集合，但可以证明在此之前已经提出的 100 多条软件工程原理都可以由这 7 条原理的任意组合蕴含或派生。

1）用分阶段的生命周期计划严格管理

经统计表明，不成功的软件项目中有一半左右是计划不周造成的。Bohm 认为，在软件的整个生存周期中，应制订并严格执行项目概要计划、里程碑计划、项目控制计划、产制计划、验证计划、运行维护计划。

2）坚持进行阶段评审

当时已经认识到，软件开发过程中的大部分错误是在编码之前造成的，错误发现与改正得越晚，需付出的代价越高。因此，在每个阶段都应进行严格的评审，以便尽早发现在软件开发过程中的错误，是一条必须遵循的重要原则。

3）实行严格的产品控制

在软件开发过程中不应随意改变需求，因为改变某项需求往往需要付出较高的代价，但在实践中用户往往会提出需求变更，因此需要采取科学的产品控制技术。目前，主要实行基准配置管理，基准配置是指经过阶段评审后的软件配置成分，如各个阶段产生的文档或程序代码。对涉及基准配置的修改，必须经过严格的评审，通过评审后才能实施修改。

4）采用现代程序设计技术

从提出软件工程的概念开始，人们一直把主要精力用于研究各种新的程序设计技术并进一步研究各种先进的软件开发与维护技术。实践表明，采用先进的技术不仅可以提高软件开发和维护的效率，还可以提高软件产品的质量。早期的软件开发主要采用结构化分析、设计技术，现在主要采用的是面向对象的分析、设计技术。

5）结果应能被清楚地审查

软件产品不同于一般的物理产品，它是看不见摸不着的逻辑产品。软件开发人员的工作进展情况可见性差，难以准确度量，从而使软件产品的开发过程比一般产品的开发过程更难于评价和管理。为了提高软件开发过程的可见性，更好地进行管理，应该根据软件开发项目的总目标及完成期限来规定开发组织的责任和产品标准，从而使所得到的结果能够清楚地审查。

6）开发小组的人员应少而精

开发小组人员的素质和数量是影响软件产品质量和开发效率的重要因素。高素质人员的开发效率比低素质人员的开发效率可能高几倍至几十倍，而且高素质人员开发的软件中的错误明显少于低素质人员开发的软件中的错误。另外，开发小组人员数目的增加，使相互交流更加复杂，费用也会相对增加。

7）承认不断改进软件工程实践的必要性

遵循前 6 条原理，就能够按照当代软件工程基本原理来实现软件的工程化生产，但不能保证赶上时代前进的步伐。因此，不仅要积极采纳新的软件开发技术，还要注意不断总结经验，收集进度和消耗等数据，进行出错类型和问题报告统计。这些数据既可以用来评估新的软件技术的效果，也可以用来指明必须着重注意的问题和应该优先进行研究的工具和技术。

2. 软件工程的方法学

软件工程方法学包含3个要素：方法、工具和过程。其中，方法是完成软件开发的各项任务的技术方法，回答“怎样做”的问题；工具是为运用方法而提供的自动的或半自动的软件工程支撑环境；过程是为了获得高质量的软件所需要完成的一系列任务的框架，它规定了完成各项任务的工作步骤。目前使用得最广泛的软件工程方法学，主要有传统方法学和面向对象方法学。

1）传统方法学

传统方法学也称为生命周期方法学或结构化范型。它采用结构化技术（结构化分析、结构化设计和结构化实现）来完成软件开发的各项任务，并使用适当的软件工具或软件工程环境来支持结构化技术的运用。这种方法学把软件生命周期的全过程依次划分为若干个阶段，然后顺序地完成每个阶段的任务。采用这种方法学开发软件时，从对问题的抽象逻辑分析开始，一个阶段一个阶段地进行顺序开发，前一个阶段任务的完成是开始进行后一个阶段工作的前提和基础，而后一阶段任务的完成通常使前一阶段提出的解法进一步具体化，加入了更多的实现细节。

2）面向对象方法学

与传统方法相反，面向对象方法把数据和行为视为同等重要，它是一种以数据为主线，把数据和对数据的操作紧密地结合起来的方法。该方法学的出发点和基本原则，是尽量模拟人类习惯的思维方式，使开发软件的方法与过程尽可能接近人类认识世界、解决问题的方法与过程，从而使描述问题的问题空间（也称为“问题域”）与实现解法的解空间（也称为“求解域”）在结构上尽可能一致。

用面向对象方法学开发软件的过程，是一个主动地多次反复迭代的演化过程。面向对象方法在概念和表示方法上的一致性，保证了在各项开发活动之间的平滑（即无缝）过渡。面向对象方法的对象分类过程，支持从特殊到一般的归纳思维过程；通过建立类等级而获得的继承性，支持从一般到特殊的演绎思维过程。

11.1.5 软件的生命周期

软件生命周期（Software Life Cycle，SLC）是指一个软件从被提出开始研制至软件最终被废弃不再使用为止的全过程。在软件项目的整个开发过程中，人们把软件的生命周期具体划分为问题定义、可行性研究、需求分析、总体设计、详细设计、编码、测试、运行与维护、消亡等9个阶段，每个阶段都有明确的任务，并产生一定规格的文档资料交付给下一阶段，下一阶段在上阶段交付的文档的基础上继续开展工作。

从总体上来划分，软件生命周期可划分为计划时期、开发时期和运行时期。其中，计划时期分为问题定义和可行性研究两个阶段；开发时期分为需求分析、概要设计、详细设计、编码和测试5个阶段；运行时期分为包括系统运行维护、消亡两个阶段。软件生命周期的结构示意如图11.1.1所示。

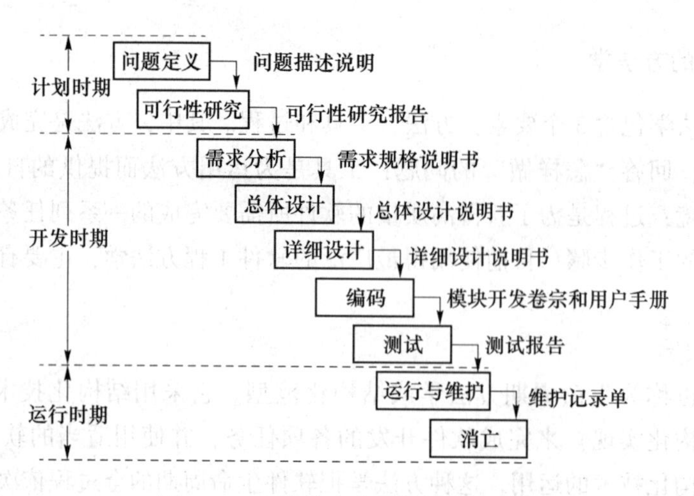

图 11.1.1　软件生命周期的结构示意

11.1.6　软件的过程

软件过程是为了获得高质量软件而需要完成的一系列任务的框架，它规定了完成各项任务的工作步骤。概括地说，软件过程是描述为了开发出客户需要的软件，一系列相关什么人（Who）、在什么时候（When）、做什么事（What）以及怎样做（How），以实现某一个特定的具体目标的内容。

现阶段，软件过程用于描述软件整个生命周期，即需求获取、需求分析、设计、实现、测试、发布和维护一个过程模型。在此，主要介绍 5 种过程模型。其中，瀑布模型、原型模型、增量模型、螺旋模型用于描述结构化程序设计方法的模型；喷泉模型用于描述面向对象的程序设计方法。

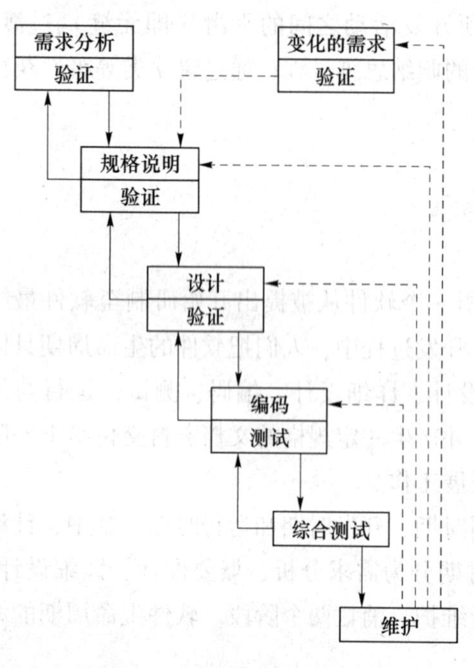

图 11.1.2　瀑布模型结构示意

1. 瀑布模型

1970 年，温斯顿·罗伊斯（Winston Royce）提出了著名的"瀑布模型"，直到 20 世纪 80 年代早期，它一直是唯一被广泛采用的软件开发模型，现在它仍然是软件工程中应用得最广泛的过程模型。面向过程的传统结构化软件过程都可以用该方法来描述，其模型结构示意如图 11.1.2 所示。

瀑布模型有以下特点：

（1）每个阶段都具有顺序性和依赖性。

（2）每个阶段都需要生成文档，并通过严格评审。

（3）瀑布模型是一种"文档驱动的模型"。

2. 原型模型

原型模型通过向用户提供原型来获取用户的

反馈，使开发出的软件能够真正反映用户的需求。同时，原型模型采用逐步求精的方法来完善原型，使原型能够“快速”开发，避免像瀑布模型一样在冗长的开发过程中难以对用户的反馈快速做出响应。相对瀑布模型而言，原型模型更符合人们开发软件的习惯，是目前较流行的一种实用软件生存期模型，其模型结构示意如图 11. 1. 3 所示。

原型模型有以下特点：

(1) 开发周期短，降低了开发成本。

(2) 比较容易明确并了解用户的需求。

(3) 该模型不利于开发最终软件产品（无质量及维护保证措施）。

(4) 原型模型是一种“用户反馈驱动的模型”。

图 11. 1. 3　原型模型结构示意

3. 增量模型

增量模型也称为渐增模型。使用增量模型开发软件时，把软件产品作为一系列增量构件来设计、编码、集成和测试。每个构件由多个相互作用的模块构成，并且能够完成特定的功能。使用增量模型时，第一个增量构件往往实现软件的基本需求，提供最核心的功能，其模型结构示意如图 11. 1. 4 所示。

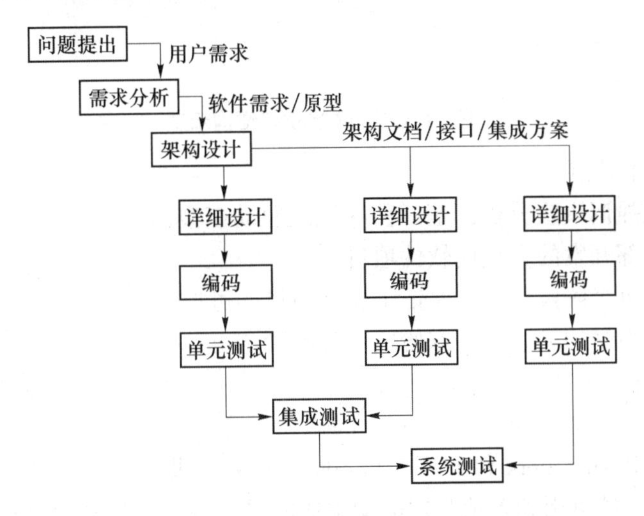

图 11. 1. 4　增量模型结构示意

增量模型有以下特点：

(1) 集合了瀑布模型和原型模型的优点。

(2) 降低了软件开发的风险，一个开发周期内的错误不会影响到整个软件系统。

(3) 开发顺序灵活，对项目管理人员把握全局的水平的要求较高（要求各模块间能够有完整可用的接口）。

(4) 增量模型是一种“增量构件驱动的模型”。

4. 螺旋模型

1988 年，巴利·玻姆（Barry Boehm）正式发表了软件系统开发的“螺旋模型”。该模型兼顾了快速原型的迭代特征以及瀑布模型的系统化与严格监控，强调了其他模型所忽视的风险分析，特别适合于内部大型复杂系统的开发，其模型结构示意如图 11. 1. 5 所示。

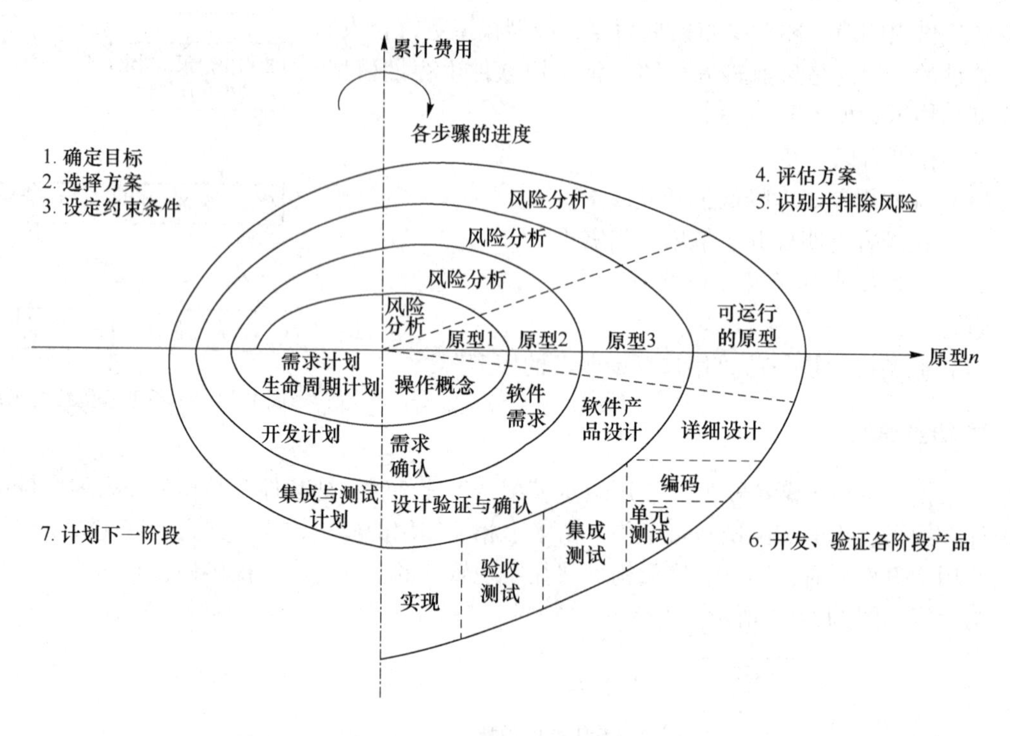

图 11. 1. 5　螺旋模型结构示意

螺旋模型有以下特点：

（1）螺旋模型强调风险分析，是一种“风险驱动模型”。

（2）适用于内部开发的大规模软件项目。

（3）用户参与每个阶段开发，保证了软件项目的可控性。

（4）设计具有很好的灵活性，方便项目各阶段变更。

5. 喷泉模型

喷泉模型是由 B. H. Sollers 和 J. M. Edwards 于 1990 年提出的一种新的开发模型。它克服了瀑布模型不支持软件重用和多项开发活动集成的局限性。喷泉模型使开发过程具有迭代性和无间隙性。该模型认为，软件开发过程自下而上周期的各阶段是相互迭代和无间隙的特性。软件的某个部分常常被重复工作多次，相关对象在每次迭代中随之加入渐进的软件成分，其模型结构示意如图 11. 1. 6 所示。

喷泉模型有以下特点：

（1）喷泉模型以用户需求为动力，是一种“对象驱动模型”。

（2）主要用于描述面向对象的软件开发过程。

（3）各个阶段没有明显的界限，开发人员可以同步进行开发，开发效率高。

（4）该模型的各个开发阶段是重叠的，因此不利于项目的管理。

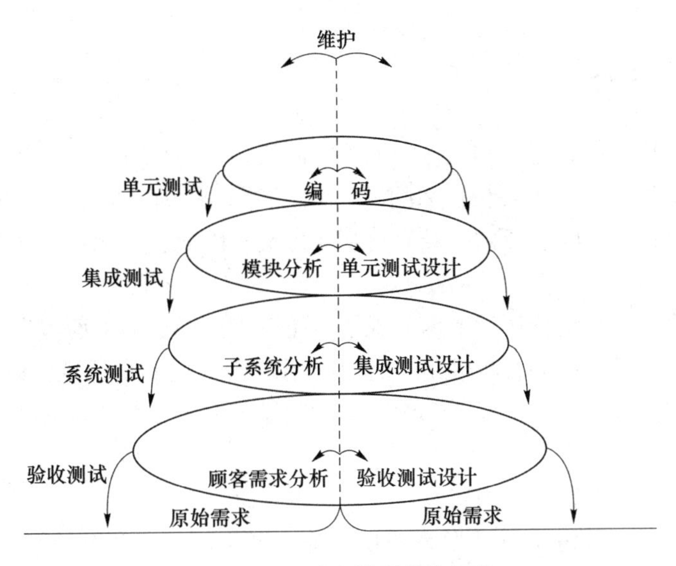

图 11.1.6 喷泉模型结构示意

11.2 软件工程的结构化设计方法

11.2.1 概述

软件工程的基本思想：软件的开发过程按照工程化的概念、原理、技术和方法模式来实施，有计划地按照要求分阶段实现。针对大型项目开发，为了保证软件产品的质量，提高软件的开发效率，就必须有计划、分阶段地进行整个软件项目的设计和开发。在软件工程中，软件的设计和开发方法主要有结构化设计方法和面向对象的设计方法两种。其中，结构化设计方法是应用最广泛的一种，它是建立良好程序结构的方法，提出了衡量模块质量的标准是“高内聚、低耦合”要求。

20 世纪 60 年代，随着计算机的计算能力和所需处理的问题复杂度的急速增长，爆发了众所周知的软件危机。为了应对软件危机带来的危害，解决管理大型复杂软件的设计开发难题，学术界与工业界共同研究并提出了许多有效的软件开发方法，而其中影响最为深远、分支最为庞大的方法就是结构化设计方法。该方法采用结构化技术来完成整个软件开发的各项任务，并使用适当的软件工具或软件工程环境来支持结构化技术的应用。

结构化设计方法以软件的生命周期为基础，把软件生命周期划分成若干阶段，每个阶段的任务相对独立，而且比较简单，便于不同人员分工协作，从而降低了整个软件开发工程的困难程度。在软件生命周期的每个阶段都采用科学的管理技术和良好的技术方法，而且在每个阶段结束前都从技术和管理两个角度进行严格审查，只有合格后才开始下一阶段工作，这就使软件产品开发的全过程以一种有条不紊的方式进行，从而保证了软件的质量，特别是提高了软件的可维护性。根据软件工程中软件生命周期的整个过程，软件工程结构化设计方法可以划分为问题定义、可行性研究、需求分析、总体设计、详细设计、编码、测试和维护 8 个阶段。

11.2.2 问题定义

问题定义阶段是软件工程结构化方法的第一阶段。作为软件的开发者，必须在这个阶段弄清楚用户“需要使用计算机解决什么问题”。如果在问题尚未明确的情况下就试图解决这个问题，就会白白浪费时间和精力，结果也毫无意义。因此，问题定义在软件生命周期中占有重要的位置。

在问题定义阶段，系统分析员要深入现场，阅读用户提供的书面报告，听取用户对开发系统的要求，调查开发系统的背景理由。还要与用户负责人反复讨论，以澄清模糊的地方，改正不正确的地方。最后，写出双方都满意的问题描述说明，并确定双方是否可进行可行性研究。

在问题定义阶段的主要工作内容有：

（1）问题的背景。弄清楚待开发系统现在处于什么状态，为什么要开发它，是否具备开发条件等问题。

（2）提出开发系统的问题要求以及总体要求。

（3）明确问题的性质、类型和范围。

（4）明确待开发系统要实现的目标、功能和规模。

（5）提出开发的条件要求和环境要求。

11.2.3 可行性研究

可行性研究是在项目的问题描述说明被确认并批准后，对项目在技术上和经济上是否可行所进行的科学分析和论证。可行性研究的主要目的是用最小的代价在尽可能短的时间内确定问题是否能够解决，即可行性研究的目的不是解决问题，而是确定问题是否值得去解决，研究在当前的具体条件下开发新系统是否具备必要的资源和其他条件。一般情况下，一个项目中的可行性研究主要可以从以下几个方面进行：

（1）技术方面：使用现有的技术能否实现这个系统。

（2）经济方面：这个系统的经济效益能否超过它的开发成本。

（3）操作方面：操作方式在这个用户组织内是否行得通。

（4）法律方面：该软件的开发必须遵循法律、法规约束。

（5）环境方面：主要分析环境对该软件开发的影响。

（6）社会效益方面：主要研究该软件的开发对社会产生的影响。

可行性研究的最根本任务是对以后的行动路线提出建议，如果问题没有可行的解，就应该停止这项工程的开发；如果问题值得解，就应该推荐一个较好的解决方案，并且为软件项目制订一个初步的计划。可行性研究的时间长短取决于软件项目的规模。一般来说，一个软件项目的可行性研究成本只是整个软件项目预期成本的5%～10%。在进行软件项目可行性研究的过程中，可以遵循以下步骤：

第1步：复查系统规模和目标。这主要是为了确保分析员正在解决的问题确实是要求他解决的问题。

第2步：研究目前正在使用的系统。分析现有系统是获得系统真实规模的有效途径。

第3步：导出新系统的高层逻辑模型。通过使用数据流图、数据字典等工具定义出符合用户需求的新系统的逻辑模型，以这个模型开发新系统。

第4步：进一步定义问题。通过建立的逻辑模型来完成系统可行性的反复确定，直到提出的逻辑模型完全符合系统目标。

第5步：导出和评价供选择的方案。从最终完全符合系统目标的系统逻辑模型出发，导出若干个较高层次的（较抽象的）物理方案进行比较和选择。导出供选择的方案的最简单的途径，是从技术角度出发考虑解决问题的不同方案。

第6步：推荐行动方案。根据可行性研究结果，会得到是否继续进行这一项目的实施结论。可行性分析人员必须清楚地表明他们对这个关键性决定的建议。如果分析人员认为值得继续进行这项开发工程，那么他应该选择一种最好的解法，并且说明选择这个解决方案的理由。

第7步：草拟开发计划。可行性分析人员应该为所推荐的方案草拟一份开发计划，除了制定工程进度表之外，还应该估计对各类开发人员（如系统分析员、程序员）和各种资源（计算机硬件、软件工具等）的需要情况，应该指明什么时候使用，以及使用多长时间。此外，还应该估计系统生命周期每个阶段的成本。最后，应该给出下一个阶段（需求分析）的详细进度表和成本估计。

第8步：书写计划任务书提交审查。可行性分析人员应该把上述各步骤的工作结果整理成清晰的文档，请用户、客户组织的负责人及评审组审查，以决定是否继续这项工程及是否接受分析人员推荐的方案。

11.2.4 需求分析

需求分析是软件定义时期的最后一个阶段，它的基本任务是准确地回答“系统必须做什么”这个问题。它的任务不是确定系统怎样完成，而仅仅是确定系统必须完成哪些工作，也就是对目标系统提出完整、准确、清晰、具体的要求。

需求分析的目标是把用户对想要开发的软件提出的“要求”或“需要”进行分析与整理，确认后形成描述完整、清晰与规范的文档，确定软件需要实现哪些功能，完成哪些工作。此外，软件的一些非功能性需求（如软件性能、可靠性、响应时间、可扩展性等）、软件设计的约束条件、运行时与其他软件的关系等也是软件需求分析的目标。

为了促进软件研发工作的规范化、科学化，在进行软件项目的需求分析时，需要遵循以下需求分析的基本原则：

（1）侧重表达、理解问题的数据域和功能域。对新系统程序处理的数据，其数据域包括数据流、数据内容和数据结构。功能域则反映它们关系的控制处理信息。

（2）需求问题应分解、细化，建立问题层次结构。可将复杂问题按具体功能、性能等分解并逐层细化、逐一分析。

（3）建立分析模型。模型包括各种图表，是对研究对象特征的一种重要表达形式。通过逻辑视图，可给出目标功能和信息处理间关系，而非实现细节。

在实际进行软件项目需求分析过程中，可采用以下方法和工具来收集和表示用户需求。

1. 在需求分析中与用户沟通，收集用户需求的基本方法

1）访谈（面谈）法

访谈（面谈）法是最早用于获取用户需求的方法。

2）问卷调查法

问卷调查法是对面谈法的补充。

3）需求专题讨论会

需求专题讨论会是最有力的需求获取技术，有利于培养高效团队。

4）实地体验观察法

实地体验观察法适用于用户无法准确表达需求的情况。

5）面向数据流自顶向下求精法

这是一种数据流图的逐级细化过程。

6）简易的应用规格说明技术法

这是一种面向团队的需求收集法。

7）原型化方法

原型化方法是一种“修改→试用→反馈”的重复过程，能充分获得用户需求，但会延误软件开发时间。

2. 在需求分析中表述用户需求的常用工具和方法

1）实体—联系图

E－R 图（Entity Relationship Diagram）也称实体—联系图，提供了表示实体类型、属性和联系的方法，用来描述现实世界的概念模型，它是描述现实世界概念结构模型的有效方法。

2）范式

范式让软件系统的数据按照某种规则和要求进行组织和存储，以便对数据的操作。

3）状态转换图

状态转换图（简称“状态图”）通过描绘系统的状态及引起系统状态转换的事件，来表示系统的行为。

4）层次方框图

层次方框图用树形结构的一系列多层次的矩形框来描绘数据的层次结构。

5）Warnier 图

Warnier 图是表示数据层次结构的一种图形工具，是由 J. D. Warnier 于 1974 年提出的软件开发方法，它用树形结构来描绘数据结构。它还能指出某一类数据或某一数据元素重复出现的次数，并能指明某一特定数据在某一类数据中是否是有条件的出现。

6）IPO 图

IPO 图是输入（Input）、加工（Processing）、输出（Output）图的简称，它是由美国 IBM 公司发展并完善起来的一种图形工具，能够方便地描绘输入数据、处理数据和输出数据之间的关系，也是对每个模块进行详细设计的工具。

11.2.5 总体设计

经过需求分析阶段的工作后，解决了必须“做什么”的问题，到了总体设计阶段就需要解决“怎么做”的问题。总体设计是设计部分的第一阶段，它的基本目的就是回答“概括地说，系统应该如何实现”这个问题。因此，总体设计又称为概要设计或初步设计。总体设计阶段的重要任务是设计软件的结构，也就是要确定系统中每个程序是由哪些模块组成的，程序的各模块之间应保持“高内聚、低耦合”的相互关系。

总体设计由系统设计阶段和结构设计阶段组成。在系统设计阶段，主要确定系统的具体实现方案；在结构设计阶段，主要确定软件的总体结构。整个系统的总体设计过程主要分为以下 9 个方面。

1. 设想供选择的方案

设想供选择的方案是指以需求分析的结果出发，根据数据流图及系统的逻辑模型分析出不同的实现方案，并抛弃在技术上不可行的方案，最终得出被选的 N 套实施方案。

2. 选取合理的方案

选取合理的方案是指从得到的一系列供选择的方案中选取若干个合理的方案，通常至少选取低成本、中等成本和高成本 3 套方案。每个合理的方案都应包含 4 方面的内容：系统流程图、组成系统的物理元素清单、成本/效益分析、实现这个系统的进度计划。

3. 推荐最佳方案

推荐最佳方案是根据用户自身情况选择合理的解决方案。在这个过程中，用户和有关技术专家应该认真审查分析员所推荐的最佳系统，如果该系统确实符合用户的需要，并且是在现有条件下完全能够实现的，则应该提请使用部门负责人进一步审批。在使用部门的负责人也接受了分析人员所推荐的方案之后，将进入总体设计过程的下一个重要阶段——结构设计。

4. 功能分解

功能分解是指从实现角度对系统进行结构和过程分解，是结构设计的第一步。为确定软件结构，首先需要从实现角度把复杂的功能进一步分解，分析员结合算法描述仔细分析数据流图中的每个处理，如果一个处理的功能过分复杂，则必须把它的功能适当地分解成一系列比较简单的功能。

5. 设计软件结构

设计软件结构是指对软件结构进行合理的组织和划分。通常，程序中的一个模块完成一个适当的子功能。应该把模块组织成良好的层次系统，顶层模块调用它的下层模块来实现程序的完整功能，每个下层模块再调用更下层的模块来完成程序的一个子功能，最下层的模块完成最具体的功能。

6. 设计数据库

设计数据库是指对于需要使用数据库的那些应用系统进行的数据设计。软件工程师应该在需求分析阶段所确定的系统数据需求基础上设计数据库。

7. 制订测试计划

制订测试计划是指在总体设计阶段需要适当考虑测试问题，以提高软件的可测试性。在软件开发的早期阶段考虑测试问题，能促使软件设计人员在设计时注意提高软件的可测试性。

8. 书写文档

书写文档是指从总体设计阶段开始，应该使用正式的文档记录总体设计的结果。在这个阶段完成的文档通常包含系统说明、用户手册、测试计划、详细的实现计划、数据库设计结果等。

9. 审查和复审

审查和复审是指进行总体设计的审查和用户复审。在总体设计的最后，应该对总体设计的结果进行严格的技术审查。在技术审查通过之后，由客户从管理角度进行复审。

11.2.6 详细设计

详细设计是软件结构化设计方法中设计部分的最后一个阶段，其目的是“确定应该怎样具体地实现所要求的系统”这个问题。经过这个阶段的设计工作，在编码阶段就可以把这个描述直接翻译成用某种程序设计语言书写的程序。值得注意的是，详细设计阶段的重要任务不是具体的编写代码，而是设计每个模块的实现算法、所需的局部数据结构，也就是设计出程序的“蓝图”，最终生成详细设计说明书。

在详细设计过程中，我们需要对每个模块规定的功能以及算法的设计，给出适当的算法描述，即确定模块内部的详细执行过程，包括局部数据组织、控制流、每一步具体处理要求和各种实现细节等，其目的是确定应该怎样来具体实现所要求的系统。常见的详细设计工具分为图形、表格和语言 3 类，主要包括以下 6 种。

1. 程序流程图

程序流程图也称为程序框图，是软件开发者最熟悉的算法表达工具。程序流程图的基本控制结构分为顺序型、选择型、先判定（While）型循环、后判定（Until）型循环、多情况（Case）型选择 5 种。

程序流程图的主要缺点如下：

（1）程序流程图在本质上不是逐步求精的好工具，它诱使程序员过早地考虑程序的控制流程，而不去考虑程序的全局结构。

（2）程序流程图中用箭头代表控制流，因此程序员不受任何约束，可以完全不顾结构程序设计的精神，随意转移控制。

（3）程序流程图不易表示数据结构。

2. 盒图

1973 年，美国学者 Nassi 和 Shneiderman 提出了一种符合结构化程序设计原则的图形描述工具，叫作盒图，也称为 N－S 图。

鉴于程序流程图的不足，盒图具有以下特点：

（1）功能域（即某一个特定控制结构的作用域）有明确的规定，并且可以很直观地从盒图上看出来。

（2）盒图的控制转移不能任意规定，必须遵守结构化程序设计的要求。

（3）盒图很容易确定局部数据和全局数据的作用域。

（4）盒图很容易表现嵌套关系，也可以表示模块的层次结构。

3. PAD

PAD（Problem Analysis Diagram，问题分析图）从程序流程图演化而来，用结构化程序设计思想表现程序逻辑结构的图形工具，一般用二维树形结构的图来表示程序的控制流。

PAD 具有以下优点：

（1）使用表示结构化控制结构的 PAD 符号所设计出来的程序必然是结构化程序。

（2）PAD 所描绘的程序结构十分清楚。

（3）PAD 吸纳程序逻辑，易读、易懂、易记。

（4）容易将 PAD 转换成程序。

（5）PAD 既可以描绘程序逻辑，又可以描绘数据结构。

（6）PAD 的符号支持“自顶向下、逐步求精”方法的使用。

4. 判定表

判定表是一种能够清晰地表示复杂的条件组合与实际做的动作之间的对应关系的表格工具。一个判定表由以下 4 部分组成：

（1）条件：左上部列出所有条件。

（2）可能动作：左下部是所有可能做的动作。

（3）矩阵：右上部是表示各种条件组合的一个矩阵。

（4）实际动作：右下部是和每种条件组合相对应的动作。

5. 判定树

判定表虽然能清晰地表示复杂的条件组合与应做的动作之间的对应关系，但其含义不是一眼就能看出来的，初次接触这种工具的人需要有一段简短的学习过程才能理解它。此外，当数据元素的值多于两个时，判定表的简洁程度也将下降。

判定树是判定表的变种，它也能清晰地表示复杂的条件组合与应做的动作之间的对应关系。判定树的优点在于，它的形式简单到不需任何说明，一眼就可以看出其含义，因此易于掌握和使用。多年来，判定树一直受到人们的重视，是一种比较常用的系统分析和设计的工具。

6. 过程设计语言

过程设计语言（Process Design Language，PDL）是一种介于自然语言和形式化语言之间的半形式化语言，是一种用于描述功能模块的算法设计和加工细节的语言，也称为伪代码。伪代码属于文字形式的表达工具。它并非真正的代码，也不能在计算机上执行，但形式上与代码相似。用它来描述软件设计，工作量比画图小，又较易转换为真正的代码。

PDL 语言具有以下特点：

（1）PDL 虽然不是程序设计语言，但是它与高级程序设计语言非常类似，只要对 PDL 描述稍加变换就可变成源程序代码。因此，它是详细设计阶段很受欢迎的表达工具。

（2）用 PDL 写出的程序，既可以很抽象，又可以很具体。因此，容易实现“自顶向下、逐步求精”的设计原则。

（3）PDL 描述与自然语言很接近，易于理解。

（4）PDL 描述可以直接作为注释插在源程序中，成为程序的内部文档，这对提高程序的可读性是非常有益的。

（5）PDL 描述与程序结构相似，因此自动产生程序比较容易。

11.2.7　编码

编码阶段是软件系统物理实现阶段，其主要内容包括编码方法及编码语言的确定、程序内部文档的书写、编码风格的讨论以及程序效率的考虑等。编码虽然相对容易，而且大部分编码工作可由计算机自动完成，但是要编出质量好的程序也不是一件容易的事。在开发软件系统的过程中，必须先经过分析阶段来确定用户要求，再经过设计阶段为编码制订一个周密的计划（包括概要设计确定系统的模块结构，详细设计决定每个模块内部的控制流程），至此才具备编码的条件，可以进入编码阶段。

编码的任务是为每个模块编写程序。编程阶段应交付的结果是不再含有语法错误的程序。在编码阶段，首先遇到的问题是怎样选择一种合适的程序设计语言。再考虑在软件工程背景下，怎样编写良好的程序。一个良好的程序应该是逻辑上正确又易于阅读，且具有良好可读性的程序。它易于理解、易于维护，而且隐含错误的可能性也将大大降低。为此，我们需要在编码过程中，具备并保持良好的程序设计风格，良好的编码风格能在一定程度上弥补语言存在的缺点。我们可以从程序的控制结构、GOTO 语句代码文档化和输入输出等四个方面，简述编码风格的要求。

1. 使用标准的控制结构

大多数现代语言提供了比 3 种基本结构还多的控制结构。以 Pascal 为例，它有 3 种选择结构、3 种循环结构，全都单入口、单出口，但这些结构都可用 3 种基本结构来描述。提供这些附加结构，是为了增加表达上的便利或改进程序的可读性，有时还能提高执行的效率。因此在使用这类现代语言编码时，允许使用 3 种基本结构以外的附加控制结构，这种编码称为扩展的结构程序设计。因此，在尽量采用标准结构的同时，还要避免使用容易引起混淆的结构和语句。

2. 有限制地使用 GOTO 语句

GOTO 语句会引起程序的迂回曲折，使程序难以理解，应尽量少用或不用，但也不应完全禁用。在现代语言中，可以使用由 GOTO 语句和 IF 语句组成的、由用户定义的新控制结构。此外，GOTO 语句还经常用来实现提前退出循环，或者把控制转移到出错处理。在效率优先的模块中，有时也利用 GOTO 语句来消除程序中的重复代码。除了这几种应用外，GOTO 语句应尽量不用。

3. 实现源程序的文档化

软件 = 程序 + 文档。为了提高程序的可维护性，源代码也需要实现文档化。源代码的文档化主要包括：使用有意义的变量名称；在每一程序单元开始处、重要的程序段和难懂的程序段加上适当的注释；用统一的、标准的格式来书写源程序清单；等等。常用的方法有用分层缩进的写法显示嵌套结构的层次、在注释段的周围加上边框、每行只写一条语句等，以提高程序的可读性。

4. 输入输出

在设计和编写程序时，应该考虑以下有关输入输出风格的规则：

（1）对所有输入数据都进行检验。

（2）检查输入项重要组合的合法性。

（3）保持输入格式简单。

（4）使用数据结束标记，不要求用户指定数据的数目。

（5）明确提示交互式输入的请求，详细说明可用的选择或边界数值。

（6）当程序设计语言对格式有严格要求时，应保持输入格式一致。

（7）设计良好的输出报表。

（8）给所有输出数据加标志。

11.2.8 测试

软件测试是保证软件质量的关键步骤，是对软件规格说明、设计和编码的最后复审。大量资料表明，软件测试工作量占了整个软件工作量的 40% 以上，其成本为其他阶段成本的 3 ~ 5 倍，需要高度重视。软件测试不是为了证明软件的正确性，而是尽可能多地发现并排除软件中潜在的错误，交付高质量的软件给用户。

测试任何的软件产品都有两种测试方法：一种为测试软件模块的功能是否正常；另一种为测试软件的结构和算法是否正确处理运行。前者为黑盒测试（又称为功能测试），它把程序看作一个黑盒子，完全不考虑程序的内部结构和处理过程。黑盒测试是在程序接口进行的测试，只检查程序功能是否能按照规格说明书的规定正常使用；后者为白盒测试（又称为结构测试），它是把程序看成装在一个透明的白盒子里，测试者完全知道程序的结构和处理算法。这种方法按照程序内部的逻辑测试程序，检测程序中的主要执行通路是否都能按预定要求正确工作。

软件系统通常由若干个子系统组成，每个子系统又由许多模块组成，因此，在进行软件系统的测试过程中，把软件的测试步骤分为模块测试、子系统测试、系统测试、验收测试和并行运行5个步骤来完成。

1. 模块测试

模块测试又称为单元测试，是对一个模块进行测试，根据模块的功能说明来检验模块是否有错误。这种测试在各模块编程后进行。模块测试一般由编程人员自己进行。在设计得好的软件系统中，每个模块完成一个清晰定义的子功能，而且这个子功能和同级其他模块的功能之间没有相互依赖关系。因此，把每个模块作为一个单独的实体来测试，且模块测试比较容易设计检验模块正确性的测试方案。模块测试的目的是保证每个模块作为一个单元能正确运行。在这个测试步骤中发现的往往是编码和详细设计的错误。

2. 子系统测试

子系统测试是把经过单元测试的模块放在一起，形成一个子系统来测试。测试模块间的相互协作和通信是子系统测试的主要任务，因此接口测试是子系统测试的重点。

3. 系统测试

系统测试是把经过测试的子系统装配成一个完整的系统来测试。在这个过程中，不仅应该发现设计和编码的错误，还应该验证系统确实能提供需求说明书中指定的功能，而且系统的动态特性也符合预定要求。在这个测试步骤中发现的往往是软件设计中的错误，也可能发现需求说明中的错误。通常，把子系统测试和系统测试合起来称为集成测试。

4. 验收测试

验收测试也称为确认测试，是把软件系统作为单一的实体进行测试，测试方法与系统测试基本类似，但是它是在用户积极参与下进行的，而且可能主要使用实际数据（系统将来要处理的信息）进行测试。验收测试的目的是验证系统确实能够满足用户的需要，在这个测试步骤中发现的往往是系统需求说明书中的错误。

5. 并行运行

通常，一些关系重大的软件产品验收之后，并不会立即投入生产性运行，而是要再经过一段并行运行时间来验证新系统的准确性和稳定性。在验收测试中，并行运行就是同时运行新开发出来的系统和将被它取代的旧系统，以便比较新旧两个系统的处理结果，从而发现那些隐蔽性较高的软件错误。

11.2.9 维护

软件维护阶段是软件工程结构化设计方法的最后一个阶段，一个软件被开发出来并交付用户使用之后，就进入了软件的运行维护阶段。其基本任务是保证软件在一个相当长的时期能够正常运行。从软件成本的平均统计说来，大型软件的维护成本是开发成本的4倍左右。也就是说，维护阶段的成本很高。

软件维护就是指在软件已经交付使用之后，为了改正错误或满足新的需要而修改软件的过程。软件维护从总体上可以分为改正性维护、适应性维护、完善性维护、预防性维护4种，我们可以从这4种维护类型来理解软件维护的概念。

1. 改正性维护

软件测试不可能找出一个软件系统中所有潜伏的错误，所以，当软件在特定情况下运行时，这些潜伏的错误可能会暴露。此外，软件运行时也会出现一些问题。例如，用到了从未用过的输入数据组合；与其他软件、硬件接口不符；等等这些故障若不能及时解决，势必使软件系统的工作被迫停止。因此，改正性维护是在软件运行中发生异常或故障时进行的。然而，对所发现的程序错误进行修改，一般都应该十分谨慎，以防造成不良后果。这类维护约占总维护量的21%。

2. 适应性维护

随着新的计算机硬件系统的不断发展，新的操作系统或操作系统的新版本不断推出。此外，外部设备和其他部件也要经常修改和改进。与此同时，应用软件的使用寿命也超过了最初开发这个软件时系统环境的寿命。例如，数据库的变动、数据格式的变动、数据输入输出方式的变动以及数据存储介质的变动等，都会直接影响软件的正常工作。适应性维护就是使运行的软件能适应外部环境的变动。这类维护约占整个总维护量的25%。

3. 完善性维护

当一个软件系统投入使用和成功地运行时，用户会根据业务发展的实际情况，提出增加新功能、修改已有功能以及一般的改进要求等。虽然这些内容在需求说明书中并未规定，但是，为了扩充原有系统的功能、提高原有系统的性能，满足用户的实际需要，这项工作是必不可少的。在整个维护工作量中，完善性维护约占总维护量的50%，居第1位。

4. 预防性维护

预防性维护是J. Mlr首先创导的。他主张：维护人员不要单纯等待用户提出维护的请求，应该选择那些还能使用数年、目前虽能运行但不久就需做重大修改或加强的软件，进行预先的维护。其直接目的是改善软件的可维护性，减少今后对它们维护时所需要的工作量。这类维护约占总维护量的4%。

11.3 软件工程的面向对象的设计方法

11.3.1 概述

1976年，挪威计算机中心的Kisten Nygaard和Ole Johan Dahl开发了Simula 67语言，它被认为是第一个面向对象的语言。自此以后，人们开始注重面向对象分析和设计研究，逐步形成了面向对象的方法学。现今，面向对象技术已经成为最主要的软件开发技术。

面向对象方法是一种新的思维方法，它不是把程序看作工作在数据上的一系列过程或函数的集合，而是把程序看作相互协作而又彼此独立的对象的集合。每个对象就像一个微型程序，有自己的数据、操作、功能和目的。这样做不但减少了语义断层，而且让整个程序易于理解和维护。它以客观世界中的对象为中心，其分析和设计思想符合人们的思维方式，分析和设计的结果与客观世界的实际比较接近，容易被人们接受。在面向对象方法中，分析和设计的界线并不明显，它们采用相同的符号表示，能方便地从分析阶段平滑地过渡到设计阶段。此外，在现实生活中，用户的需求经常发生变化，但客观世界的对象以及对象间的关系相对比较稳定，因此用面向对象方法分析和设计的结果也相对比较稳定。

11. 3. 2 面向对象的相关术语

从软件工程的角度来看，面向对象是一种新的软件设计方法，它的出发点和原则是尽可能模拟人类习惯的思维方式，使软件的开发方法和过程尽可能接近人类认识世界和解决问题的方法和过程。为此，我们在学习研究面向对象方法的时候就需要掌握以下面向对象的核心概念。

1. 类

类（Class）是所有共同行为特征和信息结构的对象集合。类代表一种抽象，代表对象本质的、重要的、可观察的行为；类是一个定义，一个模式或模子，它能创造新的对象，是多个对象的共同特征的描述。对象是类的实例，类是对象之上的抽象。

2. 对象

对象（Object）是现实世界中个体或事物的抽象表示，是其属性和相关操作（行为）的封装。从程序设计者的角度看，对象是一个程序模块；从用户的角度看，对象为他们提供了所希望的行为。一个对象通常可由对象名、属性和操作 3 部分组成。

3. 属性

属性（Attribute）是类中定义的各项数据，它是对客观世界中实体所具有的特征的抽象描述，类中的每个对象都有自己特有的属性值。

4. 消息

消息（Message）是对象之间进行通信的一种操作规格说明。当一个消息发送给某个对象时，包含要接收对象去执行某些活动的信息，接收到信息的对象经过解释，然后予以响应，这种通信机制叫作消息传递。发送消息的对象不需要知道接收消息的对象如何对请求予以响应。消息是对象与其外部世界相互关联的唯一途径。

5. 继承

继承（Inheritance）是类之间有向共享数据和方法的机制，是类的特性，使用该方法时，共同的特征可被几个类共享。继承关系是类之间的关系，在类的层次结构关系中，一个类可以有多个子类，子类也可以有多个父类，一个类同时继承多个父类称为多重继承。继承是软件重用的基础。

6. 方法

方法（Method）是对象所能执行的操作，是定义在类中的服务。方法描述了对象执行操作的算法和响应消息的方法。

7. 封装

封装（Encapsulation）是一种信息隐藏机制，指的是把对象的外部特征与内部实施细节分开，使一个对象的外部特征对其他对象来说是可以访问的，而它的内部实施细节对其他对象来说则是隐藏的。在使用一个对象的时候，我们只需要知道它向外提供的接口，无须知道它的数据结构细节和实现操作。

8. 多态

多态（Polymorphism）是指对象在收到消息予以响应时，不同的对象收到同一消息产生不同的响应方式的现象。在使用多态的时候，用户可以发送一个通用消息，实现的细节则由接收对象自行决定，这样就实现了同一消息可以调用不同的方法。

9. 重载

重载（Overload）是面向对象的一种特殊运算机制，包括函数重载和运算符重载两种。函数重载是指在同一作用域内的若干个参数特征不同的函数可以使用相同的函数名字；运算符重载是指同一个运算符可以施加于不同类型的操作数上。

11.3.3 面向对象程序设计的过程

在使用面向对象方法设计、开发软件产品时，最重要的是对所需要开发产品问题域的理解。面向对象方法最基本的原则，是按照人们习惯的思维方式，用面向对象观点建立问题域的模型，开发出尽可能自然地表现求解方法的软件。因此，面向对象程序设计的过程就是一个建立并不断完善问题域模型的过程。

通常，用面向对象方法开发软件需要建立 3 种形式的模型，它们分别是描述系统数据结构的对象模型、描述系统控制结构的动态模型、描述系统功能的功能模型。这 3 种模型都涉及数据、控制和操作等共同的概念，只不过每种模型描述的侧重点不同。这 3 种模型从 3 个不同但又密切相关的角度模拟目标系统，它们各自从不同侧面反映系统的实质性内容，综合起来则全面地反映对目标系统的需求。

面向对象方法开发软件也需要遵循软件工程的工程化思想，整个软件的开发可以简化为面向对象的分析阶段、面向对象的设计阶段和面向对象实现阶段 3 种最基本阶段来完成。在整个软件项目开发的过程中，对象模型、动态模型、功能模型都一直贯穿其中，并在每个开发阶段不断地发展和完善。在面向对象的分析阶段，构造完全独立于实现的应用域模型；在面向对象的设计阶段，把求解域的结构逐渐加入模型；在面向对象的实现阶段，把应用域和求解域的结构都编成程序代码，并进行严格的测试验证。

思考题

1. 软件工程的概念和方法学是什么？
2. 软件工程的目标和原则是什么？
3. 什么是软件的生命周期？它分为哪些阶段？
4. 软件的过程是什么？软件过程的基本模型有哪些？
5. 在软件的结构化设计方法中，软件的维护类型有哪些？
6. 在软件的面向对象设计方法中，需要建立哪些模型？

第12章 数据库技术基础

数据库技术就是数据管理的技术，是计算机科学与计算的重要分支，是信息系统的核心和基础。数据库技术从诞生到现在，在不到半个世纪的时间里，形成了坚实的理论基础、成熟的商业产品和广泛的应用领域，取得了十分辉煌的成就。

随着数据库的诞生和发展，数据库技术也给计算机信息管理带来了一场巨大的革命，几十年来，国内外已经开发建设了成千上万个数据库，它已成为企业、部门乃至个人日常工作、生产和生活的基础设施。同时，随着应用的扩展与深入，数据库的数量和规模越来越大，数据库的研究领域也得到了拓广和深化。

12.1 概　　述

数据库技术既是信息系统的一种核心技术，也是一种计算机辅助管理数据的方法，它通过研究数据库的结构、存储、设计、管理以及应用的基本理论和实现方法，并利用这些理论来实现对数据库中的数据进行处理、分析和理解的技术。

数据库技术是研究、管理和应用数据库的一门软件科学，产生于20世纪60年代中期，是数据管理的最新技术，也是计算机科学的一个重要分支。数据库技术研究如何科学地组织和存储数据、如何高效地获取和处理数据。进入21世纪以后，数据库技术不断与面向对象技术、网络技术和多媒体技术等相互结合，使计算机应用迅速渗透到工农业生产、商业行政、科学研究、工程技术和国防军事的各个部门，渗透到社会的每个角落，并改变着人们的工作和生活方式。

12.1.1 数据库技术的相关概念

数据库技术是现代信息科学与技术的重要组成部分，是计算机数据处理与信息管理系统的核心。数据库技术研究和解决了计算机信息处理过程中大量数据有效地组织和存储的问题，在数据库系统中减少数据存储冗余、实现数据共享、保障数据安全以及高效地检索数据和处理数据。因此，在学习数据库技术的过程中，需要先了解以下数据库技术相关概念。

1. 数据

数据（Data）是指用于描述现实世界中各种具体事物或抽象概念的、可存储并具有明确意义的符号记录。它不仅包含人们在日常工作中所熟悉的数字，还包括在描述事物过程中经常采用的文字、图形、图像和声音等。通过数据将事物的信息及时、正确、有效地描述或记录，是数据处理过程中的关键。

2. 信息

信息（Information）是反映客观事物特征的可通信的，且具有特定含义和意义的数据集合。相对于数据来说，信息是数据处理以后赋予一定语义的产物，它能对行为主体产生影响。

3. 数据库

数据库（DataBase），简单的理解就是存放数据的仓库，其本质是长期存储在计算机内部的、有组织、可共享的数据集合。数据库以一定的数学模型来组织、描述数据，不仅支持数据存取，更强调数据存取的完备、准确和高效。因此，数据库的数据独立性高、冗余度低、共享性好。

4. 数据库管理系统

数据库管理系统（DataBase Management System，DBMS）是指位于用户和操作系统之间的一层数据管理软件，用于建立、使用和维护数据库。它对数据库进行统一的管理和控制，以保证数据库的安全性和完整性。用户通过 DBMS 访问数据库中的数据，数据库管理员也通过 DBMS 进行数据库的维护工作。它提供多种功能，可使多个应用程序和用户用不同的方法在相同或不同时刻去建立、修改和查询数据库。它能让用户方便地定义和操纵数据，维护数据的安全性和完整性，以及进行多用户下的并发控制和恢复数据库。

5. 数据库系统

数据库系统（DataBase System）是指实现有组织地、动态地存储大量关联数据，方便用户访问的计算机硬件、软件和数据资源组成的系统，即它是采用数据库技术的计算机系统。

12.1.2 数据管理技术的发展

数据处理的中心问题是数据管理。数据管理指的是对数据的分类、组织、编码、存储、检索和维护。数据管理技术的发展与计算机硬件、系统软件及计算机应用范围有着密切的联系。迄今为止，数据管理经历了人工管理、文件系统和数据库系统 3 个发展阶段。

1. 人工管理阶段

在20世纪50年代中后期之前，计算机主要用于科学计算，很少用于数据管理。当时的硬件状况是：计算机没有内存，外存只有纸带、卡片、磁带，没有磁盘；软件状况是：没有操作系统，没有统一的数据管理软件，数据处理的方式基本上是批处理。人工管理阶段的程序与数据关系示意如图12.1.1所示。

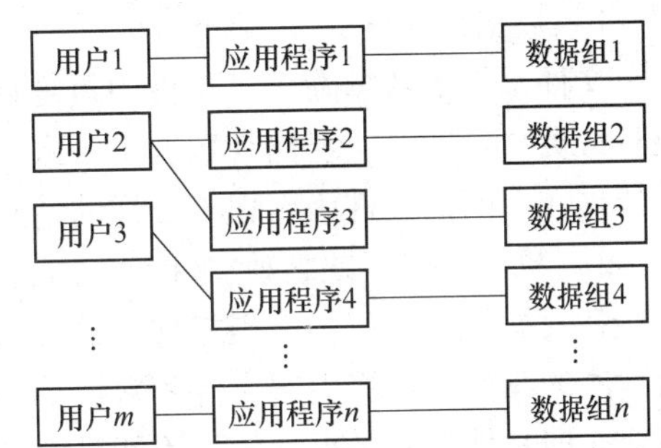

图12.1.1 程序与数据的关系示意（人工管理阶段）

在人工管理阶段，数据管理具有以下4个方面的特点：

1）数据不保存

由于计算机在此阶段主要用于科学计算，因此只是在计算时将所需数据输入，用完并不保存，不仅对用户数据如此，对系统软件所需的数据也如此。

2）没有专用的软件对数据进行管理

程序员不仅要规定数据的逻辑结构，还要在程序中设计物理结构，包括存储结构、存取方法和输入/输出方式等。程序中的存取子程序随着存储结构的改变而改变，因而数据与程序不具有独立性。存储结构改变时，应用程序也必须改变。

3）没有文件的概念

数据的组织方式必须由程序员自行设计。

4）数据无法共享

数据是面向应用的，一组数据只能对应一个程序。多个应用涉及的相同数据也必须各自定义，数据无法共享，因而造成了大量的数据冗余。

2. 文件系统阶段

20世纪50年代后期到60年代中期，计算机的应用范围逐渐扩大，不仅用于科学计算，还大量用于数据处理和信息管理。在硬件方面，已经有了磁盘、磁鼓等直接存取的存储设备；在软件方面，操作系统中已经有了专门的数据管理软件，当时被称为文件系统；在处理方式上，不仅有了文件批处理，还能联机实时处理。文件系统阶段的程序与数据关系示意如图12.1.2所示。

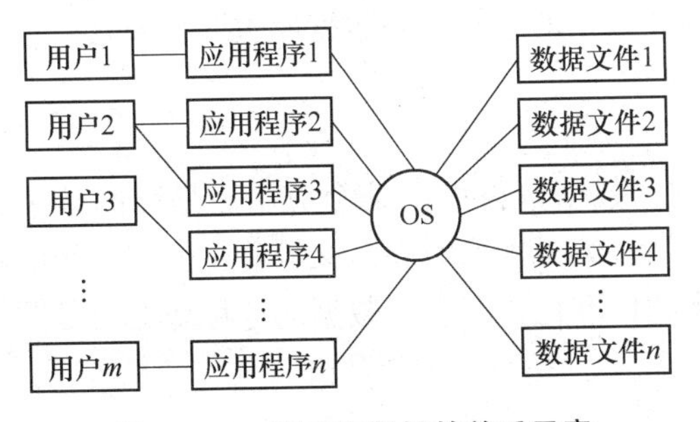

图12.1.2 程序与数据的关系示意（文件系统阶段）

在文件系统阶段，数据管理具有以下4方面的特点：

1）数据可以长期保存

由于计算机大量用于数据处理，因此数据需要长期保留在外存上，反复进行查询、修改、插入和删除等操作。

2）有了专门的软件（即文件系统）进行数据管理

程序与数据之间由软件提供存取方法进行转换，使应用程序与数据之间有了一定的独立性。

3）文件组织出现了多样化

在文件组织上有了索引文件、链接文件和直接存取文件等，但文件之间相互独立、缺乏联系。数据之间的联系要借助专门的程序去实现。

4）数据的存取基本上以记录为单位

文件系统阶段是数据管理技术发展过程中的一个重要阶段，但随着数据管理规模的扩大，数据量急剧增加，文件系统也暴露出了它自身的不足，主要表现在以下两个方面。

1）数据冗余度大

文件系统的数据在多个文件中重复存放，数据冗余无法控制，数据冗余本身是一种资源浪费。更严重的是，会出现数据不一致，因为在进行更新操作时，稍有不慎，就可能使同样的数据在不同的文件中出现不一样的情况。

2）数据和程序缺乏独立性

在数据处理过程中，当文件中数据的逻辑结构改变时，就必须修改应用程序；同样，应用程序的改变，也将引起文件的数据结构的改变。可见，文件系统仍然是一个无结构的数据集合，即文件之间是孤立的，不能反映现实世界事物之间的内在联系。

3. 数据库系统阶段

20 世纪 60 年代后期以来，计算机用于数据处理和管理的规模更为庞大，应用越来越广泛，数据量急剧增长，而且数据的共享要求越来越强。此时，硬件价格下降，软件价格上升，以文件为数据管理手段已经不能满足数据处理和管理应用的需求；在硬件方面，磁盘技术也取得了重要进展，大容量和快速存取的磁盘陆续进入市场，为数据库技术的产生提供了良好的物质基础。数据库系统阶段的程序与数据关系如图 12. 1. 3 所示。

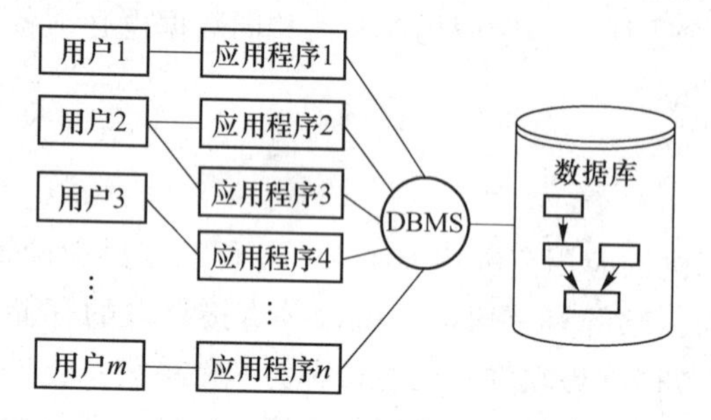

图 12. 1. 3　程序与数据的关系示意（数据库系统阶段）

在数据的数据库系统阶段，数据管理在数据库系统中由一个称为数据库管理系统（DBMS）的软件实现，它对数据库的建立、使用和维护进行统一管理。该阶段的数据管理具有以下特点：

1）面向全组织的复杂的数据结构

在数据库系统中，描述数据时，不仅要描述数据本身，还要描述数据之间的联系。因此，从整体上看，不仅要考虑一个应用的数据结构，还要考虑整个组织的数据结构。数据的结构化是数据库主要特征之一，是数据库与文件系统的根本区别。

2）数据冗余度小，共享性好

数据库系统是从整体角度看待和描述数据的，数据不再面向某个应用而是面向整个系统。这样，数据冗余大大减少，既能节约存储空间、编短存取时间，又能避免数据之间的不相容性和不一致性，并且可以更好地贯彻规范化和标准化，有利于数据的迁移和更大范围内的数据共享。

3）数据和程序具有较高的独立性

数据库系统提供了两个方面的映像功能，从而使数据既具有物理独立性，又具有逻辑独立性。由于数据和程序之间具有独立性，因此可以把数据的定义和描述从应用程序中分离。

另外，由于数据的存取由 DBMS 管理，用户不必考虑存取路径等细节，从而简化了应用程序的编制，大大减少了对应用程序的维护和修改。

4）有了统一的数据控制功能

数据库是数据管理系统中各用户的共享资源。因此，系统必须提供数据的安全性控制、完整性控制和并发控制。数据的安全性控制保证数据的安全，防止数据丢失或被窃取、破坏；数据的完整性控制保证数据的正确性、有效性和相容性，在数据库被破坏或数据不可靠时，系统有能力把数据库恢复到正确状态；并发控制是对用户的并发操作加以控制、协调，防止数据库被破坏，保证并发访问时的数据一致性。

5）增加了系统的灵活性

数据的最小存取单位是数据项，因此对数据的操作不一定以记录为单位，还可以以数据项为单位。

12.1.3 数据库系统的组成

数据库系统是由数据库、硬件、软件和数据库管理员（DataBase Administrator，DBA）构成的集合体。它是一个实际可运行的，按照数据库数据管理方式存储、维护及给应用系统提供信息或数据支持的计算机系统。该系统的目标是存储信息并支持用户检索和更新所需要的信息。

1. 数据库

数据库是在计算机外存储器上按一定组织方式存储在一起的数据构成的数据集合，主要是用来存储数据的。数据库中的数据相互关联且具有最小冗余度、可共享、具有较高的数据独立性。可确保数据的安全性和完整性。数据库本身不是独立存在的，它是数据库系统的一部分。在实际应用中，人们面对的是数据库系统。

2. 硬件系统

硬件系统是整个数据库系统的基础，它包括中央处理器、内存、外存、输入/输出设备、数据通道等硬件设备。数据库系统的数据量很大，并且数据库管理系统的丰富功能使其自身的规模也很大，因此整个数据库系统对硬件的要求较高。在实际应用时过程中，硬件系统需要具备以下要求：

（1）需要有足够大的内存来存储操作系统、数据库管理系统的核心模块、数据缓存区和应用程序等。

（2）需要有大容量的、直接存取的外存来直接存储数据库和进行数据备份。

（3）需要有较强的通道能力来提高数据传送率。

3. 软件

在整个数据库系统的组成中，数据库系统涉及的相关软件包括以下 3 个部分：

（1）操作系统。它用于支持数据库管理系统的运行。

（2）数据库管理系统。它是数据库系统的核心。

（3）以数据库管理系统为核心的应用开发工具。它是系统为应用开发人员和最终用户提供的高效率、多功能的应用生成器、查询器等各种软件工具，为数据库系统的开发和应用提供了良好的环境。

4. 数据库管理员

数据库管理员控制数据的整体结构，负责数据库系统的正常运行。数据库管理员可以是一个人，在大型系统中也可以是由几个人组成的小组。数据库管理员承担创建、监控和维护整个数据库结构的责任。数据库管理员的具体职责如下：

（1）负责设计概念模型（决定存储什么关系）和物理模型（决定如何存储数据），即DBA决定数据库中的信息和内容，并参与数据库的设计。

（2）负责确保数据库的安全性和完整性。数据库管理员负责检查系统是否满足完整性约束，并确保不允许操作未授权的数据存取。一般来说，对于数据库的所有数据，不是每个人都能存取的。例如，在学生成绩管理系统中，对于学生来讲，它只有查询的权限，而没有修改的权限，数据库管理员只把查询的权限赋给学生，就可以实现这种安全与授权策略。

（3）负责监控数据库的使用和运行，以及及时处理数据库运行过程中出现的问题。当系统发生故障时，数据库管理员必须在最短的时间内将数据库恢复到正确状态，并尽可能不影响或少影响计算机其他部分的正常运行。为此，数据库管理员需要定义和实施适当的备份和回复策略，如周期性地转储数据和维护日志文件等。

（4）需要负责修改数据库。用户的需求是随着时间的变化而变化的，数据库管理员需要修改数据库并不断地改进数据库，以保证它的性能能够适应用户的需求。

12.1.4 数据库系统体系结构

美国国家标准协会（American National Standard Institute，ANSI）的数据库管理系统研究小组于1978年提出了针对数据库系统的标准化建议，建议将数据库结构分为3级，即面向用户或应用程序员的用户级、面向建立和维护数据库人员的概念级、面向系统程序员的物理级。在该建议的基础上，经过逐渐发展和演变，最终形成了今天的“三级模式，两级映射”的数据库体系结构。该“三级模式和两级映射”的数据库体系结构如图12.1.4所示。

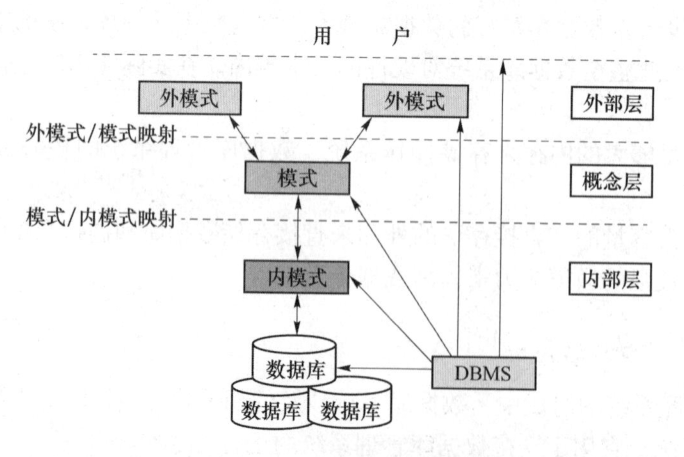

图12.1.4　数据库体系结构示意

1. 三级模式

1）模式

模式也称逻辑模式，是数据库中全体数据的逻辑结构和特征的描述，是所有用户的公共数据视图。它是数据库系统模式结构的中间层，不涉及数据的物理存储细节和硬件环境，与具体的应用程序及所使用的应用开发工具及高级程序设计语言无关。一个数据库只有一个模式。数据库模式以某一种数据模型为基础，统一综合考虑所有用户的需求，并将这些需求有机地结合成一个逻辑整体。定义模式时，不仅要定义数据的逻辑结构，还要定义与数据有关的完整性要求，定义这些数据间的联系。

2）外模式

外模式也称用户模式或子模式，由模式导出，是模式的一个子集，它是数据库用户（包括应用程序和最终用户）能够看见和使用的局部数据的逻辑结构和特征描述。外模式是数据库用户的数据视图，即与某一具体应用有关的数据的逻辑表示，它定义了允许用户操作的数据库数据，所有的应用程序都是根据外模式中对数据的描述编写的。外模式是可以共享的，在同一个外模式上可以编写多个应用程序，但一个应用程序只能使用一个外模式。因为不同用户使用数据内容不同，看待数据的方式也不相同，对数据的保密要求不同，所以不同用户的外模式是不同的。

3）内模式

内模式也称存储模式，是对数据的物理结构和存储方式的描述，是数据在数据库系统内部的表示。例如，记录的存储方式、索引的组织方式、数据是否压缩、存储数据是否加密和数据的存储记录结构有何规定等。一个数据库只有一个内模式，且独立于具体的存储设备。

2. 两级映射

在上面所讲的三级模式之间存在着两种映射关系，一种是外模式/模式映射，这种映射把用户数据库与概念数据库联系起来；另一种映射是模式/内模式映射，这种映射把概念数据库与物理数据库联系起来。数据库的三级模式和两种映射保证了数据库的逻辑数据独立性和物理数据独立性。

1）外模式/模式映射

外模式/模式映射实现了外模式到概念模式之间的相互转换。用户应用程序根据外模式进行数据操作，通过外模式/模式映射，定义和建立某个外模式与模式之间的对应关系，将外模式与模式联系起来，当模式发生改变时，只要改变其映射，就可以使外模式保持不变，对应的应用程序也保持不变，从而保证数据与程序的逻辑独立性。

2）模式/内模式映射

模式/内模式映射实现了概念模式到内模式之间的相互转换。通过模式内模式映射，定义建立数据的逻辑结构（模式）与存储结构（内模式）间的对应关系，当数据的存储结构发生变化时，只需改变模式/内模式映射，就能保持模式不变，因此应用程序也可以保持不变，从而可以保证数据与程序的物理独立性。

12.2 数据模型

12.2.1 数据模型的基本概念及分类

模型就是对现实世界特征的模拟和抽象；数据模型是在数据库系统对现实世界数据特征的抽象。数据模型是数据库系统的核心和基础，是用来描述数据、组织数据和对数据进行操作的。数据从现实世界事物的客观特性到计算机世界里的具体表示，主要需要经历现实世界、信息世界、机器世界3个领域的转换，才能在计算机中表示。

1）现实世界

现实世界的数据就是客观存在的各种报表、图表和查询格式等原始数据。计算机只能处理数据，所以首先要解决的问题是按用户的观点对数据和信息建模，即抽取数据库技术所研究的数据，分门别类，综合抽取出系统所需要的数据。

2）信息世界

信息世界是现实世界在人们头脑中的符号、文字、图片、声音、图像等记录。在信息世界中，数据库常用的表示现实世界的概念有实体、实体集、属性和码等。

3）机器世界

机器世界是按计算机系统的观点对数据建模，即对现实世界的问题如何表达为信息世界的问题，而信息世界的问题又如何在具体的机器世界中表达进行研究。机器世界中数据描述的术语有字段、记录、文件和记录码等。

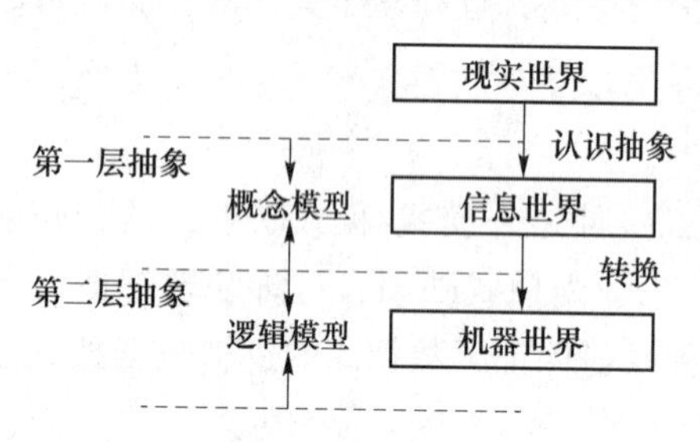

图 12.2.1　数据模型的抽象层次表示

数据模型的种类很多，根据模型应用的不同目的，可把数据模型划分为两类，如图12.2.1所示。一类模型是概念模型，也称信息模型，它按用户的观点来对数据和信息进行建模，强调其语义的表达能力，其概念需要简单、清晰、易于用户理解，它是对现实世界的第一层抽象，是用户和数据库设计人员之间进行交流的工具，这一类模型中最著名的是E-R模型；另一类模型直接面向数据库的逻辑结构，它是对现实世界的第二层抽象。这类模型与DBMS有关，被称为逻辑模型和物理模型。常见的逻辑模型主要有网状模型、层次模型、关系模型、面向对象模型等。

在实际的操作过程中，物理模型是对数据最低层的描述，描述数据在系统内部的表示方式和存取方法，而在磁盘或磁带上的存储方式和存取方法是面向计算机系统的，一般不需要考虑。因此，若无特别说明，我们在数据模型中讨论的数据库的逻辑结构模型，指的就只是逻辑模型。

12.2.2 数据模型的三要素

一般来讲，任何一种数据模型都是严格定义的概念的集合。这些概念必须能够精确地描述系统的静态特性、动态特性和完整性约束条件。因此，数据模型通常由数据结构、数据操作和完整性约束3个要素组成。

1. 数据结构

数据结构描述数据库的组成对象以及对象之间的联系。数据结构描述的内容包括两类：一类是与对象的类型、内容、性质有关的，如网状模型中的数据项、记录，关系模型中的域、属性、关系等；另一类是与数据之间联系有关的对象，如E－R模型中的联系。数据结构是刻画数据模型性质最重要的方面。因此在数据库系统中，人们通常按照数据结构的类型来命名数据模型。例如，层次结构、网状结构和关系结构的数据模型分别命名为层次模型、网状模型和关系模型。总之，数据结构是对系统静态特性的描述。

2. 数据操作

数据操作是指对数据库中各种对象的实例允许执行的操作集合，包括操作及有关的操作规则。数据库主要有查询和更新（包括插入、删除、修改）两大类操作。数据模型必须定义这些操作的确切含义、操作符号、操作规则（如优先级）以及实现操作的语言（如SQL）。总之，数据操作是对系统动态特性的描述。

3. 完整性约束

数据的完整性约束是一组完整性规则的集合，在完整性规则中给出了数据模型中数据及其联系所具有的制约和依赖规则，用以限定符合数据模型的数据库状态以及状态的变化，以保证数据的正确、有效、相容。在建立数据模型时，应该反映和遵守规定的通用的完整性约束条件。例如，在关系模型中，任何关系必须满足实体完整性和参照完整性两个条件。

此外，数据模型还应该提供定义完整性约束条件的机制，以反映具体应用所涉及的数据必须遵守的特定的语义约束条件。例如，在学校的成绩数据库中，规定大学生四年各科成绩平均分必须在70分以上才能达到毕业资格审查中授予学士学位的要求。

12.2.3 概念数据模型（E－R模型）

E－R模型是典型的独立于计算机系统的概念数据模型，是位于数据模型信息世界层的建模工具，主要作用是进行现实世界到信息世界的第一层抽象。它于1976年由美籍华裔计算机科学家陈品山提出，用于在对现实世界的第一次抽象时，把现实世界的要求转化为用实体、联系、属性等几个基本概念来表示的数据模型，且能用图形化的形式把建立的数据模型直观地表达。

1. E－R模型的相关概念

1）实体

现实世界中的事物可以抽象成为实体，实体是概念世界中的基本单位，它们是客观存在的且能相互区别的事物。实体可以是人，也可以是物；可以指实际对象，也可以指某些概念；可以指事物本身，也可以指事物与事物之间的联系。例如，一个学生、一本书、一门课、一次考试、人与人的朋友关系等。

2）联系

联系是实体集之间关系的抽象表示，其中实体集指同类型实体的集合。例如，教师实体集与学生实体集之间存在“讲授”关系；学生实体集与课程实体集之间存在“选课”关系；等等。

在讨论两个实体集之间的联系时，可以把这种联系分为以下 3 类。

（1）一对一联系（1:1）。

如果对于实体集 A 中的每一个实体，实体集 B 中至多有一个实体与之联系，反之亦然，则称实体集 A 与实体集 B 具有一对一联系，记为 1:1。

例如，在高校中，学校实体集与校长实体集之间的“聘任”关系，就是一对一的联系，如图 12. 2. 2（a）所示。

（2）一对多联系（$1:n$）。

如果对于实体集 A 中的每一个实体，实体集 B 中有 n 个实体（$n \geqslant 0$）与之联系，反之，对于实体集 B 中的每一个实体，实体集 A 中至多只有一个实体与之联系，则称实体集 A 与实体集 B 有一对多联系，记为 $1:n$。

例如，在高校中，班级实体集与学生实体集之间的“对应”关系，就是一对多的联系，如图 12. 2. 2（b）所示。

（3）多对多联系（$m:n$）。

如果对于实体集 A 中的每一个实体，实体集 B 中有 n 个实体（$n \geqslant 0$）与之联系，反之，对于实体集 B 中的每一个实体，实体集 A 中也有 m 个实体（$m \geqslant 0$）与之联系，则称实体集 A 与实体集 B 具有多对多联系，记为 $m:n$。

例如，在高校中，学生实体集与课程实体集之间的“选课”关系，就是多对多的联系，如图 12. 2. 2（c）所示。

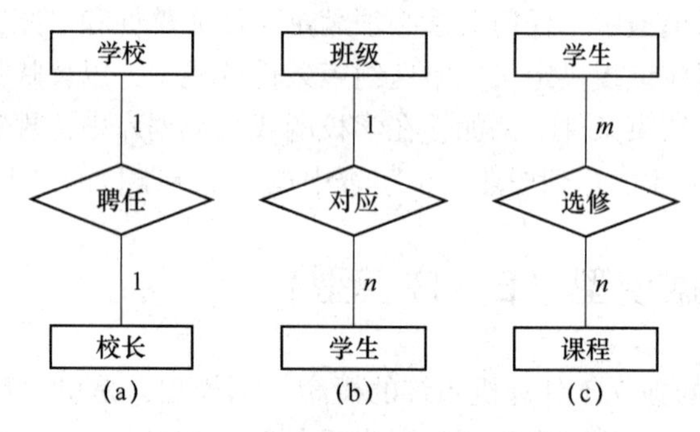

图 12. 2. 2　实际间的三种联系示意

（a）1:1 联系；（b）$1:n$ 联系；（c）$m:n$ 联系

3）属性

属性是指实体所具有的某一特性。一个实体可以由若干个属性来描述。

例如，学生实体可以用学号、姓名、性别、年龄、系别、年级、专业等属性来描述。

2. E－R 图

E－R 图是 E－R 模型的一种非常直观的表示方法，在 E－R 图中有以下 4 种基本成分。

1）矩形框

矩形框表示实体型，框内写上实体名。

2）菱形框

菱形框表示实体间的联系，框内写上联系名。

3）椭圆形框

椭圆形框表示实体和联系的属性，框内写上属性名，对于属于码（Key）的属性，在属性名下画一条横线。

4）连线

实体与属性之间，联系与属性之间用直线连接；联系与其涉及的实体之间也以直线连接，用来表示它们之间的联系，并在直线端部标注联系的类型（1:1，1:n，m:n）。

例如，学生学习课程，学生有学号、姓名、性别、年龄、系别、年级、专业等属性，学号是学生实体的码（Key）。课程有课程号、课程名、课时数、课程学分等属性，课程号是课程实体的码（Key）。学生实体与课程实体之间的联系为学习，是多对多联系，因为一个学生可以学习多门课程，一门课程也可以被多个学生学习，用成绩来描述学习的属性。用 E－R 图表述出的学生学习课程的概念模型如图 12. 2. 3 所示。

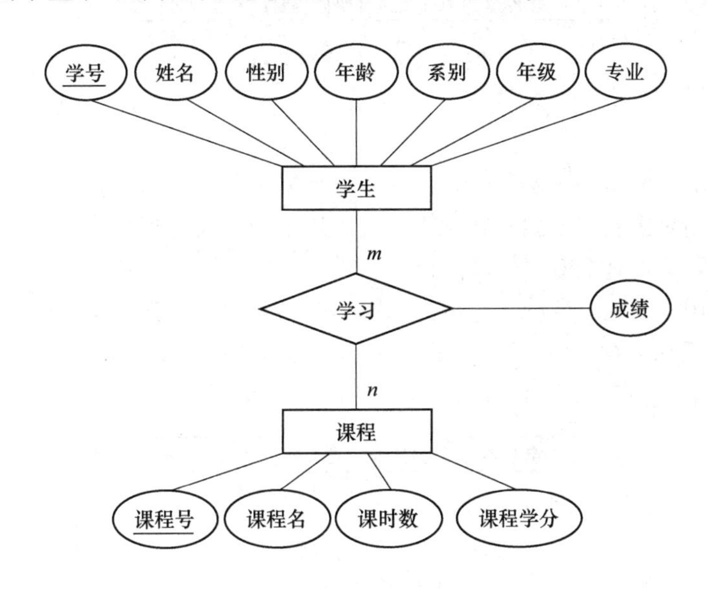

图 12. 2. 3　学生学习课程 E－R 图

注：下划线表示该属性为码。

12. 2. 4　常见的数据逻辑模型

在常见的数据模型中，还有一种数据模型是直接面向数据库的逻辑结构的，它们是对现实世界的第二层抽象。在这类模型中，比较典型的有层次模型（Hierarchical Model）、网状模型（Network Model）、关系模型（Relational Model）和面向对象模型（Object Oriented Model）4 种。其中，层次模型和网状模型又被称为非关系模型（或格式化模型），这模型的数据库系统在 20 世纪七八十年代非常流行，在数据库系统中占了主导地位，现在已经逐渐被关系模型的数据库系统取代；关系模型是现今比较流行的数据库建模模型；面向对象模型是捕获在面向对象程序设计中所支持的对象语义的逻辑数据模型。

1. 层次模型

层次模型是数据库系统中最早出现的数据模型，采用层次模型的数据库的典型代表是1969由IBM公司的IMS（Information Management System）数据库管理系统。该模型使用树结构来表示实体类型及实体联系，其在20世纪70年代的商业上得到了广泛的应用，至今在一些西方国家还有一些早期开发的应用系统在使用基于该模型的数据库。图12.2.4所示为某高校中一个系的层次模型。

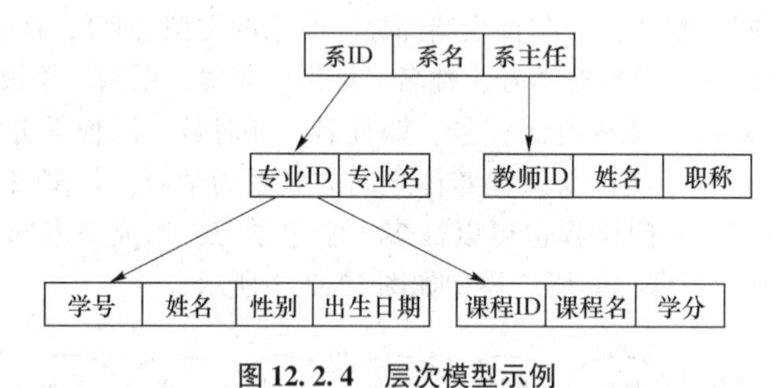

图12.2.4 层次模型示例

2. 网状模型

网状模型的出现要略晚于层次模型，它是一种采用有向图结构表示实体类型及实例间联系的数据模型，相对于层次模型，网状模型可以用于描述较为复杂的现实世界。它通过指针实现记录之间的联系，查询效率较高，但由于数据结构复杂并且编程复杂，对开发人员的要求较高，它的应用也受到一定制约。世界上第一个网状数据库管理系统是由美国通用电气公司的Bachman等人在1964年开发成功的IDS（Integrated Data Store）。IDS的出现，奠定了网状数据库的应用基础。图12.2.5所示为学生选课的网状模型。

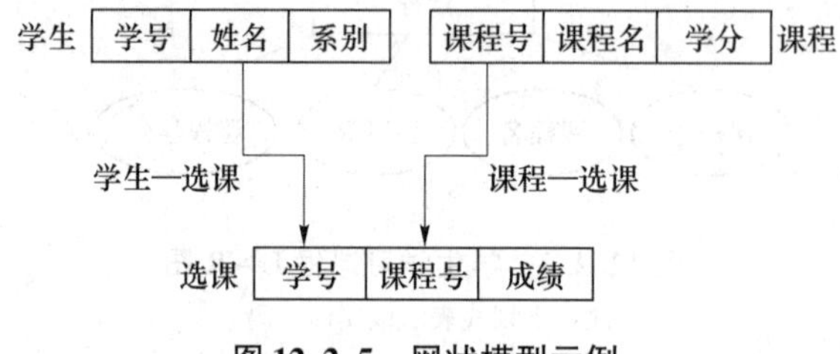

图12.2.5 网状模型示例

3. 关系模型

1970年，IBM的研究员E. F. Codd博士发表《大型共享数据银行的关系模型》一文，提出了关系模型的概念，开创了数据库的关系方法和关系数据理论的研究，为关系数据库技术奠定了理论基础。关系模型是一种用二维表表示实体类型及实体间联系的数据模型，也是目前最常用的数据模型之一。关系模型与层次模型、网状模型的最大差别是用键而不用指针导航数据，其数据结构简单，用户易懂，用户只需使用简单的查询语句就可以对数据库进行操作，并不涉及存储结构等细节。另外，关系模型是数学化的模型，有严格的数学基础及在此基础上发展的关系数据理论，简化了程序员的工作和数据库的开发维护工作，因而关系模型诞生以后发展迅速，成为深受用户欢迎的数据模型。在此以图12.2.6所示的学生基本情况表为例，介绍关系模型中的一些主要术语。

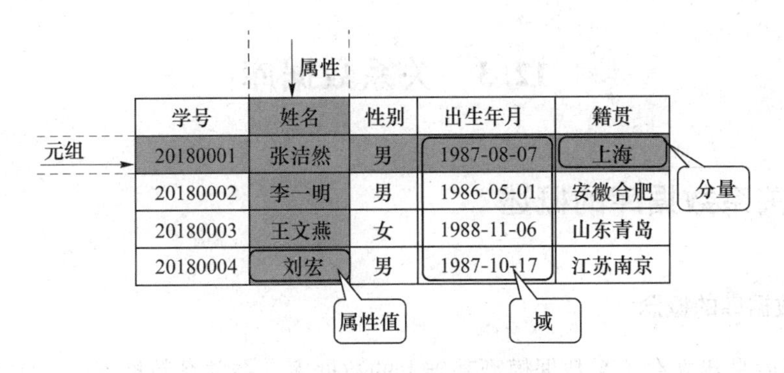

图 12.2.6 关系模型示例

1）关系（Relation）

一个关系对应一个二维表，二维表名就是关系名。

2）元组（Tuple）

在二维表中的行称为元组，在关系数据库中被称为记录。

3）分量（Component）

元组中的值。

4）属性（ Attribute）

二维表中的列称为属性，列值称为属性值。

5）域（ Domain）

属性值的取值范围称为域。

6）关键字（Key）或码

在关系的所有属性中，能够用来唯一标识元组的最小的属性组合称为关键字（简称“键”）或码。

7）候选关键字（Candidate Key）或候选码

如果在一个关系中存在多个属性或属性组合都能唯一标识该关系的元组，那么这些属性或属性组合都称为该关系的候选关键字或候选码。

8）主关键字（ Primary Key）或主码

在一个关系的若干个候选关键字中，指定作为关键字的属性或属性组合称为该关系的主关键字（简称“主键”）或主码。

9）外关键字（ Foreign Key）或外码

如果关系中的某个属性或属性组合不是本关系的关键字，而是另一个关系的关键字，则该属性或属性组合为本关系的外关键字（简称“外键”）或外码。

4. 面向对象模型

面向对象模型是建立在面向对象的基本思想基础上的一种数据模型。它把实体表示为类，用一个类描述对象属性和实体行为的方法，是一种比较新的数据库逻辑结构模型。在该模型中，记录被称作对象实体来描述，可以在对象中存储数据，同时提供方法或程序执行特定的任务。该模型使用的查询语言与开发数据库程序所使用的面向对象的程序设计语言是相同的，它没有像 SQL 这样简单统一的查询语言。虽然现在面向对象的数据库实例不多，但它是面向对象程序设计语言的开发人员很期待的一个数据库模型。

12.3 关系数据库

12.3.1 关系数据库的概述

1. 关系数据库的概念

关系数据库是建立在关系数据模型基础上的数据库。在关系数据库中，使用集合、代数等概念和方法来处理数据库中的数据，同时它也被表示为一个被组织成一组拥有正式描述性的表格，该形式的表格的实际作用是一个装载着数据项的特殊收集体，这些表格中的数据能以许多不同的方式被存取或重新召集，而不需要重新组织数据库表格。每个表格（也被称为一个关系）中用列表示一个或更多数据种类；用行表示一个唯一的数据实体，这些数据实体中的每一个数据是被列定义的种类。当创建一个关系数据库时候，可以定义每个数据列的可能值的集合和定义可能应用于那个数据列中值的约束。常用的关系数据库有Oracle、DB2、SQL Server、Informix、Sybase、MySQL 等。

2. 关系数据库的特性

自从 20 世纪 80 年代以来，数据库领域的研究工作大都以关系模型为基础，关系数据库相比其他模型的数据库而言，有着异于其他数据模型的特性。

1）易理解性

二维表结构是非常贴近逻辑世界的一个概念，因而使关系模型相对网状模型、层次模型等其他模型来说更容易理解。

2）易使用性

通用的数据库查询语言使操作关系型数据库非常方便，程序员（甚至数据管理员）可以方便地在逻辑层面操作数据库，而完全不必理解其底层实现。

3）易维护性

在关系数据库中定义了丰富的完整性规则，大大降低了数据冗余和数据不一致性。

3. 关系数据库的完整性规则

关系数据库的完整性规则是实现对关系中的数据的约束。关系数据库提供了三类完整性规则：实体完整性规则；参照完整性规则；用户定义完整性规则。其中，实体完整性规则和参照完整性规则是关系数据库必须满足的完整性约束规则；用户定义完整性规则是用户根据应用实际环境对关系中数据定义的约束规则。

1）实体完整性规则

实体完整性要求关系的主键不能取空值，且主键不可重复，以保证主键能唯一地标识关系中的每个元组。例如，在关系“学生（学号、姓名、性别、年龄、专业、年级）”中，如果“学号”是“学生”关系的主键，则“学号”不能取空值也不能重复。

2）参照完整性规则

参照完整性要求关系之间需有相互关联的基本约束，不允许关系引用不存在的元组，即

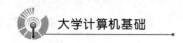

在关系中的外键，要么是所关联关系中实际存在的元组，要么为空值。例如，在关系 R 中含有关系 S 的主键 F（F 为 R 的外键），则 R 中每个元组在属性 F 上的值必须为空（全部元组的 F 取值为空），或者等于关系 S 中某个元组的主键值。这种约束是要求当录入或修改某一关系的属性值时，必须同时考虑与其联系的相关关系中的属性值的同步修改，否则就破坏了参照完整性。

3）用户定义完整性规则

用户自定义完整性是针对某一具体数据的约束条件，由应用实际环境决定，它反映某一具体应用所涉及的数据必须满足的语义要求。系统应提供定义和检验这类完整性的机制，以便用统一的系统方法来处理它们。例如，人的性别只能在“男”或“女”中选择；职工的工龄应小于年龄；人的身高不能超过3米；等等。

12.3.2 关系代数运算

关系代数运算是以关系为操作对象，通过某种操作规则变换后，得出一个操作结果的过程。在整个操作过程中，每种操作取1个或 n 个关系为操作数，结果产生一个新关系。关系代数运算可分为两类：一类为传统的集合运算，包括并、交、差、除、笛卡尔积；另一类为专门的关系代数运算，包括选择、投影、连接。

1. 并运算

并运算是建立在同类关系的基础上的，运算符为∪。若存在两个同类关系 R 和 S，则 $R \cup S$ 运算的结果为属于 R 或属于 S 的所有元组（重复元组合并）组成的新的关系，如图12.3.1所示。

A	*B*	*C*	*D*
1	2	3	4
2	2	5	7
9	0	3	8

(a)

A	*B*	*C*	*D*
2	2	3	8
1	2	3	4
9	1	2	3

(b)

A	*B*	*C*	*D*
1	2	3	4
2	2	5	7
9	0	3	8
2	2	3	8
9	1	2	3

(c)

图12.3.1 关系的并运算

(a) 关系 R；(b) 关系 S；(c) $R \cup S$

2. 交运算

交运算是建立在同类关系的基础上的，运算符为∩。若存在两个同类关系 R 和 S，则 $R \cap S$ 运算的结果为属于 R 且同时也属于 S 的所有元组（重复元组合并）组成的新的关系，如图12.3.2所示。

3. 差运算

差运算是建立在同类关系的基础上的，运算符为－。若存在两个同类关系 R 和 S，则 $R-S$ 运算的结果为属于 R，但不属于 S 的 R 中的所有元组组成的新的关系，如图12.3.3所示。

A	B	C	D
1	2	3	4
2	2	5	7
9	0	3	8

(a)

A	B	C	D
2	2	3	8
1	2	3	4
9	1	2	3

(b)

A	B	C	D
1	2	3	4

(c)

图 12.3.2　关系的交运算

(a) 关系 R；(b) 关系 S；(c) $R \cap S$

A	B	C	D
1	2	3	4
2	2	5	7
9	0	3	8

(a)

A	B	C	D
2	2	3	8
1	2	3	4
9	1	2	3

(b)

A	B	C	D
2	2	5	7
9	0	3	8

(c)

图 12.3.3　关系的差运算

(a) 关系 R；(b) 关系 S；(c) $R-S$

4. 除运算

除运算是建立在不同类关系的基础上的，是笛卡尔积的逆运算，运算符号为 ÷。若存在两个不同类关系 R 和 S，假设 $R \div S$ 运算的结果为关系 T，则 T 包含所有在 R 但不在 S 中的属性及其值，且 T 的元组与 S 的元组的所有组合都在 R 中，如图 12.3.4 所示。

A	B	C	D
1	2	3	4
2	2	5	7
1	2	3	8

(a)

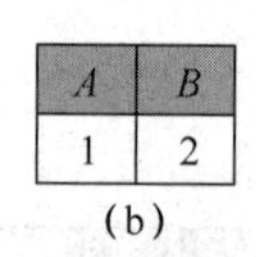

A	B
1	2

(b)

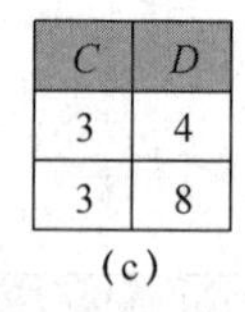

C	D
3	4
3	8

(c)

图 12.3.4　关系的除运算

(a) 关系 R；(b) 关系 S；(c) $T=R \div S$

5. 笛卡尔积

笛卡尔积运算可以在任意关系的基础上进行，运算符号为 ×。若存在两个任意的关系 R 和 S，其中 R 为 m 元关系，S 为 n 元关系，那么 $R \times S$ 运算的结果 T 为 $m+n$ 元关系，其运算的过程如图 12.3.5 所示。

6. 投影

投影是对关系在垂直方向上的选择操作。在一个关系中的投影操作，实际上是对构成该关系的二维表中的列进行选择运算。也就是说，投影是选择关系中的满足要求的列，并去掉重复元组后，提取出来构成一个新的关系，如图 12.3.6 所示。

7. 选择

选择是对关系在水平方向上的选择操作。在一个关系中的选择操作，实际上是对构成该

A	B	C	D
1	2	3	4
2	2	5	7
9	0	3	8

(a)

E	F
1	2
9	0

(b)

A	B	C	D	E	F
1	2	3	4	1	2
1	2	3	4	9	0
2	2	5	7	1	2
2	2	5	7	9	0
9	0	3	8	1	2
9	0	3	8	9	0

(c)

图 12.3.5　关系的笛卡尔积

(a) 关系 R；(b) 关系 S；(c) $R \times S$

关系的二维表中的行进行选择运算，也就是说，选择是找到关系中的满足条件的行后，提取出来构成一个新的关系，如图 12.3.7 所示。

A	B	C	D
1	2	3	4
2	2	5	7
9	0	3	8

(a)

A	C
1	3
2	5
9	3

(b)

图 12.3.6　关系的投影运算

(a) 关系 R；(b) $\pi_{A,C}(R)$

A	B	C	D
1	2	3	4
2	2	5	7
9	0	3	8

(a)

A	B	C	D
2	2	5	7

(b)

图 12.3.7　关系的选择运算

(a) 关系 R；(b) $\sigma_{A<'5' \wedge C\neq'3'}(R)$

8. 连接

在关系代数中，连接运算是由笛卡尔积运算和选取运算构成的，运算符号为⋈。首先完成对两个关系的笛卡尔积运算，然后对产生的结果依据一定的条件进行选取运算，常用的连接有自然连接和等值连接。

1）等值连接

等值连接是指在两个关系 R 和 S 的笛卡尔积运算的结果中，选择出某些属性或某些属性之间满足给定条件的所有元组，形成一个新临时关系的过程。如图 12.3.8 所示为关系 R 和 S 等值连接操作结果。

A	B	C	D
1	2	3	4
2	2	5	7
9	0	3	8

(a)

D	E	F	G
7	5	9	8
1	2	6	2
8	0	7	3

(b)

A	B	C	D	D	E	F	G
2	2	5	7	7	5	9	8
9	0	3	8	8	0	7	3

(c)

图 12.3.8　关系的等值连接

(a) 关系 R；(b) 关系 S；(c) $\underset{R.D=S.D}{R \bowtie S}$

2）自然连接

自然连接是一种特殊的等值连接，在连接运算的过程中，它将找到两个关系中属性名相同的属性，以该属性名为条件做等值连接，在所得到的结果中合并重复属性列和合并重复的元组后，最终形成一个新临时关系。如图 12.3.9 所示为关系 R 和 S 的自然连接操作结果。

A	*B*	*C*	*D*
1	2	3	4
2	2	5	7
9	0	3	8

(a)

D	*E*	*F*	*G*
7	5	9	8
1	2	6	2
8	0	7	3

(b)

A	*B*	*C*	*D*	*E*	*F*	*G*
2	2	5	7	5	9	8
9	0	3	8	0	7	3

(c)

图 12.3.9 关系的自然连接

(a) 关系 R；(b) 关系 S；(c) $R \bowtie S$

12.3.3 关系数据库的规范化理论

关系数据库的规范化理论最早是由关系数据库的创始人 E. F. Codd 于 1970 年在其文章《大型共享数据库数据的关系模型》中提出的，后经许多专家学者对关系数据库理论做了深入的研究和发展，形成了一整套有关关系数据库设计的理论。在该理论出现以前，层次型和网状数据模型只是遵循其模型本身固有的原则，相关的数据设计和实现具有很大的随意性和盲目性，缺乏规范数据库设计的理论基础，可能在以后的运行和使用中出现许多预想不到的问题。

关系数据库的规范化的基本思想是消除关系模式中的数据冗余，消除数据依赖中的不合理部分，解决数据在插入、删除过程中出现异常的问题。在关系数据库规范化理论中，主要包括函数依赖、范式（Normal Form，NF）和模式设计 3 个方面的内容。其中，函数依赖起着核心的作用，是模式分解和模式设计的基础；范式是模式分解的标准。在此，只讨论关系数据库的范式。

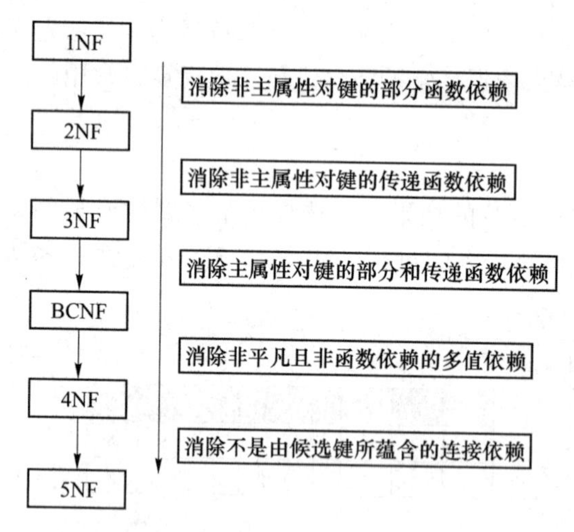

图 12.3.10 关系的规范化过程

范式是符合某一种级别的关系模式的集合，它是关系数据库理论的基础，也是我们在设计数据库结构中所要遵循的规则和指导方法。在关系数据库中，有几个基本的范式，即第一范式（1NF）、第二范式（2NF）、第三范式（3NF）、BCNF（BC 范式）、第四范式（4NF）、第五范式（5NF）。通常，在设计关系数据库时，只需要达到 3NF 就可以了。关系模型的规范化过程如图 12.3.10 所示。

1）第一范式（1NF）

对于关系模式，其中的每个属性都已不能再分为简单项，即在数据库表的每一列都是不可分割的原子数据项，而不能是集合、数组、记录等非原子数据项。也就是说，当实体中的某个属性有多个值时，必须拆分为不同的属性。简而言之，第一范式就是无重复的域。

2）第二范式（2NF）

如果某个关系模式 R 为第一范式，并且 R 中每一个非主属性完全依赖于 R 的某个候选键，则称其为第二范式，即要求数据表里的所有数据都和该数据表的主键有完全依赖关系。

3）第三范式（3NF）

如果关系模式 R 为第二范式，并且每个非主属性都不传递依赖于 R 的候选键，则称 R 为第三范式。即把传递依赖于主属性的属性放到另外一个关系中，消除传递依赖。

12.4 数据库设计

12.4.1 数据库设计概述

数据库设计是指，对于一个给定的应用环境，构造优化的数据库逻辑模式和物理结构，并根据构造的数据库逻辑模式和物理结构建立数据库及其应用系统，使之能够有效地存储和管理数据，以满足各种用户的信息管理要求和数据操作需求，最终设计出数据冗余度小、查询响应时间少、具有较好的数据完整性和数据一致性、多用户时并发控制能力强、可恢复性好、安全性好和功能扩充能力强的数据库系统。

1. 数据库设计的目标

为用户和各种应用系统提供一个数据存储的基础设施和数据处理的高效率运行环境，以实现数据的共享和安全存取。

2. 数据库设计的任务

根据一个单位的信息需求和数据库的数据库管理系统、操作系统和硬件等支撑环境，设计出数据库的外模式、模式和内模式，以及应用程序。其中，信息需求表示一个单位所需要的数据及其结构；数据库管理系统、操作系统和硬件是建立数据库的软、硬件基础和制约因素。

3. 数据库设计的方法

数据库设计从本质上来讲有两种基本方法：一种是以信息需求为主，兼顾处理需求的面向数据的设计方法；另一种是以处理需求为主，兼顾信息需求的面向过程的方法。这两种方法目前都在使用，面向过程的方法在早期使用较多，面向数据的设计方法是现在的主流。其中，目前公认的、比较完整和权威的一种规范设计方法是新奥尔良法，它结合软件工程的思想把数据库设计分成需求分析、概念结构设计、逻辑结构设计和物理结构设计 4 个阶段。常用的数据库规范设计方法大多来源于新奥尔良法。

12.4.2 数据库设计步骤

在实际进行数据库设计的过程中，一般从软件工程的角度出发，采用生命周期法将数据库应用系统的设计分成目标独立的若干阶段来完成，每完成一个阶段，都要对该阶段的设计进行设计分析、评价，评审该阶段产生的文档，对不符合要求的设计进行修改，以求最终实现数据库系统能够比较精确地模拟现实世界，并且能较准确地反映用户的需求，实现数据的

共享和安全存取。

使用数据库设计的生命周期法把整个数据库的设计分为需求分析、概念设计、逻辑设计、物理设计、数据库实施、数据库运行与维护6个阶段，如图12.4.1所示。

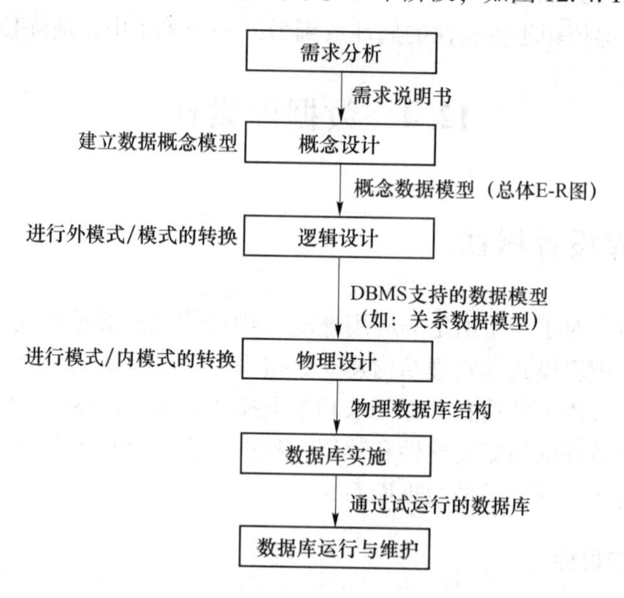

图12.4.1　数据库设计流程示意

1. 需求分析

需求分析是数据库设计的第一阶段，用户的需求是数据库设计的出发点，是整个数据库设计的基础。全面正确地了解用户的需求是数据库应用成功的关键。在该阶段，分析人员要对系统的整个应用情况进行全面、详细的调查，收集支持系统总的设计目标的基础数据和对这些数据的处理要求，尽可能精确地确定用户的需求。在需求分析阶段的后期，编写系统分析报告（也称"需求规格说明书"），提交用户的决策部门进行讨论审查。

2. 概念设计

在概念设计阶段，通过对用户需求进行综合、归纳与抽象，产生一个独立于具体DBMS的概念模型，该概念模型简单明确地表达用户业务环境数据需求数据之间的联系、数据约束条件。一般情况下，用E－R模型表示概念模型。该模型虽然只有几个基本元素，但能够表达现实世界复杂的数据、数据之间的联系和约束条件，它还能方便快捷地转换成关系模型。

3. 逻辑设计

在逻辑设计阶段，把概念结构转换为所选择的DBMS支持的数据模型，并对其进行优化。目前，绝大多数是将其转换成关系数据模型。

4. 物理设计

数据库最终需要存储在物理设备上，数据库在计算机物理设备上的存储结构与存取方法称为数据库的物理结构。为一个设计好的逻辑数据模型选择一个最符合应用要求的物理结构的过程，称为物理设计。因此，数据库的物理设计完全依赖于给定的数据库软件和硬件设备。然而，不同类型的 DBMS 对物理设计的要求差别很大。

5. 数据库实施

在数据库的实施阶段，设计人员需要运行 DBMS 提供的数据库语言及其宿主语言，根据逻辑设计和物理设计的结果建立数据库，编制和调试应用程序，组织数据入库，并进行数据库的试运行。

6. 数据库运行与维护

数据库经过试运行合格后，就可以投入正式运行，即进入数据库的运行和维护阶段。在该阶段，需要完成以下主要任务：

（1）维护数据库的安全性和数据完整性。

（2）监测并改善数据库性能。

（3）增加新的功能和数据。

（4）发现错误，并及时处理和改正。

思考题

1. 数据库管理系统的基本功能是什么？
2. 数据库技术发展经历了哪几个阶段？
3. 数据库的体系结构是什么？
4. 常见的数据逻辑模型有哪些？
5. 简述数据库的设计步骤。

参 考 文 献

[1] 李暾，毛晓光，等．大学计算机基础 [M]．3 版．北京：清华大学出版社，2018.
[2] 尤晓东，闫俐，叶向，等．大学计算机应用基础 [M]．3 版．北京：清华大学出版社，2013.
[3] 龚沛曾，杨志强．大学计算机．7 版．北京：高等教育出版社，2017.
[4] 唐朔飞．计算机组成原理 [M]．2 版．北京：高等教育出版社，2008.
[5] 刁树民，郭吉平，李华，等．大学计算机基础 [M]．5 版．北京：清华大学出版社，2014.
[6] 张艳，姜薇，等．大学计算机基础 [M]．3 版．北京：清华大学出版社，2016.
[7] 彭澎，等．计算机基础 [M]．北京：清华大学出版社，2007.
[8] 卢湘鸿．计算机应用教程 [M]．10 版．北京：清华大学出版社，2018.
[9] 李志鹏．精解 Windows 10 [M]．2 版．北京：人民邮电出版社，2017.
[10] 竹下隆史，村山公保，等．图解 TCP/IP [M]．5 版．乌尼日其其格，译．北京：人民邮电出版社，2013.
[11] 谢希仁．计算机网络 [M]．7 版．北京：电子工业出版社，2017.
[12] Behrouz A Forouzan. TCP/IP 协议族 [M]．4 版．王海，张娟，朱晓阳，等译．北京：清华大学出版社，2011.
[13] Kevin R Fall，W Richard Stevens. TCP/IP 详解卷 1：协议 [M]．2 版．吴英，张玉，许昱玮，译．北京：机械工业出版社，2016.
[14] James F Kurose，Keith W Ross. 计算机网络自顶向下方法 [M]．6 版．陈鸣，译．北京：机械工业出版社，2014.
[15] Andrew S Tanenbaum，David J Wetherall. 计算机网络 [M]．5 版．严伟，潘爱民，译．北京：清华大学出版社，2012.
[16] 陈志民．Excel 2010 函数 公式 图表应用完美互动手册 [M]．北京：清华大学出版社，2014.
[17] 刘正红．Word 2010 文档制作完美互动手册 [M]．北京：清华大学出版社，2014.
[18] 教育部考试中心．全国计算机等级考试二级教程（2018 年版）[M]．北京：高等教育出版社，2017.
[19] 李天博．计算机软件技术基础 [M]．南京：东南大学出版社，2004.
[20] 严蔚敏，吴伟民．数据结构（C 语言版）[M]．北京：清华大学出版社，2011.
[21] 褚华，霍秋艳．软件设计师教程 [M]．4 版．北京：清华大学出版社，2014.
[22] 张海藩，牟永敏．软件工程导论 [M]．6 版．北京：清华大学出版社，2017.
[23] 田绪红．数据库技术及应用教程 [M]．2 版．北京：人民邮电出版社，2015.